Die rechtliche, psychiatrische und gesellschaftliche Beurteilung jugendlicher

Frankfurter
kriminalwissenschaftliche Studien

Herausgegeben von
Prof. Dr. Peter-Alexis Albrecht
Prof. Dr. Dirk Fabricius
Prof. Dr. Klaus Günther
Prof. Dr. Winfried Hassemer
Prof. Dr. Herbert Jäger
Prof. Dr. Walter Kargl
Prof. Dr. Klaus Lüderssen
Prof. Dr. Wolfgang Naucke
Prof. Dr. Ulfrid Neumann
Prof. Dr. Cornelius Prittwitz
Prof. Dr. Ernst Amadeus Wolff

Bd./Vol. 101

PETER LANG

Frankfurt am Main · Berlin · Bern · Bruxelles · New York · Oxford · Wien

Nils Möckelmann

Die rechtliche, psychiatrische und gesellschaftliche Beurteilung jugendlicher Straftäter in der jüngeren deutschen Geschichte

Eine Analyse
anhand zweier Strafverfahren
mit Gutachten des Psychiaters Ernst Rüdin
aus den Jahren 1915/1917
unter Berücksichtigung
der Entwicklungen bis zur Gegenwart

PETER LANG
Europäischer Verlag der Wissenschaften

Bibliografische Information der Deutschen Nationalbibliothek
Die Deutsche Nationalbibliothek verzeichnet diese Publikation in
der Deutschen Nationalbibliografie; detaillierte bibliografische
Daten sind im Internet über <http://www.d-nb.de> abrufbar.

Zugl.: Frankfurt (Main), Univ., Diss., 2006

D 30
ISSN 0170-6918
ISBN-10: 3-631-56139-3
ISBN-13: 978-3-631-56139-3

© Peter Lang GmbH
Europäischer Verlag der Wissenschaften
Frankfurt am Main 2007
Alle Rechte vorbehalten.

www.peterlang.de

Für Anika

Inhaltsverzeichnis

Literaturverzeichnis 235

XVI

Abkürzungsverzeichnis

a.E.	am Ende
a.F.	alte Fassung
Art.	Artikel
BeschG	Beschussgesetz
BGB	Bürgerliches Gesetzbuch
BGBl.	Bundesgesetzblatt
bzw.	beziehungsweise
ca.	circa
DFA	Deutsche Forschungsanstalt für Psychiatrie
DSM-IV	Diagnostic Statistical Manual of Psychiatric Diseases der American Association of Psychiatry in der vierten Version
etc.	et cetera
GDA	Genealogisch-Demographischen Abteilung
GDNP	Gesellschaft Deutscher Neurologen und Psychiater
GggG	Gesetz gegen gefährliche Gewohnheitsverbrecher und über Maßregeln der Sicherung und Besserung
GVG	Gerichtsverfassungsgesetz
GzVeN	Gesetz zur Verhütung erbkranken Nachwuchses
HAWIE	Hamburg-Wechsler-Intelligenztest für Erwachsene
ICD-10	International Classification of Diseases der WHO in der zehnten Version
iVm	in Verbindung mit
JGG	Jugendgerichtsgesetz
KWI	Kaiser-Wilhelm-Institut
m.w.N.	mit weiteren Nachweisen
o.ä.	oder ähnlichem
RGBl.	Reichsgesetzblatt
RJWG	Reichsjugendwohlfahrtsgesetz
RStGB	Reichsstrafgesetzbuch
RStPO	Reichsstrafprozessordnung
SBR	Sachverständigenbeirat für Bevölkerungs- und Rassenpolitik
SGB	Sozialgesetzbuch
sog.	so genannt
StGB	Strafgesetzbuch
StPO	Strafprozessordnung
StVollzG	Strafvollzugsgesetz
TerrorbekG	Terrorismusbekämpfungsgesetz
u.a.	unter anderem
USA	United States of America
WaffG	Waffengesetz

WaffNeuRegG	Gesetz zur Neuregelung des Waffenrechts
WAIS	Wechsler Adult Intelligence Scale
z.B.	zum Beispiel
Ziff.	Ziffer

1 Probanden und Gutachter

1.1 Jugendliche Gewaltverbrechen als ein ständig aktuelles gesellschaftliches Problem

Verfolgt man die Medienberichterstattung über Gewaltverbrechen von jugendlichen Straftätern, erhält man den Eindruck, diese Verbrechen würden an Anzahl und Ausmaß zunehmen und die Täter würden immer jünger. Besorgt fragt man sich nach den Ursachen und erhält eine Vielzahl von Erklärungsversuchen: Schuld sei die schlechte Erziehung, der Einfluss der neuen Medien (Horrorfilme, Computerspiele), der leichte Zugang zu Waffen. Schnell wird insbesondere der Ruf nach schärferen Gesetzen laut, um dieser negativen Entwicklung Einhalt zu gebieten.

Ein Blick in die Vergangenheit entschärft die aktuelle Brisanz und relativiert die Dramatik. Man erkennt, dass die Gesellschaft schon früher vor den gleichen Problemen stand und auch die gleichen Lösungsmethoden anwandte, die heute als viel versprechende Neuerungen angesehen werden. Vor diesem Hintergrund werden in der vorliegenden Arbeit zwei Gewaltverbrechen von jugendlichen Straftätern aus den Jahren 1915 und 1917 exemplarisch untersucht.

Der erste Fall eines jugendlichen Gewaltverbrechens stammt aus dem Jahr 1915 und betrifft den damals 16-jährigen Ludwig B.[1], der als Detektiv verkleidet durch München-Pasing gegangen war und mit einem Revolver in eine Menschenmenge geschossen hatte. Im zweiten Fall aus dem Jahr 1917 geht es um die damals 17-jährige Johanna Z., die eine 83 Jahre alte Nachbarin aus nächster Nähe erschossen hatte. In beiden Fällen wurden schriftliche psychiatrische Gutachten von dem damaligen Oberarzt an der Psychiatrischen Klinik in München, Prof. Dr. Ernst Rüdin, erstellt. Ernst Rüdin prägte während der ersten Hälfte des 20. Jahrhunderts als einer der zentralen Protagonisten der Rassenhygiene sowohl durch seine wissenschaftlichen Arbeiten als auch durch seine weltanschaulichen Überzeugungen das Erscheinungsbild von Psychiatrie und Humangenetik in Deutschland.[2] Seine Gutachten sind für die geplante Untersuchung besonders gut geeignet, da sie sehr umfangreich sind und inhaltlich viele gesellschaftlich und historisch interessante Themenbereiche behandeln.

Zunächst werden in Kapitel 1 die beiden Fälle und die Biographie des Gutachters zusammengefasst dargestellt.

In Kapitel 2 wird analysiert, wie die Gesellschaft auf die Jugendlichen und ihre Kriminalität reagiert. Dabei werden die Einstellungen unter anderem zu den

---

[1] Die Nachnamen der jugendlichen Probanden werden aus Gründen des Datenschutzes abgekürzt dargestellt.

[2] *Weber* (1993) S.VII

Themen Erziehung und Medieneinflüssen dargestellt. Im Rahmen der Entwicklung des Waffenrechts wird verdeutlicht, dass es nicht gelingen kann, Gewaltverbrechen allein durch Gesetzesverschärfungen einzudämmen. Zudem wird das gesellschaftliche Phänomen aufgezeigt, abweichendes Verhalten mit überzogenen Reaktionen zu beantworten, wobei Parallelen zwischen der Zeit des Ersten Weltkriegs und der des internationalen Terrorismus erkennbar sind.

In Kapitel 3 wird die klinische Untersuchung und psychiatrische Begutachtung der Jugendlichen im Kontext der damaligen medizinischen Lehrmeinungen dargestellt und mit heutigen Standards verglichen. Dabei finden die Themen „Schizophrenie" und „Psychopathie" besondere Berücksichtigung. Aus den Formulierungen Ernst Rüdins lässt sich nicht nur dessen Psychiatrieverständnis entnehmen, sondern auch seine weit darüber hinaus gehende extremistische Weltanschauung über die Behandlung psychisch Kranker im Dienste der Volksgesundheit.

Im 4. Kapitel erfolgt die Analyse der strafrechtlichen Behandlung der Jugendlichen im Rahmen des sich entwickelnden Jugendstrafrechts. Insbesondere das ausführliche Urteil im Fall Johanna Z. lässt Einblicke in die damalige gerichtliche Arbeitsweise zu.

Kapitel 5 befasst sich mit dem Psychiater Ernst Rüdin und dessen gezielte Einflussnahme auf Wissenschaft und Politik zu Themen wie Sicherungsverwahrung, Zwangssterilisation und „Vernichtung lebensunwerten Lebens". Es wird zum einen aufgezeigt werden, inwieweit der biographische Hintergrund des Gutachters Ernst Rüdin sowie seine rassenhygienische Weltanschauung und Berufsauffassung Eingang in die Gutachten finden und zum anderen, inwiefern Rüdins politisches Engagement – insbesondere im Rahmen der nationalsozialistischen Gesetzgebung – zu weit reichenden Eingriffen in die körperliche Unversehrtheit vieler unschuldiger Menschen führte.

Abschließend werden im 6. Kapitel Tendenzen in der aktuellen gesellschaftlichen, psychiatrischen und kriminalpolitische Entwicklung kritisch beleuchtet.

Die Untersuchung wird zeigen, dass viele brisante gesellschaftliche Themen im Zusammenhang mit Straftätern, die heute in den aktuellen Medienberichten großen Raum einnehmen, gar nicht so neu sind, wie man gemeinhin annimmt, sondern dass die gleichen Themen mit der entsprechenden gesellschaftlichen Diskussion in vergleichbarer Weise bereits vor rund 100 Jahren die Menschen bewegten. Themen wie die angeblich ständig zunehmende Jugendkriminalität,[3]

---

[3] Entgegen vieler Medienberichte kann von einer aktuellen Zunahme der Jugendkriminalität nicht gesprochen werden. Laut Polizeistatistik (PKS) haben bei Jugendlichen die vorsätzlichen Tötungsdelikte im Verlauf der Jahre 1993-2004 deutlich abgenommen (um 38%); Raubdelikte seit 1997 um 20 %. Die Tatsache, dass jedoch gefährliche und schwere Körperverletzungen Jugendlicher sich in den letzten Jahren (1993-2004) angestiegen sind, ist lediglich auf erhöhte Anzeigenwahrscheinlichkeit zurückzuführen. Ergebnisse der Dunkelfeldforschung ergeben einen deutlichen Rückgang tätlicher Auseinandersetzungen unter Schülern seit 1997

Gewalt in den Medien, Umgang mit (insbesondere straffällig gewordenen) Geisteskranken, Sicherungsverwahrung, Erziehung und Strafe, waren damals schon – in zum Teil modifizierter Form (z.B. Diskussion um „Schundliteratur" statt um Computerspiele) – genauso aktuell wie heute. Kommentare zu aktuellen Schreckensmeldungen in den Medien wie „Das hätte es früher nicht gegeben." oder „Es wird ja immer schlimmer" verlieren beim Blick auf die historischen Entwicklungen ihre Geltungsberechtigung. Die Gesellschaft hat sich in vielen Bereichen offensichtlich nicht weiterentwickelt. Im Gegenteil, es ist in einigen Bereichen sogar ein Rückschritt in Form von Radikalisierungstendenzen zu erkennen.

1.2 Der Fall Ludwig B.

Es soll zunächst der Lebensweg des Probanden Ludwig B. bis zum Vorfall, der zum Strafverfahren und zur psychiatrischen Begutachtung durch Ernst Rüdin führte, beschrieben werden.[4]

Ludwig B. wurde am 11.2.1899 in Mering, südlich von Augsburg, als Sohn eines Hirten geboren. Er hatte eine fünf Jahre ältere Schwester. Sechs seiner Geschwister waren früh gestorben. Die Familie B. wohnte später in Unterpfaffenhofen, westlich von München. Mit seinem Vater und seiner Schwester verstand sich Ludwig nicht gut. Sein Vater beantragte sogar einmal die Einweisung in eine Zwangserziehungsanstalt, was behördlicherseits jedoch abgelehnt wurde, weil Ludwig schon zu alt und keine Aussicht auf Besserung vorhanden wäre.

Ludwig besuchte sechs Jahre lang die Volkshauptschule. Aufgrund seiner schlechten schulischen Leistungen musste er die 2. Klasse wiederholen. Von den anderen Kindern wurde er gehänselt, weil er nur Hirtenbub war, die anderen jedoch Bauernsöhne. Im Alter von 13 Jahren kam er in die so genannte Volksfortbildungsschule[5], eine Feiertagsschule. Diese besuchte er kaum, da er nach eigenen Angaben „so viel ausgelacht und auch von seinen Lehrern schlecht behandelt" wurde. Während er die Schule schwänzte, streunte er in der näheren Umgebung und in München herum. Zur Abschlussprüfung erschien er nicht und erhielt somit kein Entlassungszeugnis.

Im Alter von 15 Jahren (1914) arbeitete Ludwig ein halbes Jahr lang als Dienstknecht. In dieser Zeit fiel eine Veränderung in seinem Wesen und seinem Verhalten auf. Er hörte erstmals Stimmen, redete und gestikulierte vor sich hin und hatte ständig Hunger.

(Bundesverband der Unfallkassen) und niedrigere Opfer- und Täterraten im Vergleich zu 1998 (Schülerbefragung 2005), *Pfeiffer, Christian:* Die Jugend wird friedlicher, SZ vom 23.6.2005.

[4] Eine tabellarische Übersicht der Biographie von Ludwig B. findet sich im Anhang unter B a.

[5] Heute: Berufsschule, siehe Kapitel 2.1.1.2.3.

Ludwigs Leben wurde immer unsteter. Er hielt es nirgends mehr länger als ein paar Wochen aus. Gelegenheitsarbeiten wechselten sich ab mit Zeiten, in denen er ziellos herumstreunte und bettelte. Er trug nun ständig eine Schusswaffe bei sich, und wenn sie ihm von der Polizei weggenommen wurde, besorgte er sich immer wieder eine neue.

Im November 1914 stahl er ein Fahrrad und wurde daraufhin durch das Amtsgericht Starnberg zu 14 Tagen Gefängnis verurteilt. Ende 1914 hatte Ludwig erstmals Selbstmordgedanken. Anfang 1915 zog sich Ludwig eine Revolverschussverletzung an der linken Hand zu, die in der Chirurgischen Klinik in München behandelt werden musste. Er kam kurz darauf für einige Tage in die Psychiatrie, da Selbstmordabsicht vermutet wurde.

Im ersten Halbjahr 1915 wurde mehrfach Anzeige gegen Ludwig wegen Führens verbotener Waffen erstattet. Einmal soll Ludwig mit dem Revolver auf eine 17-jährige Fabrikarbeiterin gezielt haben, die er mit dem Fernglas beobachtet hatte.

Ab Mitte Juli 1915 überschlugen sich die Ereignisse: Am 17. Juli wurde Ludwig verdächtigt, etwas mit einem Mord zu tun zu haben, da er am Bahnhof aufgeregt Zeitungen nach dem Mordfall durchsuchte und Passanten darauf aufmerksam machte, dass die Täterbeschreibung auf ihn passen würde. Einen Tag später ging er mit Marie Wambacher, die er ein paar Tage zuvor im Kino kennen gelernt hatte, im Wald spazieren, sprach mit ihr über den Mordfall und bedrohte sie plötzlich grundlos mit seinem Revolver. Ihr gegenüber hatte sich Ludwig als Aufseher in einem Kriegsgefangenenlager ausgegeben.

Am 21. Juli 1915 unterschlug Ludwig Geld in Höhe von 76 Mark, das er für seinen Vater aus einem Schweineverkauf beim Metzgermeister abgeholt hatte. Er kaufte sich davon in München einen Revolver, Patronen, einen Überzieher (Mantel), eine Sportmütze, eine Krawatte, eine Lederbrieftasche und einen künstlichen Bart.

Am 23. Juli 1915 verkleidete sich Ludwig mit den gekauften Utensilien als „englischer Detektiv", trank zwei Schoppen Wein, ging in München-Pasing durch die Straßen und beobachtete die Umgebung mit einem Feldstecher. Bald wurde er von einer Menschenmenge umringt, die ihn für einen französischen Flüchtling oder Spion hielt. Da er unter dem Mantel seinen Revolver krampfhaft festhielt, wurde er von einem zufällig anwesenden Polizeisekretär aufgefordert, seine Waffe abzugeben. Als dieser versuchte, ihm die Waffe zu entreißen, löste sich im Handgemenge ein Schuss, der den Unterarm des Polizeisekretärs streifte. Anschließend schoss Ludwig in Panik in die Menschenmenge und traf einen 15-jährigen Lehrling am Oberschenkel. Daraufhin wurde Ludwig von den aufgebrachten Passanten - mit dem Ausruf „Haut ihn auf die Bratzen" - zu Boden geworfen, geschlagen und getreten. Der falsche Bart wurde ihm abgerissen. Schließlich wurde er von einem Seesoldaten durch Hiebe mit dem Bajonett erheblich am Handgelenk verletzt. Aufgrund des großen Blutverlustes wurde ihm ein Notverband angelegt und er wurde ins Krankenhaus Pasing gebracht.

Am 30. Juli entwich Ludwig aus dem Krankenhaus, wurde jedoch gleich am nächsten Tag von der Polizei festgenommen. Nach der Anzeige wegen Widerstands, Körperverletzung und Unterschlagung erfolgte am 31. Juli die Beschuldigtenvernehmung, in der Ludwig in allen Punkten geständig war. Am 7. August 1915 erstattete der Landgerichtsarzt ein Gutachten und empfahl eine längeren Anstaltsaufenthalt zur Beobachtung seines Geisteszustandes.

Daraufhin kam Ludwig gemäß Gerichtsbeschluss vom 13.7.1915 für die Dauer von 6 Wochen (vom 20.8. bis 30.9.1915) in die Psychiatrischen Klinik in München, wo er von dem Gutachter Prof. Ernst Rüdin auf seinen Geisteszustand hin untersucht wurde.

1.3 Der Fall Johanna Z.

Es folgt die Biographie von Johanna Z. bis zum Zeitpunkt der Tat, die dazu führte, dass sie von Ernst Rüdin auf ihren Geisteszustand hin untersucht und begutachtet wurde:[6]

Johanna Z. wurde am 18.10.1899 als erste von vier Geschwistern in München geboren. Johannas Vater war Werkmeister und wurde 1915 zum Kriegsdienst eingezogen. Johannas Mutter, ein früheres Zimmermädchen, führte ein Feinkostgeschäft in München.

Johanna besuchte ab 1905 sieben Jahre lang die Volksschule. Sie war „mittelmäßig begabt" und musste keine Klasse wiederholen. Von Lehrern wurde sie als schwatzhaft, oft roh, vorlaut und frech beschrieben. Bereits im Alter von 12 Jahren wurde Johanna straffällig, als sie mit ihrem jüngeren Bruder Hans zahlreiche Speicherdiebstähle bei Hausgenossen beging. Daraufhin wurde sie zu 3 Tagen Gefängnis verurteilt, wobei ihr die Strafe auf dem Gnadenwege erlassen wurde.

Ab 1912 besuchte Johanna drei Jahre lang die Kaufmännische Fortbildungsschule (Englisch und Korrespondenz). Sie zählte dort zu den schlechtesten Schülerinnen, was wohl auch an den vielen versäumten Unterrichtstagen wegen angeblicher Erkrankungen lag.

Sie spielte im Jugendverein Theater und sang im Kirchenchor. Viel Wert legte sie darauf, schön gekleidet zu sein. Sie war mit einer Gruppe gleichaltriger Gymnasiasten befreundet und ging mit ihnen unter anderem in Kaffees, Kinos und ins Theater. Mit einem von ihnen, dem Gymnasiasten Zeh, hatte sie eine intimere Freundschaft. Johanna verrichtete zu Hause bei ihren Eltern häusliche Arbeiten und bekam von ihrer Mutter bei Bedarf ab und zu ein wenig Geld.

---

[6] Eine tabellarische Übersicht über Johannas Biographie findet sich im Anhang unter C a.

Häufig erfand sie Lügengeschichten über ihre häuslichen Verhältnisse, die ihr zu ärmlich waren. Auch belog sie ihre Mutter, was ihre Freizeitbeschäftigungen oder finanziellen Mittel anging. In den Jahren 1915 und 1916 fiel sie auch durch mehrere kleine Ladendiebstähle auf.

Johanna hatte sich mehrfach auf eine Anstellung als Buchhalterin in einem Büro hin beworben, erhielt aber nur Absagen, was auch an ihrem Abschlusszeugnis der Volksschule lag, dem man ein „nicht tadelfreies" Betragen entnehmen konnte. Aus diesem Grund fälschte Johanna ihr Schulzeugnis, indem sie die Betragensbeurteilung und das Entlassungsdatum abänderte.

Vom 18. September 1916 an besuchte Johanna die erste Klasse der Münchener Frauenarbeitsschule. Sie versuchte, durch Äußerlichkeiten aufzufallen, um bei der Lehrerin und auch bei ihren Mitschülerinnen Eindruck hervorzurufen. Ihr freches Benehmen wurde getadelt. Häufig fehlte sie, wobei sie Entschuldigungs-schreiben vorlegte, auf denen sie die Unterschrift ihrer Mutter gefälscht hatte. Im November 1916 entdeckte ihre Mutter, dass Johanna insgesamt 390 Mark von den 700 Mark, die Johannas Vater in einer Kommode eingeschlossen hatte, entwendet hatte. Das Geld hatte Johanna in den letzten Monaten nach und nach an sich genommen und für Schulgeld und Straßenbahnkarten ausgegeben; zudem für Kleidung (Hut, Schuhe, seidene Strümpfe, Handschuhe, Haarschlei-fen, etc.), wobei sie ihrer Mutter angegeben hatte, sie hätte diese Sachen von einer Freundin geschenkt bekommen. Außerdem hatte sie von dem Geld ihren Freund Zeh mehrfach ins Kino und Theater auf die teuersten Plätze eingeladen. Dieser Diebstahl sowie die Entdeckung der Fälschung der Entschuldigungs-schreiben waren die Gründe, weshalb sie die Frauenarbeitsschule bereits nach zwei Monaten wieder verlassen musste.

Ende Dezember 1916 stahl Johanna eine Handtasche in einem Wartesaal des Hauptbahnhofs und verwendete das darin befindliche Geld für den Kauf von Schuhen, Schlittschuhen, für Kinobesuche und Süßigkeiten. Sie wurde ange-zeigt, das Gerichtsverfahren wurde jedoch aufgrund des kurz darauf folgenden Mordverfahrens ausgesetzt.

Gelegentlich leistete Johanna der 83-jährigen Nachbarin Viktoria Schweickart Gesellschaft, die im gleichen Haus ein Stockwerk unter der Familie Z. wohnte. Unter anderem spielten sie zusammen Karten. Am 11. März 1917, einem Sonn-tagnachmittag, tötete Johanna Viktoria Schweickart mit drei Kopfschüssen.

Ihrer Tat ging eine gründliche Vorbereitung voraus. Frau Schweickart beschäf-tigte eine Dienstmagd, die Österreicherin Rosa Öllinger. Um die Dienstmagd aus der Wohnung der Nachbarin fortzulocken, wandte Johanna folgende List an: Als Johanna am 8. März 1916 die Dienstmagd im Treppenhaus traf, erzählte sie dieser, dass sich angeblich eine Freundin aus deren Heimat nach ihr erkundigt hätte und ihr demnächst einen Brief schreiben würde. Durch geschicktes Fragen erfuhr Johanna in diesem Gespräch den Nachnamen der Dienstmagd. Zwei Tage später fuhr Johanna in die Innenstadt und verfasste in einem Kaufhaus mit verstellter Handschrift einen fingierten Brief an die Dienstmagd, mit dem Inhalt, dass ihre angebliche österreichische Freundin sich mit ihr am Sonntagnachmittag in der Innenstadt treffen wolle. Den Brief gab sie sofort auf. Er wurde der Dienstmagd Rosa Öllinger am Sonntagvormittag durch die Post zugestellt. Daraufhin verließ diese nachmittags tatsächlich die Wohnung von Frau Schweickart um zu dem angekündigten Treffen zu gehen, wo sie vergeblich wartete.

Um an eine Schusswaffe zu gelangen erzählte Johanna am Freitag, den 9. März 1917, den beiden befreundeten Gymnasiasten Stöcker und Langenberger, dass sie eine Katze erschießen müsste und dafür einen Revolver benötigte. Daraufhin versprach Stöcker, dass er ihr am nächsten Tag einen Revolver verschaffen würde und verlangte als Gegenleistung eine Butter- und eine Brotmarke. Am Samstagvormittag gab ihr Stöcker dann den Revolver und erklärte ihr die Handhabung. In der kommenden Nacht hantierte Johanna versuchsweise an dem Revolver herum, wobei er funktionsunfähig wurde. Am Sonntagvormittag fuhr sie zu Stöcker, und ließ den Revolver zum Reparieren dort. Stöcker brachte ihn ihr um 2 Uhr nachmittags. Sie probierten dann den Revolver zusammen mit Langenberger auf einer Wiese hinter dem Bahnhof aus. Es wurden dabei 4 der 7 Kugeln verschossen.

Kurz nach halb 4 Uhr ging Johanna nach Hause und zog eine Jacke mit zwei Taschen an, um in die eine den Revolver und in die andere Spielkarten zu stecken. Johanna klopfte bei Victoria Schweickart an und fragte, ob sie ihr Gesellschaft leisten könnte. Sie wurde hereingelassen. Zunächst schauten beide gemeinsam aus dem Fenster und unterhielten sich. Frau Schweickart sprach unter anderem übers Sterben, zeigte Johanna ihr Totenkleid in einer Truhe und erwähnte, dass sie ihr Geld in der Kommode aufbewahrte und den Schlüssel dazu stets in ihrem Geldbeutel in der Schürzentasche bei sich trug. Dann bekam Frau Schweickart Hunger und nahm in der Küche Brot, Käse und Bier zu sich. Sie saßen neben dem Herd am Tisch einander gegenüber. Johanna nahm die Spielkarten heraus und sie spielten das Spiel „Sechsundsechzig".

Schon während des ersten Spiels entsicherte Johanna den Revolver, den sie in der Jackentasche bereithielt. Das zweite Spiel hatte noch nicht lange gedauert, als sich Frau Schweickart im Sitzen herumdrehte, um im Herd Kohlen nachzulegen. Da nahm Johanna den entsicherten Revolver aus der Tasche, streckte den rechten Arm in Schulterhöhe aus, zielte auf den Kopf von Frau Schweickart, sah zur Seite und drückte ab. Der Schuss traf Frau Schweickart links in die Wange. Zu Johannas Überraschung fiel Frau Schweickart nicht um, sondern stand auf, obwohl sie stark aus Nase und Mund blutete, stützte sich mit beiden Händen auf den Tisch und schob diesen bis an die gegenüberliegende Wand. Dann wandte sie sich an Johanna und meinte, sie würde plötzlich nichts mehr sehen. Sie glaubte, es hätte sie „der Schlag getroffen" und Johanna sollte ihre Mama holen.

Johanna bekam nun Angst, da ihr nun zum ersten Mal der Gedanke kam, erwischt zu werden. Damit Frau Schweickart sie nicht verraten konnte, gab sie noch die beiden verbliebenen Schüsse ab. Direkt neben Frau Schweickart stehend, die sich auf einen Stuhl gesetzt hatte, zielte sie aus ca. 20 cm Entfernung auf deren Schläfe. Nach dem 3. Schuss fiel Frau Schweickart vom Stuhl. Auf dem Boden liegend fing sie laut zu fluchen an: „Himmel Herrgott Sakrament". Das Wort „Sakrament" wiederholte sie fünf bis sechs Mal und wurde dabei immer leiser. Zuletzt war sie ganz ruhig und Johanna hielt sie für tot.

Um nicht in Verdacht zu kommen, verbrannte Johanna die Spielkarten, da die oberste Karte blutig war und zudem auf einigen Kartenblättern ihr Name stand. Sie hob 2 Patronenhülsen auf und warf sie in den Abort, sperrte die Küche zu und legte den Schlüssel auf einen Rahmen im Abort. Dann sperrte sie auch die Wohnungstür ab, ging hinunter auf die Strasse, wo sie sich mit Kindern unterhielt, und dann in eine andere Strasse, wo sie den Schlüssel über einen Gartenzaun warf.

Als Rosa Öllinger nach 6 Uhr zur Wohnung zurückkam und ihr die Tür trotz mehrmaligen Läutens nicht geöffnet wurde, holte sie einen Schutzmann, der die Tür aufbrach. Frau Schweickart wurde in der Küche in einer großen Blutlache liegend vorgefunden. Sie rief noch mehrmals „Rosa". Auf die Frage, wer da gewesen sei, erwiderte sie „niemand". Gegen halb 9 Uhr starb sie.

Johanna, von der bekannt wurde, dass sie außer dem Täter als letzte in der Wohnung der Frau Schweickart gewesen war, gab gegenüber der Polizei an, dass sie zunächst Frau Schweickart Gesellschaft geleistet hätte, dann aber ein fremder Mann kam, der Frau Schweickart wie ein Bekannter begrüßte und Johanna wäre daraufhin gegangen. Aufgrund Johannas Täterbeschreibung wurden drei Personen festgenommen. Einer davon, der Schlosser Franz Curtius, wurde Johanna gegenübergestellt und diese versicherte, dass dies der Mann wäre, den sie in die Wohnung der Schweickart hereingelassen hätte. Curtius konnte aber ein einwandfreies Alibi liefern.

Schließlich richtete sich der Verdacht der Täterschaft auf Johanna, da sich zahlreiche von ihr gemachten Angaben als unwahr erwiesen hatten und durch Schriftvergleich festgestellt wurde, dass sie die Schreiberin des an Rosa Öllinger gerichteten Briefes war.

Beim ersten Verhör durch den Staatsanwalt am 17. März berichtete Johanna ausführlich von der angeblichen österreichischen Bekannten Öllingers und dem angeblichen Besuch eines Mannes bei Frau Schweickart vor dem Mord und dass es sich hierbei um Curtius gehandelt hätte. Nun wurde Johanna die Tat vorgeworfen und die Festnahme angekündigt. Sie bestritt jedoch weiterhin die Tat. Einige Zeit später erlitt Johanna einen vorübergehenden Erschöpfungszustand. Sie wurde vom Polizeiarzt untersucht, der sie für haftfähig erklärte.

Am Morgen des 18.3.1917, nach einer Nacht im Gefängnis, gestand Johanna bei der Fortsetzung des Verhörs den Mord und schilderte die Tatumstände in allen Einzelheiten. Sie hätte, angeregt von Detektivromanen, beschlossen, die alte Frau umzubringen. Sie wollte eine „Affäre" haben und vor sich selbst prahlen. Dabei bestand sie jedoch darauf, dass sie nichts hätte stehlen wollen. Das

Geständnis wiederholte Johanna auch vor dem Untersuchungsrichter. Bei dieser Gelegenheit führte sie genauer aus, sie wäre durch das Lesen von „Indianer- und Räubergeschichten", insbesondere durch das Buch mit dem Titel „Opfer der Wissenschaft"[7] auf den Gedanken gekommen, die Tat zu begehen. In dem Buch wäre geschildert worden, wie ein Arzt, ohne entdeckt zu werden, Patienten in seine Wohnung lockte und umbrachte, um wissenschaftliche Aufgaben zu lösen.

Am 19.3.1917 wurde Anklage gegen Johanna erhoben. Diese lautete auf Mord verbunden mit Raub oder Raubversuch. Zunächst gab am 16. April 1917 der Bezirksarzt Dr. Biehler ein erstes Gutachten ab und beantragte, Johanna Z. zur Beobachtung ihres Geisteszustands in die psychiatrische Klinik München einzuweisen. Daraufhin wurde Johanna in der Psychiatrischen Klinik vom 5. Mai bis 16. Juni 1917 einer eingehenden Beobachtung und Untersuchung durch Ernst Rüdin unterzogen.

1.4 Der Gutachter Ernst Rüdin

Um herauszufinden, in welchem Ausmaß der biographische Hintergrund des Gutachters Auswirkungen auf die Begutachtung hatte, soll hier zunächst kurz die Biographie Ernst Rüdins bis zum Zeitpunkt der Begutachtung von Ludwig und Johanna wiedergegeben werden.[8] Auf Rüdins Biographie nach 1917, insbesondere auf seinen Einfluss auf die nationalsozialistische Gesetzgebung, wird noch in Kapitel 5 eingegangen.

Ernst Rüdin (1874-1952) stammte aus St. Gallen (Schweiz), wo seine Familie in der Textilindustrie tätig war. Im Alter von 16 Jahren kam er mit sozialdarwinistischen Konzepten in Berührung, nachdem seine Schwester Pauline im Jahr 1890 Alfred Ploetz, den wichtigsten Repräsentanten der Rassenhygiene im deutschen Sprachraum, geheiratet hatte. „Rassenhygiene" wurde im Großen Brockhaus von 1933 definiert als: „Lehre von der Verbesserung der Rasse. Die Rassenhygiene beschäftigt sich mit den Erbqualitäten eines Volkes und hat die praktische Aufgabe, der Entartung eines Volkes vorzubeugen und dessen Erbqualitäten zu bessern."[9]

Bereits als Schüler setzte Rüdin sich für die rassenhygienisch motivierte Schweizer Abstinenzbewegung ein und gründete die Abstinentenvereinigung „Humanitas" in St. Gallen, wobei er von dem Züricher Psychiater und Entomologen August Forel (1848-1931) unterstützt wurde. Von Jugend an hatte Rüdin seine festen rassenhygienischen Vorstellungen, an denen sich bis zu seinem

---

[7] *Julius Stinde:* Die Opfer der Wissenschaft oder Die Folgen der angewandten Naturphilosophie. Drei Bücher aus dem Leben des Professor Desens. Mitgeteilt von Alfred de Valmy, Leipzig 1878

[8] Eine tabellarische Übersicht der Biographie Rüdins findet sich im Anhang unter A.

[9] Der Große Brockhaus (1933), Fünfzehnter Band Pos-Rok, S. 389

Lebensende nichts änderte. Die Rassenhygiene bildete den Motor für sein gesamtes wissenschaftliches, gesellschaftliches und politisches Engagement.

Während des Studiums erkannte er in der Psychiatrie jene medizinische Disziplin, in der er seine Vorstellungen von Rassenhygiene konsequent verwirklichen konnte. Er schrieb am 11.11.1898 in einem Brief an August Forel:

„Speciell bin ich der Überzeugung, dass, sich mit der Aetiologie (Heredität etc.) und prophylaktischen Abhilfe der Geistes- und Nervenkrankheiten zu beschäftigen, meiner Natur und meiner Schaffenslust am Meisten zusagen würde. Ich bin in dieser Beziehung von Ihnen, Herr Professor, dann von Bunge, Kraepelin und meinem Schwager Ploetz so sehr beeinflusst worden, dass ich große Lust verspüre, in der Erforschung der Krankheitsursachen und in ihrer prophylaktischen Abwehr weiter und weiter zu gehen. Der Beruf eines Arztes, der nur dem Augenblicke lebt, der zu restaurieren sucht, was eben gerade schon kaputt ist, ohne sich darüber klar zu sein, was getan werden sollte, um überhaupt Krankheiten, und speciell Irresein zu vermeiden, würde mir, des bin ich sicher, in keiner Weise zusagen. (...) Ich fühle einen tiefen Drang, Unglück und Krankheit an ihrer Wurzel auszurotten, den Drang, der mich seiner Zeit auch zum Abstinenten und Socialisten werden ließ".[10]

Mit diesen Sätzen hatte Rüdin den Arbeitsplan seines Lebens umrissen.

Durch die Kontakte zu Ploetz engagierte sich Rüdin intensiv in der deutschen Rassenhygiene-Bewegung, wobei er an der Gründung des „Archivs für Rassen- und Gesellschaftsbiologie" und der „Gesellschaft für Rassenhygiene" in Berlin federführend beteiligt war. Im Jahr 1903 hatte Rüdin ein rassenhygienisches Programm formuliert, das auch die „Verhinderung der Fortpflanzung" bei „erblichen Krankheiten (...) durch privaten und staatlichen Zwang" mit einschloss.[11]

Rüdin war in Heidelberg Student und wissenschaftlicher Mitarbeiter von Emil Kraepelin, dem führenden Psychiater zu Beginn des 20. Jahrhunderts. Später wurde er dessen Assistent in München. Anschließend war er in München als Oberarzt und forensisch-psychiatrischer Gutachter tätig. Als auf Kraepelins Initiative hin 1917 die Deutsche Forschungsanstalt für Psychiatrie (DFA) in München gegründet worden war, wurde Rüdin zum Leiter der Genealogisch-Demographischen Abteilung (GDA) ernannt.[12]

1916 veröffentlichte Rüdin eine Monographie über die Vererbung der Dementia praecox (Schizophrenie),[13] die international rasch rezipiert und über Jahrzehnte zu einem Standardwerk der psychiatrischen Genetik wurde. Die dort formulierte Methode der „empirischen Erbprognose" und die daraus abgeleiteten Aussagen über die Erblichkeit verschiedener psychischer Störungen bildeten in den folgenden drei Jahrzehnten die wissenschaftliche Grundlage für die Arbeit von

---

[10] *Ernst Rüdin* an August Forel den 11. November 1898, in *Walser* (1968) S. 332 f.

[11] *Rüdin* (1903) S. 562

[12] Die DFA war weltweit die erste psychiatrische Forschungsinstitution außerhalb einer Universität.

[13] *Rüdin* (1916)

Rüdin und seinen Mitarbeitern. Obwohl ihm die Grenzen seiner Methodik bewusst waren, interpretierte er die numerischen Ergebnisse stets unkritisch zugunsten der Begründung rassenhygienischer Forderungen.

Rüdin betonte in seinen Schriften stets den Gegensatz zwischen den „schroff individualhygienischen Anschauungen" des Mediziners und den Zielen der „Rassenwohlfahrt"[14], die er verfolgen wollte. Die „Volksgesundheit" lag ihm am Herzen; allgemeine Prophylaxe war für ihn wichtiger als die Heilung des Einzelnen.[15] Entsprechend seinem kollektivethischen Ansatz spielte die Frage der Persönlichkeitsrechte des Individuums für ihn keine Rolle.[16] Diese Einstellung war fest in seiner Persönlichkeit verankert, die einmal wie folgt beschrieben wurde: Rüdin sei „eine eher gefühlskalte Natur", einer von denen, „die zwar stets sofort Menschheitsprobleme wälzen, denen aber der einzelne Mensch sehr schnuppe ist."[17]

---

[14] *Rüdin* (1904) S. 99

[15] „Dem Grundsatz gemäß: Vor der Heilung muß die Verhütung angestrebt werden, ist es unsere Pflicht, einen Teil unserer Arbeitskraft auch der allgemeinen Prophylaxe zu widmen (...) Allgemeine Prophylaxe ist neben der individuellen Heilung, Hand in Hand mit derselben, unbedingt notwendig und mit die Pflicht eines jeden Therapeuten und Erziehers." *Rüdin* (1911c) S. 24 f. Rüdin ging sogar so weit zu behaupten, die Tätigkeit des Psychiaters sei mit ein Grund für die Vermehrung der Geisteskrankheiten: „Der Syphilis und dem Alkoholismus verdanken wir die Neuentstehung, dem Psychiater verdanken wir die Konservierung der Geisteskrankheiten." *Rüdin* (1910) S. 730

[16] *Weber* (2000) S. 98

[17] Stellungnahme des Schweizer Ministerialbeamten Max Ruth, der mit Rüdin gemeinsam auf die Schule ging, im Rahmen des Ausbürgerungsverfahrens gegen Rüdin; zitiert nach *Weber* (1993) S. 284

2 Gesellschaftliche Besonderheiten der Fälle unter Einbeziehung der Entwicklungen bis zur Gegenwart

In den Strafakten von Ludwig B. und Johanna Z. finden viel diskutierte gesellschaftliche Themen Erwähnung, die zum einen den damaligen Zeitgeist widerspiegeln und zum anderen auch heute in vergleichbarer Form die Gemüter bewegen. So wird die schlechte häusliche Erziehung der beiden Straftäter erwähnt, wobei heute geänderte Maßstäbe an eine gute Erziehung gelegt werden. Das immer wieder behandelte Thema des negativen Einflusses neuer Medien auf die Jugendlichen war damals genauso aktuell wie heute. Bei heutigen Gewaltverbrechen wird, wie damals, immer wieder gefragt, wieso die Jugendlichen so leicht an Schusswaffen gelangen konnten und ob es möglicherweise am unzureichenden Waffenrecht liegt. Die aggressive Stimmung in der Bevölkerung, die sich gegen Ludwig B. entlädt, ist vergleichbar mit der heutigen gesellschaftlichen Stimmungslage angesichts des internationalen Terrorismus.

2.1 Der lange Weg zur gewaltfreien Erziehung

2.1.1 Erziehung von Ludwig B. und Johanna Z. im historischen Kontext

2.1.1.1 Erziehung in der Familie

Wenn in den behördlichen Stellungnahmen, dem Gutachten und dem Urteil über die häusliche Erziehung der beiden Jugendlichen berichtet wird, so herrscht durchwegs die Ansicht, die Jugendlichen wären mangelhaft erzogen worden. Den Müttern wird mangelnde Strenge und den Vätern schlechte Überwachung der Jugendlichen vorgeworfen.

Von behördlicher Seite wurde bemerkt, Ludwig B. wäre in seiner Jugend „arg verwahrlost". Der Gemeindewaisenrat in Unterpfaffenhofen berichtete, die Kinder in der Familie B. wären sich selbst überlassen und „zu wenig" zur Arbeit angehalten worden. Ludwig hätte „Neigung zum Trinken, Rauchen, Streunen, zu Rohheit, Widersetzlichkeit und schlechter Kameradschaft". Ludwig gab an, sowohl im Elternhaus als auch in der Schule geprügelt und misshandelt worden zu sein. Während heute auf eine solche Äußerung hin (hoffentlich) das Jugendamt verständigt und die Angelegenheit einer näheren Untersuchung unterzogen würde, maß man im Fall Ludwig B. einer solchen Äußerung kein Gewicht bei. Im Gegenteil: die behördlichen Stellungnahmen des Gemeindewaisenrats und der Schulinspektion erwecken den Eindruck, dass die Erziehung im Hause B. für mild gehalten wurde: die elterliche Erziehung sei mangelhaft, der Vater zu schwach, die Kinder seien zu wenig zur Arbeit angehalten worden und die Mutter hätte Ludwig „total verhätschelt und verzogen".

Im Fall Johanna Z. äußerten sich verschiedene Lehrer zu Johannas Erziehung: Johanna würde den Eindruck „eines mangelhaft erzogenen Mädchens" machen.

Es scheine, dass sie von ihren Angehörigen viel zu wenig beaufsichtigt wurde und dass sie durch ein kindisch naives Benehmen ihre Mutter vielfach zu täuschen verstand. „Z. ist nach meiner Ansicht ein abschreckendes Beispiel, wohin mangelhafte häusliche Überwachung und uneingeschränktes Sichausleben der Jugend, ein rücksichtsloses Sichhinwegsetzen über jegliche Autorität führen kann."[18]

Über Johannas Vater wurde in Erfahrung gebracht, dass er für seine Familie „pflichtgemäß" sorgen würde. „Zwischen ihm und seiner Frau habe es öfters Streitigkeiten gegeben, weil seine Frau ihren Kindern jede Unartigkeit habe hingehen lassen." Johannas Mutter habe die Angeklagte „zu keinerlei Arbeit angehalten und erzogen". Öfters hätte eine Nachbarin gehört, wie Johanna, nachdem ihr von der Mutter eine häusliche Arbeit angewiesen worden sei, antwortete: „Mach es nur selbst, ich geh jetzt fort".

Es herrschte allgemein die Ansicht, mit größerer Härte in der Erziehung wären die Jugendlichen nicht auf die schiefe Bahn geraten. Der Gutachter Ernst Rüdin sah in der „sehr schlechten Erziehung" eine Mitursache für Johannas Kriminalität. Er sah Nachsicht und Milde in der Erziehung als „verwerflich" an und war überzeugt, dass diese „sehr schlechte Erziehung" eines der „rein äußerlichen verderblichen Momente" war, ohne deren Hinzutreten die grausige Tat wohl nicht begangen worden wäre.[19] Auch im Urteil wird die mangelhafte häusliche Erziehung und Beaufsichtigung der Angeklagten erwähnt.[20]

Um diese Einstellung zur Erziehung Jugendlicher nachvollziehen zu können, muss man den Erziehungsstil in Familie und Schule zu Beginn des 20. Jahrhunderts im Deutschen Reich genauer betrachten. Kennzeichnend für die Familien in dieser Zeit war das patriarchalische System. Der Vater als unbedingte Autorität und letzte Entscheidungsinstanz duldete nicht den geringsten Widerspruch, und schon im Verhalten der Mutter erhielten die Kinder von Anfang an ein klares Modell der zu leistenden Unterordnung. Das Verhältnis zwischen Eltern und Kindern war wenig sentimental, vielmehr streng und meist distanziert. Disziplin und Gehorsam schienen selbstverständlich; Erziehung hieß: frühe Einbeziehung in den harten Arbeitsalltag und Prügel bei jedem Fehlverhalten (und noch öfter).[21] Dem Vater stand von Gesetzes wegen (§ 1631 II BGB von 1896 bis 1957) das alleinige Erziehungsrecht zu, das ein Recht zur Anwendung angemessener Zuchtmittel mit einschloss.[22] Hierzu zählte nach der damaligen Rechtsauffas-

---

[18] Stellungnahme der Hauptlehrerin Albine Kranzmair über ihre Schülerin Johanna Z. im Schuljahr 1914/15

[19] Anhang C b. Gutachten Z. S. 91, S. 92 unten

[20] Anhang C c. Urteil Z. S. 2 unten

[21] *Doerry* (1986) S. 99

[22] § 1631 II BGB a.F.: Der Vater kann kraft des Erziehungsrechts angemessene Zuchtmittel gegen das Kind anwenden. Auf seinen Antrag hat das Vormundschaftsgericht ihn durch Anwendung geeigneter Zuchtmittel zu unterstützen.

sung, die bis in die 1950er Jahre reichte, auch der Gebrauch körperlicher Zucht-mittel.[23] Sensibilität galt als Weichlichkeit und war verpönt. Die pädagogische Ratgeberliteratur der Kaiserzeit lieferte die Vorbilder für den bürgerlichen Erziehungsstil, dem auch die anderen Sozialschichten nacheiferten. Darin wurde systematische Prügelei empfohlen; nichts schien den Zögling folgsamer zu machen als das permanente „Gefühl der Furcht".[24] Beispielsweise empfiehlt *Mathias* im Jahr 1902: „Wie man Saat aber am besten ausstreut in den ersten Frühlingsta-gen, so soll man auch in den ersten Lebensjahren die Rute nicht sparen. Je mehr man hier zur rechten Zeit an Prügeln austeilt, je weniger braucht man später dieses Mittel; je weniger Prü-gel Hänschen bekommt, um so mehr wird man in den meisten Fällen den Hans prügeln müs-sen."[25] Der patriarchalisch strenge Erziehungsstil trainierte den „Wilhelminern" eine ausgeprägte Autoritätsfixierung an; Gefühlskälte oder Liebesentzug, zu-meist ungerechte Prügel und Triebunterdrückung förderten die Entwicklung latenter Aggressivität.[26]

Stimmen, die sich gegen die Prügelstrafe aussprachen, waren in der Minderheit. So erkannte z.B. der Jugendpsychiater *Ludwig Scholz* (1868-1918) bereits um die Jahrhundertwende, dass kein Mensch gegen seinen Willen erzogen werden könnte. Harte Zucht rufe nur Hass und Furcht hervor. „Noch nie, solange die Welt steht, ist gute Gesinnung eingebleut worden". Ein schlechter Trieb werde nur durch Erregung eines besseren beseitigt.[27]

2.1.1.2 Erziehung in der Schule

Ludwig und Johanna wurden zunächst der Erziehung in der Volksschule unter-zogen. Im Anschluss daran profitierten sie insofern von den Ideen der Reform-pädagogik, da sie die damals neuen Fortbildungsschulen (Pflichtberufsschulen) besuchten.

2.1.1.2.1 Volksschule

Ludwig besuchte sechs Jahre lang die Volksschule (mit Wiederholung der 2. Klasse), Johanna sieben Jahre lang.

Seit 1890 wurde in den deutschen Ländern die allgemeine Schulpflicht umge-setzt, so dass alle gesetzlich verpflichteten Heranwachsenden zuerst 6 Jahre, in den Städten bald 8 Jahre die Unterrichtspflicht erfüllten. Mit zunehmender Ten-

---

[23] *Bussmann* (2000) S. 8

[24] *Doerry* (1986) S. 99

[25] *Mathias, A.*: Wie erziehen wir unseren Sohn Benjamin?, 4. Aufl. München 1902, S. 94 ff, in: *Rutschky* (1993) S. 431

[26] *Doerry* (1986) S. 100

[27] *Nissen* (1996) S. 298 f.

denz wurden auch weiterführende Schulen besucht und im städtischen Volks-
schulwesen sogar schon in sich differenzierte Bildungsgänge eingeführt. Schule
wurde damit zu einer universalisierten Instanz sozialer Disziplinierung.[28] Nur
die Hälfte der Schüler erreichte einen Schulabschluss. Die Volksschule blieb für
ca. 93 % der Bevölkerung die einzige Schule.[29]

Insgesamt stand die Dressur zu Sauberkeit und Disziplin obenan, verbunden mit
dem Einprägen von Gottesfurcht, Kaisertreue und Vaterlandsliebe. In der Schule
erhielt der Heranwachsende „seine ersten Lektionen in Patriotismus und Unter-
tänigkeit."[30] Gerade gegenüber Arbeiterkindern, die quasi schon den „Bazillus
der Sozialdemokratie" in sich trugen, waren körperliche und seelische Strafen an
der Tagesordnung. Aufgrund der großen Anzahl von Schülern,[31] die ein Lehrer
zu betreuen hatte, funktionierte nur „Kasernenhofpädagogik". Man drillte
Fertigkeiten, paukte Wissen ein und fragte es ab, auch in den weiterführenden
Schulen. Die Heranwachsenden wurden als Material behandelt, für dessen
Formung der Lehrer dem Staat verantwortlich war.[32] Die Volksschule wurde
mehr und mehr zur Lernschule, die nur das allernotwendigste Grundwissen ver-
mittelte.[33]

Wie in der Familie so waren auch in der Schule Prügelstrafen an der Tagesordnung. Ludwig B. gab beispielsweise an, sein Lehrer im 6. Schuljahr hätte die
Schüler „barbarisch gehaut".

2.1.1.2.2 Reformgedanken

Nach der Wende zum 20. Jahrhundert mehrte sich die Kritik am persönlichkeits-
feindlichen Charakter der Schule. Reformgedanken, wie die zur Kunsterziehung
oder zur Arbeitsschule, die Jugendbewegung und andere Initiativen beeinfluss-
ten Lehrerinnen und Lehrer bis in die Volksschulen der großen Städte hinein.[34]
Mit dem Begriff „Reformpädagogik" wurde eine Vielzahl erzieherischer Bestre-
bungen zusammengefasst, die in der Kritik an der autoritären Lern- und Buch-
schule des Kaiserreichs ihr gemeinsames Zentrum hatten, aber über die Schule
hinaus auch gesellschafts- und kulturkritisch argumentierten. Es entfaltete sich

---

[28] *Tenorth* (2000) S. 204

[29] *Groß* (1977) S. 87

[30]*Doerry* (1986) S. 100

[31] Bis zum Beginn des 1. Weltkriegs konnte durch laufende Steigerung der Investitionen für
Schulbauten und Lehrerplanstellen die durchschnittliche Klassengröße auf 50 Schüler gesenkt
werden (1871: 80 Schüler auf einen Lehrer).

[32] *Maase* (1996) S. 104

[33] *Groß* (1977) S. 86

[34] *Maase* (1996) S. 104

ein umfassender Erneuerungswille, der alle Lebens- und Erziehungsverhältnisse ergreifen wollte.[35]

In München wurden die reformpädagogischen Ideen schon früh in die Praxis umgesetzt, was in erster Linie das Werk des damaligen Stadtschulrats Georg Kerschensteiner war, der als „Schaufenster der deutschen Reformpädagogik"[36] bezeichnet wird und als Schöpfer der deutschen Berufsschule in die Geschichte einging.

2.1.1.2.3 Fortbildungsschule

Ludwig B. besuchte nach der Volksschule ab 1912 eine so genannte Volksfortbildungsschule. Johanna ging nach Beendigung der Volksschule drei Jahre lang auf eine Kaufmännische Fortbildungsschule und lernte dort Englisch, Korrespondenz und Schreibmaschinenschreiben mit dem Ziel, später eine Anstellung in einem Büro als Buchhalterin zu bekommen.

Die Fortbildungsschulen (ab 1923 wurden sie Berufsschulen genannt) gingen auf die Idee des Münchner Stadtschulrats Georg Kerschensteiner zurück. Er war der Ansicht, dass es ein Verhängnis wäre, wenn 14-Jährige gerade in dem Augenblick, wo sie besonders der Führung und Hilfe bedürften, aus der Volksschule entlassen und der Brutalität des Arbeitsmarktes ausgesetzt würden. Also setzte er sich für die Fortsetzung der Schulpflicht bis zum 18. Lebensjahr ein (für die Masse der handarbeitenden Bevölkerung in Gestalt einer sich an die Volksschule anschließenden dreijährigen Pflichtberufsschule). Die Jugend sollte damit (nach der Entlassung aus der Volksschule) durch Berufserziehung zweckmäßig für die bürgerliche Gesellschaft erzogen werden.

Darin kann einerseits ein Versuch des Staates gesehen werden, auch jenseits der Volksschule das Leben der Heranwachsenden im politisch erwünschten Sinne zu kontrollieren, und zwar gegen die verderblich geltenden Einflüsse von Kino und Straße, Alkohol und Freizeit, Sozialdemokratie und Arbeiterjugend.[37] Andererseits wurde in der Fortbildungsschule aber auch der Ort erkannt, an dem für den Arbeiter im Prozess der Industrialisierung die Qualifikation verbessert und der technische Fortschritt ermöglicht wurde. Die Fortbildungsschulen sollten die Idee des Berufes zur Grundlage der Bildung machen. Kerschensteiner hatte zudem das Anliegen, das steile Bildungsgefälle zu beseitigen: Auch die unteren Volksschichten sollten die Chance wirklicher Bildung erhalten; Bildung verstanden als „Formgebung des ganzen Menschen von innen heraus".[38] Wer sich schon früh auf seinen Beruf einstellen müsste, bräuchte deshalb nicht den An-

---

[35] *Tenorth* (2000) S. 210

[36] *Wilhelm* (1991) S. 105

[37] *Tenorth* (2000) S. 246

[38] *Wilhelm* (1991) S. 113 f.

spruch auf wirkliche Bildung aufzugeben. Schulen, die der beruflichen Ausbildung dienten, könnten so organisiert werden, dass die „Berufsbildung die Pforte zur Menschenbildung" darstellen würde.[39]

2.1.1.2.4 Arbeitsschule

Johanna besuchte außerdem eine Frauenarbeitsschule, aus der sie jedoch nach nur zwei Monaten hinausgeworfen wurde. In den Frauenarbeitsschulen wurde den jungen Frauen Hauswirtschaft und Handarbeiten beigebracht.

„Arbeitsschule" war im reformpädagogischen Sprachgebrauch gleichbedeutend mit einer Pädagogik, die das Selbst-Erarbeiten als den Schlüssel produktiven Lernens betrachtete. Kerschensteiner war sehr von der Idee der „Arbeitsschule" angetan, der die Erkenntnis zugrunde lag, dass Lernprozesse umso wirkungsvoller seien, je mehr sie es dem Lernenden möglich machten, die eigene Leistung auf ihre Brauchbarkeit zu überprüfen. Notwendig sei die „Lebensnähe" aller Bildung. Auch schätzte er das praktisch werkende Tun im Rahmen der Arbeitsschule als erzieherisch wertvoll ein für die Heranbildung des zukünftigen Staatsbürgers.[40]

2.1.1.3 Erziehung außerhalb von Familie und Schule

Selbst außerhalb von Familie und Schule unterlagen alle Minderjährigen weit reichender Kontrolle durch Erwachsene. Im städtischen Raum war neben Polizisten und Parkaufsehern eine Vielzahl „informeller Ortswächter" präsent, mit deren Auftauchen und Strafmaßnahmen stets zu rechnen war. Zudem sah sich nahezu jeder Erwachsene als befugt an, gegen Kinder einzuschreiten, nötigenfalls unter Einsatz von körperlicher Gewalt.[41]

Beispielsweise hatte im Jahr 1912 eine Buchhalterin die damals 12-jährige Johanna beobachtet, wie diese mittels eines Eisenstückes einen Kragenschoner durch den Lufterneuerer eines Kaufhausschaufensters herauszufischen versuchte. Sie hinderte Johanna an ihrem Vorhaben „durch Verabreichung einer geringen Züchtigung", woraufhin Johanna trotzig meinte, das gehe sie gar nichts an. Nach Mitteilung an Johannas Mutter bemerkte diese in ärgerlicher Weise, das seien halt Jugendstreiche, sie solle sich doch um anderer Leute Kinder kümmern. An diesem Beispiel wird deutlich, dass es damals bei Erwachsenen im Gegensatz zu heute allgemein üblich war, sich in die Erziehung fremder Kinder einzumischen, notfalls auch mit „Züchtigung". Die verärgerte Reaktion von Johannas Mutter, die Johanna verteidigt, wird als ungewöhnlich und als Zeichen für schlechte Erziehung erachtet. So bemerkte auch Rüdin: „Der diebischen Nei-

---

[39] *Wilhelm* (1991) S. 118

[40] *Wilhelm* (1991) S. 106, 118

[41] *Maase* (1996) S. 104

gung (...) wurde zuhause nicht das nötige Gegengewicht entgegengesetzt. Man nahm sie mit ihren Unarten und verbrecherischen Neigungen gegenüber Fremden eher in Schutz, sprach beschönigend von ‚Jugendstreichen'."[42]

2.1.2 Das Postulat gewaltfreier Erziehung

Noch Ende der 1920er Jahre befürwortete die Mehrheit der Deutschen die Prügelstrafe.[43] Es dauerte weitere Jahrzehnte bis sich diese Einstellung änderte. In Folge eines allgemeinen gesellschaftlichen Wertewandels ist die Akzeptanz gegenüber schweren Züchtigungsformen geschwunden. Dennoch sind erschreckender Weise auch heute noch schwere Körperstrafen bei etwa einem Fünftel der Familien (20,7%) anzutreffen und leichte Körperstrafen werden von 61% der Eltern häufiger bei der Erziehung eingesetzt. Befragungen in den 1990er Jahren zufolge haben 43,5 % der Jugendlichen schon deftige Ohrfeigen erfahren und 30,6 % eine Tracht Prügel.[44]

Viele wissenschaftliche Studien stellen fest, dass Gewalt in der Erziehung nur negative Effekte hat. So kommt *Straus* in seiner Studie aus den USA von 1991 zur Schlussfolgerung, körperliche Bestrafungen durch Eltern oder Lehrer mögen vielleicht für den Augenblick angepasstes Verhalten erzeugen, auf lange Sicht aber führen sie zum Gegenteil, sie erhöhen im weiteren Lebensweg der Bestraften die Wahrscheinlichkeit abweichenden Verhaltens inklusive der Begehung von Straftaten. Und je mehr eine Gesellschaft Gewalt in der Erziehung akzeptiert, desto mehr Gewalt erwächst daraus.[45]

Aus diesem Gedanken heraus ist es erfreulich, dass in Deutschland die Prügelstrafe als Erziehungsmittel offiziell größtenteils geächtet und als schädlich für die Entwicklung der Kinder erkannt wird. Der Gesetzgeber hat diese Grundhaltung in jüngerer Zeit gesetzlich verankert: Mit dem Gesetz zur Ächtung der Gewalt in der Erziehung und zur Änderung des Kinderunterhaltsrechts (BGBl. I 1479 v. 7.11.2000) wurde § 1631 BGB neu gefasst und beinhaltet nun in Abs. 2 den Satz: „Kinder haben ein Recht auf gewaltfreie Erziehung. Körperliche Bestrafungen, seelische Verletzungen und andere entwürdigende Maßnahmen sind unzulässig." Dem Gesetzgeber kam es im Sinne einer Appellfunktion in erster Linie auf eine Bewusstseinsänderung in der Bevölkerung an. Zudem können Verstöße gegen § 1631 II BGB eine Strafverfolgung nach § 223 ff. StGB (Körperverletzung)

---

[42] Anhang C b. Gutachten Z. S. 91

[43] *Tenorth.*(2000) S. 200

[44] *Bussmann* (2000) S. 437

[45] *Straus* (1991) S. 133 ff.

oder Maßnahmen nach den §§ 1666, 1666a BGB (Entziehung des Sorgerechts, Trennung des Kindes von den Eltern) veranlassen.[46]

Unabhängig von diesem positiven Ansatz muss darauf aufmerksam gemacht werden, dass Kindern viele Rechte, die für Erwachsene selbstverständlich sind, vorenthalten werden, und sie somit verschiedene Formen von Gewalt erfahren, ohne dass sie sich dagegen wehren können. In dieser Richtung besteht nach wie vor großer Handlungsbedarf. *Von Braunmühl* prangert den mangelnden Schutz der Kinder durch den Gesetzgeber an: „dieser Gesetzgeber räumt sog. ‚erziehungsberechtigten' Erwachsenen Sonderrechte ein, die das Kind außerhalb des Schutzes der Menschenrechte, des Grundgesetzes, des staatlichen Gewaltmonopols und des Wertsystems der Gesellschaft stellen. Eltern sind berechtigt, ihre Kinder zu bestehlen, zu belügen, zu betrügen, zu berauben, zu beleidigen, zu bedrohen, zu erpressen, zu nötigen, einzusperren, zu schlagen, ihnen die Haare abzuschneiden, ihnen Körperverletzungen beizubringen, sie auszuziehen, zu betasten, zu streicheln, zu küssen, ihre Freundschaften zu unterbinden und vielerlei mehr, wozu Menschen sonst nicht berechtigt sind, weil es die Würde und Freiheit der ‚Opfer' verletzt, die der Staat zu schützen sich sonst für berufen erklärt. Dies ist kein Vorwurf, sondern die Feststellung einer unleugbaren und hochoffiziellen Tatsache. (...) Die Macht der Eltern ist de jure und de facto unbegrenzt, solange sie nicht von außen erkennbaren Missbrauch mit ihr treiben."[47]

Wenn man sich dieser an sich rechtlosen Situation der Kinder bewusst ist und „Gewalt" in der Erziehung nicht nur auf die klassische Prügelstrafe bezieht, so sieht man, dass es noch ein langer Weg zur gewaltfreien Erziehung ist.

2.2 Kontrolle der Jugend durch Verdammung der neuen Medien

Besonders die Jugend ist in der Regel Neuem gegenüber aufgeschlossen, also auch neuen Angeboten im Medienbereich. In den Strafakten von Ludwig und Johanna liest man Bemerkungen über den „Schundkonsum" der Jugendlichen in Form von „Schundliteratur" und dem damals neuen Medium des Kinofilms. Aus diesen Bemerkungen lässt sich die große Ernsthaftigkeit bei dem Umgang mit der Thematik erkennen, sowie die Auffassung, diese Medien hätten verderblichen Einfluss auf Jugendliche bis hin zur Kriminalisierung.

Bei der ungeheuren Fülle an Veröffentlichungen über das Thema negative Medieneinflüsse auf Jugendliche im Laufe der letzten hundert Jahre, drängt sich der Verdacht auf, dass es den Medienkritikern in Wahrheit gar nicht um den

---

[46] *Palandt-Diederichsen* (2002), § 1631 Rn. 9 f. Dem Ziel, die Gewalt in der Erziehung zu ächten, ohne die Familie zu diskriminieren, dient vor allem auch § 16 I 3 SGB VIII, wonach die Leistungen der allgemeinen Förderung der Erziehung in der Familie auch Wege aufzeigen sollen, wie Konfliktsituationen in der Familie gewaltfrei gelöst werden können. Die Jugendämter haben gewaltgefährdeten Eltern Angebote zu machen, wie sie lernen können, in Krisen mit ihren Kindern gewaltfrei umzugehen.

[47] *Braunmühl* (1986) S. 116

Schutz der Jugend vor wirklichen Gefahren geht, sondern vielmehr um Kontrolle der Jugendlichen durch die Erwachsenenwelt.

2.2.1 Medieneinflüsse auf Ludwig B. und Johanna Z.

Schon zu Beginn des 20. Jahrhunderts war die Mediennutzung und ihre Wirkungen auf Jugendliche ein in der Öffentlichkeit und den Medien heiß diskutiertes Thema.

Von verschiedenen Seiten wird mehrfach kritisch erwähnt, dass Ludwig B. „Schundliteratur" („Schundromane", „Schauergeschichten", „Räuber- und Indianergeschichten") lesen und viel ins Kino gehen würde, mit der Folgerung, dass er dadurch auf die schiefe Bahn geraten sei. Auch sein Detektivwahn schien diesen Medien entsprungen zu sein. In den Akten kommt zum Ausdruck, welcher Einfluss diesen Beschäftigungen auf Ludwig zugemessen wurde. Hierin wurde Ludwig als „ein verwegener, jeder Straftat fähiger Mensch" beschrieben, der „durch Lektüre von Räuber- und Indianergeschichten auf diese Laufbahn gekommen" wäre. Nach Angaben der Lokalschulkommission wäre „eine liebste Erholung dem Ludwig auch der Kinobesuch, der einen großen Einfluss auf ihn ausüben dürfte". Ludwig selbst sagte, dass er äußerst gern ins Kino gegangen sei, „seit 6 Jahren in Pasing mindestens 300 mal". Er hätte es mal zusammengerechnet. In jede Vorstellung wäre er gegangen, „übersehn hab ich noch nie keins". Geld dazu hätte er von seiner Mutter gehabt.

Im Fall Johanna Z. wird Johannas Medienkonsum genau unter die Lupe genommen, da sie auch als Grund für ihren Mord die Lektüre des Romans „Opfer der Wissenschaft" angibt. Im Erstgutachten des Bezirksarztes wird Johannas Angabe zitiert, sie lese „neben guten Büchern, wie Karl May und Jules Vernes mit Vorliebe Colportagegeschichten". In letzter Zeit hätte besonders eine Geschichte großen Eindruck auf sie gemacht: „Die Opfer der Wissenschaft, in der ein Arzt seine Opfer erschießt, um damit Versuche zu machen".

Gegenüber Rüdin begründet Johanna ihre Entscheidung, nicht mehr in die Wohnung des Mordopfers zurückzukehren mit Erfahrungen aus Romanheften: „Aus den Hefteln wusste sie, dass es den Mörder immer an seinen Tatort zurückzieht und dass man ihn da am ehesten erwischen kann. ‚Aus diesem Grunde bin ich nicht mit in die Wohnung hinein'." Bei ihrer List mit dem anonymen Brief wäre sie von den Medien inspiriert worden: „Dass man jemand mit einem Brief fortlocke, komme auch in den Büchlein, auch im Kino vor. Bei den Hefteln habe hauptsächlich das den Anlass gegeben, dass ‚sie nie aufgekommen sind'." Auf die Frage, warum sie ihre Tat nicht gebeichtet hätte, antwortete Johanna: „Und dann habe sie mal im Kino gesehen, dass sich ein Detektiv in einen Pfarrer umgezogen und die Beichte abgenommen habe und da habe sie sich gedacht, das könnte ihr am Ende auch passieren. Es könne aber auch schon sein, dass sie daran gedacht habe, dass der Pfarrer als anständiger Mensch ihr nach der Beicht dann keine Ruhe mehr gelassen hätte, bis sie es selbst eingestanden und sich angezeigt hätte, was sie aber nicht gewollte habe.“[48]

Der Gutachter Rüdin stellt eine vergiftende Wirkung von Schundliteratur fest: „Ihre Fantasietätigkeit ist eine sehr lebhafte, neigt zum Theaterspiel, zur Lektüre aufregender Schundliteratur hin und wird rückwirkend durch diese letztere wiederum vergiftet.“ Die findige, stets bereite Fantasie würde Johanna die Rechtsbrüche sehr erleichtern und „Schwierigkeiten, die sich ihr bei Plan und Ausführung und bei der Verheimlichung ihrer Täterschaft entgegenstellen, verhältnismäßig leicht und rasch beseitigen“ helfen. Auch würde die Fantasie ihr das Lügen erleichtern.[49] Mitgrund für das kriminelle Verhalten wäre „das gewiss nicht gerade gute Beispiel, (...) das ihr auch in Kino und Lektüre gegeben wurde. Dass sie, einem Knaben gleich, Schundromane im Stiele Nic Carters u.s.w. verschlungen hat, scheint festzustehen. Die verderbliche Wirkung dieser blutrünstigen Lektüre auf an und für sich abnorme junge Menschen ist ja zur Genüge bekannt. Auch das Kino wird in dieser Hinsicht gewirkt haben. Der verderbliche Einfluss von Darstellungen, die gerade in der letzten Zeit wieder an sogen. Detektivabenteuern das möglichste bieten und in denen auch Täuschungsbriefe meist einen breiten Raum einnehmen, ist ja oft genug betont worden. Auf Jugendliche, mit mysterisch-pathologischer Veranlagung und Überreizung, können solche lebendige Beschreibungen von Taten, die dem Täter den Nimbus des Außergewöhnlichen verleihen bis zur Betäubung aller sittlichen Regungen und Hemmungen wirken.“[50] Für Rüdin ist die „verhängnisvolle Suggestion durch Schauerromane und Kinovorstellungen“ jedenfalls Miturssache für die grausige Tat.[51]

Im Gerichtsurteil wird zu Johannas Leseverhalten und dessen Auswirkung ausführlich Stellung bezogen: „Mangels ernsthafter Beschäftigung befasste die Angeklagte sich viel mit schlechter Lektüre; sie las häufig Indianererzählungen, billige Schundromane und sonstige Erzeugnisse der Schundliteratur, die sie meist bei Bekannten entlehnte. Nicht zuletzt infolge dieser Lektüre entwickelte sich bei ihr ein Hang zum Romanhaften und zu phantastischen, mit ihren wirklichen Verhältnissen nicht in Einklang stehenden Plänen. (...) Angesichts dieser durchaus ungeordneten Lebensführung und haltlosen Charakterveranlagung der Angeklagten ist es nicht verwunderlich, dass sie auf der von ihr schon betretenen Bahn des Verbrechens immer tiefer hinabglitt. (...) Auf den Gedanken, die Tat zu begehen, sei sie durch das Lesen von Indianer- und Räubergeschichten, sowie eines Buches ‚Opfer der Wissenschaft‘ gekommen, in welchem geschildert sei, wie ein Arzt, ohne entdeckt zu werden, Patienten in seine Wohnung lockt und umbringt, um wissenschaftliche Aufgaben zu lösen.“[52]

---

[48] Anhang C b. Gutachten Z. S. 69 unten

[49] Anhang C b. Gutachten Z. S. 78 Mitte

[50] Anhang C b. Gutachten Z. S. 92 oben

[51] Anhang C b. Gutachten Z. S. 92 unten

[52] Anhang C c. Urteil Z. S. 4 Mitte, S. 10 unten

2.2.2 Hintergründe für die Beliebtheit damaliger Medien bei den Jugendlichen und die Bekämpfung durch die Erwachsnen

Um nachvollziehen zu können, welche Brisanz und Tragweite das Thema „Schund" im zweiten Jahrzehnt des 20. Jahrhunderts hatte, sollen die zu dieser Zeit bei den Jugendlichen beliebten und von der älteren Generation kritisch betrachteten und bekämpften Massenmedien – die so genannte Schundliteratur und das damals neue Kino – genauer untersucht werden.

2.2.2.1 „Schundliteratur"

Nach Einführung der allgemeinen Schulpflicht im Deutschen Reich (1890) und dem Rückgang des Analphabetismus war das Lesen nicht mehr Privileg der höheren Gesellschaftsschichten. Da aber die breite Bevölkerungsschicht in der Schule gerade einmal die Grundlagen des Lesens und Schreibens gelernt hatte, waren die Voraussetzungen für ein Verständnis anspruchsvoller Literatur nur in den seltensten Fällen gegeben. Die Masse der Leser hatte zwar das Lesen, nicht aber das Reflektieren über den Lesestoff gelernt. Das ermöglichte die ungeheure Popularität anspruchslosester Lesestoffe.[53]

Im Arbeitermilieu bildeten die nach 1900 Heranwachsenden die erste voll „literarisierte" Generation. Sie entwickelten eine Gewohnheit, die den Älteren noch kaum vertraut war: die alltägliche Lektüre längerer fiktionaler Texte. Im bürgerlichen und kleinbürgerlichen Milieu hatten Eltern zwar meist Erfahrung mit abenteuerlichen und romantischen Lesestoffen; sie kannten auch schon Kolportagehefe mit abgeschlossenen Erzählungen. Doch wurde an den Groschenheftserien ab 1905 einiges als neu und erschreckend wahrgenommen: die Aufmachung mit farbigen Umschlägen, die besonders grauenhafte oder dramatische Szenen zeigten; vor allem aber der Wechsel aus der Exotik räumlicher und zeitlicher Ferne in „das verwickelte Getriebe unseres Gegenwarts- und Großstadtlebens". Für viele Erwachsene erhielten die modernen Detektiv- und Verbrechensge-

---

[53] *Schenda* (1977) S. 50; Bemerkung: Auch zu Beginn des 21. Jahrhunderts vermag es das deutsche Bildungssystem nicht, der breiten Masse ein gewisses Maß an Lesekompetenz zu vermitteln. Laut PISA-Studie kann fast ein Viertel der Jugendlichen in Deutschland nur auf einem elementaren Niveau lesen. Im Bereich Lesen liegen die durchschnittlichen Leistungen der Jugendlichen in Deutschland unter dem Mittelwert der OECD-Mitgliedsstaaten. Im Hinblick auf Lesekompetenz prüfte PISA, inwieweit Schülerinnen und Schüler in der Lage sind, geschriebenen Texten gezielt Informationen zu entnehmen, die dargestellten Inhalte zu verstehen und zu interpretieren sowie das Material im Hinblick auf Inhalte und Form zu bewerten. Der Anteil von Schülerinnen und Schülern in Deutschland, die lediglich die Elementarstufe (lediglich Auffindung explizit angegebener Informationen in einer vertrauten Art von Text, wenn dieser nur wenige konkurrierende Elemente enthält, die von der relevanten Information ablenken könnten) erreichen, liegt bei 13 %; fast 10 % erreichen nicht einmal diese Stufe. 42 % der Jugendlichen gaben an, nicht zum Vergnügen zu lesen. *Stanat/Artelt* (2002) http://www.mpib-berlin.mpg.de/ pisa/

schichten gerade damit eine bislang unbekannte Qualität; sie schienen im Unterschied zur eigenen, harmlosen Wildwestlektüre höchst gefährlich.[54]

Die Jahre 1905-1914 waren die goldenen Jahre des deutschen Heftromans, nie vorher und nie wieder hat es so viele Serien und so hohe Auflagen gegeben. In diesen Jahren setzte sich das Groschenheft nach US-amerikanischem Vorbild mit seinen Serienhelden (z.B. 1905 „Buffalo Bill", 1906 „Nick Carter", „Nat Pinkerton") gegenüber dem bis dahin vorherrschenden Kolportageheft mit Fortsetzungscharakter endgültig durch. Vor dem 1. Weltkrieg erschienen in Deutschland ca. 100 Heftreihen.[55] Da die Hefte über Jahre im Umlauf blieben, sammelte sich ein großer Bestand in Kinderhand.[56] Speziell für Jugendliche gab es um 1910 auch die Hefte über Jungens- und Backfischstreiche (z.B. über den „Bund der Sieben").

2.2.2.2 Kino

Nach der ersten öffentlichen Filmvorführung der Brüder Lumière mit einem „Cinématographen" am 28. Dezember 1895 in Paris entwickelte sich zunächst ein ambulantes Kinogewerbe, das kurze Filmstreifen auf Jahrmärkten oder Rummelplätzen darbot. Die Popularität und der finanzielle Erfolg der Wanderkinos führten später zu einem ortsgebundenen Kinowesen. Anfang 1900 gab es nur zwei ständige Kinos in Deutschland, Anfang 1910 bereits 480.[57] Im Rahmen des stehenden Kinobetriebes wurden die Dokumentaraufnahmen, Aktualitäten und kurze Filmszenen, die Landschaften, Reiseberichte oder die „Wunder" der Natur zeigten, durch längere Unterhaltungsfilme ergänzt. Humoresken und Grotesken, dramatische und aktionsgeladene Szenen standen ab 1906/1907 immer häufiger auf dem Spielplan. Mit Steigerung der technischen Qualität der Filme durch flimmerfreie Projektionen kam als neue Filmgattung die „Cinéromans" oder „Sensationsdramen" hinzu. Typisch für diese neuen immer länger werdenden Spielfilme waren ihre sozialen Momente. Bei den gesellschaftlichen Unterschichten und insbesondere bei der proletarischen Großstadtjugend wurden sie begeistert aufgenommen.[58] Gegen Ende des 1. Weltkrieges kam es im deutschen Stummfilm, der damals noch vorherrschend war, zu einer wahren Flut von

---

[54] *Maase* (1996) S. 98

[55] *Galle* (1988) S. 46

[56] 1908 wird aus einer Berliner Volksschule berichtet, dass in zwei Klassen zwischen 80 und 95 % der Schüler angaben, Hefte gelesen zu haben. „Der größte Teil besaß noch solche Schmöker. Manche Knaben kannten 6, manche 9, etliche 10, einige 20 und mehr, einer sogar über 100 Hefte" *Schultze* (1911) S. 50

[57] *Kommer* (1979) S. 16

[58] *Kommer* (1979) S. 22

24

Detektivfilmen. Wie schon bei den Groschenheften wurde der Fortsetzungsfilm durch den Serienfilm verdrängt.[59]

Gerade die Arbeiter, aber auch allgemein die Jugendlichen, stürzten sich regelrecht auf das Kino, denn die Leinwand lenkte von Hunger und Sorgen ab, und für 30 Pfennig saß man im Winter gemütlich im Warmen. Bei einer Befragung in den 8. Klassen einer Volksschule in der Münchner Innenstadt im Jahr 1916 hatte bereits schon jeder Schüler (im Alter von 14-15) einmal das Kino besucht. Die durchschnittliche Anzahl der Besuche pro Person war seit 1913 (im Vergleich zu einer früheren Befragung) von 7 auf 80 gestiegen. Als Alter der ersten Kinoerfahrung gab ein Drittel der Schüler 6 Jahre und jünger an.[60] Die Münchner Befragung ergab außerdem, dass von 31 Schülern 21 schon länger als drei Stunden ununterbrochen im Kino gewesen waren, davon 9 fünf Stunden und länger.[61] Völlig unverständlich erschien den bürgerlichen Erwachsenen, dass Kinder mit ihrem „zarten Organismus" freiwillig und begeistert bis zu acht Stunden dort verbrachten, viele sogar regelmäßig. Denn für sie erwiesen sich die „Theater lebender Photographien" als fremde und feindliche Welt. Der Initiator der Befragung selbst stellte ausdrücklich klar: „Ich halte das Kinodrama (...) für eine ästhetische Unmöglichkeit und für eine ganz außerordentliche Beeinträchtigung einer gesunden, geistigen Entwicklung der Jugendlichen."[62]

2.2.2.3 Grenzziehung zur Erwachsenenwelt

Der Umgang der Kinder mit den neuartigen Medien wie Groschenheften und Kinofilmen überraschte die Erwachsenen. Gegenüber den neuen Massenkünsten konnten sie nicht auf das Kapital eigener Erfahrungen zurückgreifen. Hier waren sie nicht überlegen; deshalb nahmen sie die Praktiken der Halbwüchsigen als fremd wahr, und zwar ganz überwiegend im negativen Sinn: als herausfordernd, absurd, feindlich.[63]

Die neuen Genres, Groschenhefte und Kino, erlaubten Volksschülern mit begrenzten ästhetischen Kompetenzen, Spannung, Erregung, Mitfühlen, Erweiterung des Weltbildes, utopisches Tagträumen oder phantasievolles Probehandeln zu erleben und mit ihrem Dasein zu verknüpfen – sei es durch Bezug auf vertraute Lebenswelten und Sozialerfahrungen, sei es durch die Aktivierung elementarer Emotionen wie Liebe, Angst, Hoffnung, Enttäuschung. Das war

---

[59] Was James Bond für unsere Zeit bedeutet, das waren die Filmdetektive Stuart Webbs und Joe Debbs in den zehner und zwanziger Jahren des vorigen Jahrhunderts. Die Stuart Webbs-Serie brachte es im Laufe der Jahre auf ca. 50 Leinwandabenteuer. *Galle* (1988) S. 108

[60] *Schönhuber* (1918) S. 7

[61] *Schönhuber* (1918) S. 12

[62] *Schönhuber* (1918) S. 1

[63] *Maase* (1996) S. 97

sozusagen der Basisnutzen der neuen Massenkultur. Die schockierte Reaktion der Gebildeten und Erziehenden auf den „Schund" bot aber geradezu an, der Kunstaneignung noch einen Zusatznutzen abzugewinnen: symbolische Grenzziehung und demonstrative Schaffung eines belastungsfreien Raums.[64] Die Halbwüchsigen schufen um die neuen Massenkunstwaren herum Räume, in denen sie sich praktisch und symbolisch von Bedrückungen und Kontrollen des erwachsenendominierten Alltags freimachen konnten. Sie benutzten Kino und Groschenhefte nicht nur als Unterhaltung, sondern auch als Requisiten, mit denen sie öffentlich eine Grenzziehung in Szene setzten.

Erwachsene empfanden in derartigen Situationen, dass ihnen die Kinder als Fremde gegenübertraten. Sie reagierten darauf in erster Linie damit, dass sie die herausfordernde und verstörende Fremdheit zu beseitigen suchten, indem sie „Schund" und seine Nutzer radikal bekämpften; Kinder wurden regelrecht zu Feinden.[65]

2.2.3 Schundkampf und Kriminalisierungsvorwurf

Im so genannten Schundkampf zu Beginn des 20. Jahrhunderts engagierten sich Erwachsene der bürgerlichen Mittelschicht, vor allem aus der Lehrerschaft. Es wurden zahlreiche Vereine und Organisationen gegründet, wie z.B. die „Vereinigung zur Bekämpfung von Schund und Schmutz in Wort und Bild" des Pforzheimer Gymnasialprofessors (und badischen Lokalhistorikers) Karl Brunner, der später, im Jahre 1911, als literarischer Sachverständiger für die Gebiete Jugendschutz gegen Schundliteratur sowie für die Theater- und Filmzensur an das Polizeipräsidium Berlin berufen wurde. Zunächst hatte er sich ganz dem Kampf gegen die Schundliteratur gewidmet, doch dann münzte er als erster die bildungspolitische Diskussion über die Schundliteratur auf das Erscheinungsbild des Filmtheaters und später des Films an sich um.[66]

„Schund" wurde nicht definiert oder analysiert, sondern pauschal verdammt. Die negativen Wirkungen von Schundliteratur und „Schundfilms" wurden nicht erforscht, sondern standen von vornherein fest. Der Schundkampf diente insgesamt als Anlass für die Gründung von Organisationen und Institutionen, als Kern für Vereinsaktivitäten, als Vorwand für machtpolitische Aktionen, als Tarnkappe für die Durchsetzung ganz handfester politischer und ökonomischer Interessen.[67] Schundkampf bedeutete immer auch Lieferung von „guter" Literatur, war also primär Produktionskampf. Hinter dem Schundkampf versteckten sich massive ökonomische Interessen der Verleger, welche in der Massenpro-

---

[64] *Maase* (1996) S. 100

[65] *Maase*, (1996) S. 94

[66] *Schorr* (1990) S. 95

[67] *Schenda* (1976) S. 91 f.

26

duktion der Schundkonkurrenten die stärkste Bedrohung für den Absatz ihrer eigenen Literatur-Ware sehen mussten.[68] So war auch die von Karl Brunner ab 1910 herausgegebene „Hochwacht", die „Monatsschrift zur Bekämpfung des Schundes und Schmutzes in Wort und Bild", durchsetzt mit Werbung für „gute" Literatur und Rezensionen solcher Schriften.

Hauptvorwurf der Schundkämpfer war die Annahme, dass Jugendliche durch Schundkonsum zu Verbrechen verleitet würden. Das Thema „Verbrechen durch die Lektüre von Groschenheften" war in diesen Jahren ein wichtiger Beweis für die These von der Schädlichkeit der Heftliteratur. Die Beweise für einen Zusammenhang schienen auf der Hand zu liegen, da in den Zeitungen unzählige Schlagzeilen von Fällen, in denen die Verbrechen in den Heften imitiert wurden, erschienen.[69] Auch „Die Hochwacht" berichtete regelmäßig über „bemerkenswerte Fälle von schlimmen Wirkungen der Schundliteratur".[70]

Der Pädagoge *Hermann Weimer* beschrieb 1911 die Gefahren der „minderwertigen Hintertreppenliteratur": „Sie drohte den moralischen Halt der lesewütigen Jugend zu untergraben. Mussten doch im Laufe der Jahre eine ganze Reihe von Jugendverbrechen gerichtlich gesühnt werden, deren idealer Ursprung nachweislich auf den unheilvollen Einfluss jener Räuber- und Spitzbubenromane zurückzuführen war. In ihnen wird das Verbrechen verherrlicht: ihre Helden sind ,Meisterhelden, Meisterdiebe, Meistergauner und Meisterbanditen, die alles wagen, haarsträubende Abenteuer erleben, vor keiner Schandtat zurückschrecken, in die größten Gefahren kommen und doch niemals irgendwelchen Schaden davontragen'. Wer den starken Nachahmungstrieb kennt, der die Jugend beherrscht, den kann es nicht wundernehmen, dass solche effektvolle Helden sie zum Verbrechen verleiten."[71]

Für die so genannten „Schundfilms" wurde die gleiche Wirkung postuliert. Der Psychiater *Robert Gaupp* beschrieb eine tiefe und nachhaltige suggestive Wirkungen des Films auf jugendlichen Betrachter, und den „Kinematograph" als „Verführer zu schrecklichen und gefährlichen Handlungen".[72] Für Gerichtsassessor *Albert Hellwig* stand im Jahr 1911 fest, dass man von einer „allgemeinen kausalen Verknüpfung zwischen Schundfilm, besonders solchen kriminellen Inhalts, und Verbrechensübung" auszugehen habe, und dass „häufiges Anschauen von Schundfilmen mit fast mathematischer Sicherheit zu einer Verrohung des Jugendlichen führen muss".[73] Die Frage des Zusammenhangs zwischen Film und delinquentem Verhalten wurde in der Literatur aufgrund kasuistischer Erfahrungen behandelt. Hellwig war einer der ersten, der sich wissenschaftlich

---

[68] *Schenda* (1976) S. 86 f.

[69] *Galle* (1988) S. 85 f.

[70] *Brunner* (1910) S. 7

[71] *Weimer* (1911) S. 102

[72] *Gaupp* (1912) S. 269 f.

[73] *Hellwig* (1911)

mit den Wirkungen von Gewaltdarstellungen beschäftigte und recht bald seine Meinung ändern musste, weil er feststellte, „dass es außerordentlich schwer, ja fast unmöglich ist, in einem konkreten Fall diesen Zusammenhang nachzuweisen."[74] Er musste die Lückenhaftigkeit des empirischen Beweismaterials zugeben.[75]

„Schund" war angeblich auch verantwortlich für viele Eigentumsdelikte, um Mittel für den Schundkonsum zu erlangen, also eine regelrechte Beschaffungskriminalität.[76]

Auf der anderen Seite waren wohl die von den Schundkämpfern ausgelöste Diskussion um den Zusammenhang von Schundkonsum und Verbrechen sowie die Zeitungsberichte über die angeblichen Beweisfälle in vielen Fällen erst der Auslöser dafür, dass jugendliche Delinquenten Schundkonsum als Grund für ihr Delikt angaben, da sie auf diesem Weg ihre Schuld abschieben konnten und sich Strafmilderung erhofften.[77] Wenn sich allerdings ein Jugendlicher im Strafverfahren als Opfer des Schunds darstellte, wurde ihm in den seltensten Fällen Strafmilderung gewährt, sondern er wurde im Gegenteil als besonders durchtrieben dargestellt, da er dieses Thema für seine Zwecke ausnutzen würde. Hier zeigt sich die Widersprüchlichkeit der Schundkämpfer: einerseits stilisierten sie den Schund als Ursache des Verbrechens hoch, andererseits aber erkannten sie ihn nicht als Strafmilderungsgrund für die jugendlichen Angeklagten an.

Johanna Z. gab als Grund für den Mord an, sie wäre durch den Roman „Opfer der Wissenschaft"[78] dazu angeregt worden. Sie hätte nach der Lektüre an nichts mehr anderes denken können und wäre regelrecht zur Tat getrieben worden. Da Johanna diesen Grund aber erst nach mehreren Verhören genannt hatte und die Tat auch in keinem Zusammenhang mit der Handlung des genannten Romans steht, ist es wahrscheinlich, dass sie den Grund angegeben hat, weil sie sich Strafmilderung erhoffte. Möglicherweise wurde aber ihre Handlung durch eine

---

[74] *Kunczik* (1996) S. 11

[75] *Hellwig* (1913) S. 74 f.

[76] „Es gehört bereits zu den typischen Richtererfahrungen, dass von den Jugendlichen soundsoviele Diebstähle zu dem ausschließlichen Zwecke begangen werden, die Kinos besuchen zu können." *Schönhuber* (1918) S. 33

[77] „Dass Angeklagte aber ein recht großes Interesse daran haben, sich als Opfer der Schundliteratur oder der Schundfilms hinzustellen, bedarf keiner weiteren Erörterung. (...) Da nun seit Jahr und Tag nicht nur allgemein auf die großen Gefahren der Schundliteratur, sondern auch auf den Verbrechensanreiz durch kriminelle Schundfilms in Vorträgen und Zeitungsberichten hingewiesen wird, ist es kein Wunder, dass die jugendlichen Missetäter auch Kenntnis davon haben, dass man den Kinematographentheatern mit ihren recht gefährlichen Vorführungen ein gut Teil Schuld an manchen Vergehen jugendlicher Personen aufbürdet." *Hellwig* (1913) S. 75

[78] *Stinde, Julius* (1878)

Persönlichkeitsstörung beeinflusst,[79] so dass sie im Nachhinein selbst nicht mehr sagen konnte, weshalb sie die Tat eigentlich begangen hatte. Aus einem solchen Unverständnis heraus könnte es leicht geschehen sein, dass Johanna auf die Erklärung mit dem Roman verfiel, weil sie von den Vernehmenden mit ihren Fragen bezüglich ihrer Lektüre darauf gestoßen wurde.

Von behördlicher Seite wurde der Medieneinfluss ganz konkret thematisiert: In den Akten der Staatsanwaltschaft des Landgerichts München I finden sich sowohl im Fall Ludwig B. als auch im Fall Johanna Z. Formulare mit einem Fragenkatalog für behördliche Erkundigungen, in denen unter anderem nach Beschäftigung und Umgang außerhalb der Schule gefragt wurde und die Themen „Schundliteratur" und „Kinobesuch" im Zusammenhang mit „Neigung zum Trinken, Rauchen, Streunen, Leichtsinn, zu Roheit, Widersetzlichkeit, (...) schlechter Kameradschaft" standen.[80] In diesem negativem Zusammenhang auf die Themen Schundliteratur und Kino sensibilisiert, verwundert es nicht, dass sie häufig kritische Erwähnung in Stellungnahmen der Behörden, in psychiatrischen Gutachten und Urteilen finden. Auf solche Fälle stürzten sich wiederum Zeitungen und Schundkämpfer und sahen sie als Beweise für die kriminalisierende Wirkung der Medien an.

An diesem Vorgehen hat sich bis heute nichts geändert. Als Paradebeispiel eines modernen Schundkämpfers tritt *Werner Glogauer* auf. In seinen Werken stellt er in allen Einzelheiten die negativsten Beispiele der modernen Medien dar, zeigt die Beliebtheit dieser Medien bei der Jugend auf und beschreibt eine Vielzahl von Verbrechen, die angeblich im Zusammenhang mit Medienkonsum stehen.[81]

Motiv für die pauschale Verdammung aller neuen Medien und die übertriebene Darstellung ihrer Gefahren für die Jugend ist wohl weniger der Schutz der Jugend als eine unbewusste Angst vor den ungewohnten neuen Medien und vor Verlust der Kontrolle über die Jugendlichen.

2.2.4 Kritik hinsichtlich neuer Medien im Laufe der Geschichte

Betrachtet man die Reaktionen der Gesellschaft auf Einführung neuer Medien im Laufe der Geschichte, wird einem bewusst, dass sich die Diskussionen und die pessimistische Haltung gegenüber neuen Medien und deren angeblichen Gefahren stets wiederholen. Standen zu Beginn des 20. Jahrhunderts Groschen-

---

[79] siehe Kapitel 3.4.2.3.2

[80] siehe auch Kapitel 4.1.3.3. Frage Nr. 4: „Bisherige Führung in der Schule und Beschäftigung und Umgang außerhalb der Schule? (Neigung zum Trinken, Rauchen, Streunen, Leichtsinn, zu Roheit, Widersetzlichkeit, Schundliteratur, Kinobesuch, schlechter Kameradschaft?" Bayerisches Staatsarchiv München, Staatsanwaltschaft München I, 1733 (Ludwig B.), 1932 (Johanna Z.).

[81] Zum Beispiel in: *Glogauer* (1999): Die neuen Medien machen uns krank; *Glogauer* (1994): Kriminalisierung von Kindern und Jugendlichen durch Medien

hefte und das Kino in der Kritik, so sind es zu Beginn des 21. Jahrhunderts Horrorfilme und Computerspiele, denen ein negativer Einfluss auf die Jugend nachgesagt wird.

Bereits die Erfindung der Schrift wurde mit Sorge betrachtet.[82] Auch die Argumente wiederholten sich im Laufe der Geschichte immer wieder: So erwarteten Kritiker um 1800 vom neu eingeführten kommerziellen Buchverleih in England den Untergang der Kultur. Die Zukunft der bürgerlichen Gesellschaft wäre gefährdet, weil die Jugend durch sinnlosen, stupiden Lesestoff verdorben werden würde. Der kulturelle Niedergang der Gesellschaft wurde wiederum im Jahr 1985 mit nahezu identischen Argumenten prognostiziert, dieses Mal wegen der Einführung des kommerziellen Fernsehens und von Videotheken.[83]

Jugendliche, die im demonstrativen Umgang mit Produkten der Massenkultur (Schundliteratur, populäre Musik, Filme, Outfit) eine eigene Welt abgrenzen und sich so den Erwartungen Erwachsener entgegenstellen, sehen sich einer Erwachsenenwelt gegenüber, die nicht nur mit Unverständnis, Kontrollen und Strafen reagiert, sondern oft auch mit einer Aggressivität, die nur zu verstehen ist aus dem Wunsch, eine Erfahrung der Fremdheit radikal auszulöschen. Diese Reaktion zeigte bereits der Schundkampf zu Beginn des 20. Jahrhunderts. Auch bei späteren Auseinandersetzungen mit Jugendsubkulturen und Jugendstilen springt die unbewusste, unkontrollierte Neigung, Heranwachsende als Feinde zu deuten, ins Auge. Züge überschießender Aggressivität zeigt beispielsweise die Bekämpfung der Swing-Jugend im „Dritten Reich"; Heinrich Himmler forderte für die „Rädelsführer" der Swing-Jugend Prügel, Strafexerzieren und Zwangsarbeit im KZ für mindestens 2-3 Jahre.[84]

In den 1950er Jahren herrschte Halbstarken-Hysterie. Den „Terror einer ebenso labilen wie brutalen Generation von Halbwüchsigen"[85] führte man auf den Umgang mit Comics, Romanheften, Gangsterfilmen und Rock´n´Roll zurück. Comics wurden von Beginn an verderbliche Wirkungen auf Kinder und Jugend-

---

[82] *Platon* argumentierte in „Phaidros" durch die Erfindung des Alphabets werde den Seelen der Lernenden Vergessenheit eingeflößt aus Vernachlässigung der Erinnerung, weil sie im Vertrauen auf die Schrift sich nur von außen vermittels fremder Zeichen, nicht aber innerlich sich selbst und unmittelbar erinnern werden. Platon plädierte in der „Politheia" für eine Zensur der Märchen und Sagen, um zu verhindern, dass die Kinder Wertvorstellungen aufnehmen, die denen entgegengesetzt sind, welche sie, wenn sie erwachsen sind, haben sollen. *Kunczik* (1996) S. 7

[83] *Kunczik* (1996) S. 8

[84] *Peukert* (1980) S. 321

[85] *Born* in: Wochenend (Sonntagspost), Nr. 13, 29. März 1956, S. 3

liche zugeschrieben.[86] In den 1980er Jahren standen Videofilme und Privatfernsehen als Verderber der jugendlichen Moral in der Kritik.

Heute kann man kaum noch die „Gefahren" in Romanen über Indianer, Detektive oder „Backfischgeschichten" entdecken (wie sie zu Beginn des 20. Jahrhunderts gesehen wurden), da sie zum kindlichen Erfahrungsschatz der heutigen Großelterngeneration gehören. Jedoch scheint man sich – wohl mangels eigener kindlicher Erfahrung mit diesem Medium – über die Wirkungen gewalttätiger Computerspiele auf Jugendliche einig zu sein. Das zeigen beispielsweise die Medien-Reaktionen auf die Enthüllung, dass Robert Steinhäuser, der im April 2002 in einem Erfurter Gymnasium ein Blutbad anrichtete, eifriger Spieler eines brutalen Computerspiels, eines „Ego-Shooters", gewesen sein soll. Es war sogleich die Rede davon, dass er das Massaker am Computer eingeübt hätte.[87]

In der seit einigen Jahren geführten Debatte über die Gewaltbereitschaft Jugendlicher in Verbindung mit Mediennutzung scheint man die irritierende Nutzung von Massenkünsten durch Heranwachsende mit Feindschaft und Auslöschungswünschen beantworten zu wollen. Statt ihre Ratlosigkeit hinsichtlich der Verselbständigung der Massenmedien einzugestehen, projiziert die Gesellschaft der Erwachsenen ihre Ängste auf die eigenen Kinder, auf die Produkte einer Welt, deren Kontrolle der Elterngeneration entglitten ist.[88]

2.2.5 Theorien zur Medienwirkung auf Jugendliche

Kaum ein Bereich der Wirkungsforschung ist, gemessen an der Anzahl der Publikationen, so intensiv erforscht worden wie die Thematik der Wirkungen von Gewaltdarstellungen. Schätzungen zu Folge sind es bereits mehrere Tausend Publikationen.[89] Dennoch resultierten daraus lediglich eine Vielzahl sich untereinander widersprechender Theorien, ohne dass eine allgemeingültige Lösung zu diesem Problem gefunden werden konnte.

Entsprechende Forschungsarbeiten haben zur Herausbildung primär folgender bekannter Medien-Wirkungstheorien geführt: der „Katharsistheorie", der „Stimulationstheorie" und der „Habitualisierungstheorie".

---

[86] „Es ist nicht verwunderlich, dass die Kinderkriminalität seit dem Beginn der Comic-Book-Aera ein anderes Gesicht angenommen hat. Immer jüngere Kinder begehen immer brutaler werdende Verbrechen. (...) Es wird ja eine Atmosphäre der Bereitschaft zu verbrecherischen und kriminellen Handlungen geschaffen, und noch dazu werden technische Methoden gezeigt. Die natürliche Abenteuerlust wird in falsche Bahnen geworfen. Es gibt Fälle, wo eine direkte Nachahmung dessen, was im Comic Book gezeigt wurde, stattfand." *Mosse* (1954) S. 15 Comic-Books könnten außerdem auch Geisteskrankheiten auslösen oder verursachen. *Mosse* (1954) S. 12

[87] *Graff* in: SZ vom 15.11.2004, S. 2

[88] Maase (1996) S. 126

[89] *Kunczik* (1996) S. 13

2.2.5.1 Katharsistheorie

Die Katharsistheorie geht von einer aggressions-reduzierenden Wirkung aus: die Betrachtung von Gewaltdarstellungen führe zu einer Spannungsreduktion, zu einem Abbau der eigenen Aggression des Zuschauers durch Abreaktion. Diese Theorie gilt jedoch heute als wissenschaftlich überholt.[90]

2.2.5.2 Stimulationstheorie

Nach der auch heute noch weit verbreiteten Stimulationstheorie werden Aggressionen erlernt und nachgeahmt. Es wird ein Zusammenhang zwischen massenmedialer Gewaltdarstellung und konsekutiver realer Gewalt postuliert. Oft wird direkt vom Inhalt auf die vermutete Wirkung geschlossen, wenn man z.B. beim sog. „Leichenzählen"[91] die zunehmende Anzahl der Toten oder Verbrechen in Filmen oder im Fernsehprogramm aufzählt und darin die Ursache für zunehmende Gewaltverbrechen sieht. Es wird auf die gestiegene Brutalität in verschiedenen gesellschaftlichen Bereichen verwiesen, die sich zwar nicht in den offiziellen Kriminalstatistiken widerspiegelt (die Verbrechensquote bei schweren Gewalttaten und Mord ist seit Jahren rückläufig), aber von Lehrern, Eltern und anderen besorgten Pädagogen jederzeit abrufbar durch Einzelbeispiele belegt werden kann.[92]

Solche spektakulären Einzelbeispiele der letzten Jahre sind z.B. der „Satansmord" von Sonderhausen am 29.4.1993, (die Ermordung des Schülers Sandro Beyer durch eine Satanisten-Clique; angeblich Beeinflussung durch satanistische Musik); die Tat der zwei 10-jährigen Mörder des zweijährigen James Bulger aus Liverpool (12.2.1993) hatte große Ähnlichkeit mit dem Höhepunkt des Horrorfilms „Child's Play 3" als sie ihr Opfer mit blauer Farbe malträtiert und auf eine Eisenbahnschiene legten. Die Ähnlichkeiten der Tatausführung mit Szenen aus dem Film wurden als Hinweise auf direkte Imitationseffekte gedeutet.[93] Der Amokläufer von Erfurt im April 2002, der seinen Amoklauf am Computer „trainiert" haben soll.[94] In diesem Zusammenhang dürfen mögliche Medienwirkungen zweiter Ordnung nicht außer Betracht bleiben: Oftmals werden Taten erst durch die Berichterstattung über spektakuläre Imitations-Taten inspiriert und es kommt zur „Imitation der Imitation".

Ein Vertreter der Stimulationstheorie, *Bandura*, nahm an, dass Aggression durch Imitation und Verstärkung erlernt wird. Aggressive Vorbilder in der Familie und

---

[90] *Schwind* (2005) S. 282

[91] *Kunczik* (1996) S. 14

[92] *Grimm* (1996) S. 39

[93] *Grimm* (1996) S. 40

[94] *Graff* in: SZ vom 15.11.2004

in der Gruppe der Gleichaltrigen, Verstärkung durch Erfolge mit eigener Aggression und Modellfunktionen der Medien sind seiner Auffassung nach die wichtigsten kausalen Faktoren für die Gewalttätigkeit von Jugendlichen und Heranwachsenden.[95]

Gegen die Gefahr der Imitation von Violenz-Vorbildern spricht, dass die Inhibitions-Schranken sehr hoch sind und die sozialen Kontrollen streng. Schließlich gebe es Gesetze, die einen realen Mord hart sanktionieren und die Öffentlichkeit, die bereit wäre, den Kinderschänder zu lynchen.[96] Gegen die Imitationstheorie ist geltend zu machen, dass der Rezipient die Möglichkeit besitzt, das vorgeführte Handlungsmodell nach eingehender Prüfung zu verwerfen. Die Imitationstheorie unterschätzt das Lernpotential von medialen Gewaltdarstellungen insofern, als sie ausschließlich die Täterperspektive bedenkt und die Folgen für das Opfer vernachlässigt. Fernsehzuschauer sind keine Imitationsautomaten, sie reagieren vielmehr auf die Gewaltmodelle in differenzierter Weise. Dabei sind die Ausführungsaspekte der Gewalt nur ein Element im Rahmen eines komplexen Gesamtszenarios. Treten die negativen Handlungskonsequenzen in den Vordergrund, dann sinkt die Bereitschaft zur Übernahme der Täterrolle, während die Wahrscheinlichkeit von Aggressionshemmungen steigt.[97] Empirische Untersuchungen besagen in Bezug auf Fernsehgewalt, dass die Mehrheit der Fernsehzuschauer wenig Neigung verspürt, selbst Gewalt anzuwenden, wenn sie soeben auf dem Bildschirm die Ausführung extremer Gewalttätigkeiten inklusive deren Folgen beobachten konnte.[98]

Wenn Untersuchungen vorgelegt werden, dass Gewaltverbrecher auch viel Gewalt in Medien konsumieren, so darf man die Tatsache nicht außer Acht lassen, dass Gewaltdisponierte auch offenbar in stärkerem Maße zu Gewaltfilmen tendieren, als umgekehrt Gewaltfilme in der Lage sind, vorhandene Gewaltdispositionen zu verstärken. Die Affinität von Medienpräferenz und Persönlichkeitsfaktor ist primär subjektgesteuert und weniger durch Medienangebote determiniert.[99]

2.2.5.3 Habitualisierungstheorie

Nach der Habitualisierungstheorie (Gewöhnungs- bzw. Abstumpfungstheorie) ist „eine Abstumpfung der emotionalen Sensitivität der Rezipienten durch Gewaltdarstellungen im Fernsehen" zu befürchten. Danach soll durch die

---

[95] *Bandura A..:* The social learning perspective. Mechanisms of aggression. In: Touch H, ed. Psychology of Crime andCriminal Justice, New York 1979, zitiert nach *Nedopil* (2000) S. 211

[96] *Schenda* (1976) S. 119

[97] *Grimm* (1996) S. 144

[98] *Grimm* (1996) S. 96 f.

[99] *Grimm* (1996) S. 46

gewohnheitsmäßige Gewaltbetrachtung im Fernsehen erstens die Bereitschaft, selbst aggressives Verhalten zu zeigen, und zweitens die Gleichgültigkeit gegenüber Aggressionsopfern steigen.[100]

Dagegen spricht aber, dass beispielsweise durch inflationären Einsatz von Gewaltbildern in Nachrichtensendungen auch keine Desensibilisierung der Zuschauer entsteht. In einer Untersuchung von *Grimm* zeigten die untersuchten Nachrichtenseher bei Gewaltdarstellungen so starke körperliche Erregungszustände, dass ein sozioemotionaler Schaden eher in Bezug auf emotionale Überforderung als in Richtung Abstumpfung zu erwarten wäre.[101]

2.2.5.4 Zusammenfassende Bewertung

Es ist fraglich, ob ein wissenschaftlicher Nachweis für langfristige Medienwirkungen jemals erbracht werden kann. In der Kriminologie sind monokausale Zusammenhänge zwischen Mediennutzung und Verbrechensbegehung generell nicht nachweisbar, weil sozial abweichendes Verhalten meist mit Vernetzungen verschiedener Einflussfaktoren zu tun hat.[102] Je länger die betrachteten Zeiträume sind, desto komplexer werden die Wechselbeziehungen zwischen den Faktoren Familie, Milieu, persönlichen Veranlagungen und Medienerfahrungen. Die Medienwirkungsforschung kann die Wirkungen möglicher Erklärungsfaktoren nicht isolieren, d.h. ein konkretes Verhalten der Rezipienten nicht auf eine einzelne Ursache zurückführen.[103]

Die verschiedenen Richtungen der differenzierten Medienforschung sind sich daher in folgendem Punkt einig: Die Rezeption von Medieninhalten ist eingebettet in die Gesamtheit der Lebenswelt. Medien sind ein Sozialisationsfaktor neben anderen, und sie erhalten im Zusammenspiel mit diesen Bedeutung für die persönliche und soziale Haltung des rezipierten Subjekts. Weitgehende Einigkeit besteht entsprechend auch darin, dass Medien und ihre Inhalte in erster Linie Verstärkungseffekte haben, also bereits existente Dispositionen unterstützen, nicht aber neue generieren können. Einigkeit besteht schließlich darin, dass die entscheidenden Bedeutungen von Medien für das reale Leben in kumulativen Effekten, die sich nicht aus der Rezeption eines, sondern vieler, auch verschiedener Medien speisen, und in langfristig wirksamen Einflüssen auf das Denken und Verhalten, die im Zusammenspiel von Medien und Realität vonstatten gehen, zu suchen sind.[104]

---

[100] *Kunczik* (1975) S. 132, 134

[101] *Grimm* (1996) S. 142

[102] *Schwind* (2005) S. 287

[103] *Scholz/Joseph* (1993) S. 159

[104] *Theunert* (1996) S. 17 f.

Zusammenfassend kann festgestellt werden, dass Medien auf keinen Fall eine solch starke Wirkung auf Jugendliche haben, wie vielfach angenommen und medial ausgeschlachtet wird. Den Medien kann allenfalls Verstärkungsfunktion zugebilligt werden, so dass bereits vorhandene Aggressionen durch gezielte Nutzung aggressiver Medien kanalisiert und möglicherweise ausgebaut werden. Das „Schreckgespenst" neuer Medien und ihrer verderblichen Einflüsse erklärt sich oftmals durch Unkenntnis, Misstrauen und Kontrollwut der Erwachsenen hinsichtlich Neuem gegenüber aufgeschlossen Jugendlichen.

Durch Verbote und Zensur bestimmter Medien werden die eigentlichen Probleme aber nicht gelöst. Es sollte vielmehr nach den Ursachen gefahndet werden, warum manche Jugendliche zu übermäßigem Konsum gewalttätiger Medien neigen. Das Medium ist nicht Ursache für abweichendes Verhalten, sondern möglicherweise ein Signal, dass beim Jugendlichen in anderen Bereichen Defizite herrschen; möglicherweise mangelt es an sozialen Kontakten oder es bestehen Integrationsprobleme.

2.3 Waffenrecht und Gewaltverbrechen

Oftmals reagiert die Politik auf spektakuläre Gewaltdelikte mit einer Verschärfung des Waffenrechts. Fraglich ist, inwieweit ein schärferes Waffenrecht tatsächlich zur Reduzierung von Gewaltdelikten beitragen kann, oder ob die Gesetzesverschärfung nicht lediglich ein populistischer Akt ist, der von anderen Problemen ablenkt.

2.3.1 Waffenrecht zur Kaiserzeit

Es fällt auf, dass es weder Ludwig noch Johanna – trotz ihrer Jugend – schwer fiel, sich mit Schusswaffen zu versorgen. Ludwig bekam einige Revolver geschenkt, ein paar fand und reparierte er, und einige konnte er ganz offen in Geschäften erwerben. Johanna musste nur einem befreundeten Gymnasiasten erzählen, sie wollte eine Katze erschießen, bekam einen Revolver geliehen und erhielt sogar Einweisungen der Handhabung. Rüdin prangert in seinem Gutachten zu Johanna Z. an: „Auch die Gefahr der ‚Schusswaffen in Kinderhänden', die trotz aller Generalkommandoverbote leider immer noch besteht, ist wieder durch diese Tat erwiesen worden." Er betont auch, dass „die Leichtigkeit, mit der sie zu ihrem geladenen Revolver gelangte" Mitursache für die „grausige Tat" gewesen wäre.[105]

Daher stellt sich die Frage, ob die damaligen Vorschriften im Waffenrecht dem problemlosen Waffenerwerb durch Jugendliche nichts entgegenzusetzen hatten.

Ein spezielles Waffenrecht gab es zu dem damaligen Zeitpunkt noch nicht. Die erste reichseinheitliche Gesetz zum Waffenbesitz brachte erst das Schusswaffen-

---

[105] Anhang C b. Gutachten Z. S. 92 Mitte

gesetz vom 12.4.1928 (RGBl. I S. 143), das einzelne kollidierende ältere Vorschriften aufhob. Das Strafgesetzbuch für das Deutsche Reich von 1871 befasste sich nur in wenigen Vorschriften mit Waffen, hauptsächlich bei solchen, die Verwendung oder Mitführung von Schusswaffen bei Delikten strafverschärfend bewerteten. Das Vereinsgesetz schränkte das Führen von Waffen in gewissem Umfange ein, in dem es untersagte, Waffen bei Versammlungen, Aufmärschen oder Umzügen mit sich zu führen. Abgesehen davon war weder der Erwerb, der Besitz noch das Mitführen von Schusswaffen als solches strafbar.

Etwa zeitgleich mit dem Strafgesetzbuch erging im Königreich Bayern die „Königliche Allerhöchste Verordnung" vom 21.1.1872, mit der zunächst allen „unselbständigen" (d.h. ledigen) Personen das Führen bestimmter gefährlicher Waffen verboten wurde.[106] Später wurde diese Verordnung durch die weitergehende vom 19.11.1887 ersetzt. Nach dieser war die Führung bestimmter gefährlicher Waffen (u.a. von Revolvern) „Bettlern und Landstreichern, Zigeunern und allen nach Zigeunerart umherziehenden Personen" untersagt. Dieses Verbot galt auch für „wegen Geisteskrankheit entmündigten Personen" und „Personen unter 18 Jahren, für Lehrlinge, für die bei Eisenbahnbauten beschäftigten Arbeiter, dann für ledige Dienstboten, Taglöhner, Gewerbsgehilfen, Fabrikarbeiter und in der Hausindustrie beschäftigte Personen, endlich für die noch im Brode des Familienhauptes stehenden ledigen Haussöhne."[107] Bei Zuwiderhandlung gegen diese Verordnung sah das Polizeistrafgesetzbuch in Art. 39 eine Geldstrafe („bis zu fünfundvierzig Mark") oder Haftstrafe („bis zu acht Tagen") und die Möglichkeit der Einziehung der verbotenen Waffen vor.[108] Nach der Königliche Allerhöchste Verordnung vom 21.1.1872 war es somit Ludwig B. als Person unter 18 Jahren verboten, Waffen zu führen. Er konnte nach Art. 39 Polizeistrafgesetzbuch zu Geld- oder Haftstrafen verurteilt werden und seine Revolver konnten eingezogen werden. Die in Bayern geltenden verschärften Vorschriften hinderten Ludwig jedoch nicht wesentlich daran, seinem Drang nachzugehen, sich immer wieder Schusswaffen zu besorgen, und auch Johanna war es problemlos möglich, einen Revolver von einem gleichaltrigen Bekannten auszuleihen. Es war also weniger das Problem, dass es an waffenrechtlichen Verboten fehlen würde, als dass diese Verbote anscheinend in der Praxis nicht ausreichend durchgesetzt und kontrolliert wurden.

---

[106] Königliche Allerhöchste Verordnung das Verbot der Führung von Waffen zur Verhütung von Gefahren für die Sicherheit der Personen betreffend vom 21.1.1872, in: Regierungs-Blatt für das Königreich Bayern, 1872, 1, S. 331 f.

[107] Königliche Allerhöchste Verordnung das Verbot der Führung von Waffen zur Verhütung von Gefahren für die Sicherheit der Personen betreffend vom 19.11.1887, in: Gesetz- und Verordnungs-Blatt für das Königreich Bayern, Nr. 44, 1887, S. 655 ff.

[108] Art. 39 Polizeistrafgesetzbuch für das Königreich Bayern vom 26. Dezember 1871, in: *Riedel* (1907)

2.3.2 Entwicklung des Waffenrechts in Abhängigkeit von gesellschaftlichen Stimmungslagen

Dass allein neue und verschärfte gesetzliche Regelungen kaum die erhoffte Wirkung erzielen, erkennt man an der weiteren Entwicklung des Waffenrechts.

Nach dem Ersten Weltkrieg stand man vor dem Problem, dass sich noch eine Fülle von Kriegswaffen in Privathand befand. Im Hinblick darauf versuchte der Staat zunächst, diesen Waffenbesitz unter Kontrolle zu bekommen. Mit der „Verordnung des Rates der Volksbeauftragten über Waffenbesitz" vom 13.1.1919 (RGBl. 31, 122) wurde jeglicher privater Waffenbesitz verboten; alle Schusswaffen waren unverzüglich abzuliefern. Trotz dieser und ergänzender Regelungen mit teilweise hohen Strafandrohungen war die völlige Entwaffnung der Bevölkerung aber offensichtlich nicht zu erreichen gewesen; denn bei den politischen Unruhen zu Beginn der zwanziger Jahre wurden in erheblichem Maße Waffen aus Privatbesitz verwendet (z.B. bei den Freikorps und deren Nachfolgeorganisationen, bei den bewaffneten Verbände der Parteien, wie der SA).[109]

Auch in der jüngeren deutschen Geschichte wurden aufgrund konkreter bedrohlicher Vorfälle gesetzliche Änderungen in Form einer Verschärfung des Waffenrechts beschlossen. So gaben Terroristenüberfälle in den 1970er Jahren entscheidenden Anstoß für eine Einschränkung des Waffenbesitzes. Im Rahmen der Terroristengesetzgebung erging deshalb das Gesetz zur Änderung des Waffenrechts vom 31.3.1978 (BGBl. I S. 641).[110]

In jüngerer Zeit haben die Erfurter Ereignisse im April 2002 das Bestreben nach waffenrechtlichen Reformen beschleunigt und so trat am 1.4.2003 das Gesetz zur Neuregelung des Waffenrechts (WaffNeuRegG) in Kraft. Zugleich wurde das geltende Waffengesetz (WaffG) durch das neue WaffG und das Beschussgesetz (BeschG) ersetzt. Es entstand in der Eile ein „unvollkommenes Regelwerk, das gegenwärtig und dringend der weiteren Ausgestaltung bedarf".[111] Dennoch ist das neue Waffenrecht überschaubarer, übersichtlicher und leichter verständlich als die alten Regelungen. Die heutige Situation ist dadurch gekennzeichnet, dass es Jugendlichen unter 18 Jahren weiterhin grundsätzlich verwehrt ist, Waffen zu tragen. Nur im Einzelfall kann für Inhaber von Jugendjagdscheinen mit Vollendung des 16. Lebensjahres eine Ausnahmebewilligung bei der Beantragung einer Waffenbesitzkarte erteilt werden.

Trotz der strengen Regelungen des Waffenrechts stellte es für potentielle Gewaltverbrecher kein großes Problem dar, sich geeignete Waffen zu besorgen. Sie werden sich nicht damit aufhalten, eine Waffenbesitzkarte zu beantragen um

---

[109] *Steindorf* (2003) S. IX

[110] *Hinze* (1991) S. 33 ff.

[111] *Ostgathe* (2004) S. 4, 7

legal eine Waffe zu erwerben. Es ist nicht schwierig, im kriminellen Milieu fündig zu werden. Daran kann auch das Waffenrecht nichts ändern. Bei so schrecklichen Verbrechen wie dem Amoklauf im Erfurter Gymnasium wird immer schnell der Ruf nach Gesetzesverschärfungen laut. Dem gibt die Politik gerne nach und will durch schnelle Reaktion Handlungsfähigkeit vorweisen. Doch ob dadurch die eigentlichen Probleme gelöst werden, ist äußerst fraglich.[112] Durch schnelle populistische Entscheidungen, wie Gesetzesverschärfungen, wird gerne von den eigentlichen Problemen abgelenkt. Sicherlich sind die Waffengesetze wichtig, damit der Waffenbesitz insgesamt beschränkt bleibt, nicht so viele Waffen im Umlauf sind, und dadurch einige Unfälle und folgenschwerere Verbrechen von vornherein verhindert werden können. Wichtiger als übereilte Gesetzesverschärfungen wäre es aber, ein stärkeres Augenmerk auf Versäumnisse in der Erziehung und im sozialen Umfeld der Gewalttäter zu richten.

2.4 Überzogene Reaktionen gegenüber abweichendem Verhalten als gesellschaftliches Phänomen

2.4.1 Aggressionen als Folgen staatlicher Propaganda

Insbesondere im Fall Ludwig B. erhält man Einblick in die unangemessen aggressive Stimmungslage der Zivilbevölkerung während des Ersten Weltkriegs. Ähnliche Verhaltensweisen sind heute angesichts der Bedrohung des internationalen Terrorismus erkennbar und rühren zum Teil auch von staatlicher Propaganda her.

2.4.1.1 Aggression der Bevölkerung während des Ersten Weltkriegs

Dadurch, dass Ludwig als Detektiv verkleidet durch die Strassen ging und andere Menschen mit einem Feldstecher beobachtete, hielten ihn die Passanten für einen französischen Spion, verfolgten ihn und griffen ihn schließlich tätlich an. Auffallend ist, dass die Passanten Ludwig trotz seiner auffälligen Verkleidung nicht als Jungen sahen, der Detektiv spielte, oder als einen „harmlosen Verrückten", den man belächeln und ansonsten ignorieren könnte, sondern sich von vornherein von ihm bedroht fühlten. Möglicherweise ließ ihn seine Verkleidung auch tatsächlich älter und bedrohlicher erscheinen. Schon bevor Ludwig die Schüsse abgab, herrschte eine aggressive Stimmung in der Menschenmenge. Dadurch fühlte sich Ludwig seinerseits bedroht und setzte dann erst die Waffe ein.

---

[112] Der Amokläufer von Erfurt war bereits 19 Jahre alt und hatte zudem als Sportschütze legal eine Waffenbesitzkarte. Er wäre damit gar nicht von der Waffenrechtsverschärfung von 2003 betroffen gewesen.

Eine solche Situation, dass Passanten jemanden für einen ausländischen Spion hielten und bedrängten, war in dieser Zeit nicht ungewöhnlich. So beschreibt *Ernst Toller* in seiner Autobiographie „Eine Jugend in Deutschland" die Nervosität der Bevölkerung kurz nach Ausbruch des Ersten Weltkriegs:

„Wenn wir über Brücken fahren, dürfen die Fenster nicht geöffnet werden, ,Hütet Euch vor Spionen' warnen die Schilder. Je länger die Fahrt dauert, desto mißtrauischer werden wir. Es soll von russischen und französischen Agenten wimmeln. (...) die Luft ist geladen mit unbrüderlichem Mißtrauen. (...)

Ich gehe durch die Straßen Münchens, am Stachus tobt Tumult, einer will gehört haben, wie zwei Frauen französisch sprechen, die zwei Frauen werden verprügelt, sie protestieren in deutscher Sprache, sie seien Deutsche, es hilft ihnen nichts, mit zerrissenen Kleidern, zerrauften Haaren und blutigen Gesichtern werden sie von Schutzleuten zur Wache geführt.

Im Englischen Garten setze ich mich auf eine Bank, über die alten Buchen streicht ein lauer Wind, es sind deutsche Buchen, nirgends auf der Welt wachsen herrlichere. Neben mir sitzt ein hagerer Mensch, selbst sein Adamsapfel, spitz und riesig, erscheint mir liebenswert. Er steht auf, er geht fort, er kommt mit anderen Menschen wieder. Verwundert sehe ich, wie man auf mich zeigt, dann auf meinen Hut, dessen Futter, allen sichtbar, mit großen blauen Buchstaben den Namen des Lyoner Hutfabrikanten trägt. Ich nehme meinen Hut, gehe weiter, die Gruppe, zu der andere Neugierige stoßen, folgt mir, ich höre erst einen, dann viele rufen ,Ein Franzose, ein Franzose!' Ich denke an die ,Französinnen' vom Stachus, beschleunige meine Schritte, Kinder laufen neben mir her, weisen auf mich mit Fingern, ,Ein Franzos, ein Franzos!', zum Glück begegnet mir ein Schutzmann, ich zeige ihm meinen Paß, die Menschen umringen uns, er zeigt ihnen meinen Paß, unwillig und schimpfend zerstreuen sie sich."[113]

Aus diesen Schilderungen wird deutlich, wie groß Misstrauen und Aggressivität gegenüber Mitmenschen in dieser Zeit war. Dies wurde insbesondere durch Propaganda (Plakate o.ä.) geschürt, die vor ausländischen Spionen warnte. Dadurch sollte die Bedrohung durch den Feind der Bevölkerung im eigenen Land, die von dem Krieg nicht viel mitbekam, verdeutlicht werden. Es wurde regelrecht eine Massenhysterie entfacht, die sich in Aggressionen und Menschenjagden entlud. Opfer wurden Mitmenschen, die sich bewusst (Ludwig B.) oder oft unbewusst verdächtig gemacht hatten. In Zeitungen und Zeitschriften wurden Hassorgien auf die Feinde gedichtet und Loblieder auf die eigenen Truppen, die entweder siegten oder herrlich schöne Heldentode starben. Die Kriegsteilnehmer selbst versäumten offenbar zu berichten, wie es wirklich war. Sie gefielen sich

---

[113] *Toller* (2002) Kap. III „Kriegsfreiwilliger" S.39; Bemerkung: Auch Ernst Toller wurde von Ernst Rüdin psychiatrisch begutachtet. Ernst Toller hatte Februar 1918 an einer Arbeiterversammlung teilgenommen, wobei er „in aufreizender Rede zur Fortsetzung des Streiks (!)" aufgefordert hatte. Die Staatsanwaltschaft München I sah darin einen Versuch des Landesverrats. Im Laufe des Ermittlungsverfahrens wurde er in der Münchner Universitäts-Nervenklinik untersucht. Seine Familie drängte auf eine forensisch-psychiatrische Begutachtung, da ihr der Vorwurf des Landesverrats so ungeheuerlich erschien, dass für sie nur eine geistige Erkrankung eine solche Handlungsweise verursachen konnte. Rüdin kam zu dem Ergebnis, Toller wäre ein „hysterischer Psychopath", was juristisch aber keinen Grund der Strafausschließung darstellte. *Weber* (1993) S. 88 f.

vielmehr in der Rolle des siegreichen Helden, der nur blutige Lorbeeren vorzu-
wiesen hatte: „Die Mannschaften nicht minder als die Offiziere hielten es für Soldaten-
pflicht, von den Gefahren, Leiden und Strapazen nicht das mindeste Aufheben zu machen".[114]

2.4.1.2 Angst und Aggression vor dem Hintergrund des internationalen Terrorismus

Heute besteht eine vergleichbare Situation zu der damaligen während des Ersten
Weltkriegs. Nach den Terroranschlägen in New York 2001, Madrid 2004 und
London 2005 herrscht eine große Verunsicherung und Angst in der Bevölkerung. Vielerorts kann Unbehagen und Misstrauen beim Anblick von angeblich
verdächtig aussehenden Menschen beobachtet werden.

Nach den Terroranschlägen auf das World Trade Center kam es in den USA
vielfach zu Diskriminierungen oder Verfolgung und Misshandlung arabischer
aussehender Ausländer. In den drei Wochen nach den Bombenanschlägen in
London vom 07.07.2005 haben Angriffe auf Londoner Muslime drastisch zugenommen. Neun Moscheen wurden beschädigt, eine Garage in Brand gesteckt,
Menschen wurden auf der Straße attackiert.[115]

Staatlicherseits wird nichts unternommen, um eine solche Massenhysterie einzudämmen. Im Gegenteil scheint die gegenwärtige Stimmung ausgenutzt zu werden, um politische Ziele und Gesetzesverschärfungen durchsetzen zu können. So
wurde zu Beginn des Golfkrieges 2002 verstärkt Militär in London postiert und
beispielsweise Panzer am Flughafen Heathrow aufgefahren, um der englischen
Bevölkerung die starke Bedrohung des Iraks plastisch vor Augen zu führen.
Dadurch wurde weitere Angst geschürt, um Unterstützung für die Kriegsbeteili-
gung bei der Bevölkerung zu erhalten. Personenkontrollen arteten teilweise zu
Schikanen aus, wenn die zu kontrollierende Person ein arabisches Aussehen
hatte.

Übertriebener Aktionismus der britischen Polizei wurde dem 27-jährigen Brasi-
lianer Jean Charles Menezes zum Verhängnis. Er war am 22. Juli 2005 (einen
Tag nach erfolglosen Bombenanschlägen in London) mit sieben Kopfschüssen
in der Londoner U-Bahn getötet worden, weil Anti-Terror-Fahnder ihn fälschlicherweise für einen Selbstmordattentäter gehalten hatten.[116] Bedenklich ist hier,
dass sich selbst staatliche Sicherheitsorgane von der Terror-Hysterie anstecken
lassen anstatt überlegt und umsichtig zu handeln.

In Deutschland werden die Freiheitsrechte der Bürger auf empfindliche Weise
durch die „Anti-Terror-Gesetzgebung" beschränkt. Am 1.1.2002 trat das „Gesetz zur Bekämpfung des internationalen Terrorismus", kurz „Terrorismusbe-

---

[114] *Doerry* (1986) S. 109

[115] *Menden:* Sicher ist nur die Angst, SZ vom 29.07.2005

[116] Tödlicher Verdacht ohne Grund, in: Spiegel online 15. August 2005

kämpfungsgesetz" (TerrorbekG), in Kraft. Durch dieses Gesetzespaket wurde eine große Zahl von Sicherheitsgesetzen geändert, die sich zwar damit begründen, nicht aber rechtfertigen lassen, dass die terroristische Bedrohung weltweit eine neue Dimension erreicht habe.[117] In erster Linie sah die Bundesregierung das Sicherheitsgefühl der Bürger tangiert und setzte aus diesem Grund Maßnahmen im Wege des TerrorbekG durch, um die Handlungsfähigkeit der Bundesregierung zu demonstrieren.[118] Freiheitsbeschränkende Nebenwirkungen wurden freimütig in Kauf genommen. Das Gesetz beinhaltet beispielsweise mit Artikel 7 TerrorbekG (Befürwortung der Aufnahme weiterer biometrischer Daten im Pass) eine sicherheitspolitische Grundsatzentscheidung ohne expliziten Zusammenhang zur Terrorismusbekämpfung, da noch nicht einmal klar ist, ob die biometrischen Merkmale irgendeinen Sicherheitserfolg herbeiführen werden.[119] Sicher ist jedoch, dass biometrische Verfahren einen großen Eingriff in das Recht auf informelle Selbstbestimmung des Einzelnen darstellen.

Insgesamt betrachtet fragt man sich, ob nicht möglicherweise ebenso große Gefahren für Leben und Freiheit unschuldiger Menschen durch das permanente Schüren von Angst und Aggression und übertriebenen Gesetzesverschärfungen entstehen wie durch die Terrorakte selbst.

2.4.2 Stigmatisierung sozial benachteiligter und krimineller Jugendlicher

In der Stigmatisierung sozial benachteiligter und krimineller Jugendlicher durch die Gesellschaft wird das Bedürfnis nach „Sündenböcken" ausgelebt und eine Abgrenzung des Bürgertums von der Unterschicht vorgenommen.

2.4.2.1 Das gesellschaftliche Bedürfnis nach „Sündenböcken"

In den oben geschilderten massenhysterischen Gewaltausbrüchen gegenüber Ludwig B. oder Ernst Toller lässt sich eine kollektive Aggression gegenüber einem kriminellen Jugendlichen bzw. einem vermeintlichen Ausländer erkennen. Entsprechendes gilt für die rigide Haltung und Behandlung durch die Gesellschaft. Bei der Bekämpfung jugendlicher Delinquenz macht man sich nicht die Mühe, Ursachen wie soziale Benachteiligung oder Bildungsdefizite zu erforschen, sondern es wird die alleinige Schuld dem Jugendlichen selbst, z.B. seiner Veranlagung, seinem Charakter oder seiner Freizeitbeschäftigung zugeschoben.

Diese Haltung kann mit der so genannten Sündenbockhypothese erklärt werden. Sie baut auf der Triebtheorie von *Freud* auf, nach der die Triebe zwar im

---

[117] *Koch* (2002) S. 1

[118] *Koch* (2002) S. 18

[119] *Koch* (2002) S. 42, 44

Verlaufe des Erziehungsprozesses unterdrückt werden, aber latent wirksam bleiben und Ersatzbefriedigungen suchen. Eine solche Ersatzbefriedigung soll darin bestehen, seine eigene unbewusste Schuld auf den Asozialen, auf den Kriminellen zu projizieren. Seine Bestrafung ist verschleierte Selbstbestrafung, Entlastung von eigener Schuld.[120] Danach braucht die Gesellschaft die Verbrecher zur Abreaktion ihrer Affekte und der Kriminelle wird Opfer der Gesellschaft. Das Strafrecht stellt insoweit „ein Mittel legitimer kollektiver Aggressionsabfuhr dar".[121] Vor diesem Hintergrund könnte verständlich werden, weshalb große Teile der Bevölkerung Vorbehalte gegen den Resozialisierungsgedanken empfinden.[122]

Kriminelle Jugendliche erfüllen somit oftmals das Bedürfnis der Gesellschaft nach „Sündenböcken". Hat die Gesellschaft einen „Sündenbock" für Missstände gefunden, kann sie sich leicht mit repressiven Maßnahmen gegen die betroffenen Jugendlichen aus ihrer Verantwortung stehlen, ohne kosten- und zeitintensive präventive Maßnahmen vornehmen zu müssen, die zudem weniger populär sind, wie z.B. bessere Integration sozialer Randgruppen, Familienförderung, Verbesserungen in Kindergärten, Schulen und in beruflicher Ausbildung, Schaffung sinnvoller Freizeitangebote, verbesserte Resozialisierungsangebote, Eröffnung von Zukunftsperspektiven. Dieses Phänomen ist heute genauso wie vor 90 Jahren deutlich erkennbar.

2.4.2.2 Abgrenzung des Bürgertums von der Unterschicht durch negative Etikettierung von abweichendem Verhalten

Im Zuge der Industrialisierung wuchs in Deutschland in den 1870er Jahren das Unbehagen gegenüber den industriellen Unterschichten. *Franz von Liszt* bezeichnete die Entwicklung am Ende des 19. Jahrhunderts als eine „Proletarisierung der Kriminalität (...) die sich in dem Anwachsen einer parasitären Gesellschaftsschicht zur Geltung bringt."[123] Unter den jugendlichen Straftätern befanden sich nach Liszts Überzeugung eine Anzahl von „Minderwertigen", die „dem Kampf ums Dasein nicht gewachsen sind".[124] Hier zeigt sich der große Einfluss der sozialdarwinistischen Degenerationstheorien und der daraus resultierenden Degenerationsfurcht. Liszt sprach im Zusammenhang mit Verbrechern von „Kennzeichen einer körperlichen und geistigen Entartung", die sowohl erblicher als auch erworbener Natur sein könnten.[125] Als Erklärungsansatz für

---

[120] *Ostermeyer* (1972) S. 33

[121] *Göppinger* (1980) S. 53

[122] *Schwind* (2005) S. 123

[123] *Liszt:* Die gesellschaftlichen Faktoren der Kriminalität, in: *Liszt* (1905) Bd. 2, S. 444

[124] *Liszt:* Die Kriminalität der Jugendlichen, in: *Liszt* (1905) Bd. 2, S. 340 f.

[125] *Liszt:* Kriminalpolitische Aufgaben, in: *Liszt* (1905) Bd. 1, Berlin 1905, S. 309 f.

Kriminalität traten Anlage und Vererbung an die Stelle von Umwelt und Erziehung; delinquentes Verhalten wurde nicht mehr als bloße Charakterschwäche, sondern vielmehr als Symptom einer krankhaften Störung und als Zeichen einer bedrohlichen „Degeneration" gedeutet. Die Besorgnis über das Verhalten der – Jugendlichen aus der gesellschaftlichen Unterschicht und die kulturelle Differenz der Lebensstile von Bürgertum und Unterschichten bildeten den Hintergrund für die Konstruktion pseudo-wissenschaftlicher Krankheitstypologien. Die Kriminalpsychiater deuteten Straftaten und Verhaltensauffälligkeiten nicht mehr als Erziehungsmängel, sondern als Symptome von „geistiger Minderwertigkeit" und „Abnormität", und suchten nach Indizien erblicher Belastungen.[126]

Bei ihren Untersuchungen definierten die Psychiater eine Vielzahl von Krankheitsbildern wie „moralisches Irresein", „psychopathische Minderwertigkeit" oder „Hysterie", denen allen ihre unscharfe Definition und ein Mangel an handfesten Krankheitsmerkmalen gemeinsam waren. Als „abnorm" wurden Menschen definiert, die „in ihrer seelischen Beschaffenheit von der Norm, d.h. vom gesunden Durchschnittsmensch eines Volkes und einer Zeit abweichen".[127] Auf diese Weise konnten insbesondere Jugendliche aus der Unterschicht als krank und „entartet" angesehen werden, nur weil sie ein von der Norm abweichendes Verhalten und andere Moralvorstellungen zeigten. Wenn also Johanna Z. von Ernst Rüdin als „moralisch irr" und „hysterische Psychopathin" bezeichnet wird (siehe Kapitel 3), so spricht daraus auch die negative Etikettierung einer Gesellschaftsschicht, die nicht den Idealvorstellungen des Bürgertums entsprach.

Als Mittel der Etikettierung fungierte auch in der Bundesrepublik Deutschland noch bis in die 1970er Jahre das Konzept der „Verwahrlosung". Jugendliche, die sich außerhalb des bürgerlichen Handlungsmusters bewegten, die mit dem Strafgesetz in Konflikt gerieten, die nicht arbeiteten, evtl. alkoholabhängig, mittel- und obdachlos waren, konnten mit dem Etikett der „Verwahrlosung" behaftet werden, wodurch Fürsorgeerziehung angeordnet und in der Folge auch jugendstrafrechtliche Maßnahmen begründet wurden.

Vertreter des Etikettierungsansatzes (labeling approach) gingen davon aus, dass sozial abweichendes Verhalten nicht etwa durch das soziale Versagen von Menschen entsteht, sondern durch spezielle Definitions- und Zuschreibungsprozesse der gesellschaftlichen Kontroll- und Sanktionsapparate erzeugt wird.[128]

In den 1970er Jahren mehrte sich die Kritik an dem Konzept der Verwahrlosung. *Aich* stellte kritisch fest, dass die Fürsorgeerziehung einseitig gegen materiell benachteiligte Jugendliche angeordnet wurde. Aus seinen Untersuchungen konnte er darüber hinaus schließen, dass die Fürsorgeerziehung den Betroffenen

---

[126] *Oberwittler* (2000) S. 39

[127] *Gaupp* (1904) S. 53

[128] *Schwind* (2005) S. 141 f.

nichts nütze. Im Gegenteil: ohne die Fürsorgeerziehung würde ihnen die Kriminalisierung erspart bleiben; denn die Wahrscheinlichkeit der Kriminalisierung würde mit der Heimerziehung ansteigen.[129] Wenn bei Kindern erst einmal amtlich Verwahrlosung festgestellt wurde, wäre der Weg in die Kriminalität häufig schon vorgezeichnet. Angelegte Akten würden die jeweilige Karriere dieser Kinder bestimmen, die über den Weg der Feststellung der Verwahrlosung, später auch „schädlicher Neigungen" über die Heimerziehung häufig in die Kriminalität und ins Jugendgefängnis führte.[130] Ein Ausweg für die Betroffenen wäre nicht ersichtlich, da die zuständigen Institutionen von ihrer Zusammensetzung her so angelegt seien, dass sie die Arbeit anderer nicht in Frage stellen, sondern bedingungslos unterstützen: „Die Verteilung der Kompetenz ist die Verteilung der Verantwortung für den Misserfolg. Wird eine Institution angegriffen, rechtfertigt sich diese durch die gleich lautende Einschätzung der anderen beteiligten Institutionen."[131] Die an der Fürsorgeerziehung beteiligten Institutionen würden ihre „Klienten" als minderwertig betrachten. Sie würden diese verwalten, damit sie keine Bedrohung für die an die bestehende Ordnung angepassten „guten Bürger" würden.[132]

Als Folge der berechtigten Kritik am Konzept der Verwahrlosung bürgerte sich ein, die neutraleren Begriffe Devianz, abweichendes Verhalten oder antisoziale Tendenz zu benutzen, von denen man sich größere Freiheit gegenüber moralisierenden Ressentiments versprach.[133] Mit dem Konzept des abweichenden Verhaltens und der genaueren Untersuchung von Verläufen der Stigmatisierung wurde in der Folgezeit eine erhöhte Sensibilisierung für die gesellschaftliche Bestimmtheit des individuellen Handelns erreicht, ebenso wie für Prozesse der sozialen Ausstoßung und Einbindung.[134]

---

[129] *Aich* (1973) S. 319

[130] *Aich* (1973) S. 305 f.

[131] *Aich* (1973) S. 308

[132] *Aich* (1973) S. 314

[133] *Bittner, Günther:* Verwahrlosung, Devianz, antisoziale Tendenz, in: *Schmid* (2001), S. 16

[134] *Schmid* (2001) Einleitung S. 8 f.

3 Analyse der Untersuchung und psychiatrischen Begutachtung durch Ernst Rüdin unter Berücksichtigung der Entwicklungen in der Psychiatrie bis hin zur Gegenwart

Im Folgenden soll die klinische Untersuchung und psychiatrische Begutachtung der Jugendlichen im Kontext der damaligen medizinischen Lehrmeinungen dargestellt und mit heutigen Standards verglichen werden.

3.1 Aufbau der Gutachten gemessen am heutigen Standard

3.1.1 Gutachtenaufbau

In Rüdins Gutachten (Seitenanzahl bei Ludwig: 47/bei Johanna: 93) ist eine deutliche Dreiteilung erkennbar:

I.   „Vorgeschichte"   (19 Seiten/55 Seiten)

II. „Eigene Beobachtungen"   (23 Seiten/20 Seiten)

III. „Gutachten"   (05 Seiten/18 Seiten)

Die Gutachten zeigen eine systematische Grobstrukturierung, die im wesentlichen auch heutigen Anforderungen entsprechen würde. Innerhalb der drei großen Abschnitte lassen Rüdins Gutachten jedoch eine weitere Strukturierung vermissen. Die Reihenfolge der Schilderungen erscheint willkürlich und wird angelehnt an das vorhandene Aktenmaterial. Dadurch wird das Lesen der Gutachten recht mühsam und das Verständnis erschwert.

In folgender Übersicht wird der Aufbau von Rüdins Gutachten mit einer stichpunktartigen Inhaltsbeschreibung einem heute üblichen Aufbauvorschlag[135] gegenübergestellt:

---

[135] *Foerster/Venzlaff* (2000) S. 95 ff.

Tabelle: Aufbau der zwei Gutachten im Vergleich zu einem aktuellen Aufbauvorschlag

Ludwig B.	Johanna Z.	aktueller Aufbauvorschlag
I. „Vorgeschichte"	I. „Vorgeschichte"	1. Sachverhalt und Vorge-
- Gerichtliche Anordnung	- Tatortbeschreibung	schichte
- Straftaten	- Zeugenaussage	
- Beschuldigtenvernehmung	- Einvernahme Z.	
- Auskünfte über das	- Zeugenaussagen	- Aktenvorgeschichte
Benehmen des B.	- Hausdurchsuchung	
- Vorstrafe	- Schriftprobe Z.	- Vorgeschichte nach den
- früherer Klinikaufenthalt	- Nachforschungen über	Angaben des Probanden
Psychiatrie	Ruf der Z.	
- Krankengeschichte	- Verhör	
Krankenhaus Pasing	- Untersuchung des Poli-	
	zeiarztes	
- frühere Anzeigen	- Geständnis	
- Liebesverhältnis	- Äußerung zu Vorstrafen	
- Briefe an Wambacher	und zur Tat	
	- Vorstrafen	
	- Angaben der Mutter	
	- Geisteskrankheiten in der	
	Familie	
	- Auskünfte aus der Schule	
	- Erstgutachten des	
- Erstgutachten des LG-	Bezirksarztes	
Arztes	- Brief an Familie	
II. „Eigene Beobachtungen"	II. „Eigene Beobachtungen"	2. Eigene Untersuchungser-
- Angaben der Mutter	- Angaben der Mutter	gebnisse
- Eigenanamnese	- Angaben Z. zur Tat	- Anamnese
- äußere Ordnung des Be-	- Fragen zu Sinnestäu-	- derzeitige Beschwerden
nehmens, in der Orientie-	schungen	- körperlicher Befund
rung, Auffassung, Auf-	- Angaben zur Charakteri-	- psychiatrischer Befund
merksamkeit, Gedächtnis	sierung des sittlichen	
- Merkfähigkeit	Fühlens, Reue, gemütli-	
- Sinnestäuschungen	che Reaktionen	
- Suizidabsichten	- Alpträume	
- Verhalten in der Klinik	- Verhalten in der Klinik	
- affektive Reaktionen	- Orientierung, Auffas-	
- Fragebogen	sung, Aufmerksamkeit,	
- Briefe an die Eltern	Gedächtnis etc.	
- andere schriftliche	- Selbsteinschätzung	
Äußerungen		
- Körperliche Untersuchung	- körperlicher Zustand	
mit Verhaltensbeschrei-		
bung		
III. „Gutachten"	III. „Gutachten"	3. Beurteilung
- erbliche Belastung	- erbliche Belastung	- Zusammenfassung der
- Entwicklung	- körperliche Entwicklung,	bisherigen Ergebnisse
- gegenwärtige Situation	Intelligenz, Charakter	
	- moralische	
	Abgestumpftheit	

46

	- lebhafte Fantasietätigkeit	
- Diagnose: Dementia prae- cox	- Diagnose: hysterische Persönlichkeit, antisoziale Psychopathin	- Diagnose - Ggf. Erörterung divergie- render Auffassungen
- Störung zur Zeit der Tat	- keine Geistesstörung, kein Schutz des § 51	- Beurteilung im engeren Sinne
	- Unwahrheiten	- gerichtspsychiatrische
- Endergebnis ("Ich komme sonach zum Schlusse")	- mögliches Motiv - Einsichtsfähigkeit	Folgerungen
	- Endergebnis	

Auch heute gliedern sich schriftlichen Gutachten in drei Abschnitte:

Begonnen wird mit einer kurzen Einführung in die Aktenlage (Sachverhalt und Vorgeschichte), wobei besonders die vorhandenen Anknüpfungstatsachen herausgearbeitet werden sollen (ggf. einschließlich früher erhobener ärztlicher Befunde).

Danach sind im zweiten Abschnitt die eigenen Untersuchungsergebnisse darzu-stellen, geordnet nach Anamnese (die in verschiedene Unterabschnitte aufgeteilt werden kann), derzeitigen Beschwerden und Befund (unterteilt in allgemein-körperlichen Befund, neurologischen Befund, ggf. weitere Befunde).

Schließlich folgt im dritten Abschnitt die Beurteilung; sie soll sich nur auf Daten stützen, die bereits im Gutachten aufgeführt wurden. Zu Beginn soll sie die bisherigen Ergebnisse zusammenfassen, sodann die Diagnose stellen und gege-benenfalls divergierende Auffassungen erörtern. Zuletzt und deutlich abgegrenzt von den vorausgehenden Erörterungen sollen die Fragen des Auftraggebers be-antwortet werden (Beurteilung im engeren Sinne). Die Gliederung in verschie-dene Abschnitte soll klar erkennbar sein, ebenso die Quelle von Zitaten.[136]

3.1.2 „Vorgeschichte"

Rüdin sieht den ersten Abschnitt, die „Vorgeschichte", wohl nur als notwendige Pflichterfüllung an, die er abarbeitet, indem er Aktenauszüge abdiktiert ohne sich die Mühe zu machen, inhaltliche Schwerpunkte zu setzen oder eigene Formulierungen zu wählen. Rüdin zitiert auch solche Ermittlungsergebnisse, die sich im Nachhinein als unwahr herausstellen und durch andere Aussagen wider-legt werden. Insbesondere im Fall Johanna Z. hält sich Rüdins Aktenvortrag („Vorgeschichte") genau an die eher zufällige Reihenfolge der polizeilichen Ermittlungen und ist dadurch unübersichtlich und verwirrend. Da meist ohne Quellenangaben zitiert wird, weiß der Leser häufig nicht, ob es sich um fremde Aussagen oder solche des Gutachters Rüdin handelt. Z.B.: „Es ist aber jedenfalls

---

[136] *Heinz* (1982) S. 103

Tatsache, dass eine Reihe von Leuten wussten, dass Frau Schweickart Geld hatte und dass bei ihr auch sonst manches zu holen war."

Beim Vergleich der beiden Gutachten fällt auf, dass bei Johanna der erste Abschnitt („Vorgeschichte") mit 55 Seiten einen unverhältnismäßig großen Umfang einnimmt. Das ist dadurch zu erklären, dass Rüdin für seine Begutachtung nicht etwa die wesentlichen Punkte aus der Vorgeschichte zusammenfasst, sondern lediglich die staatsanwaltliche Akte durchgeht und ihre Inhalte in dieser Reihenfolge und mit den dort verwendeten Formulierungen wiedergibt. Da im Fall Johanna Z., im Unterschied zum Fall Ludwig B., aufgrund des schwereren Tatvorwurfs (Mord) weit mehr polizeiliche Ermittlungen vorgenommen wurden, fällt Rüdins Gutachten im Abschnitt Vorgeschichte entsprechend umfangreicher aus.

3.1.3 „Eigene Beobachtungen"

Der zweite Abschnitt („Eigene Beobachtungen") ist bei Ludwig um 3 Seiten länger als bei Johanna. Während sich Rüdin mit Ludwig ausgiebig im persönlichen Gespräch auseinandersetzt, mit Hilfe eines Fragenkatalogs dessen Wissen abfragt und akribisch einzelne Symptome der Dementia Praecox (Schizophrenie) herausarbeitet, scheint er an Johannas Aussagen wenig interessiert zu sein. Er schreibt: „Die Z. selbst vermochte zu ihrer Vorgeschichte und zu ihrer Tat sehr viel neues zu den eingehenden, in den Akten enthaltenen Erhebungen und Selbstangaben nicht mehr beizufügen."[137] Es wird außerdem deutlich, dass Rüdin Johanna von vornherein für eine Lügnerin und Simulantin hält und daher ihren Angaben wenig Wert beimisst.[138] Da Rüdin zudem Johanna lediglich als eine „hysterische Psychopathin" und nicht als wirklich geisteskrank ansieht, erübrigt sich für ihn beim Punkt „eigene Beobachtungen" das Sammeln und Aufzählen von Krankheitszeichen.

3.1.4 „Gutachten"

Der dritte Abschnitt („Gutachten") fällt bei Johanna mit 18 Seiten weit umfangreicher aus als bei Ludwig (5 Seiten). Bei Ludwig kommt Rüdin aufgrund seiner Untersuchungen zur eindeutigen Diagnose der Dementia praecox, aufgrund derer Ludwig als schuldunfähig erklärt wird. Hier erübrigen sich für ihn wohl längere Erläuterungen.

Bei Johanna diagnostiziert Rüdin eine hysterische Persönlichkeit, eine antisoziale Psychopathin und schildert ausführlich die Gründe, weshalb solche Persönlichkeiten nicht den Schutz des § 51 RStGB genießen dürfen. Er stellt ausführlich Vermutungen über das wahre Motiv der Täterin an und begründet auch,

---

[137] Anhang C b. Gutachten Z. S. 58

[138] Siehe auch Kapitel 3.2.2.2

48

warum bei Johanna keine schuldausschließende Geisteskrankheit in Betracht kommt. Am Ende verwendet Rüdin den Fall Johanna Z. als Beispiel um rechts- politische Forderungen (wie die Forderung zur Einführung von Sicherungsver- wahrung) aufzustellen.[139] An dieser Loslösung vom konkreten Fall hin zu einer allgemeinen rechtspolitischen Stellungnahme lässt sich Rüdins Selbstbewusst- sein und politisches Sendungsbewusstsein erkennen. Er sieht sich bestärkt durch seine berufliche Anerkennung mit Erhalt des Vorsitzes der GDA (Genealogisch- Demographischen Abteilung) der von Emil Kraepelin gegründeten DFA (Deut- sche Forschungsanstalt für Psychiatrie) in München im Jahr 1917 (dem Jahr der Begutachtung von Johanna Z.).

Die jeweils letzte Seite seiner Gutachten enthält unter „Ich komme sonach zum Schlusse" das Endergebnis, das die Fragen des Gerichts hinsichtlich der Schuld- fähigkeit (§ 51 RStGB) der Probanden beantwortet.

3.2 Darstellung und Sprache in Rüdins Gutachten

Betrachtet man in einem Gutachten die sprachliche Darstellung, so kann man dort generell Hinweise auf Rollenverhalten, Vorurteile und Wertmaßstäbe des Sachverständigen finden. Die Sprache spiegelt mögliche Affekte des Gutachters, aber auch Störungen in der Interaktion zwischen ihm und dem Untersuchten. Oft gibt erst die genaue Textanalyse Aufschluss über besondere Umstände des diag- nostischen Prozesses und der forensisch-psychiatrischen Beurteilung. Es finden sich Aussagen, die sich in Gestalt von Vorwürfen speziell gegen ein Delikt oder eine Person richten, aber auch solche, die ein bestimmtes Rollenverständnis des Gutachters annoncieren.[140]

3.2.1 Besonderheiten in der Darstellungsreihenfolge

3.2.1.1 Darstellungsreihenfolge bei Ludwig B.

Im Gutachten über Ludwig B. fallen folgende Besonderheiten auf: Durch die Wahl einer bestimmten, nachfolgend beschriebenen Darstellungsreihenfolge,

---

[139] Siehe auch Kapitel 5.2.2.1

[140] *Heinz* (1982) S. 94; Bemerkung: *Heinz* hat 50 Erstgutachten mit Zweitgutachten aus Wie- deraufnahmeverfahren verglichen und die Fehlerquellen untersucht. Als wichtigste Fehler- quellen erwiesen sich: Anamneseerhebung, Befunderhebung, probandenbezogene Abwehrhal- tungen, Perzeption von Prozessrollen. Anamnesefehler fanden sich in 48 %, Befundfehler in 60 % der Gutachten. Unter den probandenbezogenen Abwehrhaltungen sind es vor allem Vor- würfe und Verdächtigungen, einseitige Materialauswahl und Diffamierungen (Verdammungs- urteil) im Erstgutachten, die mit zur Fehlbegutachtung geführt haben. Ebenfalls nur für Erst- gutachten lässt sich eine übersteigerte Perzeption der Gehilfenrolle, ein anklagendes bzw. ta- termittelndes Interesse sowie ein tatrichtendes Interesse nachweisen.

erreicht Rüdin es, dass dem Leser des Gutachtens gleich von Anfang an unmiss-verständlich klar wird, dass er es bei Ludwig mit einer schwierigen Persönlich-keit zu tun hat. Nach kurzen einleitenden Sätzen beginnt die „Vorgeschichte" mit Ludwigs Unterschlagung. Dabei wird Ludwigs Vater als bemitleidenswert dargestellt, da ihm vom eigenen Sohn Geld unterschlagen wurde („einem armen alten Mann"), und dessen Äußerung zitiert, Ludwig wäre ein „ungeratener Taugenichts".

Der Abschnitt mit den über Ludwig eingeholten Auskünften wird gleich mit einer Wertung eingeleitet: „Die Auskünfte, die über B.s Benehmen erhalten wurden, lauteten nicht günstig." Es folgt eine Reihe von Zitaten negativer Äußerungen über Ludwig:

- „Taugenichts"
- „roher Junge"
- „außerordentlich jähzornig"
- „machte den Eindruck eines nicht ganz normalen Burschen.
- „verschwenderisch, leichtsinnig, habe sehr getrübten Leumund"
- „verkehre in schlechter Gesellschaft"
- „Schulbesuch mangelhaft", „gegen den Lehrer war er sehr ungezogen", „kein Entlas-sungszeugnis"
- „trinkt Wein, raucht Zigaretten, streunt viel in Städten und Vororten, verbraucht leichtsinnig Geld"
- „ein verwegener, jeder Straftat fähiger Mensch"
- „sei durch Lektüre von Räuber und Indianergeschichten auf diese Laufbahn gekom-men", „liest Schundromane, besucht viel das Kino"
- „öfters vorbestraft"
- „sei wegen seiner Verkommenheit allgemein gefürchtet und höchst Sicherheits-gefährlich"
- „Es sei nicht Zwangserziehung sondern Arbeitshaus erforderlich."
- „keine Aussicht auf Besserung vorhanden".

Rüdin beschränkt sich hier auf die Wiedergabe negativer Auskünfte und erweckt so den Anschein, als ob über Ludwig nichts Positives berichtet werden könnte.

Er wählt anschließend folgende Überleitung: „Im übrigen ist aus dem Akteninhalt und aus der Krankengeschichte über den früheren Aufenthalt des B. in der Psychiatrischen Klinik, sowie aus der Krankengeschichte des Krankenhauses zu Pasing noch Folgendes aus dem Vor-leben des B. erwähnenswert." Damit erklärt Rüdin, dass er eine qualitative Auswahl getroffen hat und erhöht das Interesse für den darauf folgenden Abschnitt. Dieser beginnt mit der Schilderung der Vorstrafe Ludwigs, dem Fahrraddieb-stahl und der zugehörigen Verhandlung vor dem Amtsgericht Starnberg. Es wird ausführlich die negative Meinung des Gerichts wiedergegeben, das Ludwigs Erklärungen „als eine ebenso dumme wie dreiste Lüge" bezeichnet. Auch andere Formulierungen werden übernommen („nicht die geringste Reue", „verzogenes Kind", „Taugenichts", „sein Vater selbst wünsche ihn ins Arbeitshaus").

Bei der Wiedergabe von Ludwigs Antworten auf Wissensfragen des in der Psychiatrischen Klinik ausgefüllten Fragebogens beschränkt sich Rüdin auf

50

dessen falsche bzw. eigenartige Antworten.[141] Dann folgt objektivierend der kurze Einschub: „Sonst war aber weitaus die überwiegende Anzahl der Fragen gut beantwortet." Bei den Fragen zu den „sittlichen Allgemeinvorstellungen" selektiert Rüdin die Antworten, die ein schlechtes Licht auf den Charakter des Ludwig werfen und in denen dieser sich selbst bezichtigt, ungehorsam und undankbar zu sein.[142]

3.2.1.2 Darstellungsreihenfolge bei Johanna Z.

Auch die Art und Weise von Rüdins Sachverhaltsdarstellung im Fall Johanna Z. ist geeignet, den Leser vielfach im Unklaren zu lassen und negativ gegenüber Johanna einzustimmen.

Da sich Rüdin beim Aktenvortrag („Vorgeschichte") genau an die Reihenfolge der polizeilichen Ermittlungen hält, werden Ausführungen und Meinungen von Zeugen oder Ermittlungsbeamten selbst dann ungeprüft wiedergegeben, wenn sie später durch andere Aussagen widerlegt werden. So wird eine Anschuldigung der Nachbarin Förster wiedergegeben, auch wenn anschließend diese Anschuldigung durch eine Aussage des Dienstmädchens Öllinger entkräftet wird.[143] Rüdin gibt auch unkommentiert die Vermutung eines Lehrers über Johannas Motiv zur Zeugnisfälschung wieder.[144]

Die ausführliche Schilderung von Johannas Vorstrafen beginnt Rüdin bereits einleitend mit den wertenden Worten „Die Z. hat in ihrem kurzen Leben schon vielfach gestohlen." Anschließend wird eine Reihe Verdächtigungen Dritter zitiert: der Diebstahl einer Geldbörse in der Schule, Unterschlagung von Geld aus einer Sammelbüchse am Marineopfertag, ein Diebstahl zweier Handtaschen von der Nachbarin Brettinger, ein Fahrraddiebstahl. Nur am Rande erfährt der Leser, dass diese angeblichen Taten Johannas dieser in keiner Weise nachgewiesen worden waren. Durch die Beimischung solcher unbewiesener Anschuldigungen im Abschnitt über Johannas Vorstrafen wird beim Leser der Eindruck hervorgerufen, Johanna hätte trotz ihrer Jugend bereits eine umfangreiche kriminelle Karriere hinter sich.

---

[141] Anhang B b. Gutachten B. S. 38 unten; siehe auch Kapitel 3.3.3.1.3

[142] Anhang B b. Gutachten B. S. 39 oben

[143] *Förster:* „Es sei daher anzunehmen, dass auch die Mutter der Täterin in die Verhältnisse der Schweickart eingeweiht gewesen sei, ohne dass sie sich hierbei äußere. Es sei daher nicht von der Hand zu weisen, dass die Z. bei oder nach Verübung der Tat dieses Silbergeld an sich genommen habe." – *Öllinger:* „die Schweickart habe es ausgegeben und in letzter Zeit habe sie kein Silbergeld mehr im Besitz gehabt."

[144] *Oberlehrer Kugelmann:* „Der Versuch, sich jünger zu machen, könnte vielleicht dem Gedanken entsprungen sein, Strafminderung, bzw. Milderung zu erzielen, wenn die Radierung erst nach der Straftat gemacht wurde."

Rüdins Einleitung zu Johannas Tatschilderung beinhaltet bereits seine Meinung, dass Johannas Aussagen nicht viel wert seien: „Über ihre Tat machte sie im allgemeinen die aktenbekannten Angaben, nur brachte sie noch durch ihre Umgebung und die durch die medizinische Exploration gebotenen Fragen an sie angeregt, allerlei entschuldigende ‚Erklärungen' für ihr Handeln vor. Auf fast alle ausdrücklichen oder auch nur angedeuteten Einwände gegen ihre ‚entschuldigenden' Vorbringen hatte sie auch schon ihr mehr oder weniger plausibel erscheinende Antworten bereit."[145]

3.2.2 Probandenbezogene Abwehrhaltung in der Sprache

3.2.2.1 Neutralitätspflicht des Sachverständigen

Aus § 79 RStPO (heute § 79 StPO) ergab sich auch schon damals die Neutralitätspflicht des Sachverständigen: Der Sachverständige kann darauf vereidigt werden, dass er das von ihm erforderte Gutachten unparteiisch und nach bestem Wissen und Gewissen erstatten werde.[146] Der Gutachter ist nicht Prozesspartei und muss sich dem Probanden gegenüber emotional neutral verhalten. Das Gutachten darf nicht durch Sympathien oder Antipathien gefärbt werden. In seiner beruflichen Ausbildung und durch Erfahrung sollte der Psychiater gelernt haben, seine Gefühle zu reflektieren und sie nicht ohne Bedacht in seine Beurteilung einfließen zu lassen. Bei den Formulierungen ist besondere Vorsicht angebracht, da psychiatrische Wertungen und Deutungen gelegentlich zu moralischen Wertungen verleiten und Möglichkeiten der negativen Etikettierung bieten. Diagnosen wie „hysterische Neurose" oder „Psychopathie", mit denen unter Umständen eine behandlungsbedürftige Störung gemeint wurde, können leicht zur abwertenden Bloßstellung der Betroffenen missbraucht werden.[147]

Realistisch betrachtet muss man natürlich davon ausgehen, dass die absolute Neutralität des Gutachters immer nur eine Forderung, d.h. ideale Sollvorstellung sein kann, die in der Praxis aufgrund der psychologischen Vorgänge zwischen Gutachter und Proband (Übertragung – Gegenübertragung) nur schwer zu verwirklichen ist. So kann man z.B. bei Gutachtern häufig eine „probandenbezogene Abwehrhaltung" feststellen, die an den vom Gutachter erhobenen Vorwürfen und Verdächtigungen nachweisbar ist.[148] Dies wird besonders bei der Begutachtung schizophrener Probanden beobachtet. Diese „Abwehrhaltung" ist eine emotionale Reaktion, die bei jedem Menschen auftreten kann. Abgewehrt werden dabei vor allem bestimmte Verhaltensweisen des Gegenübers, was besonders dann der Fall sein wird, wenn diese mit eigenen uneingestandenen Tendenzen

---

[145] Anhang C b. Gutachten Z. S. 59 unten

[146] *Cramer* (1903) S. 83

[147] *Nedopil* (2000) S. 15

[148] *Heinz* (1982) S. 105

oder unbewältigten Konflikten korrespondieren. Probandenbezogene Abwehrhaltungen können, wenn sie vom Gutachter selbst nicht bemerkt werden, unbeabsichtigte negative Auswirkungen auf die Qualität der Untersuchung haben.[149]

In besonders extremen Fällen zeigt sich die probendenbezogene Abwehrhaltung in der Abfassung eines so genannten Verdammungsurteils. Das gutachterliche „Verdammungsurteil" stellt eine spezielle Fehlerquelle im Rahmen der psychiatrischen Befunderhebung dar. Hierbei wird das Bild einer Persönlichkeit entworfen, die aller humanen Qualitäten entkleidet ist. Es entsteht der Eindruck, der Gutachter habe seinen Auftrag dahin missverstanden, möglichst viele negative Attribute auf den Probanden zu häufen, so dass die Begutachtung sozusagen auf eine „Vernichtung" hinausläuft.[150]

Die Formulierungen in Rüdins Gutachten lassen in auffallender Weise eine Abwehrhaltung gegenüber den Probanden Ludwig B. und Johanna Z. erkennen.

3.2.2.2 Abwehrhaltung gegenüber Ludwig B.

Die Art und Weise, wie Ludwig von Rüdin beschrieben wird, ist durch und durch negativ geprägt. Durch Interpretation bestimmter Gutachtensinhalte, kann mittelbar aber auch ein anderes, positiver gefärbtes Bild von Ludwig abgeleitet werden:

Ludwig kann eine gewisse Intelligenz nicht abgesprochen werden. Trotz seiner einfachen Herkunft als Hirtensohn, seiner unregelmäßigen Schulbesuche und mangelnden Volksschulabschlusses konnte er die überwiegende Zahl der Wissensfragen gut beantworten, die ihm von Rüdin im Rahmen der Untersuchung gestellt wurden.[151] Er liest ausgesprochen viel und hat wohl auch daher eine gewisse sprachliche Begabung, wie sie sich in seinen schriftlichen Äußerungen widerspiegelt.[152] Diese reflektieren die eigene Situation und lassen Liebeskummer und Selbstmitleid erkennen. Zwar wirken sie etwas gestelzt, können aber auch als einfallsreich, fantasievoll und kreativ bezeichnet werden. Ludwig ist redselig, gesteht seine Taten ohne Zögern und gibt Rüdin in allen Belangen bereitwillig Auskunft. Er will gerne „fesch" erscheinen und auffallen. Er gibt sich gegenüber seiner Freundin als „Aufseher im Gefangenenlager Puchheim" aus und verkleidet sich gerne als Detektiv, um als feiner Herr zu gelten.[153] Ludwig spielt Detektiv, als er mit seinem Revolver einen gesuchten Mörder fangen will um die Belohnung von 500 M zu kassieren, und verstellt seine

---

[149] *Heinz* (1982) S. 42

[150] *Heinz* (1982) S. 7

[151] Anhang B b. Gutachten B. S. 39 oben; siehe auch Kapitel 3.2.1.1 und 3.3.3.1.3

[152] z.B. der fiktive Beschluss des Amtsrichters, Anhang B b. Gutachten B. S. 40 Mitte

[153] „Der Sedlmeier hat mich auch immer so gelobt, da kommt der Detektiv, hat er gesagt, das ist ein feiner Herr, ein Hoher, das hat er gsagt. Und ich habs gemeint und geglaubt."

Schrift, so wie er es von Detektiven kennt. Er trinkt wenig Alkohol und ist einsichtig, was seine Fehler angeht.[154]

Rüdins Abwehrhaltung gegenüber Ludwig B. lässt sich schon in der besonderen Darstellungsreihenfolge erkennen (siehe oben Kapitel 3.2.1.1). Dazu kommt die negative Auswahl von Äußerungen über Ludwig. Bei der Beschreibung von Ludwigs Charakter fällt eine Reihe ungewöhnlich scharfer Begriffe und Formulierungen auf, die Rüdin zum Teil zitiert, teilweise aber auch selbst prägt: „Der Vater, der selbst einen schwachsinnigen, begriffsstutzigen Eindruck machte, gab damals in der Klinik an, B. habe ihm von jeher viel Verdruss gemacht, sei ein Schlüffel gewesen, wollte nicht arbeiten, war streitsüchtig, raufte gern, trieb sich mit Burschen herum."

Wenn Ludwig von Misshandlungen berichtet („Verstoßen und verschlagen, ich habe nichts mehr darnach gefragt"), geht Rüdin nicht näher darauf ein und fragt nicht genauer nach. Er ist anscheinend der Meinung, Ludwig hätte die Misshandlungen verdient oder sollte sich nicht so anstellen. In der Beurteilung ordnet Rüdin Ludwigs Bemerkungen über Misshandlungen unter „vage Verfolgungsvorstellungen" ein: „In den Krankenhäusern glaubte er sich von Ärzten und Pflegern und draußen von Lehrern und anderen Menschen vernachlässigt, misshandelt, ausgelacht."[155]

Die Einstellung Rüdins, dass Ludwig selbst schuld daran sei, wenn er misshandelt wurde, zeigt sich auch an der Stelle im Gutachten, an der Ludwig von dem Vorfall berichtet, als er mit einem Feldstecher die Fabrikarbeiterin Lindner beobachtet und dabei einen Revolver bei sich hatte: „Es habe ihm daher einer gesagt, er soll die Waffe abliefern, dann sei er gepackt worden und es habe ihn dann einer auch noch verhaut, sodass er 4 Stunden lang nichts mehr gewusst habe. Auf die Frage, ob ihm denn damit nicht recht geschehen sei erklärte er ganz affektlos: ‚Ja'." Die Frage, ob es Ludwig nicht recht geschehen sei, stellt eine Suggestivfrage dar, so dass die bejahende Antwort Ludwigs nicht überrascht. Rüdin zeigt keinerlei Mitgefühl oder Verständnis für die besondere Situation des Probanden, der immerhin so schwer durch einen Gummiknüppel am Kopf verletzt wurde, dass er ca. 4 Stunden lang bewusstlos war. An Rüdins Bemerkung („Suchte man ihm sein absonderliches Verhalten zum Bewusstsein zu bringen, so stellte sich immer wieder heraus, dass er ihm gegenüber völlig verständnislos war."), lässt sich erkennen, dass Rüdin Ludwigs Verhalten (für eine Entfernung von nur 50 Metern ein Fernglas zu benutzen) für eigenartig hält und er keinerlei Anstalten macht, sich in den Probanden hineinzuversetzen, um ihn zu verstehen. Er kommt überhaupt nicht auf die Idee, dass es einem 15-jährigen Jugendlichen einfach Spaß machen könnte, alles mit dem Fernglas zu

---

[154] Als Beispiel für „Undankbarkeit" nennt er: „Wenn einem die Eltern gute Lehrungen geben und man tut das Gegenteil und macht man seinem alten Vater so viel Verdruss wie ich", Anhang B b. Gutachten B. S. 39 Mitte

[155] Anhang B b. Gutachten B. S. 45 oben

betrachten. Im Gutachten bezeichnet er Ludwigs Verhalten als „höchst absonderlich".[156]

In einem anderen Zusammenhang unterstellt Rüdin dem Probanden Ludwig Unzuverlässigkeit bzw. Dummheit, indem er schreibt: „Über den eigentlichen speziellen Grund, warum er damals zu uns gekommen, war aus B. etwas zuverlässiges absolut nicht herauszubringen." Dabei hatte ihm Ludwig genau beschrieben, warum er meinte, dass er von der Chirurgie in die Psychiatrie überwiesen wurde: „Ich glaube wegen Selbstmordversuch oder was, mehr kann's nicht sein." Auch aus den Klinikakten ergibt sich, dass der „eigentliche spezielle Grund" für die Überweisung die vermutete Suizidgefährdung war.

Trotz Ludwigs ausführlicher Beschreibung des Vorfalls in Pasing (über 4 Seiten) bemerkt Rüdin, dass Ludwig nicht im Stande sei, „selbst auf genaues Befragen hin, ein chronologisch geordnetes Bild von seinem eigenen Verhalten und dem Eingreifen des Publikums zu geben." Dieser Kommentar vermittelt Geringschätzung und Verachtung für den ungebildeten Probanden. Dabei kann wohl kaum von einem 15-jährigen Hilfsarbeiter ohne Schulabschluss erwartet werden, dass er „ein chronologisch geordnetes Bild" darzustellen vermag, wenn man berücksichtigt, dass dieser bei dem Vorfall von einer Menschenmenge verfolgt und angegriffen in Panik geraten war.

Folgender Satz, der die „ungeheure Interessenlosigkeit" Ludwigs beweisen soll, spiegelt wider, dass sich der Gutachter Rüdin durch den Probanden persönlich missachtet und beleidigt fühlt, weil dieser sich bis zum Ende der Untersuchung seinen Namen nicht gemerkt hatte: „So wusste er wohl, dass es einen Dr. Thumm und einen Prof. Rüdin gebe. Dass aber der Unterzeichnete, der sich wiederholt mit ihm abgegeben, ihn körperlich untersucht, befragt, ihm Verweise und Mahnungen gegeben und ihn zeitweise regelmäßig bei der Visite besucht hatte und der ihm auch schon auseinandergesetzt hatte, dass er ihn vom Gericht aus untersuchen müsse, dieser Prof. Rüdin sei, das wusste er noch nicht einmal am 26. September."[157] Dieser Satz verdeutlicht auch, dass aus Sicht Rüdins die Beziehung zwischen Gutachter und Proband ein übergeordnetes Autoritätsverhältnis darstellt: Rüdin erklärt herablassend, dass er sich „wiederholt mit ihm abgegeben" hatte und Ludwig „Verweise und Mahnungen gegeben" hätte. Dieser autoritäre Umgang mit den Probanden scheint damals üblich gewesen zu sein. Und auch verbal mussten sich die Probanden einiges gefallen lassen: Rüdin hat sich gegenüber Ludwig verbal in keiner Weise zurückgehalten, sondern ihn zum Teil mit schlimmen Worten traktiert: „Um seine affektive Reaktion zu prüfen, wurde ihm in schroffen Worten seine Faulheit vorgehalten. (...) Nichts, auch nicht die schlimmsten Vorwürfe und Herausforderungen vermochten ihn aus seiner gemütlichen Stumpfheit zu erwecken."[158]

---

[156] Anhang B b. Gutachten B. S. 44 unten

[157] Anhang B b. Gutachten B. S. 32 unten

[158] Anhang B b. Gutachten B. S. 38 oben

Rüdin zitiert ausführlich aus Briefen Ludwigs an seine Eltern, in denen dieser in erster Linie um das Mitbringen von Essen bittet.[159] Rüdins ergänzende, in Klammern gesetzte Bemerkungen, wie „(der ihn notabene selbst in das Arbeitshaus wünscht!)" oder „(der Vater nämlich)", die lediglich bereits schon erwähnte Tatsachen wiederholen, bewirken, dass Ludwigs Briefe mit den emotionalen Formulierungen („liebster Vater", „Dein unglücklicher Sohn") lächerlich und unaufrichtig wirken. Denn wie könnte Ludwig erwarten, sein Vater würde ihm Essen mitbringen, wenn dieser ihn am liebsten im Arbeitshaus sehen würde?

Auch die anderen in der Akte zitierten Schriftstücke von Ludwig, ein fiktiver „Beschluss" des Amtsrichters[160] und die Vorwürfe an seine ehemalige Geliebte Wambacher[161], bezeichnet Rüdin abwertend als „Elaborat" und „Erguss". Er geht nicht weiter auf den Inhalt, die blumige Sprache oder die ungewöhnliche Gestaltung ein, sondern erwähnt lediglich die „schräg geschriebene verschnörkelte Namensunterschrift". In der Beurteilung behauptet Rüdin dann: „Die sentimentalen Anwandlungen, die aus manchen seiner namentlich schriftlichen Äußerungen hervorzugehen scheinen, beruhen demgegenüber in Wirklichkeit nur auf hohlem Phrasengeklingel ohne jede wirklich tiefe, entsprechende Gefühlsbeteiligung."[162] Dies geschieht offensichtlich ohne dass er sich die Mühe gemacht hat, Ludwig auf seine schriftlichen Äußerungen anzusprechen und ihn zu den Inhalten und Gefühlsäußerungen zu befragen.

Bei der körperlichen Befundbeschreibung häufen sich abwertende Begriffe, die nicht nur aus dem medizinischen Wortschatz stammen und die Abneigung (oder sogar Ekel) des Gutachters gegenüber dem Probanden verdeutlichen: „mit kräftigem Körperbau, sehr schlaffer Haltung und unintelligentem, stumpfen, morosen verschlafenen, ja blöden und leblosen Gesichtsausdruck", „Bei der ganzen Untersuchung benahm sich B. sehr schlapp, ungeschlacht, schwerfällig und war langsam von Begriff."[163]

Die psychiatrische Beurteilung im dritten Abschnitt des Gutachtens stellt durch ihre einseitig negative Charakterbeurteilung ein „Verdammungsurteil" dar. Rüdin häuft mehr und mehr negative Attribute auf den Probanden, bis von Ludwig ein fast unmenschliches, durch und durch schlechtes Bild entstanden ist:

- „bei schwachen bis mittelmäßigen intellektuellen Fähigkeiten"
- „gewisse Neigung zum Müßiggang und zu unstetem Verhalten"
- „B. wurde noch ruheloser und vergnügungssüchtiger, wie zuvor, unbotmäßig, faul, unehrlich."
- „beging einen dummen Streich nach dem anderen, wurde immer reizbarer, gefühlsroher."
- „wahre Fresslust"

---

[159] Anhang B b. Gutachten B. ab S. 39 unten

[160] Anhang B b. Gutachten B. S. 40 Mitte

[161] Anhang B b. Gutachten B. S. 41 oben

[162] Anhang B b. Gutachten B. S. 45 Mitte

[163] Anhang B b. Gutachten B. S. 41 Mitte, S. 43 Mitte

- „in fast triebhafter Weise"
- „in einer Weise, wie wir das bei Normalen oder lediglich psychopathischen Menschen nicht finden"
- „kleidete sich auffallend, eitel, und benahm sich höchst absonderlich in den Strassen"
- „vage läppische Größenvorstellungen"
- „beschimpfende und auffordernde (imperative) Stimmen, deren Befehlen er nicht zu widerstehen vermochte, auch wenn sie die unsinnigsten Aufforderungen enthielten."
- „an plötzlichen impulsiven Einfällen litt er, denen er dranghaft nachkommen musste. Er folgte ihnen umso eher, als auch seine Urteilskraft anscheinend immer schwächer wurde."
- „vage Verfolgungsvorstellungen bestanden zweifellos"
- „unmotivierte Verstimmungen und schwächliche, gegenstandslose, triebartige Selbstmordanwandlungen lagen zeitweise vor."
- „ganz ungeheure Schwäche fast aller gemütlichen Regungen, eine außergewöhnlich große gemütliche Stumpfheit, kurz, ein erheblicher affektiver Schwachsinn."
- „auch die Willenskraft und das Gefühlsleben, die ethischen Hemmungen durch den Krankheitsprozess schon erheblich gestört"
- „Auch die Tat selbst, die läppische, sinn- und zwecklose, unter gegenwärtigen Umständen für jeden Vollsinnigen zum mindesten höchst bedenklich erscheinende Maskerade am helllichten Tag und unter den vielen Menschen, mit der Gefährlichkeit ihrer Vorbereitung (geladener Revolver!) mit der Unklarheit ihres Zieles, der Albernheit ihrer Ausführung und der völligen Verkennung der durch sie geschaffenen Lage trägt von vornherein den Stempel der Krankhaftigkeit auf der Stirn."

Durch Rüdins Formulierungen wird der Eindruck erweckt, dass man es bei Ludwig B. mit einem abnormalen Menschen zu tun hat, dem „normale" menschliche Gefühle und Gedanken fremd sind.

3.2.2.3 Abwehrhaltung gegenüber Johanna Z.

Beim sorgfältigen Lesen des Gutachtens über Johanna Z. lassen sich einige positive Merkmale der Probandin herauslesen. So ist Johanna ein aufgeschlossen, kontaktfreudiges und sozial eingestelltes Mädchen. Sie hat ein gutes Verhältnis zu ihren Eltern („Ich habe meine Eltern sogar sehr gern") und hilft im Haushalt mit. Um ihre drei Geschwister kümmert sie sich „stets sehr liebevoll und gutherzig". Ihrer alten Nachbarin leistet sie regelmäßig Gesellschaft und macht für sie Besorgungen. Mit den Kriegsverwundeten hat sie Mitleid und hat ihre Mutter oft gebeten, ihr etwas für diese zu geben. In der Klinik ist sie „sehr zärtlich mit kranken Kindern der Abteilung" und hilft auch der Krankenschwester. Johanna hat ein höfliches Auftreten (sie gibt „zutraulich die Hand" und macht „beim Fortgehen einen Knicks"). Sie legt stets Wert auf ein gepflegtes Äußeres und schöne Kleidung („trug stets schönen Hut, schöne Schuhe u.s.w."). Freunden gegenüber ist sie großzügig und freigiebig (z.B. lädt sie ihren Freund Zeh mehrmals ins Theater und Kino ein). Sie ist sehr kulturinteressiert und musisch begabt: sie liest viel (auch die „guten Büchern wie Karl May und Jules Vernes"), lernt gerne Gedichte auswendig, spielt Theater, singt in einem Chor. Sie ist geschickt in Handarbeiten. Johanna ist intelligent und hat eine sehr schnelle Auffassungsgabe. Bei der Vorbereitung, Ausführung und Vertuschung ihrer Tat zeigt sie ein hohes Maß an

Einfallsreichtum, Raffinesse, Geschicklichkeit und Spontaneität. Johanna handelt meist sehr zielgerichtet und zweckvoll. So fälschte sie das Zeugnis, um bessere Chancen bei Bewerbungen zu haben, und investiert gestohlenes Geld in „lauter vernünftige Sachen", wie Kleidung, Straßenbahnkarte oder Schulgeld. Sie tritt oft sehr selbstbewusst auf und ist äußerst neugierig. Manchmal ist sie noch sehr kindlich und verspielt („Naschen, Spielen, Herumtollen u.s.w.").

Rüdin hingegen sieht Johanna ausschließlich in einem negativen Licht. Seine probandenbezogene Abwehrhaltung lässt sich an vielen Punkten des Gutachtens erkennen:

Rüdin zeigt häufig nicht auf, was er aus den Polizeiakten zitiert oder selbst verfasst hat. Unklar ist z.B. die Quelle der Vermutung über Johannas Liebschaften.[164] Er bringt auf diese Weise eine anschauliche Beschreibung von Johannas unmoralischem Lebenswandel in das Gutachten ein ohne einen Beweis dafür anzuführen. Verstärkt wird das Vorurteil dann noch durch eine Formulierung wie „Geschlechtsverkehr wurde von keiner Seite zugegeben.", die seine gegenteilige Ansicht ausdrückt.

Rüdin verwendet den Spitznamen, den Johanna von ihren Bekannten erhalten hatte, in unzutreffender Weise zur Beurteilung ihres Wesens. Im Gutachten schreibt er fälschlicherweise: „Ihr überspanntes Wesen hat ihr den Spitznamen des Affenmädchens eingetragen."[165]. Dabei hatte er Johanna zuvor selbst im Gutachten wie folgt zitiert: „Dass man sie Affenmädchen geheissen, wisse sie. Dies rühre von einer Schaustellung in einer Bude am Oktoberfest: ‚Johanna das Affenmädchen'. Nach dieser sei sie dann immer verspottet worden."[166]

Es fallen eine Reihe von Zitaten mit negativen Äußerungen über Johanna auf: „Über ihren unschicklichen, auffälligen Aufputz, ihre Neigung zur Hoffart und ihren Müßiggang hielt man sich von verschiedener Seite in der Nachbarschaft sehr auf", „Die Z. galt allgemein als diebisch, lügenhaft und streunerisch veranlagt. Zu jeder Tageszeit und auch in den Abendstunden streune sie mit halbwüchsigen Burschen umher." Ebenso wird Johannas angebliche „brutale Äußerung" gegenüber einer Eisverkäuferin über die ermordete Frau Schweickart („Das alte Viech hat ein zähes Leben gehabt.") zitiert, eine Äußerung, die Johanna selbst abstritt.

---

[164] „Sie scheint ‚als Flamme' von einem ‚Verehrer' zum anderen gegangen zu sein. Im Verkehr mit den jungen Burschen war sie immer sehr ausgelassen."

[165] Anhang C b. Gutachten Z. S. 77 Mitte

[166] Anhang C b. Gutachten Z. S. 59 Mitte

Alle von den polizeilichen Vernehmungsprotokollen abweichenden Aussagen Johannas versucht Rüdin als Unwahrheiten aufzudecken und er macht keinen Hehl daraus, dass er Johanna für eine Lügnerin und Simulantin hält.[167]

Im zweiten Abschnitt „Eigene Beobachtungen" lässt sich sehen, dass Rüdin seine Untersuchungen mit vorgefassten Ansichten und Vorurteilen beginnt und seine Ergebnisse danach ausrichtet. Im Fall Johanna macht er sich offensichtlich nicht die Mühe, neue Erkenntnisse zu gewinnen, sondern will nur zügig die Aussagen Dritter und seine eigene vorgefasste Meinung bestätigt wissen. Rüdin hält Johannas Aussagen von vornherein für wertlos und zeigt das, indem er Johannas Ausführungen immer wieder mit „u.s.w." abkürzt.[168]

Johannas Versuch, den Verdacht auf einen anderen zu lenken, bewertet Rüdin in übertriebener Weise: „dass sie (...) so unerhört die Unwahrheit gesagt und Unschuldige ins Unglück hineinbringen wollte".

Es häufen sich abwertende Beschreibungen von Johanna:

- „Begabung nur mittelmäßig"; „Trägheit"
- „ihrem zerstreuten, flatterhaften Wesen"
- „diebischen Neigung; schrankenlose Betätigung ihrer Selbstsucht"
- „Sie neigt vor allem zur Unwahrhaftigkeit. Ihr Wille ist unbeständig. Sie ist schwatzhaft, flüchtig und zerstreut, sehr frech im Benehmen und leicht ausgelassen, wenn sie unbeobachtet oder unkontrolliert ist. Sie neigt zu Müßiggang und bequemem Leben. Auf dem Gebiete des Gefühls und Trieblebens ist sie oft roh, vorlaut, frech, unverschämt und trotzig, gleichgültig gegen Ermahnungen und Rügen, leichtsinnig, sehr vergnügungssüchtig, naschhaft, hoffärtig, grossprecherisch und prahlerisch, sehr selbstgefällig und eitel auf Figur, Stimme und Kleider. Sie hascht nach Effekten und will sich auffällig machen, was ihr um so notwendiger erscheint, als sie zu wirklich tüchtigen Leistungen bei aller geistigen Beweglichkeit doch zu unbegabt ist."
- „ihr Mangel jeder tieferen altruistischen Gefühlsregung (Stehlen, Morden, gefährliche falsche Anschuldigungen), ihre moralische Abgestumpftheit, ihre Gefühlsrohheit, ihre mangelhafte wahre Reue (...). Sie kennt zwar wohl das Gute. Da sie es aber nicht aus natürlicher Liebe dazu zu tun vermag, heuchelt sie es gelegentlich mit großem Geschick, wie sie überhaupt in ihrem ganzen Wesen außerordentlich berechnend und raffiniert überlegend ist, um zu allerlei Vorteilen für sich zu gelangen. Das gilt sicher zum Teil auch für die von ihr heute noch zur Schau getragene Kindlichkeit und Naivität"
- „eine hysterische Persönlichkeit, als einen hysterischen Charakter"
- „entartete, gesellschaftsfeindliche Anlage bei der Z."
- „Ihre große ethische Defektheit macht sie dabei zur ausgesprochenen Gesellschaftsfeindin, zur antisozialen Psychopathin, von der sie die hauptsächlichen charakteristischen Züge trägt: die sittliche Stumpfheit, die Unwahrhaftigkeit,

---

[167] „Lügengewirr, das uns die Z. auftischte"; „bei ihrer ungeheuren Neigung zur Unwahrheit", „Ihre erst vor kurzem noch gemachten Angaben, (...) u.s.w., entbehren jeder Glaubwürdigkeit und Begründung."

[168] Anhang C b. Gutachten Z. S. 65 unten, S. 70 oben

Eitelkeit und Selbstgefälligkeit, den Mangel an tieferen gemütlichen Regungen, an Mitgefühl, die Rückfälligkeit und Unverbesserlichkeit."
- „Lügengewirr, das uns die Z. auftischte"; „bei ihrer ungeheuren Neigung zur Unwahrheit"

Was die Frage nach Johannas Tatmotiv angeht, so hatte Johanna schon bei ihrem ersten Geständnis angegeben, sie hätte eine „Affaire" haben wollen, und gegenüber Rüdin: „,Ich wollte vor mir selbst prahlen'. Sie wollte sich selbst zeigen, dass sie ,Schneid' habe, dass sie so mutig sei, so etwas auszuführen." Diese Angabe wird durch Johannas prahlerisches Verhalten in der Klinik bestätigt, das Rüdin auch in seinem Gutachten beschreibt.[169] Dennoch macht Rüdin im Gutachten deutlich, dass er Johannas Angaben keinen Glauben schenkt: „Es ist im höchsten Masse zweifelhaft, ob nach den vielen Unwahrheiten, die sie zum Teil sogar beschwören wollte, nun ihre letzten Angaben, bei denen sie stehen geblieben ist, der wirklichen Wahrheit auch wirklich entsprechen."[170]

Gegen Ende seines Gutachtens stellt Rüdin in übertriebenen, teils unsachlichen Formulierungen und rhetorischen Fragen Vermutungen über Johannas mögliche Motive an.[171] Der Leser folgt gedanklich diesen möglichen Motiven und ist entsetzt über Johannas Abartigkeit, obwohl es sich lediglich um Vermutungen des Gutachters Rüdin handelt.

Rüdin verhängt ein „Verdammungsurteil" über Johanna, indem er sie durch und durch schlecht darstellt und beim Leser jedes mögliche Fünkchen von Sympathie vernichtet: „Wohl handelt es sich hier um eine abnorm Veranlagte, um eine populär gesprochen ,sehr lasterhafte' und gegen Mitmenschen sehr gefühllose, d.h. mit den schlimmsten Charaktereigenschaften ausgerüstete Person, um eine Persönlichkeit von außergewöhnlicher, rücksichtsloser Gefühlsrohheit und Rohheit gegen Mitmenschen und Nichtachtung der Interessen derselben bei gleichzeitiger großer Freude am eigenen, seichten Lebensgenuss und Sinnenkitzel, aus welchen Eigenschaften heraus sich auch die Tat dieser Entarteten erklärt."[172]

Rüdin hat keine Hemmungen, Johanna mit schlimmsten Verbrechern zu vergleichen, um ihr den Schutz der Schuldunfähigkeit nach § 51 RStGB zu verwehren: „Aber ebenso wenig wie andere Mörder tiefer und tiefster Stufen, ebenso wenig auch wie die Giftmischerinnen, welche raffiniert und vorsätzlich und überlegt morden, um sich an ihren Opfern zu weiden, kann die Z. als geisteskrank im Sinne des § 51 aufgefasst werden."[173]

---

[169] Anhang C b. Gutachten Z. S. 71 Mitte

[170] Anhang C b. Gutachten Z. S. 83 Mitte, auch S. 86 unten

[171] Anhang C b. Gutachten Z. S. 87 Mitte

[172] Anhang C b. Gutachten Z. S. 88 unten

[173] Anhang C b. Gutachten Z. S. 89 oben

3.2.3 Perzeption von Prozessrollen bei der Begutachtung

3.2.3.1 Rolle des Sachverständigen im Strafprozess

Einige Stellen in Rüdins Gutachten lassen erkennen, dass dieser sich weit von einer vom Sachverständigen geforderten Neutralität gegenüber dem Probanden entfernt und eher die Rolle eines Anklägers übernimmt.

Dabei stand auch in der damaligen Zeit fest, dass der psychiatrische Sachverständige sich immer daran erinnern muss, dass er nicht Recht spricht, sondern nur ein unmaßgeblicher Gehilfe des Richters zur Erforschung der Wahrheit ist.[174] Prozessrechtlich gesehen steht der Sachverständige auf der Ebene des Zeugen, der Neutralität bewahren muss gegenüber den Prozessparteien. Er ist weder Ankläger noch Verteidiger. Der Gutachter soll vielmehr im Auftrag des Gerichts die Klärung medizinischer Fragen herbeiführen, für die nur er die entsprechende Vorbildung hat, wobei er aber dem Gericht die Verantwortung für die rechtliche Würdigung auch eines medizinischen Sachverhalts nicht abnehmen kann.[175] Bei der Untersuchung in der psychiatrischen Klinik sollte sich der Psychiater von Anfang an hüten, die Haltung des Untersuchungsrichters oder des Polizisten einzunehmen, der herausfinden will, ob der Kranke die „Wahrheit" sagt. Das Untersuchungsgespräch hat noch dringender als im Normalfall der ambulanten Untersuchung die Aufgabe, eine tragfähige Beziehung zum Patienten herzustellen.[176] Es verträgt sich nicht mit dem professionellen Selbstverständnis eines Gutachters, mit „kriminalistischem Jagdeifer" tatspezifische Unstimmigkeiten aufzudecken und Widersprüchen auf den Grund zu gehen. Darüber hinaus wird er seiner eigentlichen Aufgabe, nämlich psychopathologische Zusammenhänge aufzudecken, kaum gerecht werden können, wenn er vorwiegend Ermittlungstätigkeiten übernimmt. Es würde zudem ein Misstrauen bezüglich seiner Unparteilichkeit entstehen.[177]

Das Problem, dass der Gutachter aber oft bewusst oder unbewusst die Rolle des Anklägers oder Richters annimmt, wird in der Literatur immer wieder behandelt. Nach *Pfäfflin* lassen mehr als die Hälfte aller von ihm untersuchten Gutachten „eine deutliche Identifikation des Sachverständigen mit der Sanktionsgewalt der staatlichen Strafverfolgungsinstrumente erkennen".[178] *Moser* spricht in diesem

---

[174] *Cramer* (1903) S. 82

[175] *Heinz* (1982) S. 55

[176] *Kind/Haug* (2002) S. 100

[177] *Nedopil* (2000) S. 14

[178] *Pfäfflin* (1978) S. 87, Nach der Untersuchung von *Pfäfflin* über die Qualität forensischer Gutachten über Sexualstraftäter wird die Forderung nach Neutralität des Sachverständigen in weniger als der Hälfte der Gutachten erfüllt. Die Gutachter/Probanden-Beziehung ist dadurch gekennzeichnet, dass letztere sprachlich diffamiert und moralisch abqualifiziert werden. Eine Globaleinschätzung ergibt, dass 58 % der Gutachten als mangelhaft oder ungenügend zu

Zusammenhang von einem Pakt zwischen Kriminalpsychiatrie und Strafjustiz.[179] Die Identifikation mit der Strafjustiz äußert sich beispielsweise in anklagendem bzw. tatermittelndem Interesse, bei moralisch-tadelnden Äußerungen.

3.2.3.2 Übernahme von Prozessrollen im Gutachten Ludwig B.

Bei Rüdins Gutachten über Ludwig B. fällt auf, dass Geschehnisse aus Sicht der Polizei beschrieben werden. Wahrscheinlich wurden die Beschreibungen aus der Anzeigeschrift oder Polizeiprotokollen übernommen. Quellen werden kaum zitiert. So gibt Rüdin das Geschehen beim Vorfall vom 30.5.1915 aus dem Polizeiprotokoll als Tatsache wieder, ohne Angabe der Quelle und ohne Ludwigs Version zu beachten. Generell gibt Rüdin die behördlichen Stellungnahmen im Indikativ, dagegen Ludwigs Äußerungen im Konjunktiv wieder. Zusätzlich werden Ludwigs Äußerungen zum Teil mit Begriffen wie „angeblich" versehen. Dadurch werden Zweifel an Ludwigs Äußerungen erweckt, zumal sie gelegentlich den anderen Stellungnahmen widersprechen.

Rüdin zeigt tatermittelndes Interesse als er die Fragen stellt, „warum er die Waffe nicht einfach hergegeben habe" und „wohin die einzelnen Schüsse gegangen sind". Die Bemerkung: „Auf den Einwand, dass er doch heftigen Widerstand geleistet haben müsse, antwortete er ‚es kann ja sein, ich weiß nichts'" beinhaltet eine Vorhaltung den Widerstand betreffend. Rüdin will Ludwig möglicherweise zu einem Geständnis bringen.

Rüdins persönliche Haltung gegenüber gesellschaftlichen Ordnungsprinzipien, sein Obrigkeitsdenken lässt sich aus folgender Befragung bezüglich des Widerstands Ludwigs gegen den Polizeisekretär ablesen: „Auf die wiederholte Frage, warum er denn nun eigentlich geschossen habe, erklärte er: ‚Weil er gesagt hat, ich soll die Hand raustun.' Und auf den Einwand, dass da doch nichts dabei sei: ‚Er hätt mich doch nicht gleich so misshandeln brauchen.' Und auf die Bemerkung, er hätte ja der Aufforderung des Sekretärs gleich nachkommen können: ‚Ich bin da ganz auseinander gewesen.'". Rüdin stellt sich demonstrativ auf die Seite der Polizei. Er zeigt kein Verständnis für Ludwigs Situation und erwähnt oder erfragt die Misshandlungen, die Ludwig erleiden musste, nicht weiter.

Bei Rüdins Frage zur Unterschlagung des väterlichen Geldes („warum er das Geld nicht abgeliefert habe, was doch seine Pflicht gewesen wäre") hält Rüdin dem Probanden seine Pflichtverletzung vor. In Bezug auf den Fahrraddiebstahl übernimmt Rüdin eindeutig die Rolle des Anklägers, der mit den „Strafen des Gesetzes und der Religion" droht: „Sprach man ihm scharf ins Gewissen und hielt man ihm die Strafen des Gesetzes und der Religion für solche Verfehlungen vor, so erklärte er, ohne aus seiner

---

bezeichnen sind, 21 % werden als ausreichend, 13 % als befriedigend und nur 8 % als gut oder sehr gut bewertet.

[179] *Moser* (1971) S. 30 ff.

dauernden Affektlosigkeit herauszutreten, ‚mir ist nix in Kopf rein kimma, i hab mich nur aufs Radl naufgsetzt und bin davon gfahrn.'" Auf eine Frage bezüglich des Bestehlens von Ludwigs Schwester folgt eine Drohung mit strafrechtlichen Maßnahmen: „Auf den Einwand, dass er so auf dem besten Weg zum Gefängnis und zum Zuchthaus sei, antwortete er, ohne jede Gemütsregung, einfach ‚ja'."

Stolz verbucht Rüdin einen Ermittlungserfolg: „In einer Unterredung machte B. sogar Andeutungen, als ob jener Schuss in die Hand selbst aus Selbstmordabsicht geschehen sei." Dies stellt eine neue Erkenntnis dar, da Ludwig zuvor Suizidabsichten stets bestritten hatte. Am Ende seines Gutachtens macht Rüdin wie ein Richter auf Widersprüche in Ludwigs Angaben aufmerksam und wirft Ludwig unter anderem fehlende Reue vor."[180]

3.2.3.3 Übernahme von Prozessrollen im Gutachten Johanna Z.

Bereits bei ihrer ersten Begegnung tritt Rüdin Johanna gegenüber misstrauisch und investigativ auf: „Sie kam hier sehr nett und geschmackvoll gekleidet an. Auf die Frage, woher sie die Mittel dazu gehabt habe, erklärte sie: ‚Ach das Geld hab ich halt so verdient. Zuletzt habe ich nichts mehr gehabt, da hätt ich mir eine Stelle als Buchhalterin gesucht.'" Anstatt Johanna etwa auf nettes Aussehen und ihren guten Geschmack anzusprechen, fragt er sie gleich nach dem Geld für die Kleidung, von dem er vermutet, dass es aus einem Delikt stammt. Daran ist zu erkennen, dass Rüdin von vornherein mit Vorurteilen belastet in die Gespräche geht. Im Gutachten interpretiert er ihre Bemerkung zu ihrer schwierigen finanziellen Lage als möglichen Beweggrund für den Raubmord.[181]

An einigen Stellen sieht es so aus, als wollte Rüdin Johanna bewusst missverstehen, um ihr Ungereimtheiten und Lügen vorzuwerfen. So befragt er sie zum Inhalt des Romans („Opfer der Wissenschaft"), den sie als Motiv für den Mord angab. Johannas diesbezügliche Aussagen ergeben durchgängig, dass der Arzt nicht entdeckt wurde bis er sich ganz am Ende selbst angezeigt hätte. Rüdin schreibt jedoch in seinem Gutachten: „Die Geschichte des Arztes erzählte sie aber nicht ganz gleichmäßig. Einmal sagte sie, er sei nicht aufgekommen, wieder ein anderes mal, erst am Schluss sei er aufgekommen, wieder ein anderes mal, er habe sich selbst angezeigt."

Rüdins Unterhaltung mit Johanna gleicht einem polizeilichen Verhör. Rüdin ist bestrebt, Johanna rhetorisch in die Ecke zu drängen und Ungereimtheiten in ihren Aussagen offen zu legen. Er spielt seine Überlegenheit aus und protokolliert genau seine raffinierten Fragestellungen. Rüdins Ziel in den Gesprächen mit Johanna scheint es zu sein, durch geschickte Gesprächsführung und Sugges-

---

[180] Anhang B b. Gutachten B. S. 47 Satz 2

[181] „Noch beim Eintritt in die Klinik machte sie Äußerungen, nach denen sie zur Zeit, als die Tat geschah, mittellos war und aus diesem Grunde sich nach einer Beschäftigung umschauen müsse." Anhang C b. Gutachten Z. S. 85 oben

tivfragen möglichst viele Beweise für Johannas Lügenhaftigkeit zu sammeln. Als Erfolg wird verbucht, wenn Johanna nichts mehr auf die Fragen zu antworten weiß oder wenn sie Rüdins Vorwürfe bestätigt: „Dass sie ein lügenhaftes, tiefgesunkenes Mädchen sei, gab sie, wenn sich die ihr vorgehaltenen Beweise häuften, wortlos nickend zu."[182]

Rüdin scheint stolz auf seine „Ermittlungserfolge" zu sein, indem er in seinem Gutachten beschreibt, wie er mit Hilfe von Suggestivfragen Johannas Aussage, eine „Stimme" hätte sie zur Tat verleitet, als Lüge enttarnt.[183] Auf entsprechende Weise verfährt Rüdin in einem anderen Zusammenhang, als Johanna erklärt, ein unwiderstehlicher Drang hätte sie zur Tat getrieben.[184] Rüdins Gesprächsführung ist durchsetzt mit Vorhaltungen wie bei einer polizeilichen oder staatsanwaltlichen Vernehmung („Tatsachen, die man ihr vorhielt", „Aussprüche, (...) deren Vorhalt", „wenn sich die ihr vorgehaltenen Beweise häuften").[185]

In der Konstruktion einer Diebstahlsabsicht bei Johanna kommt Rüdin dem Gericht zuvor. So widmet Rüdin ganze 5 ½ Seiten seines Gutachtens[186] der Spekulation über Johannas Tatmotiv, obwohl dies gar nicht in seinen Aufgabenbereich als Sachverständiger fällt. Rüdin gibt zwar zu, dass ein vollendeter oder begonnener Diebstahl Johanna nach den Akten nicht nachzuweisen ist, hält aber Diebstahlsabsicht dennoch für möglich, da Johannas Persönlichkeit eine solche Absicht durchaus zuzutrauen wäre.[187] Rüdin zitiert aus seinem Gutachten (Kapitel I. Vorgeschichte) und weist dabei auf Johannas widersprüchliche Aussagen hin: „Etwas auffallend ist auch, dass sie zuerst leugnete, überhaupt zu wissen, dass und wo die Schweickart Geld und Wertsachen aufbewahrt hatte. Seite 27 sagt sie aber selbst, dass ihr die Schweickart gezeigt und gesagt habe, wo sie das Geld habe. Ferner (Seite 31) gestand sie, dass ihr die Schweickart früher schon, vor der Tat, mal gesagt habe, dass sie einen sehr schönen Schmuck hätte."[188] Er vermutet, dass Johanna durch Zwischenfälle an der weiteren Ausführung des Diebstahls verhindert worden sein könnte.[189] Aufgrund Johannas Lügenhaftigkeit wäre es so gut wie unmöglich, ihr wahres Motiv zu

---

[182] Anhang C b. Gutachten Z. S. 70 unten, weitere Beispiele S. 62 f.

[183] Anhang C b. Gutachten Z. S. 65 bis S. 66 oben

[184] Anhang C b. Gutachten Z. S. 66

[185] Anhang C b. Gutachten Z. S. 70 unten

[186] Anhang C b. Gutachten Z. S. 83 Mitte bis S. 88 unten

[187] „Aber Diebstahlsabsicht, die sie so energisch in Abrede stellt, k a n n deswegen doch vorgelegen haben. Ein Geständnis in dieser Richtung würde uns kaum in Erstaunen versetzen, ja Tötung der Frau zum Zwecke der Ausführung irgend eines Diebstahles würde wohl zur Persönlichkeit der Z. passen, mit ihr jedenfalls nicht in Widerspruch stehen." „Auf Geld u.s.w. war sie von jeher sehr aus und verschaffte es sich oft genug, auf unehrlichem, strafbarem Wege." Anhang C b. Gutachten Z. S. 84 unten

[188] Anhang C b. Gutachten Z. S. 85 Mitte

[189] Anhang C b. Gutachten Z. S. 85 unten

entschlüsseln.[190] Den Beweggrund, den Johanna angegeben hatte, die Sensationslust, der Wunsch, eine „Affäre", ein Aufsehen erregendes Geschehnis zu haben, hält Rüdin für unwahrscheinlich.[191] Rüdin stellt noch eine Reihe weiterer möglicher Motive in Form von rhetorischen Fragen in den Raum (Siehe Kapitel 3.2.2.2), um zum Ergebnis zu kommen: „Wir wissen es nicht."[192]

Insgesamt ist an der Sprache in Rüdins Gutachten eine fehlende Objektivität und eine Herablassung des Gutachters gegenüber seinen Probanden deutlich zu erkennen. Es wird sichtbar, dass es Rüdin mehr daran gelegen zu sein scheint, durch Sachverhaltsermittlung und Argumentationshilfen die Strafjustiz so zu unterstützen, dass die Jugendlichen ihrer Strafe nicht entgehen, als den eigentlichen Gutachterauftrag zu erfüllen, sich in die Probanden hineinzuversetzen und ein objektives Bild von ihrer psychischen Lage zu zeichnen.

3.3 Klinische Untersuchung und Befunderhebung

3.3.1 Untersuchung in Anlehnung an Kraepelins Lehrmeinung

Die Ergebnisse und Erkenntnisse, die Rüdin bei der klinischen Untersuchung der Probanden erhält, führen zur Diagnose Dementia praecox (Schizophrenie) bei Ludwig und zur Diagnose Psychopathie und Hysterie bei Johanna. In Rüdins Vorgehensweise spiegelt sich deutlich die zeitgenössische Lehrmeinung seines wissenschaftlichen Vorbilds *Emil Kraepelin* wider. In dessen Standardlehrbuch zur klinischen Psychiatrie von 1916 werden folgende Untersuchungen vorgeschlagen:[193]

A. Erhebung der Vorgeschichte
    1. Erbliche Belastung
    2. Ursprüngliche Veranlagung
    3. Geschichte der Krankheit
B. Untersuchung des gegebenen Krankheitszustandes
    1. Seelische Krankheitszeichen
        a. Aufmerksamkeit und Auffassungsfähigkeit,
           Sinnestäuschungen, Zustand des Bewusstseins

---

[190] „Augenscheinlich bekam sie doch Angst nach dem ersten Schuss. Jedenfalls war sie ‚baff', was sehr viel heißt, bei einer Persönlichkeit wie die Z. ist. (...) war die Täterin nur durch Überraschungen, welche sich im Laufe der der Z. offenbar zu langsam vor sich gehenden Tötung der Schweickart ergaben, von der Ausführung einer Diebstahlsabsicht abgestanden". Anhang C b. Gutachten Z. S. 86 unten

[191] Anhang C b. Gutachten Z. S. 87 oben

[192] Anhang C b. Gutachten Z. S. 88 oben

[193] *Kraepelin* (1916) S. 436 ff.

b. Merkfähigkeit und Gedächtnis, Erfahrungsschatz, Erinnerungsfälschungen
c. Orientierung
d. Gedankengang
e. Begriffsbildung
f. Urteil und Schluß, Wahnbildungen
g. Geistige Arbeitsfähigkeit
h. Gemütliche Störungen
i. Triebleben
j. Willenshandlungen
k. Ausdrucksbewegungen
2. Körperliche Krankheitszeichen

Bei der folgenden Darstellung wird Rüdins konkrete Untersuchung der beiden Probanden den Vorschlägen *Kraepelins* gegenübergestellt. Es wird sichtbar, dass Rüdin die für den jeweiligen Einzelfall wesentlichen Punkte inhaltlich und von der Wortwahl her von *Kraepelin* übernimmt, ohne sich aber im Aufbau streng nach einem Schema zu richten.

3.3.2 Erhebung der Vorgeschichte

Für die Erhebung der Vorgeschichte muss nach *Kraepelin* die erbliche Belastung, die ursprüngliche Veranlagung und die Geschichte der Krankheit festgestellt werden.

Es ist zunächst die erbliche Belastung festzustellen, also ob in der Familie überhaupt Geistesstörungen vorkommen. Dabei ist insbesondere auf bestimmte Erkrankungsformen, wie auch Dementia praecox, Hysterie und Psychopathie, zu achten, „die Neigung zeigen, bei mehreren Familiengliedern in gleicher Form wiederzukehren. Namentlich mit Rücksicht auf die Vererbung der Psychopathie wird auch das Vorkommen von auffallenden Persönlichkeiten, einseitige Begabungen, Verbrechernaturen, Selbstmördern zu beachten sein."[194]

Zur ursprünglichen Veranlagung zählt *Kraepelin* „geringe Verstandsbegabung, die sich namentlich in verspäteter Sprachentwicklung kundgibt". Diese weise auf „keimschädigende Einflüsse" oder auf Krankheitsvorgänge hin, „die vor oder nach der Geburt eingesetzt haben können", vielleicht auch auf Dementia praecox. Die verschiedenen Formen der psychopathischen Veranlagung würden sich oft schon früh ankündigen; bei Hysterie und den krankhaften Schwindlern durch große Lebhaftigkeit der Einbildungskraft, bei „Gesellschaftsfeinden" durch Gemütlosigkeit und Grausamkeit.[195]

---

[194] *Kraepelin* (1916) S. 436 f.

[195] *Kraepelin* (1916) S. 437

Im Rahmen der Krankheitsgeschichte soll nach *Kraepelin* festgestellt werden, welche seelischen und körperlichen Störungen die Einleitung des Leidens bildeten. Zu beachten seien z.b. bei der Dementia praecox folgende seelischen Störungen: Veränderungen im Wesen, Sinnestäuschungen, traurige, ängstliche oder heitere Verstimmungen, Wahnbildungen, Erregung, Stupor[196] (auch bei Hysterie), auffallende Handlungen. Auf körperlichen Gebiete stünden z.b. bei Hysterie Anfälle, Lähmungen und Zuckungen im Vordergrund.[197]

3.3.2.1 Erhebung der Vorgeschichte bei Ludwig B.

Rüdin erfragt Ludwigs erbliche Belastung und schreibt, dass in der Familie von Ludwig B. „eigentliche Geistesstörungen nicht vorgekommen zu sein scheinen". Aus der Formulierung „scheinen" kann man entnehmen, dass Rüdin dies als anerkannter Experte in Bezug auf Vererbung von Dementia praecox bezweifelt. Schließlich veröffentlichte Rüdin im Jahr 1916 (also kurze Zeit nach der Begutachtung Ludwigs) sein Werk „Zur Vererbung und Neuentstehung der Dementia praecox"[198], das die Grundlage seines wissenschaftlichen Ruhmes bildete und worin Rüdin von einem dihybrid-rezessiven Vererbungsmodus der Dementia praecox ausgeht.

Zu Ludwigs ursprünglicher Veranlagung gibt dessen Mutter, Kreszenz B., Auskunft, dass er erst mit 3 Jahren sprechen gelernt hätte. *Kraepelin* zufolge könnte dies ein früher Hinweis auf eine Geisteskrankheit sein. Eher anzunehmen ist hier aber, dass Ludwigs späte Sprachentwicklung aus familiärer Vernachlässigung resultierte.

Im Rahmen von Ludwigs Krankengeschichte stellt Rüdin insbesondere deutliche Veränderungen im Wesen und auffallende Handlungen fest, was gemäß *Kraepelin* auf Dementia praecox hindeutet: „Eine wirkliche, deutlich erkennbare Veränderung in seinem ganzen Wesen dürfte aber wohl erst seit ca. 1 Jahr sich bemerkbar gemacht haben. B. wurde noch ruheloser und vergnügungssüchtiger, wie zuvor, unbotmäßig, faul, unehrlich. (...) Er beging einen dummen Streich nach dem anderen, wurde immer reizbarer, gefühlsroher. Es stellten sich Zeiten ein, in denen er ‚spinnte'. Es machte sich eine wahre Fresslust bei ihm bemerkbar, die Schrift wurde anders, verschnörkelt, unregelmäßig, geziert."[199] Eine solche eklatante Wesensveränderung spricht für einen Krankheitsausbruch bei Ludwig ein Jahr vor der Begutachtung. Der Krankheitsverlauf bei Schizophrenie

---

[196] Stupor: Erstarrung, abnormer Zustand mit Fehlen jeglicher körperlicher oder psychischer Aktivität

[197] *Kraepelin* (1916) S. 439

[198] *Rüdin* (1916)

[199] Anhang B b. Gutachten B. S. 44 oben

verläuft oft schubweise; ein akuter Beginn ist dabei wesentlich häufiger als ein schleichend chronischer.[200]

3.3.2.2 Erhebung der Vorgeschichte bei Johanna Z.

Zur erblichen Belastung in der Familie Z. erfährt Rüdin von Johannas Mutter („unterstützt von der Tante Dimpfl") einige Einzelheiten: „Darnach litten 2 Tanten mütterlicherseits in früheren Jahren an Anfällen, deren Natur mit Sicherheit zwar nicht festzustellen war, mit Wahrscheinlichkeit aber als hysterisch aufzufassen ist. Eine dieser Tanten soll später auch noch eine Nervenlähmung bekommen haben, die jetzt aber wieder verschwunden ist (hysterische Lähmung?). – Die Tochter einer dieser Tanten habe auch schon mal aus Aufregung darüber, dass ein ihr gut Bekannter im Felde gefallen war, Ohnmachtsanfälle bekommen. – Ein Onkel mütterlicherseits wurde einmal gerichtlich bestraft, wie er ‚aus Bosheit' Bäume umschnitt. – Die Großmutter mütterlicherseits starb an Gehirntyphus. – Der Großvater väterlicherseits soll ein sonderbarer Mensch und sehr wortkarg gewesen sein. – Ein Urgroßonkel mütterlicherseits war in Neuburg geisteskrank. – Die Tochter eines Urgroßonkels mütterlicherseits soll in jungen Jahren an Trunksucht gestorben sein. – Eine Tochter eines Großonkels väterlicherseits soll geistig nicht normal gewesen und in jungen Jahren an Epilepsie gestorben sein. Die Angeklagte soll in den Charakterzügen dieser Anna gleichen." Interessant ist, dass Rüdin bereits im Rahmen des Punktes „Eigene Beobachtungen" die Anfälle bzw. die Nervenlähmung von Johannas Verwandten als „hysterisch" wertet, was sich mit seiner späteren Diagnose mit „hysterischer Veranlagung" bei Johanna deckt. Rüdin stellt zusammenfassend fest, dass Johanna Z. aus einer „entarteten Familie" stammt. Er begründet dies mit der oben festgestellten erblichen Belastung und ergänzt gewisse Charakterfehler von Johannas Eltern: „In der Familie der Z. sind bereits Erkrankungen auf dem Gebiete des Zentralnervensystems, sowie auch Persönlichkeiten vorgekommen, welche mit dem Strafgesetz in Conflict gerieten. Auch werden speziell den Eltern gewisse Charakterfehler, dem Vater Schroffheit der Mutter unangebrachte Schwäche in der Kindererziehung und eine gewisse Unordentlichkeit im Haushalt nachgesagt."[201]

Rüdin gibt die Aussagen von Johannas Lehrern und insbesondere die des Schuldirektors Koob ausführlich und größtenteils wörtlich in seinem Gutachten wieder. Schuldirektor Koob hatte bei Johanna im Rahmen der Beantwortung des Fragebogens (siehe Kapitel 4.1.3.3) weder krankhafte Störungen noch erbliche Mängel festgestellt.[202] An dieser Stelle verkürzt Rüdin das wörtliche Zitat eben genannter Aussage: er unterschlägt den Teil „und Krankheit ebenso ein Anhaften

---

[200] *Naber/Lambert* (2004) S. 59

[201] Anhang C b. Gutachten Z. S. 75 unten

[202] „Körperliche oder geistige Gebrechen, Schwachsinn und Krankheit ebenso ein Anhaften erblicher Mängel konnten bei der Beschuldigten nicht wahrgenommen werden. Sie ist vielmehr geistig sehr geweckt und erscheint vollständig normal. Alle ihre Handlungen in der Schule hatten das Gepräge raffinierter Überlegung."

erblicher Mängel", die nach Direktor Koob nicht vorlägen. Da Rüdin bei Johanna eine Reihe erblicher Mängel festgestellt hatte, widerspricht diese Aussage seiner Darstellung. An diesem Beispiel ist zu erkennen, dass Rüdin bewusst unrichtig zitiert und den Akteninhalt nur insofern wiedergibt, als er Anhaltspunkte für seine eigenen Ausführungen liefert. Er macht sich nicht die Mühe, abweichende Feststellungen oder Beobachtungen zu diskutieren.

Dass Johannas „ursprüngliche Veranlagung" eine psychopathische ist, zeigt Rüdin, indem er die von *Kraepelin* erwähnte „große Lebhaftigkeit der Einbildungskraft bei Hysterie" deutlich hervorhebt: „Ihre Fantasietätigkeit ist eine sehr lebhafte (...) Die findige Fantasie wird von der Z. beständig in den Dienst ihrer schrankenlosen Selbstsucht und ihrer Gelüste gestellt."[203]

Die für „Gesellschaftsfeinde" typische „Gemütlosigkeit und Grausamkeit" erkennt Rüdin auch bei Johanna: „ihr Mangel jeder tieferen altruistischen Gefühlsregung (...), ihre moralische Abgestumpftheit, ihre Gefühlsrohheit, ihre mangelhafte wahre Reue (...) Ihre große ethische Defektheit macht sie dabei zur ausgesprochenen G e s e l l s c h a f t s f e i n - d i n , zur a n t i s o z i a l e n P s y c h o p a t h i n"[204].

Im Rahmen der Krankheitsgeschichte erfährt Rüdin, dass Johanna auf Hysterie hindeutende Anfälle gehabt hätte: „Es sei richtig, dass ihr die Mutter erzählt habe, dass sie als kleines Kind Fraisen[205] gehabt habe. Sie erinnere sich selbst noch daran (?)[206]. Fraisen, das seien so ne Art Anfälle, nur etwas leichter. Wie oft sie sie gehabt habe, wisse sie nicht, sie habe die Besinnung dabei verloren."[207] Rüdin folgert daraus: „Die Z. selbst soll auf körperlichem Gebiete nach Angaben der Mutter von 1-4 Jahren Fraisenanfälle durchgemacht haben. Es ist möglich, dass die Entwicklung ihrer normalen Charakteranlagen dadurch schaden litt."[208] Johanna berichtete auch von späteren Anfällen: einmal bei Gewitter, 2-3 Mal in der Kirche und einmal in der Schule.[209] Rüdin stellt des Weiteren fest: „Bis zur 7. Klasse soll sie schwächlich und blutarm gewesen sein, später an Hautausschlag und Furunkeln, sowie an vereinzelten Herzkrämpfen gelitten haben. Ein Ohnmachtsanfall ist einmal auch von einer Klasslehrerin beobachtet worden."[210]

---

[203] Anhang C b. Gutachten Z. S. 78 Mitte

[204] Anhang C b. Gutachten Z. S. 77 unten, S. 79 Mitte (Hervorhebungen im Original)

[205] Fraisenanfälle: Krampfanfälle im Kindesalter

[206] „(?)" hat Rüdin selbst eingefügt, um seine Zweifel an Johannas Aussage zu unterstreichen.

[207] Anhang C b. Gutachten Z. S. 58 unten

[208] Anhang C b. Gutachten Z. S. 76 oben

[209] Anhang C b. Gutachten Z. S. 58 unten

[210] Anhang C b. Gutachten Z. S. 76 oben

3.3.3 Untersuchung auf seelische Krankheitszeichen

3.3.3.1 Seelische Krankheitszeichen bei Ludwig B.

Bei der Untersuchung bemerkt Rüdin bei Ludwig einige seelische Krankheitszeichen, die nach damaliger Lehrmeinung für Dementia praecox typisch sind.

3.3.3.1.1 Gemütliche Störungen

Erste Zeichen für Dementia praecox bilden gemäß *Kraepelin* „Gemütliche Störungen" in Form von „Ausbleiben einer Gefühlsbetonung der Lebensereignisse, (...) ohne gleichzeitige stärkere Beeinträchtigung der Verstandesleistung. (...) Bei allen zur Verblödung führenden Krankheitsvorgängen stellt sich mehr und mehr auch eine gemütliche Stumpfheit ein, Erkalten der früheren Gefühlsbeziehungen, Verlust des Interesses, Gleichgültigkeit gegenüber den Erlebnissen."[211]

Rüdin prüft Ludwigs affektive Reaktionen und bemerkt eine „außerordentlich tiefgehende gemütliche Stumpfheit": „Nichts, auch nicht die schlimmsten Vorwürfe und Herausforderungen vermochten ihn aus seiner gemütlichen Stumpfheit zu erwecken. Von Hass, Liebe, Scham, Reue, Gewissensbissen war auch nicht die leiseste Äußerung an seinem Mienenspiel, seinen Reden und seinem Verhalten zu bemerken. Bei der Unterhaltung über die Dinge, die man mit ihm besprach und die über sein künftiges Schicksal entscheiden sollten, gähnte er wiederholt. Er stieß auch die gröbsten Beleidigungen gegen Mitpatienten mit der größten Seelenruhe aus. Wünsche, außer solchen, die das Essen betrafen, brachte er keine vor. Bei der Unterhaltung stierte er gerade hinaus, ohne den Befrager anzuschauen."[212]

3.3.3.1.2 Sinnestäuschungen

Nach *Kraepelin* sind bei Dementia praecox Wahnbildungen und Sinnestäuschungen ungemein häufig vorhanden, können aber sehr verschieden entwickelt sein, wieder verschwinden oder auch ganz fehlen, ohne dass dadurch der Verlauf und Ausgang der Krankheit irgendwie berührt würde.[213]

Im Gutachten nimmt die Befragung zu Ludwigs Sinnestäuschungen in Form von akustischen Halluzinationen einen großen Umfang ein.

Ludwig erklärte gegenüber Rüdin: „Da schreit's auf einmal im Kopf drin: ‚dämischer Tropf, verreck, verreck! und das red ich dann immer nach, bei der Arbeit und überall, wo ich bin.'. Auf die Frage, und wer denn so rede, sagte er: ‚ja im Kopf drin auf einmal kimmt's halt so für. Es redet so drin. Ich hör's ganz deutlich. Das ist so eine barsche Stimme. Das weiß ich nicht was für eine'. Ferner hörte er auch ‚Ich weiß alles, ich weiß alles.' so 6 bis 8 mal wiederholt. (...) Die Stimmen höre er schon ‚seit so einem Jahr darf ich sagen'. (...) Die Stimmen schaffen ihm auch hie und da was an ‚da ist was und da gehst heut nacht hin und das nimmst

---

[211] *Kraepelin* (1916) S. 446 f.

[212] Anhang B b. Gutachten B. S. 38 oben

[213] *Kraepelin* (1905) S. 28

und der hat was und den schlägst nieder'. (...) ‚Das meiste red's immer schieß, schieß, kauf Dir einen Revolver, und wenn ich Geld hab, kauf ich dann einen.'. Seit der Zeit, wo er die Stimmen höre, seit so einem Jahr, müsse er auch immer Revolver kaufen. (...) ‚Das hör ich im Kopf drin, ganz und das red ich grad nach, als wenn's elektrisiert ging, grad so'. Und auf die Frage, was denn dieses im Kopf reden bedeuten solle: ‚Dass ich so gescheit bin, und dass ich schon so viel Bücher durchgemacht habe, dass ich schon selber einen Detektiv gemacht habe. Auf das lässt sich's schließen. Da red's immer so'. Und auf die Frage, ja ob er denn wirklich so gescheit sei, sagte er: ‚ja, gescheit bin ich schon. Durch die Stimmen werde ich gescheit, die machen mich zum Detektiv. Ja. direkt.' Und auf die Frage, wie so denn?: ‚Ja die Stimmen reden so und ich mach alles dann. Dass ich da so gescheit bin und dass ich das und das machen kann und das muss ich auskundschaften und ausforschen und da bin ich so gescheit gewesen und da hab ich die Augen so gespitzt immer (macht es nach, indem er die Augen hin und herrollt). Das ist eine ganze Detektivgeschichte gewesen, in München, wie ich gewesen bin'. Auf die Frage, ob das keine Krankheit sei, sagte er: ‚ja natürlich ist es eine Krankheit, ich werd' aber nicht los davon, ich weiß nicht'.“ [214]

3.3.3.1.3 Urteil und Schluss, Geistige Arbeitsfähigkeit

Für die Punkte „Urteil und Schluss" sowie „Geistige Arbeitsfähigkeit" empfiehlt *Kraepelin* eine spezielle Befragung des Patienten: „Dauernde Schädigungen der Urteilsfähigkeit, wie sie durch die verschiedenartigsten Verblödungsvorgänge bedingt wird (u.a. Dementia praecox), erkennt man aus der Beantwortung dahin gerichteter Fragen, namentlich über Begriffsbestimmungen, Unterscheidungen, ursächliche Zusammenhänge, die sich natürlich möglichst dem Bildungsgrade und dem geistigen Gesichtskreise der Kranken anpassen müssen.“[215] Das gleiche Verfahren lässt sich bezüglich der geistigen Arbeitsfähigkeit benutzen, „als Gradmesser für den inneren Wert der Gedankenarbeit“[216]

Kraepelin schlägt in seinem Lehrbuch von 1916 einen Musterfragenkatalog vor, denn „das wichtigste Hilfsmittel zur Untersuchung Geisteskranker ist die Frage“.[217] Er schlägt eine Einteilung der Fragen in acht Gruppen vor. Rüdin hält sich genau an diesen Musterfragenkatalog. Dies zeigt die folgende Übersicht, in der innerhalb der acht Fragegruppen ausschließlich die Fragen – in der *Kraepelin*'schen Bezifferung[218]– angegeben werden, die Rüdin in seinem Gutachten ausgewertet hat:

I.   Persönliche Verhältnisse und Erinnerung
      21. Welche Fächer (in der Schule) sind Ihnen leicht, welche schwer gefallen?
II.   Zeitvorstellungen
III. Raumvorstellungen

---

[214] Anhang B b. Gutachten B. S. 33 Mitte bis S. 36 unten

[215] *Kraepelin* (1916) S. 443 f.

[216] *Kraepelin* (1916) S. 446

[217] *Kraepelin* (1916) S. 467

[218] Die Gruppen werden in römischen Ziffern dargestellt, die einzelnen Fragen werden durchgehend mit arabischen versehen.

Rüdin erwähnt folgende Antworten Ludwigs aus dem Fragekatalog: „Bei der Frage, ob er krank sei, schrieb er hin: ja. Lesen und Schreiben seinen ihm leicht, Geographie und Rechnen schwer gefallen. Das Alphabet vermochte er nicht vollkommen und lückenlos niederzuschreiben. München habe 68000 Einwohner.[219] König Ludwig I. habe das Deutsche Reich gegründet. Bismarck sei ein Heerführer gewesen. Der Papst heiße Pius X.[220] Unter den Deutschen Dichtern wurde auch Beethoven genannt. Die Wolle komme vom ‚Wollbaum'. und die Baumwolle von der Baumwollstaude. Unterschied zwischen Rechtsanwalt und Staatsanwalt? ‚Der Rechtsanwalt ist bei Gericht, der Staatsanwalt versorgt den Staat'. Unterschied zwischen Hass und Neid? ‚Wenn ich einer Person böse bin, ist's Hass und wenn ich nichts herschenken will, ist's Neid'. Unterschied zwischen Irrtum und Lüge? ‚Wenn man die Wahrheit nicht ganz richtig gesagt, ist's Irrtum, wenn man öffentlich die Wahrheit nicht sagt'. Warum darf man auch sein eigenes Haus nicht anzünden? ‚Weil man sonst selbst eingesperrt wird'. Sonst war aber weitaus die überwiegende Anzahl der Fragen gut beantwortet. Speziell antwortete er noch auf die Frage: Was hat man für Pflichten gegen seine Eltern? ‚Gehorsam dann wird man glücklich werden ---. Es fehlt nur Gehorsam mir'. Nennen Sie mir ein Beispiel von Undankbarkeit: ‚Wenn einem die Eltern gute Lehrungen geben und man tut das Gegenteil

---

[219] Hier scheint Ludwig eine Null vergessen zu haben. Tatsächlich lag die Einwohnerzahl Münchens im Jahr 1915 bei knapp 680.000. (Im Jahr 1925 hatte München 687.000 Einwohner. 1932: 733.000; Quelle: Der Große Brockhaus (1932) Band 13: Mue-Ost, S. 30

[220] Ludwig ist hier nicht ganz auf dem aktuellen Stand. Pius X. (1835-1914) verstarb am 20. August 1914 (über ein Jahr vor Ludwigs Begutachtung). Sein Nachfolger war Benedikt XV. (1854-1922); Das große Personen Lexikon zur Weltgeschichte in Farbe (1983) S. 169, 1074 f.

und macht man seinem alten Vater so viel Verdruss wie ich'. Was würden Sie tun, wenn Sie eine Börse mit 500 M fänden? ,Jetzt würde ich sie schon sofort abgeben beim Fundbüro'."[221]

Es ist anzunehmen, dass Rüdin weit mehr Fragen aus dem Musterfragenkatalog gestellt hat, als er dokumentiert hat. Die Frage nach der Einwohnerzahl Münchens entstammt nicht dem Fragenkatalog *Kraepelins*. Hier hat Rüdin eine Frage nach der Einwohnerzahl des Deutschen Reichs auf den Probanden angepasst. Wie schon zuvor erwähnt (Kapitel 3.2.1.1), beschränkt sich Rüdin im Gutachten auf die Wiedergabe der falschen bzw. eigenartigen Antworten Ludwigs um schließlich eine Urteilsschwäche festzustellen: „Sein Urteil verriet große Schwäche, was auch ohne weiteres aus seinen bisher angeführten Antworten hervorgehen dürfte."[222]

3.3.3.1.4 Triebleben

Unter den Punkt „Triebleben" fasst *Kraepelin*: „Verirrungen der die Selbsterhaltung und die Fortpflanzung schützenden Triebe". Speziell bei Dementia praecox würde die Esslust leiden bzw. auch mal die Neigung bestehen, „wahllos alle möglichen unverdaulichen und ekelhaften Dinge zu verschlingen." Auch „schwere Unzulänglichkeiten des Selbsterhaltungstriebes" kämen vor, wie Selbstmordversuche bei nichtigen Anlässen oder der Selbstbeschädigungstrieb. Im Zusammenhang mit Dementia praecox ist nach *Kraepelin* als „Entgleisungen des Geschlechtstriebes" die Onanie zu beachten, „die mit ihrer Verschiebung des natürlichen Geschlechtszieles vielfach den Ausgangspunkt für weitere Abwege bildet, in erster Linie für das Exhibieren und die gleichgeschlechtliche Neigung"[223]

Rüdin erwähnt Störungen bei Ludwigs Essverhalten; zunächst „eine wahre Fresslust", die er nach Angaben seiner Mutter seit etwa einem Jahr hätte.[224] Auch bei Ludwigs Klinikaufenthalt fiel dessen Gier nach Essen auf; auffällig war sein „Wunsch, möglichst viel zu essen und zu Trinken zu bekommen und er versäumte bei keinem Besuch und keiner Unterredung mit dem Unterzeichneten oder der ihn besuchenden Mutter, zu beteuern, dass er verhungern müsse, wenn man ihm nicht mehr zu essen gebe. Es kam auch vor, dass er in der Abteilung so viel Essen in sich hineinschlang, dass ihm darob Übel wurde."[225] Bei den Briefen an seine Familie war die Bitte um Besorgung von Nahrungsmitteln ein Hauptthema.[226]

---

[221] Anhang B b. Gutachten B. S. 38 Mitte

[222] Anhang B b. Gutachten B. S. 38 Mitte

[223] *Kraepelin* (1916) S. 448 ff.

[224] „Seit 1 Jahr etwa habe er es auch immer so mit dem Essen, vorher sei das nicht in diesem Grade der Fall gewesen. Man könne ihn gar nicht mehr recht füllen."

[225] Anhang B b. Gutachten B. S. 37 Mitte

[226] „In den Briefen und Karten an seine Eltern spielte nur die Bitte um Essen eine Rolle. (,Brot, Schokolade, etwa um eine Mark Obst, Geräuchertes, Kuchen u.s.w.' oder: ,Selbstge-

Gegenüber Rüdin gab Ludwig gelegentliche Selbstmordabsichten an: „Voriges Jahr im Winter habe er sich schon aufs Bahngeleise stürzen wollen. ‚Direkt ist's mir so vorgekommen, ich muss es tun'. Die Mutter habe ihn dann noch zurückgehalten. Auf die Frage, warum er denn dies tue: ‚Auf einmal kommt so eine Idee über mich. Auf einmal bin ich so traurig, als ob mir die Eltern gestorben wären. Es kommt so ein Gemüt über mich und da mein ich, ich müsst jeden Mord tun, ja'. An jenem Tag, bevor er sich in die Hand geschossen habe, habe er sich schon auch eine Kugel in den Kopf reinlassen wollen. Aber dann habe er sich wieder gedacht, er brauche Kaliber 9 dazu, er habe aber bloß Kaliber 6 gehabt! In einer Unterredung machte B. sogar Andeutungen, als ob jener Schuss in die Hand selbst aus Selbstmordabsicht geschehen sei."[227]

Eine Sexualanamnese erfolgte nur insofern, dass Rüdin Ludwigs heterosexuelles Verhalten, das in direktem Bezug zu seinem Verhältnis mit Maria Wambacher stand, erfragte: „Mit der Wambacher habe er keinen Geschlechtsverkehr gehabt. Er sei nur so mit ihr gegangen. Er sei ganz dämisch gewesen, er habe nicht gewusst, was er damit tun sollt. (wollte damit sagen, dass er über den Geschlechtsakt keinen Bescheid gewusst habe). (...) Geschlechtlich verkehrt habe er überhaupt noch mit keinem Frauenzimmer. ‚Ich weiß ja nichts. Ich versteh da nichts'. (...) Und auf die Frage ob er denn nicht „von den Mädchen angelernt worden" sei, antwortete er: ‚Ich habe noch nie so eine erwischt'." Andere der von *Kraepelin* erwähnten „mannigfaltigen Entgleisungen des Geschlechtstriebes" werden überhaupt nicht angesprochen.

3.3.3.1.5 Schrift und Ausdruck

Unter den Begriff „Ausdrucksbewegungen" fasst *Kraepelin* auch Besonderheiten der Sprache und Schrift, die sich bei Dementia praecox folgendermaßen äußern können: „Weiterhin haben wir die Neigung zu eigentümlich verschrobenen Redewendungen, zu sinnlosen Spielen mit Silben und Wörtern zu bemerken, weil sie in dieser Krankheit oft sehr absonderliche Formen annimmt."[228] Auch *Bleuler* beschreibt solche Besonderheiten bei Schizophrenie-Patienten: „Die schriftlichen Äußerungen entsprechen den mündlichen. Stilabnormitäten aller Art sind häufig. Die Schrift wird manchmal verschnörkelt oder ganz maniert, wechselt nicht selten plötzlich stark, wie wenn sie von einer anderen Person stammte, enthält Wiederholungen von Buchstaben, Worten, irgendwelche Zeichen (schriftliche Verbigeration), Auslassungen oder übertriebene Anwendung von Satzzeichen, sonderbare Orthographie."[229]

---

backene Nudeln, z.B. Maultaschen, Zopf, Kuchen u.s.w.' (...), denn Du kannst Dir lieber Vater meinen Hunger nicht vorstellen. Rohe Erdäpfelschalen wären mir noch willkommen.' (...) ‚einen hungrigen Löwen wie ich, mir wird es gut tun.'" Anhang B b. Gutachten B. S. 39 unten

[227] Anhang B b. Gutachten B. S. 36 unten

[228] *Kraepelin* (1905) S. 25

[229] *Bleuler* (1918) S. 308

Rüdin bemerkt bei Ludwig eine „Verschrobenheit der Schrift" („die Schrift wurde anders, verschnörkelt, unregelmäßig, geziert"), und erwähnt, dass bei Ludwigs schriftlichen Äußerungen ein Wechsel zwischen Schräg- und Steilschrift stattfand und sein Name „außerordentlich verschnörkelt und schwer leserlich" war.[230] Insbesondere bei Ludwigs „Elaborat"[231] fällt eine übertriebene Anwendung von Satzzeichen, wie Ausrufe- und Fragezeichen, auf und z.B. „++ Ruhe sanft ++ -- + --".

Rüdin stellt auch „Andeutungen von Wortneubildungen" fest. Im Gutachten wird Ludwigs Ausdruck („Hickl") zitiert, der als Wortneubildung gesehen werden könnte.[232]

3.3.3.2 Seelische Krankheitszeichen bei Johanna Z.

Bei Johanna findet Rüdin unter seelischen Krankheitszeichen lediglich „mangelnde Gemütsregung" und „unbeständigen Willen" und fasst ansonsten zusammen: „Im Übrigen war sie orientiert nach jeder Richtung. Auffassung und Aufmerksamkeit waren sehr gut. Ihr Gedankengang geordnet. Gedächtnis, Merkfähigkeit waren ungestört. Ihre Kenntnisse waren ungefähr ihrem Bildungsgang entsprechend. Ihre Urteilskraft und ihr Begriffsbildungsvermögen erschienen durchaus gut. Sprache und Schrift waren ungestört." Außerdem: „Ihre Intelligenz, speziell die Urteilskraft ist normal. Ja die Z. ist geistig recht geweckt, wenn auch ihre Begabung nur mittelmäßig genannt werden kann. Dass sie zum Teil mangelhafte Schulfortschritte aufwies, hängt nicht mit einer erschwerten Auffassungskraft oder einem mangelhaften Begriffsbildungsvermögen zusammen, sondern mit ihrer Trägheit, (wie sie dies auch ganz richtig von sich selbst sagt) ihrem oft säumigen Schulbesuch und ihrem zerstreuten, flatterhaften Wesen."[233]

3.3.3.2.1 Gemütliche Störung

Im Rahmen der gemütlichen Störung ist nach *Kraepelin* die Hysterie durch leichte Anregbarkeit und Überschwänglichkeit der Gefühle, namentlich aber durch den starken Einfluss ausgezeichnet, den sie auf die verschiedensten Gebiete des Körpers und des Seelenlebens gewinnen.[234]

Rüdin stellt in dieser Hinsicht bei Johanna fest, dass sie sachlich und ohne Gefühlsbeteiligung vom Mord und seien blutigen Einzelheiten spricht, während

---

[230] Anhang B b. Gutachten B. S. 38 Mitte

[231] Anhang B b. Gutachten B. S. 40 Mitte; Siehe auch Kapitel 3.2.2.1

[232] „Befragt, seit wann er denn so anders wie sonst schreibe und warum, erklärte er, dies tue er seit einem Jahr. Er ‚müsse immer auf einmal anders schreiben'. Er habe es auch gesehen von den Detektivs, wie sie schreiben, ‚die schreiben auch so Hickl' (lacht dazu) ‚so eine damische Schrift'."

[233] Anhang C b. Gutachten Z. S. 68 unten, S. 76 unten

[234] *Kraepelin* (1916) S. 448

sie sofort in Tränen ausbrach, sobald sie auf ihre Mutter angesprochen wurde."[235]
Er fasst schließlich zusammen: „Hervorstechend in ihrem Leben, besonders aber auch bei
der jetzigen Tat ist ferner ihr Mangel jeder tieferen altruistischen Gefühlsregung (Stehlen,
Morden, gefährliche falsche Anschuldigungen), ihre moralische Abgestumpftheit, ihre
Gefühlsrohheit, ihre mangelhafte wahre Reue".[236]

3.3.3.2.2 Willenshandlungen

In Bezug auf Willenshandlungen findet sich nach *Kraepelin* bei großen Gruppen
von Psychopathen - namentlich bei den Nervösen, Haltlosen, Lügnern und
Schwindlern, aber auch bei Erregbaren, Hysterischen und Triebmenschen - als
dauernde Eigentümlichkeit eine Schwächlichkeit und Widerstandslosigkeit der
Willensanlage sowie ein Fehlen von Beharrlichkeit und von Selbstbeherrschung.
Dies lässt sich vor allem an der gesamten Lebensführung erkennen, in der Plan-
losigkeit und Abenteuerlichkeit der vom eigenen Willen abhängigen Schick-
sale.[237]

Diesem Wissen folgend schreibt Rüdin Johanna ein Fehlen von Beharrlichkeit
(unbeständig, flüchtig, zerstreut) und von Selbstbeherrschung (Müßiggang,
bequemes Leben, vergnügungssüchtig, naschhaft) und damit psychopathische
Eigenschaften zu.[238]

3.3.4 Untersuchung auf körperliche Krankheitszeichen

Rüdin unterzieht seine Probanden einer ausgiebigen körperlichen Untersuchung.
Dabei findet er bei Ludwig Krankheitszeichen, die auf Dementia praecox
hindeuten und bei Johanna welche, die für Psychopathie und Hysterie sprechen.

3.3.4.1 Körperliche Krankheitszeichen bei Ludwig B.

3.3.4.1.1 Allgemeine körperliche Untersuchung

Zunächst beschreibt Rüdin Ludwigs körperlichen Zustand, und dabei auch dessen Narben und Verletzungen.[239] Des Weiteren erwähnt Rüdin noch: „Im Rachen,
der hoch gewölbt erschien, waren stark vergrößerte Mandeln wahrzunehmen. Die Zunge
wurde grade vorgestreckt. Die inneren Organe waren ohne Besonderheiten, die Pulszahl
betrug 48 bis 56 Schläge. Der Urin war frei von Eiweiß und Zucker. Die Wassermann'sche

---

[235] Anhang C b. Gutachten Z. S. 70 Mitte

[236] Anhang C b. Gutachten Z. S. 77 unten

[237] *Kraepelin* (1916) S. 450

[238] Anhang C b. Gutachten Z. S. 76 unten

[239] Anhang B b. Gutachten B. S. 41 Mitte

Syphilisreaktion im Blute fiel negativ aus. Bei der ganzen Untersuchung benahm sich Ludwig sehr schlapp, ungeschlacht, schwerfällig und war langsam von Begriff."[240]

3.3.4.1.2 Augenuntersuchung

Kraepelin betont, von größter Bedeutung sei die genaue Untersuchung der Pupillen, da bei Psychopathie und Dementia praecox Unterschiede in der Pupillenweite häufig seien.[241] Auch Rüdin schrieb 1911 von der erfreulichen Erfahrung, „dass es doch in der neueren Zeit gelungen ist, zunächst wenigstens ein Krankheitssymptom zu entdecken, bei dessen Nachweis wir, vorausgesetzt, dass keine andere Erkrankung organischen Ursprungs vorliegt, die Annahme einer Dementia praecox als gesichert betrachten können, das Fehlen der psychischer Reaktionen der Pupillen."[242] Bei Ludwig ergaben sich in dieser Hinsicht allerdings keine Besonderheiten.[243]

3.3.4.1.3 Reflexe

Rüdin überprüft bei Ludwig verschiedene Reflexe und stellt zunächst nichts außergewöhnliches fest: „Dermographie[244] auf der Haut fehlte. Die Hautreflexe waren in normaler Weise vorhanden. Die Sehnenreflexe waren auf beiden Körperhälften gleich, normal stark. Das Fazialis-Phänomen fehlte, jedoch zogen sich bei Beklopfen des Jochbeines die Mundwinkel nach oben (Knochenhautreflex). Auch die Schleimhautreflexe waren normal. Das motorische Verhalten der Gliedmassen bot nichts Besonderes. An den ausgestreckten Händen und Fingern war ein leichtes Zittern zu konstatieren. Bei Fußaugenschluss[245] erfolgte kein Schwanken."[246] Dann stellt Rüdin fest: „ab und zu zeigte sich auf seinem Gesicht ein Grimassieren in der Augenbrauengegend." Und nach *Kraepelin* gilt dies als Zeichen für Dementia praecox.[247]

---

[240] Anhang B b. Gutachten B. S. 43 Mitte

[241] *Kraepelin* (1916) S. 460

[242] *Rüdin* (1911) Jahresbericht S. 86

[243] „Die Augenbewegungen waren nicht eingeschränkt, die Pupillen normal weit, rund, gleich, reagierten rasch und ausgiebig auf Lichteinfall und Naheinstellung." Anhang B b. Gutachten B. S. 43 Mitte

[244] Dermographie liegt vor, wenn die Gefäßnerven sich abnorm erregbar zeigen: „Striche und Buchstaben mit stumpfen Instrumenten auf die Haut gezeichnet, werden fast sofort als rote, entsprechend geformte Linien sichtbar". *Pfister* (1902) S. 333; Siehe auch Kapitel 3.3.4.2.4

[245] Vermutlich handelt es sich hierbei um eine Überprüfung des Gleichgewichtssinns, bei der der Proband mit geschlossenen Augen auf einem Bein steht.

[246] Anhang B b. Gutachten B. S. 42 unten

[247] „Eine zweite wichtige Krankheitserscheinung ist das Gesichterschneiden oder Grimassieren sowie das feine Muskelzucken im Gesichte, das ebenfalls kennzeichnend für die Dementia praecox ist." *Kraepelin* (1905) S. 25

3.3.4.1.4 Katalepsie, Befehlsautomatie, Stechversuch

Nach *Kraepelin* ist ferner kennzeichnend für die Dementia praecox „Befehlsautomatie, die willenlose Hingabe an äußere Einflüsse, das lange Beibehalten einer aufgenötigten Haltung (wächserne Biegsamkeit, Flexibilitas cerea, Katalepsie), das Nachsprechen vorgesagter Worte (Echolalie), Nachahmen von Bewegungen (Echopraxie), das immer wiederholte Herausstrecken der Zunge trotz Bedrohung mit der Nadel."[248]

Rüdin stellt bei Ludwig fest: „Es war Katalepsie mäßigen Grades vorhanden".[249] Im Rahmen der körperlichen Untersuchung führt Rüdin bei Ludwig „Stechversuche" mit einer Nadel durch: „Die Prüfung der Empfindungsqualitäten der Hautoberfläche ergab nichts Besonderes. Jedoch stellte sich B. bei Prüfung der Empfindung und überhaupt bei der Untersuchung sehr läppisch-ängstlich an, zeigte läppisch-ängstliche übertriebene Ausdrucksbewegungen, ohne dass er aber irgendwie abwehrte. Ebenso verhielt sich B. beim wiederholt angestellten Zungenstechversuch oder sonstigen schmerzhaften Stechversuchen. Er ließ sich immer wieder herbei, die Zunge herauszustrecken und sie sich in empfindlicher Weise anstechen zu lassen, trotzdem ihn die Stiche, wie er angab, schmerzten und trotzdem auch schon das Blut aus der Schleimhaut herausquoll. Zu seinem sonstigen läppisch schüchternen Verhalten während der körperlichen Untersuchung stand diese Reaktionsweise in einem gewissen Widerspruch. Oft noch zuckte Ludwig schon beim bloßen Beklopfen mit dem Hammer von Brust oder Gesicht wie erschrocken zusammen."[250]

Aufgrund Ludwigs Verhalten „beim wiederholt angestellten Zungenstechversuch oder sonstigen schmerzhaften Stechversuchen" kommt Rüdin zum Ergebnis, dass bei Ludwig das Symptom „Befehlsautomatie" vorliegt.[251]

Solche schmerzhaften Stechversuche waren anscheinend in der damaligen Zeit selbstverständlicher Bestandteil der psychiatrischen Untersuchung. Denn in den zeitgenössischen Lehrbüchern der damals bedeutendsten Psychiater *Bleuler* und *Kraepelin* finden solche Versuche in Zusammenhang mit dem Begriff „Befehlsautomatie" Erwähnung, die als Symptom der Dementia praecox (*Kraepelin*) bzw. Schizophrenie (*Bleuler*) gewertet wird. So beschreibt *Bleuler* 1918 in seinem Lehrbuch die Befehlsautomatie: „Die Kranken führen beliebige Befehle aus und zwar auch gegen ihren Willen, wie die Zunge herauszustrecken, wenn sie wissen, dass man hineinstechen will (Schizophrenie)."[252] *Kraepelin* schreibt 1913: „Weiterhin tritt die Befehlsautomatie, wie ihr Name sagt, in der willenlosen Befolgung von Aufforderungen hervor, auch solcher, die dem Kranken sichtlich unangenehm sind. So streckt er auf entschiedenen Befehl die Zunge immer wieder vor, obgleich man ihm droht, sie zu durchstechen, und ihm mit der Nadel Schmerz bereitet, wie man aus dem Verziehen seines Gesichtes sieht. Auch

---

[248] *Kraepelin* (1916) S. 338

[249] Anhang B b. Gutachten B. S. 43 oben

[250] Anhang B b. Gutachten B. S. 42 Mitte

[251] Anhang B b. Gutachten B. S. 46 oben

[252] *Bleuler* (1918) S. 114

dass sich der Kranke unangenehme Berührungen des Gesichtes, Kitzeln der Nasenschleim-
haut, Durchstechen einer Augenlidfalte ohne Abwehr gefallen lässt, dürfte als Befehlsautomatie aufzufassen sein, insofern diese Begriffe den unausgesprochenen Befehl enthalten, sie
nicht zu hindern."[253]

3.3.4.2 Körperliche Krankheitszeichen bei Johanna Z.

Bei Johannas Untersuchung fallen Rüdin eine Reihe von körperlichen Krankheitszeichen auf.

3.3.4.2.1 Allgemeine körperliche Untersuchung

Im Rahmen der Untersuchung auf körperliche Krankheitszeichen soll nach
Kraepelin auf Zeichen von Entwicklungshemmungen geachtet werden. Dazu
zählt er vor allem den körperlichen Infantilismus und die lange Reihe der Missbildungen, unter anderem Verbildungen der Ohren, des Gaumens, oder abnorme
Zahnstellung. Besonders wichtig sei natürlich die Größe und Form des Schädels,
„da sie uns ein gewisses Urteil über den Zustand des Hirns gestattet".[254]

Rüdin beschreibt Johannas körperlichen Zustand und stellt Verbildungen der
Ohren und des Gaumens fest.[255] Rüdin fasst zusammen: „Außer einer etwas verspätet
eingetretenen Periode, etwas verbildeten Ohren und einem steilen schmalen Gaumen finden
sich sonst keine körperlichen Zeichen verspäteter oder mangelhafter körperlicher Entwicklung. Kopfumfang, Körpergröße und Gewicht entsprechen ihrem Alter."[256] Johanna und
auch ihre nächsten Angehörigen wurden in Bezug auf Syphilis negativ getes-

---

[253] *Kraepelin* (1913) S. 707 ff.; weitere Beispiele: *Kraepelin* (1916) S. 42: Zur Befehlsautomatie „gehört auch die Erscheinung, dass sich der Kranke ohne Abwehrbewegungen, wenn
auch vielleicht unter kläglichem Verziehen des Gesichtes, in die Stirne oder durch eine Lid-
falte stechen lässt und die Zunge auf Verlangen immer wieder vorstreckt, so oft man ihm auch
droht, sie zu durchstechen, und diese Drohung zu verwirklichen beginnt. Eine Begründung
dieses sonderbaren Verhaltens vermag er nicht zu geben; höchstens meint er, man wolle es ja
so haben; er müsse das so machen."; *Kraepelin* (1916) S. 47: Beschreibung eines Stechver-
suchs bei einer Patientin: „Stechen in die Stirn oder in das obere Augenlid löst weder ein
Zusammenzucken noch eine Abwehrbewegung aus; selbst wenn man mit der Nadel tief in die
Nase hineinfährt, verrät nur ein leichtes Blinzeln und eine Rötung des Gesichts, dass die
Kranke nicht völlig unempfindlich ist."

[254] *Kraepelin* (1916) S. 458 f.

[255] „Dagegen war sie blass, ihre Gesichtbildung erschien etwas kindlich und die Ohren waren
abnorm gebildet, der Gaumen hoch gewölbt und sehr enge." Anhang C b. Gutachten Z. S. 74
unten

[256] Anhang C b. Gutachten Z. S. 76 Mitte

tet.[257] Außerdem wurde Johanna noch einer gynäkologischen Untersuchung unterzogen.[258]

3.3.4.2.2 Augenuntersuchung

Kraepelin beschreibt, dass bei Psychopathie die Pupillen sehr eng oder auffallend weit sein können,[259] und dass es bei Hysterie bisweilen bis zur röhrenförmigen Einengung gehende konzentrische Gesichtsfeldeinschränkung kommt, öfters mit zackigen Umrissen, mit oder ohne Verschiebung der Farbengrenzen.[260] Bei der Untersuchung von Johannas Augen findet Rüdin nur wenige Besonderheiten: „Die Pupillen waren gleichweit und spielten rasch und ausgiebig auf Lichteinfall und Einwärtsdrehung der Augäpfel. Sie erweiterten und verengten sich auch lebhaft während der Unterhaltung, je nach dem sie affektiv erregende Vorstellungen bewegten oder in ruhiger Gemütsverfassung war. Das Gesichtsfeld erschien leicht konzentrisch eingeengt." Nur letzteres spricht für Hysterie.

3.3.4.2.3 Empfindungsstörungen

Nach *Kraepelin* trifft man bei Hysterie häufig Empfindungsstörungen, namentlich Analgesie (Schmerzunempfindlichkeit) oder Hypalgesie (verminderte Schmerzempfindlichkeit), seltener Hyperalgesie (gesteigerte Schmerzempfindlichkeit). Sie sind allgemein dadurch gekennzeichnet, dass sie wegen ihrer Verursachung durch gefühlsstarke Vorstellungen in Sitz und Ausbreitung von der Nervenverteilung völlig unabhängig sind. Hinzu kommen Missempfindungen und Schmerzen aller Art, besonders auch Druckschmerzhaftigkeit einzelner Punkte.[261] Rüdin stellt bei Johanna verminderte Schmerzempfindlichkeit als Zeichen für Hysterie fest: „Auf der Haut traten auf Bestreichen mit einem harten Gegenstand rote Streifen auf (leichte Dermograhpie[262]). Die Schmerzempfindlichkeit der Haut war stark herabgesetzt. Stumpf und spitz wurden schlecht unterschieden."

---

[257] „Der Urin war frei von Eiweiß und Zucker, die Wassermann'sche Syphilisreaktion im Blute negativ", „Das Vorliegen einer Syphilis konnte weder bei der Z. selbst, noch bei deren Angehörigen (Mutter, Schwester Hilda, Bruder Fritz) nachgewiesen werden."

[258] „Nach der gynäkologischen Untersuchung vom 16.VI.1917 (Frau Dr. Weiler) fanden sich läppchenförmige Einrisse am Hymen." Anhang C b. Gutachten Z. S. 75 Mitte

[259] *Kraepelin* (1916) S. 460

[260] *Kraepelin* (1916) S. 368 f.

[261] *Kraepelin* (1916) S. 461

[262] „Dermographie" liegt vor, wenn die Gefäßnerven sich abnorm erregbar zeigen: „Striche und Buchstaben mit stumpfen Instrumenten auf die Haut gezeichnet, werden fast sofort als rote, entsprechend geformte Linien sichtbar". *Pfister* (1902) S. 333; siehe auch Kapitel 3.3.4.1.3

3.3.4.2.4 Reflexe, Lähmungen

Bewegungsstörungen sind nach *Kraepelin* hysterische Krankheitszeichen, in erster Linie Lähmungen: „Sie sind dadurch gekennzeichnet, dass sie niemals umgrenzte Nervengebiete, sondern immer bestimmte Bewegungsformen, Glieder oder deren Abschnitte betreffen; sie sind ferner in Auftreten und Schwinden launenhaft, wechselnd, vielfach auch durch alle möglichen Einwirkungen beeinflussbar. Die Sehnenreflexe sind dabei oft sehr lebhaft; auch Fußklonus[263] kann vorhanden sein, während Babinskis Reflex[264] immer auf zerstörende (organische) Krankheitsvorgänge hinweist."[265] Ist Babinskis Zeichen vorhanden, spricht es für einen organischen Ursprung der Bewegungsstörung und gegen einen hysterischen. Rüdin stellt bei Johanna fest: „Die Patellarsehnenreflexe waren in normaler Stärke vorhanden, mitunter traten aber psychogene Nachzuckungen auf. Klonus und Babinski'sches Zeichen fehlten."[266] Dies spricht für das Vorliegen von Hysterie bei Johanna.

3.3.4.2.5 Hysterische Anfälle

Zeichen für Hysterie sind nach *Kraepelin* auch hysterische Anfälle. Darunter fallen Krampfanfälle und Ohnmachten sowie Traum- und Dämmerzustände. Hysterische Anfälle treten mit oder ohne Vorboten anfallsartig auf. Sie werden durch gemütliche Regungen ausgelöst und sind bei weitem am häufigsten in der Jugend, namentlich beim weiblichen Geschlechte zu beobachten.[267] „In der Regel trübt sich das Bewusstsein, und die Kranken sinken zu Boden, meist ohne sich ernstlich zu verletzen. Es kann nun bei einer einfachen Ohnmacht bleiben, aus der die Kranken bald klar erwachen. Oder aber es kommt zum Strecken und Verdrehen der Glieder, zu Schüttel-, Zappel- und Wälzbewegungen, Sichaufbäumen, Umsichschlagen, Beißen, Schreien, Purzelbaumschlagen. (...) Vielleicht gelingt es, sie durch unangenehme Eingriffe (Übergießen mit kaltem Wasser, Nadelstiche, Faradisieren) abzukürzen. Ihre Zahl und Heftigkeit pflegt bei Nichtbeachtung rasch abzunehmen, kann sich aber bei gegebenen Anlasse wieder steigern."[268]

Johanna berichtet Rüdin von Fraisenanfällen in ihrer Kindheit und auch von späteren Anfällen aufgrund von Gewittern, in der Kirche und in der Schule.[269] Des

---

[263] Fußklonus: Steigerung des Achillessehnenreflexes, so dass bei schnellem Hochdrücken des Fußes oder bei Schlag mit dem Perkussionshammer auf die Sehne unwillkürliche Schüttelbewegung des Fußes durch Krampf der Wadenmuskeln auftreten.

[264] Babinskis Reflex oder Zeichen ist das Zehen-Zeichen, mit dessen Hilfe der Neurologe und Psychiater Joseph Babinski organische Symptome von hysterischen zu unterscheiden suchte. *Peters* (1990) S. 62

[265] *Kraepelin* (1916) S. 368 f., 462 f.

[266] Anhang C b. Gutachten Z. S. 75 oben

[267] *Kraepelin* (1916) S. 401

[268] *Kraepelin* (1916) S. 370

[269] Anhang C b. Gutachten Z. S. 58 unten; siehe auch Kapitel 3.3.2.2

Weiteren sind zwei Anfälle von Johanna aktenkundig, die denen von *Kraepelin* beschriebenen hysterischen Anfällen ähneln: Der eine ereignete sich während des Verhörs am 17.3.1917 im Anschluss an die Ankündigung ihrer Festnahme: „Nach einiger Zeit dagegen schien es, als ob sie schwach und als ob ihr schlecht würde. Der Staatsanwalt und die anderen Anwesenden waren sich aber nicht klar, ob es nicht Verstellung sei. Es hat sie, als sie im Ledersessel saß, einige wenige male etwas ‚gestreckt‘. Sie wurde aber nicht bewusstlos und hat auch von einem Stück Gebäck, das man ihr reichte, etwas gegessen, auch etwas Rotwein getrunken. Der Puls war gut, gleichmäßig und kräftig. Der ‚Schwäche‘ Zustand dauerte nicht sehr lange. (...) Noch am 17.III. Nachts 11 Uhr 50 besuchte Polizeiarzt Dr. Riegner die Z., die in einem Lehnstuhl saß und Anzeichen eines Schwächeanfalls hatte. Sie hatte Menses, die nach ihrer Erklärung etwa 8 Tage dauern sollten. Sie habe keine Krämpfe, aber Herzschmerzen. (...) Sie wurde für haftfähig erklärt. Es handle sich um einen vorübergehenden Erschöpfungszustand.“

Den anderen aktenkundigen Anfall erlitt Johanna fünf Tage später im Gefängnis: „Am 22. März 1917 früh lag die Z. lang ausgestreckt am Boden der Zelle und reagierte nicht auf Anruf der Aufseherin. Auf die energische Aufforderung des herbeigerufenen Gefängnisarztes stand sie aber ohne weiteres auf. Krampferscheinungen waren nicht wahrzunehmen.“ Der Gefängnisarzt äußerte dazu gegenüber Rüdin, es sei „nicht anzunehmen, dass bei der Z. eine eigentliche Simulation vorliegt. Es handelt sich doch wohl um eine Unruhe, die besonders betont, übertrieben und der Umgebung gezeigt werden soll. Solche Zustände bezeichnet man sonst vielleicht als ‚hysterische Trics‘. Sonst nennt man dergleichen mit einem Wort, das mit Unerzogenheit in Verbindung stehen möchte. Ich meine, man sollte ihm nicht mehr Gewicht beilegen, als es verdient, sondern die Johanna gleichmäßig ruhig und mit einer gewissen Strenge behandeln, dann wird sicher Ähnliches nicht mehr vorkommen. Ich darf vielleicht bitten, mich nicht falsch zu verstehen.“

Rüdin zweifelt etwas an der Echtheit dieser beiden Anfälle: „Die ‚Anfälle‘, die sie in letzter Zeit bei ihrer Vernehmung und auch im Gefängnis hatte, waren als echt nicht sicher erkennbar.“[270]

Als zweite Hauptform von hysterischen Anfällen beschreibt *Kraepelin* die Traum- und Dämmerzustände: „Bei den hysterischen Dämmerzuständen überwiegt meist ein spielerisches, theaterhaftes Verhalten. Eine große Rolle spielen dabei die Verdrängungserscheinungen, die Verleugnung der Wirklichkeit zugunsten einer eingebildeten Lebenslage.“ „Die Kranken berichten vielfach über nächtliche, naiv-schaurig gefärbte, halb traumhafte Erlebnisse, in denen sich ihre Befürchtungen widerspiegeln. Namentlich in der Jugend kommt es ferner öfters zum Nachtwandeln.“[271]

Johanna berichtet Rüdin von Alpträumen im Gefängnis, die dieser nicht für ungewöhnlich hält: „Über den Aufenthalt in Neudeck erzählte sie noch, da sei ihr die Frau Schweickart jede Nacht gekommen und habe ihr mit Erschießen, Erstechen gedroht und ihr Rache geschworen. Die letzte Zeit aber sei es besser geworden. Ihr träume oft von großen

---

[270] Anhang C b. Gutachten Z. S. 79 unten

[271] *Kraepelin* (1916) S. 370 f., 403

bunt schillernden Schlangen, welche die Köpfe auf ihre Brust legten und sie anglotzten. Wenn sie sich noch so bemühe, sich umzudrehen, könne sie nicht. Dann schnüre es ihr auch die Kehle zusammen und sie könne weder reden, noch schreien. Manchmal habe sie Kopfweh, als wenn ein schweres Gewicht drinnen wäre."[272]

Während ihres Aufenthalts in der psychiatrischen Klinik fingierte Johanna offensichtlich weitere Anfälle.[273] Für Rüdin sind „‚die Anfälle', die sie in der Klinik uns vorgeführt hat, zweifellos glatt erfunden, vorgetäuscht."[274]

Bei diesen Vorfällen zeigt sich Johannas „spielerisches, theaterhaftes Verhalten". Wie es *Kraepelin* zufolge bei Hysterie typisch ist, verschwimmen auch hier Simulation und wirkliches Erleben: „Die Launenhaftigkeit der hysterischen Erscheinungen legt die Annahme zielbewusster Mache sehr nahe. Wenn wir es dabei auch in der Regel mit Triebhandlungen ohne klare Beweggründe zu tun haben, so werden doch ohne Zweifel öfters Störungen vorgetäuscht oder stark übertrieben. Krankhaft ist hier das sinnlose Bedürfnis, leidend zu erscheinen, und die Unfähigkeit, die Genesung mit allen Kräften anzustreben."[275]

3.3.5 Bewertung der Untersuchungsmethoden

Wie zuvor dargestellt richteten sich die von Rüdin vorgenommenen Untersuchungen nach den Vorgaben Kraepelins und damit nach der damals herrschenden Lehrmeinung.

3.3.5.1 Stechversuch

Einige der Untersuchungen, die Rüdin an Ludwig und Johanna vorgenommen hat, wären nach dem Stand der Wissenschaft heute undenkbar. Insbesondere die schmerzhaften Stechversuche stellen aus heutiger Sicht eine inhumane Quälerei mit zweifelhaftem medizinischen Aussagewert dar. Denn wenn der Psychiater als Autoritätsperson einem Probanden oder gar einem jugendlichen Probanden den Befehl gibt, die Zunge herauszustrecken, kann wohl schwerlich mit einer Verweigerung gerechnet werden, auch wenn der Proband schmerzhafte Erfahrungen davonträgt. Auch erwartet ein Patient im Grunde nicht, dass ein Arzt Maßnahmen zu seinem Schaden unternehmen würde. Schließlich wird sich ein Proband den Anordnungen des Gutachters kaum widersetzen, in der Erwartung, ein kooperatives Verhalten würde sich positiv auf das Gutachten und im Endeffekt für das Gerichtsurteil auswirken. In neueren Psychiatriebüchern (nach 1950) werden solche Stechversuche nicht mehr erwähnt, so dass zu hoffen ist, dass

---

[272] Anhang C b. Gutachten Z. S. 71 oben

[273] Anhang C b. Gutachten Z. S. 72 Mitte

[274] Anhang C b. Gutachten Z. S. 79 unten

[275] *Kraepelin* (1916) S. 211

diese quälerische Behandlung der psychiatrischen Patienten der Vergangenheit angehört.

3.3.5.2 Moderne Untersuchungsmethoden

Durch den wissenschaftlichen und technischen Fortschritt hat sich die Art der Untersuchungen verändert. Zum Beispiel würde bei einer modernen Untersuchung eines Patienten mit der Verdachtsdiagnose einer schizophrenen Erkrankung neben der allgemeinen körperlichen und speziell neurologischen Untersuchung sowie der Erhebung der allgemeinen Vitalparameter (Blutdruck, Puls, Temperatur, Gewicht, Schwangerschaftstest) die Bestimmung bestimmter Laborparameter sowie die Durchführung apparativer Diagnostik durchgeführt werden. Zum allgemein gültigen Standard hinsichtlich der Laboruntersuchung zählen Differenzialblutbild, Elektrolyte, Leber-/Nierenwerte, (Nüchtern-) Blutzucker, Schilddrüsenwerte und Drogenscreening.[276]

3.3.5.3 Testverfahren zur Intelligenzmessung

Rüdin verwendete bei Ludwig den von Kraepelin entworfenen Fragenkatalog um „Urteilsfähigkeit" und „geistige Arbeitsfähigkeit" zu prüfen. Dabei wurde aber größtenteils nur Wissen abgefragt, das Ludwig B. schon aufgrund seiner Herkunft und seines unregelmäßigen Schulbesuchs nicht besaß. Die Aussagekraft dieser Untersuchung ist also ziemlich gering und sagt wenig über Ludwigs Intelligenz aus. Objektive Testverfahren zur Intelligenzmessung verwendete Rüdin nicht.

Heute stehen eine ganze Anzahl objektiver Testverfahren zur Intelligenzmessung zur Verfügung, die verschiedene Bereiche der Intelligenz abdecken und über Wissensabfragen hinausgehen. Ein erster systematischer Intelligenztest wurde bereits 1905 zur Feststellung des intellektuellen Entwicklungsstandes bei Schulkindern eingesetzt (der Binet-Simon-Test der beiden französischen Ärzte *Alfred Binet* und *Théodore Simon*). Eine deutsche Bearbeitung erfolgte 1914. Eine Weiterentwicklung dieses Tests ist in revidierter Form unter dem Namen Stanford-Binet-Test noch heute in Gebrauch. Er ist im großen und ganzen ein verbaler Test. Seit 1938 entwickelte der Psychologe *Raven* seine Progressive Matrices-Tests. Dieser Test ist ein sprachfreier Test ohne strikte Zeitbegrenzung. Die Aufgaben bestehen aus geometrischen Figuren oder Mustern, die Lücken enthalten. Die Aufgaben der Testpersonen besteht darin, den Lücken die passenden Muster zuzuordnen. 1939 führte der Psychologe *David Wechsler* einen neuen Intelligenztest für Erwachsene ein. Dieser wurde 1955 umgearbeitet und erweitert und heißt seitdem Wechsler Adult Intelligence Scale, WAIS (deutsche Bearbeitung: Hamburg-Wechsler-Intelligenztest, HAWIE). Viele

---

[276] *Naber/Lambert* (2004) S. 37

84

Psychologen meinen, dass verbale Aufgaben wie im WAIS und Stanford-Binet als Intelligenztests ungeeignet sind, weil sie bestimmte Kenntnisse und Wertungen voraussetzen. *Ravens* Progressive Matrices erfordern dagegen, äußerlich gesehen, keine Kenntnisse. Verglichen mit Stanford-Binet und WAIS misst *Raven* die „reine Intelligenz".[277]

3.3.5.4 Berufsauffassung

Kraepelins Untersuchungsmethodik, die – wie oben gezeigt wurde – Rüdin zum Vorbild dient, wurde von *Güse/Schmacke* wie folgt charakterisiert: „Innerhalb der Arzt-Patienten-Beziehung zählt ausschließlich, was der Arzt an seinem ‚Objekt' beobachtet, die Beschwerden des Kranken, seine eigene Darstellung der Krankheitsentwicklung werden soweit wahrgenommen, wie sich aus ihnen klassische Symptome herausdestillieren lassen. Die Geschichte des Kranken wird in Wirklichkeit zu einer Geschichte seiner ‚Symptome'. (...) Was immer auch der Patient anführen mag, es wird im Sinne der psychiatrischen Systematik interpretiert und eingeordnet. Der Patient wird als Kommunikationspartner nicht ernst genommen. Der Kontakt zum Kranken wird von vornherein unmöglich gemacht."[278]

Den Gutachten Rüdins ist anzumerken, dass er die Probanden lediglich als Beobachtungs- oder Forschungsobjekte betrachtet. Dies liegt auch in seiner Berufsauffassung begründet: Rüdin war nicht etwa Arzt aus Leidenschaft, dessen Ziel es wäre, einzelnen Menschen nach allen Regeln der Kunst zu helfen, sie zu heilen. Für ihn stand von vornherein fest, dass für ihn der reine Arztberuf nicht erstrebenswert war. Rüdin wählte den Beruf nur, weil er in der Psychiatrie die größten Verwirklichungsmöglichkeiten für seine rassenhygienische Weltanschauung sah.[279] Durch die wenig einfühlsame Art und Weise wie sich Rüdin mit seinen Probanden beschäftigte, war nicht zu erwarten, dass er deren Vertrauen gewinnen konnte. Aus heutiger Sicht ist zu vermuten, dass Rüdin einige wichtige Informationen seiner Probanden gar nicht erfuhr. Denn die Beziehung des Untersuchers zum Kranken färbt in starkem Maße die Symptome, wie sie sich ihm darstellen. Der Kranke macht nicht jedem Untersucher die gleichen Mitteilungen, sondern nur in dem Maße, wie er Vertrauen zu diesem gewinnt. [280]

3.3.5.5 Psychoanalyse

Interesse für psychodynamische Prozesse fehlte Kraepelin und auch Rüdin vollkommen. So spielten auch individuelle Psychotherapie und Psychoanalyse für Rüdin weder während des Studiums noch im Verlauf seiner späteren psychiatrischen Tätigkeit oder in seinen Schriften eine Rolle. Dies wäre ein konzeptueller

---

[277] *Liungman* (1973) S. 82

[278] *Güse/Schmacke* Bd. 1 (1976) S. 155, 158

[279] siehe Kapitel 1.4: Brief Rüdins an Forel

[280] *Kind/Haug* (2002) S. 176

Widerspruch zu seiner rassenhygienischen Ausrichtung gewesen.[281] Insofern vertrat er eine ebenso negative Einstellung zur Psychoanalyse wie auch sein Lehrer *Kraepelin*. Dieser äußerte in seinem Lehrbuch schwere Bedenken gegen diese „mangelhaft begründete Lehre" und Zweifel gegenüber Heilerfolgen der Psychoanalyse.[282]

Von psychiatrischen Untersuchern erwartet man heute, dass sie zur Erkennung psychopathologischer Symptome die Grundbegriffe der deskriptiven Psychopathologie beherrschen, aber ebenso Kenntnisse der Tiefenpsychologie zur Erfassung der psychodynamischen Aspekte besitzen.[283] Unter dem Einfluss der im 20. Jahrhundert aufkommenden Psychoanalyse begann sich die Einstellung von Psychiatern allmählich zu verändern. Die Entwicklung der Persönlichkeit, die zwischenmenschlichen Phänomene der Übertragung und Gegenübertragung wurden wissenschaftlich erforscht. Im Mittelpunkt des Interesses standen nicht mehr die einzelnen Krankheitszeichen, nach denen die Psychiater fahndeten, sondern es rückten die ganze Lebenssituation des Kranken mitsamt seiner Geschichte sowie die Beziehung zwischen Arzt und Patient ins Blickfeld. Der Psychiater wurde aus einem distanzierten zu einem „teilnehmenden", einem „engagierten" Beobachter.[284]

3.4 Psychiatrische Diagnose

3.4.1 Diagnose bei Ludwig B.

Im Fall Ludwig B. diagnostiziert Rüdin Dementia praecox (Schizophrenie).

---

[281] *Weber* (1993) S. 34

[282] Als „Psychoanalyse ist von Freud und seinen Anhängern ein Verfahren bezeichnet worden, das im wesentlichen darauf hinausläuft, durch allerlei Kunstgriffe (Deutung von planlosen Erzählungen, Träumen, Assoziationsversuchen, Entgleisungen beim Sprechen und Handeln) „verdrängte", gefühlsstarke Erinnerungen („Komplexe") aufzudecken, denen man krankmachende Wirkungen zuschreibt. Durch die Wiedererweckung sollen sie unschädlich gemacht werden. Auf eine Darlegung der schweren Bedenken, die gegen diese ebenso zuversichtlich vorgetragene wie mangelhaft begründete Lehre sprechen, kann hier nicht eingegangen werden. Dagegen lässt sich mit Bestimmtheit aussprechen, dass die Heilerfolge der Psychoanalyse offenbar in keiner Weise über das durch andere Suggestivverfahren Erreichbare hinausgehen. Ich muß sogar aus vielfältiger Erfahrung feststellen, dass die lange fortgesetzte, eindringliche Befragung der Kranken über ihre geheimsten Erlebnisse und die übliche starke Betonung der geschlechtlichen Beziehungen nebst den daran sich knüpfenden Ratschlägen die übelsten Folgen nach sich ziehen können." *Kraepelin* (1916) S. 503

[283] *Kind/Haug* (2002) S. 34

[284] *Kind/Haug* (2002) S. 2

3.4.1.1 Allgemeines zur Dementia praecox bzw. Schizophrenie

3.4.1.1.1 Begriff der Dementia praecox bzw. Schizophrenie

Emil Kraepelin erwähnte erstmals 1893 in der vierten Auflage seines Buches den Begriff der Dementia praecox. Er verstand darunter – wie auch die wörtliche Übersetzung „vorzeitige Verblödung" besagt – eine, durch eine noch nicht erkannte, organische Schädigung des Gehirns begründete, Erkrankung im Jugendalter, die zwangsläufig zur Zerstörung der Persönlichkeit und zu „geistigem Krüppeltum" führen musste. Es ist dieses Bild eines organischen Destruktionsprozesses als Ursache der Schizophrenie, das bis in die 60er Jahre des 20. Jahrhunderts hinein die deutsche Psychiatrie beherrschte und die Praxis der Anstaltspsychiatrie prägte.[285] Im Jahr 1911 schränkte *Eugen Bleuler* diese Sichtweise von der Unheilbarkeit der Krankheit ein, indem er den Begriff der Schizophrenie einführte.[286] *Bleuler* gab erstmals vor, dass die Diagnose Schizophrenie nicht immer mit einer schlechten Prognose einhergehen muss.

3.4.1.1.2 Ursachen der Schizophrenie

Im Jahr 1916 erschien Rüdins Abhandlung „Zur Vererbung und Neuentstehung der Dementia praecox",[287] mit der er sich die Grundlage seiner späteren internationalen wissenschaftlichen Anerkennung schuf. Er untersuchte die Häufigkeit von Dementia praecox und anderen Psychosen unter den Nachkommen von gesunden bzw. ebenfalls an Dementia praecox erkrankten Eltern. Die Diagnosen folgten *Kraepelin*s Nosologie (der systematischen Beschreibung und Klassifizierung von Krankheiten). Rüdin kam zu dem Ergebnis, dass unter den Geschwistern Dementia-praecox-Kranker mit gesunden Eltern diese Störung mit einer Häufigkeit von 4,48% und andere Psychosen mit 4,12% aufträten; falls ein Elternteil bereits von der Dementia praecox betroffen war, erhöhte sich die Häufigkeit auf 6,18% bzw. 10,3%. Das Vorkommen anderer Psychosen oder auch von Trunksucht verstärkte ebenfalls die Wahrscheinlichkeit, an Dementia praecox zu erkranken.[288] Rüdin glaubte, dass alle seine Resultate durch einen dihybrid-rezessiven Vererbungsmodus der Dementia praecox erklärt werden könnten. Die Dementia-praecox-Studie nahm für Rüdin nicht nur den Stellenwert einer wissenschaftlichen Darlegung ein, sondern diente auch der Untermauerung

---

[285] *Faulstich* (1993) S. 52

[286] „Der Wirrwarr der psychiatrischen Systematik war so groß, dass kein Autor mit den gleichen Namen die gleichen Begriffe verband, und man bei Diskussionen in dieser Beziehung regelmäßig aneinander vorbei redete. Da auch der Name der Dementia praecox, die weder zur Demenz führen noch praecociter auftreten muss, zu vielen Missverständnissen Anlass gab, ziehe ich ihr den der Schizophrenie vor." *Bleuler* (1918) S. 286

[287] *Rüdin* (1916)

[288] *Rüdin* (1916) S. 162 f.

seiner rassenhygienischen Vorstellungen. Seine Überzeugung von der Richtigkeit und Notwendigkeit von rassenhygienischen Maßnahmen hinderten ihn daran, alternative Interpretationen seiner Untersuchungsergebnisse vorzunehmen, die seiner Sichtweise hätten widersprechen können.[289]

Unter anderem basierend auf Rüdins Forschungsergebnissen war man viele Jahre lang überzeugt, dass bei der Schizophrenie – jener Erkrankung, mit der es die Psychiater in den Anstalten vor allem zu tun hatten – der rezessive Erbgang vorherrsche. Dies bedeutete, dass nicht nur der Erkrankte, sondern auch ein scheinbar gesundes Familienmitglied die Krankheit weiter tragen konnte. Außerdem ging man davon aus, dass im familiären Umfeld von Schizophrenen gehäuft auch andere psychische Störungen wie Psychopathie auftreten.[290]

Die Ursachen der Schizophrenie sind auch heute noch weitgehend ungeklärt. Die schizophrenen Krankheiten werden den komplexen genetischen Erkrankungen mit oligo- oder polygener Vererbung und einer deutlichen Beteiligung von Umweltfaktoren zugeordnet.[291] Ein monogener Erbgang (dominant oder rezessiv), wie Rüdin es annahm, kann nicht bestätigt werden. Familien-, Adoptions- und Zwillingsstudien weisen auf eine genetische Komponente bei der Schizophrenie hin. Die Wahrscheinlichkeit, an einer Schizophrenie zu erkranken, steigt deutlich mit dem Grad der Verwandtschaft. Dies verdeutlicht folgende Tabelle:[292]

Anteil der Schizophrenien bei Verwandten verschiedenen Grades

Grad der Verwandtschaft	Anteil (%)
Monozygote Zwillinge	44,3
2 schizophrene Eltern	36,6
Dizygote Zwillinge	12,1
1 schizophrenes Elternteil	9,4
Geschwister	7,4
Halbgeschwister	2,9
Enkelkinder	2,8
Neffe/Nichte	2,7
Cousine/Vetter 1. Grades	1,6
Ehepartner	1,0

---

[289] *Weber* (1993) S. 112

[290] *Faulstich* (1993) S. 177

[291] *Remschmidt* (2004) S. 53

[292] *Naber/Lambert* (2004) S. 9

88

Diese Studien zeigen aber auch, dass es sich bei der Schizophrenie nicht um eine reine Erbkrankheit handeln kann, da bei eineiigen Zwillingen, die mit identischen Genen ausgestattet sind, immer beide an Schizophrenie erkranken müssten und nicht nur in 44,3% der Fälle. Dies wird auch dadurch bestätigt, dass selbst Ehepartner von Schizophrenen mit einer Quote von 1,0% selbst erkranken, obwohl hier keinerlei genetische Gemeinsamkeit besteht, was aber ein erhöhtes Risiko durch Umwelteinfluss zeigt.

Der Modus der Vererbung konnte noch nicht gefunden werden. Sicher scheint nur, dass nicht ein einzelner Gen-Defekt ursächlich für die Schizophrenie ist, sondern dass verschiedene Gene eine Rolle spielen.[293] Vielfach wird mit den ständig wachsenden Möglichkeiten der Molekularbiologie und der inzwischen fast vollständigen Entschlüsselung des menschlichen Genoms[294] eine große Chance gesehen, die genetischen Ursachen der Schizophrenie zu lokalisieren und zu therapieren. Mittlerweile wurden vier Gene entdeckt, die für die Schizophrenie verantwortlich gemacht werden. Man hofft nun, die Funktion der betroffenen Gene mittels noch zu entwickelnder Medikamente zu verändern.[295]

Fest steht, dass die Ursachen der Schizophrenie nicht nur in der Genetik zu finden sind, sondern auch psychosoziale Faktoren ausschlaggebende Bedeutung haben. Zu der Frage, inwiefern diese Faktoren zur Erkrankung an einer Schizophrenie führen können haben insbesondere Psychoanalytiker wie *Ciompi* verschiedene Theorien entwickelt. Nach *Ciompi* weist alles darauf hin, dass spätere Schizophrene häufig durch eine besondere Verletzlichkeit und Hypersensibilität gekennzeichnet sind, die ohne Zweifel ein unentwirrbares und von Fall zu Fall wechselndes Produkt aus angeborenen und erworbenen Anteilen darstellt. Hervorstechendes Merkmal ist dabei eine Schwierigkeit der Verarbeitung komplexer Informationen, eine ausgeprägte Belastungs- und Stressempfindlichkeit, und eine „Ich-Schwäche".[296] Ausgehend von seiner Theorie der „Affektlogik"[297] entwickelt *Ciompi* die Double-bind-Hypothese[298] weiter und nennt sie eine

---

[293] *Naber/Lambert* (2004) S. 45

[294] Im Jahre 2001 wurde eine erste Rohfassung der ca. 2,85 Milliarden Basenpaare umfassenden Sequenz des menschlichen Genoms veröffentlicht. Bereits im Frühjahr 2003 konnte eine nahezu vollständige und zugleich fast fehlerfreie Sequenz des menschlichen Genoms bekannt gegeben werden. *Remschmidt* (2004) S. 59

[295] Vier Gene und die Schizophrenie - 1500 Psychiater diskutieren über neue Entdeckungen, SZ vom 05.04.2005, S. 42

[296] *Ciompi* (1998) S. 267

[297] „Wir sehen dass die Psyche aus ‚affektlogischen', das heißt unzertrennbar zusammengehörigen affektiven und kognitiven Elementen besteht, welche durch die gesamte Erfahrung gebildet sind und eine hierarchische Struktur besitzen." *Ciompi* (1998) S. 247

[298] G. Bateson entwickelte 1956 die Doppelbindungs-Hypothese, die sich auf besondere Familiensituationen in den familiären Beziehungen Schizophrener bezieht. Es besteht ständig eine Doppelsinnigkeit der Kommunikation auf zwei verschiedenen Ebenen: „Das Individuum ist in

„affektlogische Zwickmühle", ein Paradoxon, in welchem zwei affektiv völlig negativ getönte und zugleich unvereinbare Inhalte in versteckter und deshalb auch nicht durch eine „Metasprache" überwindbarer Weise aufeinanderprallen.[299] Diese Phänomene schaffen affektiv-kognitive Spannung und Verwirrung, was eine Vorbedingung für Schizophrenie darstellt. Es wurde festgestellt, dass es meist zu einer Häufung von "life-events" vor Ausbruch der Psychose kommt, den *Ciompi* wie folgt erklärt: „Die akut psychotische Dekompensation lässt sich als krisenhafte Störung der Informationsverarbeitung im Sinne der Überforderung eines von vornherein mehr oder weniger labilen und stellenweise defektuösen affektiv-kognitiven Bezugs- bzw. Verarbeitungssystems empfindlicher und vulnerabler Menschen auffassen, wobei Disposition und akute Umstände im Sinne einer Ergänzungsreihe von Fall zu Fall auf verschiedene Weise zusammenwirken."[300] *Ciompis* Theorien führen zu einem völlig anderen Schizophrenie-Verständnis: „Der schizophrene Mensch ist damit nicht mehr der radikal Andere und Fremde, Unzulängliche, Unverständliche, als der er bisher in und außerhalb der Psychiatrie galt, sondern er darf dann vielleicht endlich als das erscheinen und verstanden werden, was er vermutlich ist und allen esoterischen Erklärungen zum Trotz seit jeher gewesen ist: Ein armer, fragiler, verwirrter und nach außen eigentümlich abwehrender, dahinter jedoch sehr feinfühliger und dünnhäutiger Mensch, der sich aus einer ihn überfordernden Konfusion in ein abstruses Refugium zu retten versucht, das allerdings nur noch mehr Schwierigkeiten schafft und ihm schließlich zum Gefängnis und Verhängnis wird."[301]

Eine Mitursache für die schizophrene Erkrankung wird auch im familiären Klima gesehen. Das Konzept der „High-expressed-Emotions" beschreibt eine familiäre Kommunikationssituation, die von ständigen kritischen Kommentaren gegenüber dem betroffenen Familienmitglied, einer allgemeinen Feindseligkeit und einer entmündigenden Überbehütung geprägt ist. Der Zusammenhang zwischen „High-expressed-Emotions" und der Rückfallhäufigkeit schizophrener Patienten wurde inzwischen belegt. Dabei korreliert insbesondere die allgemeine Feindseligkeit hoch mit einem Rückfall, während der „emotionalen Überbehütung" eine geringere Bedeutung zukommt.[302]

---

einer Situation gefangen, in der die andere Person in der Beziehung zwei Arten von Botschaften ausdrückt, von denen die eine die andere aufhebt. Und das Individuum ist nicht in der Lage, sich mit den geäußerten Botschaften kritisch auseinanderzusetzen." *Bateson* 1956, zitiert nach *Peters* (1990) S. 136

[299] *Ciompi* (1998) S. 245

[300] *Ciompi* (1998) S. 275 f.

[301] *Ciompi* (1998) S. 279

[302] *Naber/Lambert* (2004) S. 52

3.4.1.1.3 Behandlungsmöglichkeiten bei Schizophrenie und Verlaufsprognose

Zu der Zeit, als bei Ludwig B. Dementia praecox diagnostiziert wurde, waren die Behandlungsmöglichkeiten sehr beschränkt. Die Kranken wurden in einer geschlossenen Anstalt verwahrt. Dort gab es die „Bettbehandlung" und die Behandlung mit dem Dauerbad, dazu kamen ein paar Tropfen eines Beruhigungsmittels. In *Kraepelins* zeitgenössischen Lehrbuch der Psychiatrie von 1913 ist bezeichnend, dass in dem 300-seitigem Abschnitt über die Dementia praecox ganze vier Seiten der Therapie gewidmet sind.[303] Seine Ausführungen erhellen die Grundhaltung der damaligen Psychiatergeneration zu den therapeutischen Möglichkeiten bei der Schizophrenie. *Kraepelins* Haltung war zutiefst pessimistisch und resignativ, was bereits 1921 kritisiert wurde: Während es vor *Kraepelin* immerhin noch liebevolle Beschreibung und Vertiefung in den Einzelfall gegeben habe, sei es nach dessen Einführung einer klaren und einfachen psychiatrischen Systematik zu einem eher schematischen Umgang mit und einem Nachlassen des Interesses am einzelnen Kranken gekommen. Das habe im Verein mit der von *Kraepelin* „allzu schroff herausgestellten Prognose der dementia praecox" fatale Folgen gehabt.[304]

Betrachtet man die damaligen für die Patienten äußerst unangenehmen Behandlungsversuche, wie Dauerbäder und Wicklungen, kann man leicht nachvollziehen, warum Ludwig B. in späteren Jahren immer wieder aus der Heil- und Pflegeanstalt Haar entwich und geäußert hatte, er wäre lieber im Gefängnis als in der Anstalt.[305]

---

[303] Die damals in seiner Klinik üblichen Behandlungsmethoden schildert *Kraepelin* wie folgt: „Bettruhe, Überwachung, Sorge für Schlaf und Nahrungsaufnahme sind hier die wichtigsten Erfordernisse. Bei den Erregungszuständen sind Dauerbäder am Platze, deren Anwendung allerdings öfters auf große Schwierigkeiten stößt, da die Kranken nicht in der Wanne bleiben, sondern immer wieder herausspringen, halsbrecherische Turnübungen machen, sich am Boden wälzen. Man kann nun zunächst versuchen, durch ein Betäubungsmittel, Hyoscin, Sulfonal, Trional, Veronal, den Kranken soweit zu beruhigen, dass er einige Stunden im Bade bleibt; er gewöhnt sich dann meist rasch daran und macht nun, strudelnd, plätschernd, tauchend, sich drehend, gestikulierend, nur vorübergehend Versuche, das warme Wasser zu verlassen, lässt sich aber leicht wieder dahin zurückbringen. Mißlingt dieses Verfahren bei sehr starker oder dauernder Erregung, so ist der beste, nach kürzerer oder längerer Zeit regelmäßig zum Ziele führende Ausweg die Anwendung feuchtwarmer Wicklungen. Nach anfänglichem, kurz dauerndem Widerstande pflegt sich der Kranke überraschend schnell in diese Maßregel zu finden, auch wenn auf jede Befestigung der Umhüllung, wie bei uns, grundsätzlich verzichtet wird." (Hervorhebung im Original) *Kraepelin* (1913) S. 969-971, *Faulstich* (1993) S. 50 f.

[304] *Steinau-Steinrück* (1921) S. 217

[305] So lautet ein Eintrag in Ludwigs Krankenakte im Jahr 1917: „Heute aus Haar entlaufen. War seit der letzten Entlassung dauernd in Anstalt, arbeitete in Küche und auf dem Feld. Behauptet, früher simuliert zu haben, habe nie Stimmen gehört, sei manchmal melancholisch,

Erst allmählich wurde psychologisches Denken in die psychiatrische Behandlung der Schizophrenie eingeführt. Es entwickelte sich eine Vielzahl psychotherapeutischer Techniken, die meist schulenbezogen waren. Bei den vielen wechselnden Theorien über die Zeit hinweg gibt es zentrale verbindende Grundelemente der Psychotherapie bei schizophrenen Patienten: Es steht der Aufbau einer Beziehung zum Kranken im Mittelpunkt, um Vertrauen und Verstehen des schwer Einfühlbaren zu ermöglichen. Zudem wird im Gegensatz zu einer aufdeckenden, konfliktzentrierten Behandlung das stützende, empathische Herangehen bevorzugt.[306]

Seit der Entdeckung des Chlorpromazins im Jahr 1952 wurden Neuroleptika als ein fester Bestandteil der Behandlung schizophrener Patienten eingesetzt und die medikamentöse Behandlung erzielte seit den 1960er Jahren große Erfolge. Nachdem bei analytisch orientierter Psychotherapie Effizienznachweise fehlten, verlor sich das Interesse an der Psychotherapie als Behandlungsmethode für schizophrene Patienten.

Aus verschiedenen Gründen, unter anderem weil Neuroleptika allein oft nicht ausreichten, um zu einer langfristigen Stabilisierung zu gelangen, kam es in den letzten Jahren erneut zu einer Beschäftigung mit der Psychotherapie. Seit Anfang der 1990er-Jahre wurden parallel zur Weiterentwicklungen der Neuroleptika das Behandlungsspektrum erweitert. Es rückten nun auch andere Aspekte bei der Akut- und Langzeitbehandlung in den Vordergrund. „Hierzu gehören u.a. die Betrachtung des kognitiven Funktionsniveaus für das psychosoziale Outcome, die Lebensqualität des Patienten oder seine subjektive Befindlichkeit unter neuroleptischer Therapie."[307]

Inzwischen ist weitgehend Einigkeit darüber entstanden, dass keine Konkurrenz mehr zwischen Psychotherapie und Pharmakotherapie bestehet, sondern generell ein positives Zusammenwirken von beiden Behandlungsmöglichkeiten anzunehmen ist.[308]

Zugunsten der betroffenen Patienten stehen heute in der Behandlung von Schizophrenie die unterschiedlichsten Methoden zur Verfügung, die individuell je nach Ausprägung der Erkrankung unterschiedlich kombiniert eingesetzt werden können. In der Pharmakotherapie hofft man, wie schon erwähnt, durch die Fortschritte in der Gentechnologie auf die Entwicklung immer besserer Medikamente. Psychotherapie wird in Form von Einzelpsychotherapie, Gruppen- und Fami-

---

manchmal frech, dann beschimpfe er andere Leute. Wolle nicht wieder in Anstalt, ziehe Gefängnis vor.", aus dem Archiv der Klinik und Poliklinik für Psychiatrie und Psychotherapie, Nußbaumstr. 7, München

[306] *Naber/Lambert* (2004) S. 108 f.

[307] *Naber/Lambert* (2004) S. 69

[308] *Naber/Lambert* (2004) S. 130

lientherapie eingesetzt. Außerdem werden kognitives Training sowie soziotherapeutische und rehabilitative Ansätze in der Schizophreniebehandlung angeboten. Nach neuesten Erkenntnissen können zwischen 21% und 30% der schizophrenen Patienten vollständig genesen.[309] Der Verlauf bei früh beginnenden schizophrenen Psychosen ist jedoch deutlich ungünstiger als bei Beginn der Erkrankung im Erwachsenenalter. Darauf weisen Befunde aus großen Geburtskohortenstudien hin, in denen Neugeborene über einen Zeitraum von bis zu 20 Jahren nachuntersucht wurden. Die dafür verantwortlichen Hintergrundfaktoren sind bisher nur unzureichend untersucht. Vorstellbar ist eine höhere genetische Belastung der früh Erkrankten, die sich auch ungünstig auf den Verlauf auswirken könnte. Bei früher Erkrankung bricht die Störung außerdem nachhaltig in eine Lebensphase ein, in der die schulische und Ausbildungsentwicklung, die Entfaltung der sozialen Kompetenzen, die Persönlichkeitsreifung und die Bewältigung weiterer Entwicklungsfelder massiv beeinträchtigt.[310]

3.4.1.1.4 Moderne Schizophrenie-Diagnostik nach Klassifikationssystemen

Die schizophrene Psychose ist im Allgemeinen charakterisiert durch grundlegende und charakteristische Auffälligkeiten von Denken und Wahrnehmung sowie inadäquate oder eingeschränkte Affektivität. Die schizophrene Störung beeinträchtigt die Grundfunktionen, die jedem gesunden Menschen ein Gefühl von Individualität, Einzigartigkeit und Entscheidungsfreiheit geben.[311] Die Diagnoseerstellung der schizophrenen Psychose erfolgt heute nahezu überall anhand des operationalisierten Klassifikationssystems der International Classification of Diseases der WHO in der zehnten Version (ICD-10) bzw. dem Diagnostic Statistical Manual of Psychiatric Diseases der American Association of Psychiatry in der vierten Version (DSM-IV). In beiden Klassifikationssystemen ist für die Feststellung einer Schizophreniediagnose die Erfüllung bestimmter definierter Kriterien gefordert. Sie sind jedoch nicht übereinstimmend gleich, was folgende Tabelle verdeutlicht:

---

[309] *Naber/Lambert* (2004) S. 64 f.

[310] *Remschmidt* (2004) S. 31

[311] *Naber/Lambert* (2004) S. 35

Schizophrene Störungen nach ICD-10- und DSM-IV-Systematik[312]

ICD-10	DSM-IV
• mindestens 1 Symptom: - Gedankenlautwerden, Gedankeneinge-bung, Gedankenentzug, Gedankenaus-breitung - Kontrollwahn, Beeinflussungswahn, Wahnwahrnehmung, Gefühl des Ge-machten - kommentierende oder dialogische Stim-men - anhaltender, kulturell unangemessener und völlig unrealistischer Wahn • oder mindestens 2 der folgenden Symptome - anhaltende Halluzinationen jeder Sin-nesmodalität - Neologismen, Gedankenabreißen, Zer-fahrenheit - katatone Symptome, wie Haltungsste-reotypien und wächserne Biegsamkeit, Mutismus, Stupor, Negativismus - Negativsymptome, wie Apathie, Sprachverarmung, Affektverflachung während der meisten Zeit innerhalb eines Monats	• charakteristische Symptome: mindestens 1 Symptom - bizarrer Wahn - kommentierende oder dialogische Stimmen • oder mindestens 2 der folgenden Symptome: - Wahn - Halluzination - desorganisierte Sprechweise - grob desorientiertes oder katatones Verhalten - negative Symptome, d.h. flacher Affekt, Alogie oder Willensschwäche • Soziale/berufliche Leistungseinbußen in einem oder mehreren Funktionsbe-reichen (z.B. Arbeit, zwischenmensch-liche Beziehungen, Selbstfürsorge) Zeichen des Störungsbildes halten für min-destens 6 Monate an, wobei diese Zeit mindestens einen Monat mit floriden Symptomen umfassen muss.

Im folgenden beschränkt sich die Darstellung auf das in Deutschland meist ver-wendete Klassifikationssystem ICD-10. Nach ICD-10 V F20[313] sind die schizo-phrenen Störungen im allgemeinen durch grundlegende und charakteristische Störungen von Denken und Wahrnehmung sowie inadäquate oder verflachte Affekte gekennzeichnet. Die Bewusstseinsklarheit und intellektuelle Fähigkeiten sind in der Regel nicht beeinträchtigt, obwohl sich im Laufe der Zeit gewisse kognitive Defizite entwickeln können. Die wichtigsten psychopathologischen Phänomene sind Gedankenlautwerden, Gedankeneingebung oder Gedankenent-zug, Gedankenausbreitung, Wahnwahrnehmung, Kontrollwahn, Beeinflussungs-wahn oder das Gefühl des Gemachten, Stimmen, die in der dritten Person den Patienten kommentieren oder über ihn sprechen, Denkstörungen und Negativ-symptome.

---

[312] *Remschmidt* (2004) S. 4

[313] Internationale Statistische Klassifikation der Krankheiten und verwandter Gesundheitspro-bleme, 10. Revision, German Modification, Version 2005; Das ICD-10 hat XXII Kapitel, Kapitel V beinhaltet „psychische und Verhaltensstörungen". Unter die Gliederung F20-F29 fallen „Schizophrenie, schizotype und wahnhafte Störungen"; Quelle DIMDI (Deutsches Institut für Medizinische Dokumentation und Invormation): www.dimdi.de

3.4.1.2 Rüdins Diagnose von Dementia praecox (Schizophrenie)

Im Fall Ludwig B. lautet Rüdins Diagnose: „Das Bild, das Ludwig gegenwärtig darbietet und das im Wesentlichen aus Sinnestäuschungen auf dem Gebiete des Gehörs, zerfahrenem, widerspruchsvollem Denken und einem ausgeprägten Schwachsinn auf dem Gebiete der
Gemüts- und Willenssphäre besteht, ist typisch für jene Form erworbenen Schwachsinns, die
wir Jugendverblödung oder Dementia praecox nennen. Die Annahme ihres Vorliegens bei
Ludwig wird gestützt durch wietere Symptome, wie Katalepsie, Befehlsautomatie (Stechversuch), Grimassieren, Verschrobenheit der Schrift, auch Andeutungen von Wortneubildungen.
Ludwig ist also zur Zeit geisteskrank und leidet an Dementia praecox."[314] Rüdin hält sich
bei der Diagnose genau an die zeitgenössischen Lehrmeinungen *Emil Kraepe-*
lins und *Eugen Bleulers*, die genau die genannten Symptome bei der Dementia
Praecox bzw. Schizophrenie beschreiben (siehe oben unter Kapitel 3.3.4.1).

Vergleicht man die von Rüdin geschilderten Symptome mit denen in den heute
verwendeten Klassifikationssystemen, so kann man größtenteils eine Übereinstimmung feststellen.

3.4.1.2.1 Sinnestäuschungen und Wahn

In Bezug auf Ludwigs „Sinnestäuschungen auf dem Gebiete des Gehörs" führt
Rüdin genauer aus: „Es tauchten in ihm vage läppische Größenvorstellungen auf, ferner
beschimpfende und auffordernde (imperative) Stimmen, deren Befehlen er nicht zu widerstehen vermochte, auch wenn sie die unsinnigsten Aufforderungen enthielten. Auch an plötzlichen impulsiven Einfällen litt er, denen er dranghaft nachkommen musste." „In fast triebhafter Weise, sehr wahrscheinlich aber auch durch Sinnestäuschungen oder pathologische Eingebungen mitbedingt verschaffte er sich immer wieder Schiesswaffen und spielte und drohte
damit ,ohne jeden Anlass', trotz der übelsten bisherigen Erfahrungen, in einer Weise, wie wir
das bei Normalen oder lediglich psychopathischen Menschen nicht finden."[315] Rüdin erkennt einen durch krankhafte Eingebungen entsprungenen Detektivwahn: „Das
Motiv der Tat, der Schiesserei, in einer Art von Detektivwahn, entsprang nicht normalen Beweggründen, wie Eigennutz, Rache oder dergl., sondern durchaus krankhaften Eingebungen,
sei es Sinnestäuschungen, sei es impulsiven, triebhaften, verschrobenen Einfällen, die mit
dem Charakter des unwiderstehlichen Zwanges zur Ausführung drängten."[316] Auch einen
Verfolgungswahn erwähnt Rüdin bei Ludwig: „Auch vage Verfolgungsvorstellungen
bestanden zweifellos, er glaubte sich ,sichern zu müssen' gegen ,allenfallsige Angriffe', befürchtete eine Verfolgung als Mörder der Kohlhofer, weil der Mörder geradeso geschildert
werde, wie er, B., aussehe und gekleidet sei. Er habe ,genug Feinde in Pasing, sei auch in
Unterpfaffenhofen mit dem ganzen Dorfe verfeindet'. In den Krankenhäusern glaubte er sich

---

[314] Anhang B b. Gutachten B. S. 45 unten

[315] Anhang B b. Gutachten B. S. 44 Mitte

[316] Anhang B b. Gutachten B. S. 46 Mitte

von Ärzten und Pflegern und draussen von Lehrern und anderen Menschen vernachlässigt, misshandelt, ausgelacht."[317]

Die im Fall Ludwig beschriebenen akustischen Halluzinationen und der Verfolgungswahn sprechen nach heutigen Maßstäben für das Vorliegen einer paranoiden Schizophrenie, die unter den verschiedenen Formen der Schizophrenie die häufigste Form darstellt und bereits im Jugendalter auftritt.[318] Paranoide Schizophrenie ist nach ICD-10 V F20.0 durch beständige, häufig paranoide Wahnvorstellungen gekennzeichnet, meist begleitet von akustischen Halluzinationen und Wahrnehmungsstörungen. Störungen der Stimmung, des Antriebs und der Sprache, katatone Symptome fehlen entweder oder sind wenig auffallend. Die von Verfolgungswahn Betroffenen erleben sich als Ziel von Feindseligkeiten und fühlen sich bedroht, verspottet, beleidigt, verhöhnt. Sie haben Angst um ihr Hab und Gut, um ihre Gesundheit und ihr Leben. Die häufigste Halluzination bei Schizophrenen sind die verbalen akustischen Halluzinationen, bei denen ganze Worte oder Sätze halluziniert werden. Der Ton und der Inhalt der Stimmen können dabei angenehm, unterstützend oder neutral, aber auch feindselig, bedrohlich oder anklagend sein.[319]

3.4.1.2.2 Urteilsschwäche und Zerfahrenheit

Rüdin spricht bei Ludwigs Diagnose von „Urteilsschwäche und einem zerfahrenen Wesen". Diesen Schluss zieht Rüdin aus Ludwigs Antworten aus dem Fragebogen[320] und insgesamt aus den Untersuchungsgesprächen, in denen Ludwig z.B. nicht sein Tatmotiv zufrieden stellend darlegen kann. Rüdin stellt in auffallend abwertender Beschreibung ausführlich dar, für wie abnorm und krankhaft er Ludwigs Verhalten hält, das sich aus dessen Zerfahrenheit und Urteilsschwäche erklärt.[321] Auch die Tatsache, dass Ludwig seinen befehlenden Stimmen und impulsiven Einfällen dranghaft nachkommen musste, sieht Rüdin als Zeichen von Urteilsschwäche.[322]

Nach ICD-10 V F20 sind grundlegende Störungen von Denken und Wahrnehmung Symptome für Schizophrenie, wie z.B. auch Gedankenabreißen und Zer-

---

[317] Anhang B b. Gutachten B. S. 44 unten

[318] *Remschmidt* (2000) S. 185

[319] *Naber/Lambert* (2004) S. 17

[320] Siehe Kapitel 3.3.3.1.3

[321] „Auch die Tat selbst, die läppische, sinn- und zwecklose, unter gegenwärtigen Umständen für jeden Vollsinnigen zum mindesten höchst bedenklich erscheinende Maskerade am hell-lichten Tag und unter den vielen Menschen, mit der Gefährlichkeit ihrer Vorbereitung (geladener Revolver!) mit der Unklarheit ihres Zieles, der Albernheit ihrer Ausführung und der völligen Verkennung der durch sie geschaffenen Lage trägt von vornherein den Stempel der Krankhaftigkeit auf der Stirn." Anhang B b. Gutachten B. S. 44 unten, S. 47 oben

[322] Anhang B b. Gutachten B. S. 44 unten

fahrenheit. Denkzerfahrenheit ist eine charakteristische Störung des Denkablaufs bei schizophrenen Patienten. Sie ist gekennzeichnet durch einen sprunghaften Gedankenablauf, bei dem kein verständlicher Zusammenhang mehr festgestellt werden kann. Dabei werden Denkinhalte, die nicht zusammengehören, aneinander gereiht.[323] Eine solche Denkzerfahrenheit lässt sich bei Ludwigs schriftlichen Äußerungen und den zitierten mündlichen nur ansatzweise nachvollziehen.

3.4.1.2.3 Gemütliche Störung, Affektverflachung

Rüdin diagnostiziert bei Ludwig einen „ausgeprägten Schwachsinn auf dem Gebiete der Gemüts- und Willenssphäre": „eine ganz ungeheure Schwäche fast aller gemütlichen Regungen, eine außergewöhnlich große gemütliche Stumpfheit, kurz, ein erheblicher affektiver Schwachsinn." Dass dieses Symptom eines der auffälligsten Zeichen für Schizophrenie ist, bestätigt auch der zur damaligen Zeit neben *Kraepelin* bedeutendste Psychiater *Bleuler,* der in den schwereren Formen der Schizophrenie die „affektive Verblödung" für das auffallendste Symptom hält.[324]

Wie bereits oben (Kapitel 3.3.3.1.1) ausgeführt, hatte Rüdin mit „schroffen Worten" und „schlimmsten Vorwürfen und Herausforderungen" Ludwigs affektive Reaktion geprüft und festgestellt, dass ihn nichts aus seiner „gemütlichen Stumpfheit" erwecken konnte.[325] Rüdin nimmt auch Bezug auf Ludwigs Verhalten bei allen Unterredungen, bei denen eine „außerordentlich tiefgehende gemütliche Stumpfheit" festzustellen war. „In dieser Hinsicht bestand eine Ausnahme nur in Bezug auf seinen Wunsch, möglichst viel zu essen und zu Trinken zu bekommen". Ludwigs Gefühlsäußerungen in seinen Briefen wertet Rüdin als „hohles Phrasengeklingel".[326] Auch werden „unmotivierte Verstimmungen und schwächliche, gegenstandslosen, triebartige Selbstmordanwandlungen" bei Ludwig erwähnt. Die Unterschlagung, die Ludwig begangen hatte, sieht Rüdin als unter „krankhaften unwiderstehlichen Zwang begangen (...), der umsoweniger bekämpft zu werden vermochte, als bei B. auch die Willenskraft und das Gefühlsleben, die ethischen Hemmungen durch den Krankheitsprozess schon erheblich gestört waren." Rüdin beschreibt auch Ludwigs „ungeheure Interessenlosigkeit", da dieser sich nicht seinen Namen merken konnte.[327]

---

[323] *Naber/Lambert* (2004) S. 15

[324] „Überhaupt ist eines der sichersten Zeichen der Krankheit der Defekt der affektiven Modulationsfähigkeit, die affektive Steifigkeit. Man spricht mit den Kranken über die verschiedensten Themen, ohne eine Änderung des Affektes zu bemerken." *Bleuler* (1918) S. 290 f.

[325] Anhang B b. Gutachten B. S. 38 oben

[326] „Die sentimentalen Anwandlungen, die aus manchen seiner namentlich schriftlichen Äußerungen hervorzugehen scheinen, beruhen demgegenüber in Wirklichkeit nur auf hohem Phrasengeklingel ohne jede wirklich tiefe, entsprechende Gefühlsbeteiligung." Anhang B b. Gutachten B. S. 45 Mitte, siehe auch Kapitel 3.2.2.1

[327] Siehe Kapitel 3.2.2.1

Folgende Beschreibung eines Dementia praecox-Kranken durch *Kraepelin,* die starke Gemeinsamkeiten zu Rüdins Beschreibung von Ludwig aufweist, zeigt zum einen, wie sehr Rüdin die Lehren Kraepelins übernommen hat, und zum anderen, dass bei Ludwig anscheinend typische Symptome für Dementia praecox vorliegen: Vorbringen von Angaben in „gleichgültigem Tone, ohne aufzusehen oder sich um seine Umgebung zu kümmern. Sein Gesichtsausdruck verrät dabei keine gemütliche Regung".[328] „Der Kranke bleibt ganz stumpf, fühlt weder Befürchtung noch Hoffnungen noch Wünsche. (...) Es gilt ihm gleich, wer bei ihm aus- und eingeht, mit ihm spricht, für ihn sorgt; er fragt nicht einmal nach dem Namen. Dieser eigentümliche, tiefgreifende Mangel einer Gefühlsbetonung der Lebenseindrücke bei gut erhaltener Fähigkeit, aufzufassen und zu behalten, ist nun in der Tat das kennzeichnende Merkmal der Krankheit, die wir vor uns haben." „Namentlich sind der völlige Verlust der geistigen Regsamkeit, des Interesses, das Fehlen jeglichen Antriebes zur Tätigkeit (...) Sie sind neben der Urteilsschwäche niemals fehlende, die ganze Entwicklung der Krankheit begleitende und überdauernde Grundzüge der Dementia praecox."[329]

Auch nach moderner Schizophrenie-Diagnostik werden Negativsymptome, wie Apathie, Sprachverarmung oder Affektverflachung als Schizophrenie-spezifisch angesehen (ICD-10 V F20). Eine Affektverflachung ist dadurch gekennzeichnet, dass das Verhalten des Betroffenen teilnahmslos erscheint, dass kaum Blickkontakt aufgenommen wird und die Körpersprache reduziert ist.[330]

3.4.1.2.4 Weitere Symptome

Rüdin stützt seine Diagnose im übrigen auf „weitere Symptome, wie Katalepsie, Befehlsautomatie (Stechversuch), Grimassieren, Verschrobenheit der Schrift, auch Andeutungen von Wortneubildungen." Im Rahmen der Untersuchung hatte Rüdin bei Ludwig „Katalepsie mäßigen Grades" festgestellt (siehe oben Kapitel 3.3.4.1.4). Die Feststellung des Symptoms Befehlsautomatie beruht, wie auch Rüdin in Klammern angibt, auf die bei Ludwig durchgeführten schmerzhaften Stechversuche (siehe oben Kapitel 3.3.4.1.3).

Gemäß ICD-10 F20.2 können beim katatonen Subtypus der Schizophrenie eines oder mehrere der folgenden Merkmale auftreten: Stupor, Erregung, Haltungsstereotypen, Negativismus, Rigidität, wächserne Biegsamkeit (Katalepsie) oder Befehlsautomatismen.

Rüdin stellte ein „Grimassieren in der Augenbrauengegend" fest, was auch gemäß Kraepelin ein Zeichen für Dementia praecox ist (siehe oben Kapitel 3.3.4.1.3). Ausgeprägtes Grimassieren fällt auch nach DSM-IV 295.10 unter den katatonen Subtypus der Schizophrenie. Auf Ludwigs „Verschrobenheit in der

---

[328] *Kraepelin* (1905) S. 22

[329] *Kraepelin* (1905) S. 23

[330] *Naber/Lambert* (2004) S. 20

Schrift" wurde bereits eingegangen, ebenso wie auf die „Andeutungen von Wortneubildungen" (siehe oben Kapitel 3.3.3.1.5). Nach ICD-10 V F20 fallen auch Neologismen (Wortneubildungen) als Zeichen für grundlegende Störungen von Denken und Wahrnehmung unter die Symptome für Schizophrenie.

3.4.1.3 Bewertung von Rüdins Diagnose bei Ludwig B.

Auch heute wäre man mit ziemlicher Sicherheit zur Diagnose der Schizophrenie gekommen, da Ludwig B. diesbezüglich eindeutige Symptome zeigte. Im Gegensatz zu Rüdin, der auf der Erblichkeit der Dementia praecox beharrte und den Umwelteinflüssen keine Beachtung schenkte, würde man heute jedoch viel stärker das familiäre Umfeld des Probanden untersuchen und darin möglicherweise Gründe für die schizophrene Erkrankung entdecken. Im Hinblick auf die Theorie der „High-expressed-Emotions" waren möglicherweise die Feindseligkeit und permanente Kritik an Ludwig B. von Seiten des Vaters, die sich aus dessen Äußerungen entnehmen lässt, Mitursache für die Erkrankung. Familiäre Vernachlässigung und mangelnde Kommunikation (Ludwig hatte erst mit 3 Jahren sprechen gelernt), fehlende Anerkennung und Misshandlungen zu Hause und in der Schule, keine nennenswerten sozialen Kontakte könnten bei Ludwig zu Persönlichkeitsstörungen und einer Ich-Schwäche geführt haben, so dass die Schizophrenie leichter ausgelöst werden konnte. Typischerweise bricht Schizophrenie in einer Phase des Lebens aus, in dem einschneidende Lebensveränderungen vorkommen (wie z.B. Ende der Schulzeit und Beginn einer Ausbildung, Auszug von zu Hause). Ludwigs Krankheit brach vermutlich aus, als er seine erste Arbeitsstelle beim Bauern angetreten hatte.

Auch wenn die Diagnose heute höchstwahrscheinlich die gleiche wäre wie im Jahr 1915, würde Ludwig jedoch im Unterschied zu damals durch die inzwischen mögliche medikamentöse und psychotherapeutische Behandlung eine Chance auf dauerhafte Heilung haben.

3.4.2 Diagnose bei Johanna Z.

Johanna Z. ist nach Rüdins Diagnose eine „antisoziale Psychopathin", eine „ethisch schwer defekte entartete hysterische Persönlichkeit".

3.4.2.1 Allgemeines zur Psychopathie bzw. Persönlichkeitstörung

3.4.2.1.1 Begriff und Ursache der Psychopathie

In der Mitte des 19. Jahrhunderts wurde in der deutschen Psychiatrie der Begriff „psychopathisch" allgemein im Sinne der Wortbedeutung „an der Seele leidend" verwendet und Psychopathie bezeichnete psychische Krankheit oder einen psychischen Grenzzustand. *Koch* engte 1891 den Begriff erstmals durch sein Konzept der „psychopathischen Minderwertigkeiten" zur Bezeichnung abnormer Persönlichkeiten ein.[331] *Kochs* Konzept wurde von anderen deutschen Psychiatern in den folgenden Jahren aufgegriffen und bei der Entwicklung neuer Konzepte für abnorme Persönlichkeiten beibehalten. Im deutschsprachigen Raum war die Entwicklung stark von der Degenerationslehre geprägt. So genannte „Minderwertigkeiten" wurden als Stufe eines organischen oder konstitutionellen Degenerationsprozesses angesehen, der letztendlich in die Psychose führt. „Psychopathische Minderwertigkeiten" wurden zu einem geläufigen Begriff, der „alle Abweichungen der geistigen Beschaffenheit eines Menschen vom normalen Typus, gröbere oder feinere Unvollkommenheiten und Mängel der persönlichen geistigen Veranlagung" umfasste. Der mindere Wert kam darin zum Ausdruck, dass dem „Psychopathen" ein gesteigertes Triebleben, „Unbeständigkeit und Beweglichkeit auf der einen, Stumpfheit und Untätigkeit auf der anderen Seite", „Hervorkehren einzelner, namentlich oft künstlerischer Anlagen", „Exzesse" und „moralischer Schwachsinn" unterstellt wurde.[332]

Kraepelins Typologie „psychopathischer Persönlichkeiten" beschränkte sich aus praktischen Gründen auf sozial störende Personen und förderte so die heikle Vermischung von psychopathologischer und gesellschaftlicher Perspektive.[333] Die Begriffe, die *Kraepelin* um die Jahrhundertwende verwendete, um psychopathische Persönlichkeiten zu differenzieren, waren nicht wertfrei. *Kraepelin* sah die „erbliche Entartung, ferner die Keimschädigung durch Erkrankungen oder Giftwirkungen bei den Eltern" als Ursache „für die angeborenen krankhaften Zustände (Anlagefehler)", die zu den „mannigfaltigen Erscheinungsformen der Psychopathie" führen könnten. Er unterschied 6 Haupttypen der Psychopathie:[334]

1. Erregbare
2. Haltlose
3. Triebmenschen
4. Streitsüchtige
5. Lügner und Schwindler
6. Gesellschaftsfeinde

Die Definition der „Psychopathie" wurde mehr und mehr auf angeborene oder erbliche Störungen eingeengt. Rüdin vermutete bereits 1910, dass „manche Psychopathien, Entartungs- und Defektzustände" dem dominanten Erbgang folgten.[335]

---

[331] *Koch* (1891) S. 1 ff.

[332] *Schmuhl* (1987) S. 84, Meyers Großes Konversationslexikon, Bd. 16., Leipzig 1909, S. 427 f.

[333] *Boetsch* (2003) S. 82

[334] *Kraepelin* (1916) S. 304, *Boetsch* (2003) S. 13

[335] *Rüdin* (1911b) S. 520

Rüdin gehörte zu jenen Forschern, die durch ihren entschieden wertbestimmten und daher ideologisch orientierten Umgang mit dem Psychopathieproblem auffielen.[336] Bei Rüdin erhielten die geistigen Störungen einen deutlich negativen Wertakzent: Psychopathien grenzte er nicht von Entartungs- und Defektzuständen ab, sondern verband sie im Gegenteil tautologisch mit diesen Negativbegriffen. Ihr Unwert ergab sich darüber hinaus aus der Assoziierung mit Syphilis und Alkoholismus; und schon früh sah Rüdin hier ein „rassenhygienisches" Problem.[337] Er behauptete, dass „jene Abnormitäten, die wir mit Psychopathie, geistiger Entartung, Neurasthenie, Nervosität usw. bezeichnen", auf Grund der „contraselektorischen" Effekte des modernen Zivilisationsprozesses „nach Grad und Häufigkeit eine fast unerträgliche Höhe erreicht haben".[338]

Psychoanalytische Ansätze einzelner Autoren, die versuchten, abnorme Persönlichkeiten in einem psychodynamisch-biographischen Zusammenhang zu verstehen, blieben ohne wesentliche Resonanz.[339] So hatte z.B. *Sigmund Freud* Menschen beschrieben, die in früher Kindheit schuldlos ein schreckliches Ereignis (z.B. eine schwere Krankheit) erlitten hatten, „das sie als eine ungerechte Benachteiligung ihrer Person bewerten konnten." Als Erwachsene erwarteten sie als Ausgleich eine privilegierte Behandlung, wären nicht bereit auf Dinge zu verzichten oder fühlten sich berechtigt, anderen ebenfalls Unrecht zu tun. Am Beispiel der „Verbrecher aus Schuldbewusstsein" entwickelte *Freud* eine Hypothese zur Erklärung kriminellen Verhaltens: Diese Menschen litten unter dem Druck eines Schuldgefühls, welches sich aus den „verbrecherischen" Phantasien des Ödipus-Komplexes herleitete. Sie verschafften sich seelische Erleichterung durch die Ausführung eines Verbrechens, einer verbotenen Tat, durch die das Schuldgefühl eine harmlosere Berechtigung erhielt, als durch die unbewusste Verknüpfung mit Vatermord oder Mutterinzest.[340]

In seinem wegweisenden Werk „Die psychopathischen Persönlichkeiten" (1923) versuchte *Kurt Schneider*, zum einen der Tendenz, „bei Psychopathen in erster Linie an Asoziale zu denken", entgegenzuwirken, zum anderen, psychodynamische Aspekte in der Ätiologie der „Psychopathie" zur Geltung zu bringen. In seiner klassischen Definition charakterisierte *Schneider* die „psychopathischen Persönlichkeiten" als solche „abnormen Persönlichkeiten, die an ihrer Abnormität leiden, oder an deren Abnormität die Gesellschaft leidet", wobei abnorme

---

[336] *Voss* (1973) S. 9

[337] *Rüdin* (1911b) S. 552 ff., 567

[338] *Rüdin* (1910), S. 748

[339] *Boetsch* (2003) S. 82

[340] *Freud, Sigmund*: Einige Charaktertypen aus der psychoanalytischen Arbeit, Frankfurt am Main 1915, Gesamtwerk Bd. 10, S. 367 f., zitiert nach *Boetsch* (2003) S. 16

Persönlichkeiten als „Variationen, Abweichungen von einer uns vorschweben-
den (...) Durchschnittsbreite menschlicher Persönlichkeiten" galten."[341]

Schneiders Psychopathiekonzept, das sich um Wertfreiheit des Begriffs der
„psychopathischen Persönlichkeiten" bemühte und eingeschränkt auch Umwelt-
einflüsse bei der Entstehung der Psychopathien berücksichtigte, konnte sich –
vor allem nach 1933 – nicht gegenüber dem erbbiologisch orientierten Psychopathiekonzept der *Rüdin*'schen Schule durchsetzen, das von einem Übergewicht
der erblichen Veranlagung gegenüber der Umwelt ausging. Dieses erbbiologisch
orientierte Psychopathiekonzept bildete die Grundlage der im „Dritten Reich"
einsetzenden Verfolgung der „Asozialen" mit Hilfe des rassenhygienischen
Instrumentariums.[342]

3.4.2.1.2 Der moderne Begriff der Persönlichkeitstörung

Der Begriff des „Psychopathischen" ist im deutschsprachigen Raum kein neutra-
ler Terminus mehr, sondern ist im Laufe seiner ideengeschichtlichen Entwicklung, nicht zuletzt durch seine missbräuchliche Verwendung in der Zeit des
Nationalsozialismus, mit meist negativen, abwertenden Bedeutungen überfrach-
tet worden. Besonders bedenklich ist die mit dem Begriff historisch assoziierte
Vorstellung einer angeborenen moralischen, charakterlichen oder sogar menschlichen Minderwertigkeit, die zu Stigmatisierung und Ausgrenzung führte.[343]

In den aktuellen operationalen Diagnosesystemen IDC-10 und DSM-IV werden
Begriffe wie „psychopathischen Persönlichkeit" oder „Psychopathie" nicht mehr
verwendet, sondern wurden durch den Begriff der Persönlichkeitsstörung
ersetzt. Die Begriffe tauchen im Alltag aber immer wieder auf: Im klinischen
Jargon werden sie gelegentlich, meist in abwertender Bedeutung, benutzt. In den
Medien wird der Begriff Psychopathie teils populärwissenschaftlich, teils
diffamierend verwendet. Darüber hinaus hat er sich in der Umgangssprache als
geläufiges Schimpfwort „Psychopath" erhalten.

Psychopathie meinte ursprünglich konstitutionelle, angeborene Charaktervarian-
ten. Mit dem Aufkommen der Psychoanalyse kam die Erkenntnis, dass erschei-
nungsbildlich gleiche Persönlichkeitsstörungen auch unter dem Druck von in die
Kindheit zurückreichenden Milieubelastungen zustande kommen können, die
dann als Charakterneurosen bezeichnet werden. Im Klassifikationssystem ICD-9
(dem Vorläufer des ICD-10) wurde deshalb Psychopathie und Charakterneurose
unter dem Oberbegriff Persönlichkeitsstörungen zusammengefasst.[344]

---

[341] *Schneider* (1923) S. 16

[342] *Schmuhl* (1987) S. 86; siehe auch Kapitel 5.3.1.2

[343] *Boetsch* (2003) S. 80

[344] *Kind/Haug* (2002) S. 85

102

Während Persönlichkeitsgestörte früher als unveränderlich und damit auch als untherapierbar galten, haben die Verlaufsuntersuchungen von *Tölle* gezeigt, dass lediglich bei 33,9% ungünstige Verläufe mit sozialer Desintegration vorkamen, während 31,3% ihr Leben ohne wesentliche Einschränkungen bewältigen konnten. Bei den restlichen 34,8% wurden zwar soziale Einbußen, jedoch keine Desintegration beobachtet.[345] In den letzten Jahren hat sich auch die klinische Psychiatrie zunehmend persönlichkeitsgestörter Menschen angenommen.[346]

Nach dem aktuellen Klassifikationssystem ICD-10 handelt es sich bei den spezifischen Persönlichkeitsstörungen (ICD-10 V F60) um schwere Störungen der Persönlichkeit und des Verhaltens der betroffenen Person, die nicht direkt auf eine Hirnschädigung oder -krankheit oder auf eine andere psychiatrische Störung zurückzuführen sind. Sie erfassen verschiedene Persönlichkeitsbereiche und gehen beinahe immer mit persönlichen und sozialen Beeinträchtigungen einher. Persönlichkeitsstörungen treten meist in der Kindheit oder in der Adoleszenz in Erscheinung und bestehen während des Erwachsenenalters weiter.

3.4.2.2 Rüdins Diagnose einer hysterischen Persönlichkeit

Rüdin kommt zum Ergebnis: „Johanna Z. ist eine ethisch schwer defekte entartete hysterische Persönlichkeit." Er begründet seine Diagnose mit Johannas „ethischen Defektheit", die sie zu einer „antisozialen Psychopathin" und „Gesellschaftsfeindin" machen würde mit folgenden charakteristischen Zügen: „die sittliche Stumpfheit, die Unwahrhaftigkeit, Eitelkeit und Selbstgefälligkeit, den Mangel an tieferen gemütlichen Regungen, an Mitgefühl, die Rückfälligkeit und Unverbesserlichkeit".[347] Hinzu kämen noch ihre hysterischen Anfälle und körperlichen Stigmata: „All diese Züge, im Zusammenhalt mit der glaubwürdig berechneten Tatsache, dass die Z. auch schon Anfälle im Anschluss an eindrucksvolle Erlebnisse hatte (Herzkrämpfe, Ohnmachten) und im Verein mit einigen körperlichen Stigmata (geringe Empfindlichkeit der Körperhaut für Schmerzreize, Einschränkung des Gesichtsfeldes u.s.w.) kennzeichnen die Z. als eine hysterische Persönlichkeit, als einen hysterischen Charakter."[348]

3.4.2.2.1 Ethische Defektheit

Rüdin zählt eine Reihe der charakteristischen Zügen einer antisozialen Psychopathin auf, die sich auch in Johannas „ethischer Defektheit" wieder finden.

---

[345] *Tölle* (1966) S. 43 ff., *Nedopil* (2000) S. 154 f.

[346] „Es wurde eine Vielzahl psychotherapeutischer Verfahren für diese Klientel entwickelt, wobei die Untersuchungen von *Kernberg* (1978,1991) über Psychodynamik und Abwehrmechanismen sowie seine daraus entwickelten Therapiekonzepte wesentlich dazu beitrugen, den therapeutischen Nihilismus zu überwinden." *Nedopil* (2000) S. 154 f.

[347] Anhang C b. Gutachten Z. S. 79 Mitte

[348] Hervorhebungen im Original; Anhang C b. Gutachten Z. S. 79 oben

3.4.2.2.1.1 Unbeständigkeit, sittliche Stumpfheit

Johannas mangelhaften Schulleistungen (trotz ihrer normalen Intelligenz) hätten ihren Grund in „ihrer Trägheit, (wie sie dies auch ganz richtig von sich selbst sagt) ihrem oft säumigen Schulbesuch und ihrem zerstreuten, flatterhaften Wesen". Johanna wäre unbeständig in Willen und Handeln.[349] Rüdin sieht in dem Spitznamen, den Johanna in ihrem Bekanntenkreis bekam, ein Indiz für ihr überspanntes Wesen: „Ihr überspanntes Wesen hat ihr den Spitznamen des Affenmädchens eingetragen." Dabei haben die Einvernahmen eindeutig ergeben, dass Johannas Spitzname lediglich von einer zufälligen Namensgleichheit mit einer schaustellerischen Attraktion auf dem Oktoberfest herrührte (siehe oben Kapitel 3.2.2.2). Johannas „sittliche Stumpfheit" sieht Rüdin auch dadurch erwiesen, dass sie anscheinend schon Geschlechtsverkehr hatte.[350]

3.4.2.2.1.2 Unwahrhaftigkeit, rege Fantasietätigkeit

Rüdin betont Johannas „Unwahrhaftigkeit" und wertet Johannas lebhafte Fantasie ausschließlich negativ, da er überzeugt ist, dass die Fantasie ihr bei der Ausübung von Verbrechen und beim Lügen dienlich ist.[351] Die Meinung, Fantasie hätte verderbliche Einflüsse auf Jugendliche und müsste von ihnen ferngehalten werden, war damals weit verbreitet. Unter anderem diese Meinung führte dazu, dass „Schundkämpfer" Fantasieprodukte in Form von Romanen und Filmen auf heftigste bekämpften (siehe auch Kapitel 2.2).

3.4.2.2.1.3 Eitelkeit und Selbstgefälligkeit

Rüdin betont Johannas Eitelkeit und Selbstgefälligkeit: sie sei „hoffärtig, grossprecherisch und prahlerisch, sehr selbstgefällig und eitel auf Figur, Stimme und Kleider. Sie hascht nach Effekten und will sich auffällig machen, was ihr um so notwendiger erscheint, als sie zu wirklich tüchtigen Leistungen bei aller geistigen Beweglichkeit doch zu unbegabt ist. Ihr Sehnen und Trachten ging stets höher hinaus (Klavierspielen, Schauspielerin, Sängerin,

---

[349] „Ihr Wille ist unbeständig. Sie ist schwatzhaft, flüchtig und zerstreut, sehr frech im Benehmen und leicht ausgelassen, wenn sie unbeobachtet oder unkontrolliert ist. Sie neigt zu Müßiggang und bequemem Leben. Auf dem Gebiete des Gefühls und Trieblebens ist sie oft roh, vorlaut, frech, unverschämt und trotzig, gleichgültig gegen Ermahnungen und Rügen, leichtsinnig, sehr vergnügungssüchtig, naschhaft". Anhang C b. Gutachten Z. S. 76 unten

[350] „Auch in geschlechtlich sittlicher Beziehung wird sie als nicht einwandfrei geschildert. Der Befund an den Genitalien unterstützt auch diese Auffassung." Anhang C b. Gutachten Z. S. 77 Mitte. Siehe auch Kapitel 3.3.4.2.1

[351] „Die findige Fantasie wird von der Z. beständig in den Dienst ihrer schrankenlosen Selbstsucht und ihrer Gelüste gestellt. Diese stets bereite Fantasie ist es auch, welche der Z., von deren ethischen Tiefstand abgesehen, die Rechtsbrüche sehr erleichtert, Schwierigkeiten, die sich ihr bei Plan und Ausführung und bei der Verheimlichung ihrer Täterschaft entgegenstellen, verhältnismäßig leicht und rasch beseitigen hilft. Sie erleichtert ihr zweifellos auch das Lügen". Anhang C b. Gutachten Z. S. 78 Mitte

Unterkunft bei einem Grafen), aber ohne entsprechenden inneren tieferen seelischen Gehalt und Willensnachdruck."[352]

3.4.2.2.1.4 Gefühlsrohheit

In Bezug auf Johannas Leben und ihre Tat zeigt Rüdin ihre „Gefühlsrohheit" auf. Wenn sie Gefühle zeigen würde, so seien sie größtenteils geheuchelt: „Hervorstechend in ihrem Leben, besonders aber auch bei der jetzigen Tat ist ferner ihr Mangel jeder tieferen altruistischen Gefühlsregung (Stehlen, Morden, gefährliche falsche Anschuldigungen), ihre moralische Abgestumpftheit, ihre Gefühlsrohheit, ihre mangelhafte wahre Reue (...) Sie kennt zwar wohl das Gute. Da sie es aber nicht aus natürlicher Liebe dazu zu tun vermag, heuchelt sie es gelegentlich mit großem Geschick".[353]

3.4.2.2.1.5 Rückfälligkeit und Unverbesserlichkeit

Die für „Gesellschaftsfeinde" typischen Eigenschaften der Rückfälligkeit und Unverbesserlichkeit sieht Rüdin bei Johanna als gegeben an. Bereits im ersten Abschnitt seines Gutachtens nehmen Johannas zahlreichen Verfehlungen (Diebstähle und eine Zeugnisfälschung) viel Platz ein, wobei Rüdin nicht nur die auflistet, derer Johanna überführt wurde, sondern auch solche, derer sie lediglich verdächtigt wurde (siehe oben Kapitel 3.2.1.2). Strafen zum Trotz (sie wurde bereits im Alter von 12 Jahren zu 3 Tagen Gefängnis verurteilt) wurde Johanna immer wieder straffällig. Rüdin betont „ihre mangelhafte wahre Reue" und ihre Gleichgültigkeit „gegen Ermahnungen und Rügen", weshalb Johanna als unverbesserlich gilt.

3.4.2.2.2 Anfälle und körperliche Stigmata

Rüdins Diagnose einer „hysterischen Persönlichkeit" wird gestützt durch die im Rahmen der Untersuchungen festgestellten hysterischen Anfälle in Johannas Kindheit (die Rüdin als glaubwürdig wertet) und „körperlichen Stigmata". Johannas hysterische Anfälle in ihrer Kindheit sowie während des Verhörs und im Gefängnis wurden bereits ausführlich geschildert (siehe Kapitel 3.3.4.2.5). Im Rahmen der körperlichen Untersuchung hatte Rüdin bei Johanna verminderte Schmerzempfindlichkeit festgestellt.[354] Außerdem war Johannas „Gesichtsfeld leicht conzentrisch eingeengt" (siehe Kapitel 3.3.4.2.2). Weitere „körperliche

---

[352] Anhang C b. Gutachten Z. S. 77 Mitte

[353] Anhang C b. Gutachten Z. S. 77 unten

[354] „Auf der Haut traten auf Bestreichen mit einem harten Gegenstand rote Streifen auf (leichte Dermographie). Die Schmerzempfindlichkeit der Haut war stark herabgesetzt. Stumpf und spitz wurden schlecht unterschieden." Anhang C b. Gutachten Z. S. 79 oben, siehe auch Kapitel 3.3.4.3.2

Stigmata" ergeben sich aus dem Gutachten nicht, so dass Rüdins Zusatz „u.s.w." in seiner Aufzählung[355] eine Übertreibung darstellt.

3.4.2.2.3 Ausschluss weiterer Geistesstörungen

Rüdin zählt noch eine Reihe von Störungen auf, die mit dem Fall Johanna Z. in gewissen Zusammenhang stehen, und begründet, warum die jeweilige Störung bei Johanna nicht vorliegt.

3.4.2.2.3.1 Pseudologia Phantastika

Kraepelin beschreibt unter dem Begriff „Pseudologia phantastica" krankhafte Lügner und Schwindler, „deren Erfindungen nicht nur selbstsüchtigen Zwecken dienen, sondern inneren Gemütsbedürfnissen entsprechen" Zugleich bestünde bei ihnen „die Neigung zu Wachträumereien, zur Erdichtung oder Ausschmückung von unwirklichen Erlebnissen, die Freude an der Verwischung der Grenzen zwischen Wirklichkeit und Einbildung."[356]

Rüdin betont, dass Johannas lebhafte Fantasietätigkeit nicht krankhaft sei und keine „Pseudologia Phantastika" darstelle.[357]

Auch nach heutigen Maßstäben würde bei Johanna eine Pseudologia phantastica ausgeschlossen werden. „Pseudologen" fallen durch pathologisches Lügen auf. Sie lassen sich zu immer neuen und wunderlichen Darstellungen ihrer Lebensgeschichte induzieren. Im Gegensatz zu einer Simulation beruht das Vorbringen bei diesen Störungen häufig auf unbewussten Motiven und ist wenig zielgerichtet.[358] Johanna setzt ihre Fantasie, wie bereits erwähnt, bewusst und zielgerichtet ein, nämlich zum Lügen und zur Ausführung von Verbrechen, so dass sie nicht als krankhafte Lügnerin gilt.

3.4.2.2.3.2 Simulationen

Sowohl Johannas Angaben, die hätte „Stimmen" gehört und „unter einem unwiderstehlichen Zwange gestanden", als auch ihre Anfälle in der Klinik entlarvt Rüdin als Simulationen.[359] Bezüglich der Echtheit der Anfälle, die Johanna bei ihrer Vernehmung und im Gefängnis hatte, will sich Rüdin nicht festlegen.[360]

---

[355] „im Verein mit einigen körperlichen Stigmata (geringe Empfindlichkeit der Körperhaut für Schmerzreize, Einschränkung des Gesichtsfeldes u.s.w.)" Anhang C b. Gutachten Z. S. 79 oben

[356] *Kraepelin* (1916) S. 389

[357] „Von einer so genannten Pseudologia Phantastika aber, die darin besteht, dass selbst erfundene, phantastische Geschichten für wahr gehalten werden, kann bei der Z. jedenfalls nicht die Rede sein." Anhang C b. Gutachten Z. S. 78 unten

[358] *Nedopil* (2000) S. 149

[359] Sie „entbehren jeder Glaubwürdigkeit und Begründung. In der Art, wie sie vorgebracht und geschildert werden, entsprechen sie gar keinem dem irrenkundigen Arzte vertrauten

Rüdins Einschätzung, dass es sich bei den zuerst genannten Verhaltensweisen von Johanna sicherlich um Simulationen handelte, hält auch heutigen Anforderungen stand. Die Unterscheidung zwischen Simulation, also der bewussten Vortäuschung von Krankheitssymptomen, und krankheitsbedingten Störungen ist im Einzelfall oft schwierig. Ein Unterscheidungsmerkmal ist, dass Probanden, die Krankheiten simulieren, ihre Symptome häufig ungefragt vortragen. Demgegenüber versuchen die meisten Patienten mit organischen Psychosyndromen oder Demenzen, aber auch mit affektiven und schizophrenen Störungen, bei Untersuchungsgesprächen ihre Symptome zunächst zu bagatellisieren oder zu dissimulieren. Um einer Haftstrafe zu entgehen wird häufig „Stimmenhören" oder „Gedankeneingebungen" als Grund für die Begehung einer Straftat angegeben. Die meisten Gesunden wissen jedoch zu wenig über psychotische Symptome, um sie wirklich nachzuahmen. Bei einer differenzierten Analyse unterscheiden sich simulierte akustische Halluzinationen deutlich von den Halluzinationen schizophrener Patienten. Bei detailliertem Nachfragen z.B. nach Art, Häufigkeit, Dauer, Identifizierbarkeit der Stimmen oder dem Kontext, in welchem die Halluzinationen auftreten, wird oft die Unsicherheit des Simulanten erkennbar. Andere typische Symptome, z.B. schizophrene Denkstörungen, sind Laien meist gänzlich unbekannt und schwierig nachzuahmen.[361]

Rüdin zieht aus den Simulationen den Schluss, dass keine Geistesstörung bei Johanna vorlag. Er erwähnt aber nicht, dass gerade das Simulieren zum Erscheinungsbild einer geistigen Störung gehört, nämlich zum Krankheitsbild der Hysterie.[362]

Krankheitsbilde, wohl aber den Bedürfnissen, welche die Z. empfindet und den laienhaften, durch Kenntnisse nicht beschwerten Vorstellungen welche sie sich von Geisteskrankheiten macht. Sie sind, wie ,die Anfälle', die sie in der Klinik uns vorgeführt hat, zweifellos glatt erfunden, vorgetäuscht." „Ihre ,Stimmen' selbst entsprechen gar keinem klinischen Krankheitsbilde und jegliche andere Zeichen geistiger Störung, welche wir bei Psychosen finden, die mit Stimmenhören verknüpft sind, fehlen bei ihr überdies. (...) Charakteristischer Weise für ihr durch und durch unwahres Wesen ist diese ihre „Erklärung", wie auch das Stimmenhören, recht spät und erst in medizinischem Milieu aufgetaucht." Anhang C b. Gutachten Z. S. 79 Mitte, S. 82 unten

[360] „Die ,Anfälle', die sie in letzter Zeit bei ihrer Vernehmung und auch im Gefängnis hatte, waren als echt nicht sicher erkennbar. Sollten sie aber echt gewesen sei, so würden auch sie unsere Diagnose nur bestätigen und an unseren forensischen Schlussfolgerungen nichts ändern." Anhang C b. Gutachten Z. S. 79 unten

[361] *Nedopil* (2000) S. 147 f.

[362] „Bei Hysterischen ist also der Nachweis von Simulation kein Beweis gegen, sondern vielmehr ein Argument für den Bestand geistiger Störung. Simulation schließt Geisteskrankheit nicht aus; sie ist bei Hysterischen eine Teilerscheinung ihrer Krankheit." *Kratter* (1912) S. 607

3.4.2.2.3.3 Gefängnis-Psychose

Die Alpträume und die Erscheinungen von der Ermordeten, die Johanna im Gefängnis erlebt hatte (siehe Kapitel 3.3.4.2.5), hält Rüdin für glaubhaft und als normale Folge der schweren Straftat und nicht etwa als Symptom für eine Geisteskrankheit.[363]

3.4.2.2.3.4 Menstruelles Irresein

Auch wenn Johanna bald nach der Tat ihre Periode bekam, so hält Rüdin ein „menstruelles Irreseins" bei Johanna für abwegig, da keine Symptome von geistiger Störung nachweisbar seien.[364]

3.4.2.3 Bewertung von Rüdins Diagnose bei Johanna Z.

3.4.2.3.1 Rüdins und Kraepelins Definitionen

Um Rüdins Diagnose bewerten zu können, ist es zunächst erforderlich die Begriffe zu erläutern, die er bei der Diagnose von Johanna Z. verwendet.

3.4.2.3.1.1 Psychopathie

Rüdin versteht unter Psychopathie: „jenes großes Grenzgebiet zwischen Geisteskrankheit und Normalität". Nicht zur Psychopathie gehören die eigentlichen Geisteskrankheiten, wie „die Gehirnerweichung, die Jugendverblödung (Dementia praecox), dann die syphilitische Geistesstörung, die eigentliche epileptische oder hysterische Geistesstörung". Er charakterisiert Psychopathen wie folgt: „Alle zeigen eine krankhafte Unzweckmäßigkeit des Denkens, Wollens und Fühlens, einen Mangel an Einheitlichkeit und Harmonie in ihrem Seelenleben, einen Mangel an Herrschaft über die Triebe. Auf der einen Seite ein oft verhältnismäßig klares Denken, auf der anderen Seite unvermittelt Stimmungsschraubungen und ein absonderliches unzweckmäßiges Handeln."[365]

---

[363] „Dagegen mag es sein und würde auch der allgemeinen Erfahrung nicht zuwiderlaufen, dass sie im Gefängnisse wüste Träume, vielleicht auch die Erscheinung der Ermordeten mit dem entsprechenden dramatischen Zubehör, mit Schlaflosigkeit u.s.w. erlebt hat, wie wir das bei Gefangenen nach schrecklichen Folgen schwerer Taten nicht so selten sehen. Es sind das abortive Formen von Gefängnis-Psychose. Hier in der Klinik hat sie nichts Derartiges mehr geboten. Und bekanntlich sind ja diese Störungen als Folgen und nicht als Ursache oder Begleiterscheinung von strafbaren Handlungen aufzufassen." Anhang C b. Gutachten Z. S. 80 oben

[364] „Es liegt auch kein Grund vor, in Abrede zu stellen, dass sie zur Zeit der Periode oder kurz vorher oder kurz nachher, wie unzählige Frauen, etwas reizbarer, gemütlich erregbarer, etwas exaltierter, kurz, noch etwas psychopathischer gewesen sein wird, als sonst. Das ist aber auch alles, was zugestanden werden kann. Sollte aber ein menstruelles Irresein angenommen werden, so müssen dafür eben Symptome von geistiger Störung nachzuweisen sein, was aber hier unmöglich ist." Anhang C b. Gutachten Z. S. 81 oben

[365] *Rüdin* (1911c) S. 25

108

Rüdin bildet drei Stufen für die Ausprägungen der Psychopathie, abhängig davon, wie stark die psychopathischen Symptome auftreten: Die erste Stufe bilden die „psychopathisch Minderwertigen". Auf der zweiten Stufe befinden sich die „eigentlichen Psychopathen", bei denen die Symptome stark auftreten. Die Psychopathen, die den höchsten Grad von diesen Symptomen zeigen, nennt Rüdin „Entartete".

3.4.2.3.1.2 Hysterische Persönlichkeiten

Rüdin teilt die Psychopathen in mehrere Gruppen ein. Eine dieser Gruppen besteht aus den „hysterischen und ethisch defekten Charaktere und Persönlichkeiten", zu denen Rüdin auch Johanna Z. zählt. Sie werden von Rüdin deutlich von den „hysterisch Geistesgestörten" abgegrenzt, die sich gelegentlich „in einer eigentlichen hysterischen Geistesstörung im engeren Sinne, d.h. in einem vorübergehenden, transitorischen hysterischen Dämmerzustand, im Zustande einer schweren Trübung des Bewusstseins" befinden können. Da bei Johanna kein solcher hysterischer Dämmerzustand vorlag,[366] zählt sie nicht zu den „hysterisch Geistesgestörten mit Dämmerzuständen oder Wutanfällen", sondern eben zu den „hysterischen Charakteren", also zu den Psychopathen.

Die „hysterischen Charaktere" würden eine Art von „hysterischen Dauerzustand" zeigen, und sind gekennzeichnet durch „das lügnerische, hysterische, verleumderische Wesen, die Übertreibungssucht, Launenhaftigkeit usw." Zu ihnen zählt Rüdin auch beispielsweise „die revoltierenden Prostituierten, sogen. Hysterischen Kanaillen." „Hysterisch Veranlagte" fallen durch ihr „intrigantes, herrschsüchtiges, komödiantenhaftes Benehmen usw." auf, sowie durch „einen eigenartigen Mechanismus des Nervensystems (...), wodurch unangenehme Gemütsregungen in Störungen des Nervensystems wirksam werden."[367] Nach *Kraepelin* beinhaltet der „hysterische Charakter" folgende „unerfreuliche Eigenschaften": „Unwahrhaftigkeit, Launenhaftigkeit, Reizbarkeit, Selbstsucht, Herrschsucht".[368]

Johannas Eigenschaften, wie sie Rüdin beschreibt, haben viele Gemeinsamkeiten mit den Beschreibungen *Kraepelins* zu „hysterischen Störungen": „enge Abhängigkeitsbeziehungen zu Gemütsbewegungen", „Man wird hier niemals allerlei weitere Unzulänglichkeiten der persönlichen Veranlagung vermissen, Mangel an Wahrheitsliebe, jähen Stimmungswechsel mit Empfindlichkeit und Reizbarkeit, Selbstsucht, geschlechtliche Kälte oder Zügellosigkeit, Eigenwilligkeit, Triebhaftigkeit des Handelns, Abenteuerlust, Genusssucht, Anzeichen dafür, dass wir es mit Ausdrucksformen der Entartung zu tun haben; wir sprechen daher von einer ‚Entartungshysterie'."[369]

---

[366] Anhang C b. Gutachten Z. S. 80 unten

[367] *Rüdin* (1911c) S. 29

[368] *Kraepelin* (1916) S. 212

[369] *Kraepelin* (1916) S. 368, 372 f.

3.4.2.3.1.3 Geborene Verbrecher, Gesellschaftsfeinde

Zu einer anderen Gruppe von Psychopathen zählt Rüdin die „moralisch Schwachsinnigen, die geborenen Verbrecher oder moralisch Irren": „Es sind die, welche von früh auf Streich um Streich verüben, ohne Gewissensbisse, die Tunichtgute, die sich höchstens vorübergehend leidlich halten, aber über ihr schlechtes Handeln nicht die geringste Reue empfinden, die sittlich gefühllos sind, Tiere und Menschen, sogar Kinder quälen, geschlechtlich perverse Veranlagung zeigen, außerordentlich aufgeregt sind und sich keinerlei Schranken auferlegen. Sie sind meist ohne Stolz und Ehrgefühl, aber sehr eitel. Besonders wichtig für ihre Behandlung in der Anstalt ist, dass sie intellektuell oft sehr hoch stehen. Sie begehen Straftaten nach Art der Erwachsenen und werden häufig in erschreckender Weise rückfällig."[370]

Der Ausdruck „geborene Verbrecher" entstammt aus den Lehren *Lombosos*, der davon ausging, dass Verbrechen anlagebedingt sei und Verbrecher an äußeren körperlichen Merkmalen zu erkennen seien.[371] Daraus entsteht die pessimistische Haltung, dass sich diese Menschen nicht verändern können, sondern unverbesserlich bleiben, mit der Folge, dass sie nicht behandelt werden und Maßnahmen gegen sie ergriffen werden müssen, damit die Gesellschaft vor ihnen geschützt wird.

Nach *Kraepelin* stellen „Gesellschaftsfeinde"[372] die schwerste Form der „geborenen Verbrecher" (auch „Entartungsverbrecher" genannt) dar. Er betont, dass „sie wegen des Fehlens der sittlichen Beweggründe des Handelns von vornherein einer Erziehung zum Gemeinschaftsleben keine Handhabe bieten und daher von Jugend auf mit einer gewissen Notwendigkeit in den Kampf mit der Rechtsordnung hineingetrieben werden. Sie sind grundsätzlich unverbesserlich und verbringen regelmäßig den größten Teil ihres unsteten Lebens in den verschiedenen Strafanstalten; ein kleiner Rest mit stärker hervortretenden krankhaften Zügen endet schließlich in der Irrenanstalt."[373] Gemäß *Kraepelin* handelt es sich bei Gesellschaftsfeinden (oder Antisozialen) um Entartete, die „mit den

---

[370] *Rüdin* (1911c) S. 28-30

[371] *Schwind* (2005) S. 89

[372] Gesellschaftsfeinde beschreibt Kraepelin wie folgt: „Eine kurzsichtige, nur auf das Nächstliegende gerichtete Lebensauffassung, Mangel an Wahrheitsliebe, Eitelkeit, Arbeitsscheu verbindet sich mit Gleichgültigkeit oder gar Feindseligkeit gegen Eltern und Geschwister, störrische Unlenksamkeit, Unzugänglichkeit für Lob und Tadel, Genusssucht, frühem Erwachen geschlechtlicher Neigungen, rücksichtsloser Hingabe an die aufsteigenden Begierden. So kommt es schon in der Jugend zu gemeingefährlichen Handlungen, die rasch ernste Formen annehmen (Diebstahl, Unterschlagung, Erpressung, Betrug, Meineid, unter Umständen Brandstiftung und Raubmord, Notzucht). Da bessernde Einflüsse wirkungslos bleiben, entwickelt sich eine hoffnungslose Rückfälligkeit, nicht aus Schwäche, wie bei den Haltlosen, sondern aus dem trotzigen Gegensatze zur Gesellschaftsordnung heraus, in den sich die Kranken hineinleben; sie werden zu Berufsverbrechern, die zielbewusst und ohne Reue den Kampf mit dem ihnen feindlichen Gesetze führen." *Kraepelin* (1916) S. 390 f.

[373] *Kraepelin* (1916) S. 268

Anforderungen des Gemeinschaftslebens durch ihre krankhafte Gemütlosigkeit in Widerstreit" geraten. „Bei der Mehrzahl der Kinder, die gesellschaftsfeindliche Neigungen zeigen, verschwinden sie mit der Reifung der Persönlichkeit (...) Eine kleine Gruppe aber bleibt dauernd gemütslos, selbstsüchtig und unerziehbar; sie können daher als ‚geborene Verbrecher' bzw. als geborene Prostituierte bezeichnet werden. Minderwertige Veranlagung und Keimschädigungen (Alkoholismus oder Lues der Eltern) lassen sich hier vielfach nachwiesen, nicht selten auch körperliche Entartungszeichen. Das Leben solcher Persönlichkeiten spielt sich zum größten Teile in Gefängnissen oder Irrenanstalten ab. Um ihre Fortpflanzung zu verhüten, ist man in Amerika in größerem Maßstabe zur Durchschneidung der Samenstränge geschritten.[374]

3.4.2.3.2 Moderne Diagnose der Persönlichkeitsstörungen

Wenn man die modernen Maßstäbe der Klassifikationssysteme zugrunde legt, kann davon ausgegangen werden, dass bei Johanna Z. eine Persönlichkeitsstörung vorlag.

3.4.2.3.2.1 Histrionische Persönlichkeitsstörung

Gerade die von Rüdin ausführlich geschilderten hysterischen Eigenschaften von Johanna lassen die Annahme zu, dass eine Histrionische Persönlichkeitsstörung (ICD-10 V F60.4) vorlag. Diese Persönlichkeitsstörung, die dem früheren Begriff der „hysterischen Persönlichkeit" entspricht, ist nach ICD-10 V F60.4 gekennzeichnet durch oberflächliche und labile Affektivität, Dramatisierung, einen theatralischen, übertriebenen Ausdruck von Gefühlen, durch Suggestibilität, Egozentrik, Genusssucht, Mangel an Rücksichtnahme, erhöhte Kränkbarkeit und ein dauerndes Verlangen nach Anerkennung, äußeren Reizen und Aufmerksamkeit. Histrionische Persönlichkeiten fallen durch ihre besondere Geltungssucht, ihr theatralisches Verhalten, durch die Überschwänglichkeit ihrer Ausdrucksweisen, durch Dramatisierungen und durch ihre oberflächliche, labile Affektivität auf. Sie erscheinen egozentrisch, selbstbezogen und ohne Rücksicht auf andere. Sie wollen im Mittelpunkt der Aufmerksamkeit stehen und haben ein ständiges Verlangen nach Aufregung und Spannung. Histrionische Persönlichkeiten wollen mehr scheinen als sie sind und wirken dabei oft unecht, unreif und infantil. Psychodynamisch kennzeichnet ihre Abwehr vor allem Verdrängung und Verleugnung, aber auch Umkehrung in das Gegenteil. Dabei werden unangenehme Gefühle durch angenehme ausgetauscht (z.B. Angst durch übertriebene Waghalsigkeit).

Viele dieser Eigenschaften lassen sich bei Johanna Z. wieder finden. Sie ist genusssüchtig (Naschen, schöne Kleidung, teuere Theaterkarten) und verhält sich theatralisch (z.B. bei ihren fingierten Anfällen in der Klinik). Ihre Geltungs-

---

[374] *Kraepelin* (1916) S. 390 f.

sucht wurde bereits von ihren Lehrern festgestellt. Johanna lügt und prahlt und will mehr scheinen, als sie ist. Dabei wirkt sie eher unreif und infantil.

3.4.2.3.2.2 Dissoziale Persönlichkeitsstörung

In Betracht kommt auch eine dissoziale Persönlichkeitsstörung (ICD-10 V F60.2). Diese Störung entspricht in etwa Kraepelins und Rüdins Definition des „antisozialen Psychopathen" oder des „Gesellschaftsfeindes" (siehe oben Kapitel 3.4.2.3.1.3). Bei der dissozialen Persönlichkeitsstörung handelt es sich laut ICD-10 V um eine Persönlichkeitsstörung, die durch eine Missachtung sozialer Verpflichtungen und herzloses Unbeteiligtsein an Gefühlen für andere gekennzeichnet ist. Zwischen dem Verhalten und den herrschenden sozialen Normen besteht eine erhebliche Diskrepanz. Aus Erfahrung, auch Bestrafung, wird kaum gelernt. Es besteht eine geringe Frustrationstoleranz und eine niedrige Schwelle für aggressives, auch gewalttätiges Verhalten, eine Neigung, andere zu beschuldigen oder vordergründige Rationalisierungen für das Verhalten anzubieten, durch das der betreffende Patient in einen Konflikt mit der Gesellschaft geraten ist.

Bei Johanna Z. zeigen sich Symptome für eine dissoziale Persönlichkeitsstörung. Es fällt die emotionale Gefühlskälte gegenüber ihrem Opfer auf. Sie bereute ihre Tat nur insofern, dass es ihr nun schlechter gehen würde und sie strafrechtliche Konsequenzen tragen müsste. Johanna hat auch zunächst andere beschuldigt und alle möglichen Erklärungsversuche für ihre Tat angebracht, sich unter anderem des damals beliebten Themas „Verbrechen aufgrund von Schundliteratur" bedient.

3.4.2.3.2.3 Emotional instabile Persönlichkeitsstörung, Borderline-Typus

Möglicherweise lag bei Johanna auch eine emotional instabile Persönlichkeitsstörung oder ein Borderline-Typus (ICD-10 V F60.31) vor. Bei der emotional instabilen Persönlichkeitsstörung besteht die deutliche Tendenz, Impulsen ohne Berücksichtigung von Konsequenzen nachzugehen, verbunden mit einer unvorhersehbaren und launenhaften Stimmung. Zwei Erscheinungsformen können unterschieden werden: Ein impulsiver Typus, der vorwiegend gekennzeichnet ist durch emotionale Instabilität und mangelnde Impulskontrolle; und ein Borderline-Typus, der zusätzlich gekennzeichnet ist durch Störungen des Selbstbildes, der Ziele und der inneren Präferenzen, durch ein chronisches Gefühl von Leere, durch intensive, aber unbeständige Beziehungen und eine Neigung zu selbstdestruktivem Verhalten mit parasuizidalen Handlungen und Suizidversuchen. Historisch gesehen stammt der Begriff Borderline von der Annahme, dass die betroffenen Personen an der Grenze zwischen Neurose und Psychose stehen. In besonderen Belastungssituationen treten gelegentlich kurze psychotische Episoden mit Realitätsverkennungen und Halluzinationen auf.[375]

---

[375] *Nedopil* (2000) S. 153

Bei Johanna Z. fiel ihr impulshaftes Verhalten auf. Auch die verschiedenen Schritte ihres Verbrechens geschahen im Wesentlichen spontan. Johanna gab auch an, dass sie von dem Mord abgelassen hätte, wenn der Revolver nicht rechtzeitig repariert gewesen wäre. Ihr Selbstbild schien gestört. Sie hielt sich immer für besser und begabter, als sie es in Wirklichkeit war.

3.4.2.3.2.4 Dissoziative Persönlichkeitsstöung

Johannas Anfälle und Simulationen könnten auf eine dissoziative Persönlichkeitsstörung bzw. eine multiple Persönlichkeitsstörung hinweisen. Die früheren Termini hysterische Neurose oder Hysterie wurden wegen ihres abwertenden alltagssprachlichen Gebrauchs aufgehoben. Heute werden diese Störungen dissoziative oder Konversionsstörungen genannt und gehören bei der Begutachtung zu den schwierigsten Krankheitsbildern. Es handelt sich dabei um psychogene Reaktionen auf frühkindliche Traumatisierungen oder auf akute oder chronische Konfliktsituationen. Letztere sind den Betroffenen aber nicht bewusst, werden von ihnen verdrängt oder verleugnet. Die Symptomatik ahmt oft körperliche Erkrankungen oder organische Störungen nach, wie z.B. eine Amnesie, eine Fugue, einen Stupor, Krampfanfälle, Sensibilitätsstörungen oder Lähmungen. Gelegentlich werden auch psychische Krankheitsbilder nachgeahmt, wie z.B. eine Demenz. Zu den dissoziativen Persönlichkeitsstörungen wird auch die multiple Persönlichkeitsstörung (ICD-10 F 44.8) gerechnet. Bei ihr tritt – meist im Anschluss an traumatisierende Erlebnisse – ein Wechsel der Persönlichkeit ein. Zwischen den verschiedenen Persönlichkeiten bestehen bezüglich Erinnerung, Verhaltensweisen und Vorlieben keine Verbindungen. Multiple Persönlichkeitsstörungen werden im deutschsprachigen Kulturraum bislang extrem selten diagnostiziert, haben aber in der Begutachtungspraxis in den USA eine gewisse Bedeutung, ihre forensische Relevanz wird jedoch sehr unterschiedlich interpretiert. Inwiefern es sich nur um eine Ausgestaltung hysterischer Rollendarstellung, eine Modeerscheinung der Diagnostik oder um eine tatsächliche Störungsentität handelt, ist selbst in den USA umstritten. Konversionsstörungen sind vom Zeitgeist und von sozialen Strömungen abhängig, was an den Kriegszittern, die es praktisch nur während des Ersten Weltkrieges gab, erkennbar wird. Konversion dient psychodynamisch der Umsetzung eines unbewussten seelischen Konfliktes in Körpersprache. Dissoziation ist die Herauslösung eines Konfliktes aus einem vorgegebenen Kontext. Sie ist in der Regel ein Zeichen von Ich-Schwäche, bei der die Integration gegensätzlicher Strebungen nicht mehr gelingt. Dissoziative Zustände leichterer Form, wie tranceartiges „Nebensich-Stehen" oder sich zu fühlen, kommt bei Jugendlichen und jungen Erwachsenen häufig vor.[376] Ob eine solche dissoziative Persönlichkeitsstörung bei Johanna Z. vorlag, kann heute nicht mehr geklärt werden.

---

[376] *Nedopil* (2000) S. 138 f.

3.4.2.3.3 Abschließende Bewertung

Rüdins Psychopathie-Diagnose bei Johanna Z. ist gekennzeichnet durch eine Anhäufung negativer Attribute. In anschaulichen, wortreichen Beschreibungen schildert Rüdin Johannas „ethische Defektheit" und indem er nichts Positives an ihrer Person belässt, verhängt er sozusagen ein „Verdammungsurteil" über sie. Mit seinem therapeutischen Nihilismus stempelt Rüdin die Probandin als „Gesellschaftsfeindin" und „asoziale Psychopathin" ab, die seiner Meinung nach für immer weggesperrt werden müsste. Er glaubt an keine Besserung, da seiner Überzeugung nach die Psychopathie in ihrer „entarteten" Erbanlage begründet liegt.

Heute würde man auf psychotherapeutischem Wege versuchen herauszufinden, wie Johannas Persönlichkeitsstörungen entstanden sind, um dann eine geeignete Therapie anzustellen. Man würde sich bemühen, abwertende Ausdrücke zu vermeiden und Johannas Störungen zu verstehen.

4 Analyse der strafrechtlichen Behandlung der Jugendlichen vor dem Hintergrund der Entwicklung des Jugendstrafrechts

4.1 Strafverfahren gegen Jugendliche im Rahmen der Entwicklung zum eigenständigen Jugendstrafrecht

Im Rahmen der Strafverfahren gegen Ludwig B. und Johanna Z. lassen sich Besonderheiten erkennen, die auf die Entwicklung des Jugendstrafrechts hindeuten, die erst im Jahr 1923 gesetzlich verankert wurde.

4.1.1 Entwicklung zum eigenständigen Jugendstrafrecht

4.1.1.1 Rechtslage vor 1923 ohne eigenständigem Jugendstrafrecht

Vor 1923 gab es kein eigenständiges Jugendstrafrecht. In den Jahren 1871 bis 1923 wurde die strafrechtliche Behandlung von Kindern und Jugendlichen in den §§ 55-57 RStGB folgendermaßen geregelt:

Strafmündigkeitsalter war das vollendete 12. Lebensjahr. Die 12- bis 18-jährigen Täter waren gemäß § 56 RStGB[377] freizusprechen, wenn sie bei Begehung ihrer Tat die zur Erkenntnis der Strafbarkeit erforderliche Einsicht nicht besaßen. Im Fall des Freispruchs wegen Strafunmündigkeit oder fehlender Einsichtsfähigkeit konnte Unterbringung in eine Erziehungs- oder Besserungsanstalt (Zwangserziehung) erfolgen. Das Einsichtsvermögen wurde von der Rechtsprechung sehr restriktiv als intellektuelle Kenntnis der Strafbarkeit definiert, die besonders bei älteren und Wiederholungstätern selten in Frage stand. Im Reichsdurchschnitt wurden um 1910 knapp 4,5% der verurteilten minderjährigen Straftäter nach § 56 RStGB freigesprochen, und von diesen wurde wiederum nur eine Minderheit in Zwangserziehungsanstalten eingewiesen. Offenbar waren unter den Freigesprochenen viele, bei denen die Richter weder Strafe noch Zwangserziehung für notwendig erachteten.[378]

Im Fall von Einsichtsfähigkeit waren jugendliche Straftäter zu bestrafen, wobei die Strafe aber nach § 57 RStGB[379] gemildert wurde. Dabei schloss die

---

[377] § 56 RStGB: Ein Angeschuldigter, welcher zu einer Zeit, als er das zwölfte, aber nicht das achtzehnte Lebensjahr vollendet hatte, eine strafbare Handlung begangen hat, ist freizusprechen, wen er bei Begehung derselben die zur Erkenntnis ihrer Strafbarkeit erforderliche Einsicht nicht besaß. In dem Urteile ist zu bestimmen, ob der Angeschuldigte seiner Familie überwiesen oder in eine Erziehungs- oder Besserungsanstalt gebracht werden soll.

[378] *Oberwittler* (2000) S. 127 f.

[379] § 57 RStGB: Wenn ein Angeschuldigter, welcher zu einer Zeit, als er das zwölfte, aber nicht das achtzehnte Lebensjahr vollendet hatte, eine strafbare Handlung begangen hat, bei

obligatorische Strafmilderung nicht aus, dass die große Mehrzahl dieser Jugendlichen mit kürzeren oder längeren Gefängnisstrafen belegt wurde und diese auch tatsächlich verbüßte. Das Ergebnis dieser Regelung war höchst unbefriedigend: nicht nur, dass die meist verhängten kurzen Gefängnisstrafen die Jugendlichen nicht besserten; sie verdarben sie noch weiter durch den Kontakt mit schweren Kriminellen und erschwerten ihre Wiedereingliederung in das Berufsleben. Die Rückfallziffer war daher bei 12- bis 18-jährigen erheblich höher als bei Erwachsenen.[380]

Um 1900 setzten sich in der Rechtswissenschaft Gedanken und Vorschläge durch, die auf die Entwicklung eines eigenständigen Jugendstrafrechts hinzielten. Vor dem Ersten Weltkrieg blieben alle Reformversuche des Strafrechts erfolglos. Ein Regierungsentwurf für ein „Gesetz über das Verfahren gegen Jugendliche" hatte bereits erste parlamentarische Hürden genommen, als der Krieg den Fortgang der Reformen unterbrach.[381]

Jedoch wurde schon zuvor ohne irgendeine Gesetzesänderung ein großer Schritt in Richtung eines eigenständigen Jugendstrafrechts gemacht, indem in verschiedenen Städten im Wege der Geschäftsverteilung innerhalb der Gerichte besondere Jugendgerichte eingerichtet wurden. Diesen wurde die strafrechtliche Aburteilung von Jugendlichen und zusätzlich die entsprechenden vormundschaftlichen Erziehungsaufgaben übertragen. Die ersten Jugendgerichte gab es im Jahre 1908 in Frankfurt, Köln und Berlin. Nachdem sie sich bewährten und ministerielle Anerkennung gefunden hatten, folgten bald weitere Jugendgerichte in allen Teilen Deutschlands. Das bedeutet, dass die modernen Vorstellungen der Jugendgerichtsbewegung bereits in die Justizpraxis Eingang gefunden hatten, bevor das Jugendstrafrecht 1923 gesetzlich geregelt wurde. Der Pädagoge *Weimer* äußerte sich 1911 sehr positiv über die „neuerdings eingeführten Jugendgerichte" und hoffte vor allem auf den Rückgang von Gefängnisstrafen bei Jugendlichen.[382]

Begehung derselben die zur Erkenntnis ihrer Strafbarkeit erforderliche Einsicht besaß, so kommen gegen ihn folgende Bestimmungen zur Anwendung: 1. ist die Handlung mit dem Tode oder mit lebenslangem Zuchthaus bedroht, so ist auf Gefängnis von drei bis fünfzehn Jahren zu erkennen. (...)

[380] *Schaffstein/Beulke* (1998) S. 30

[381] *Oberwittler* (2000) S. 134

[382] „Es ist laut zu begrüßen, dass man in Deutschland endlich den Wert dieser amerikanischen Einrichtung allgemein erkannt hat und sie nun auch der kriminell gewordenen Jugend unseres Vaterlandes zugute kommen lässt. Denn die Gefängnisstrafen, die man bislang über sie verhängte, haben ihren sittlichen Zustand nicht gebessert, sondern nur verschlechtert. Das geht deutlich aus der Tatsache hervor, dass von 1889 bis 1907 die Zahl der jugendlichen Vorbestraften um 38,5 Prozent zugenommen hat. Was können die Unglücklichen auch in den Gefängnissen im Verkehr mit den älteren Sträflingen Gutes lernen? Sie geraten durch diese erst recht auf die abschüssige Bahn. Sache der Jugendgerichte wird es sein, das Maß der Gefäng-

Die neuen auf dem Verwaltungsweg eingerichteten Jugendgerichte basierten auf der Personalunion von Straf- und Vormundschaftsrichter. Mit Inkrafttreten des BGB im Jahre 1900 und den darauf aufbauenden Landesgesetzen war die Zwangserziehung der straffälligen Jugendlichen neu geregelt worden. Die ursprünglich strafrechtlich geregelte Zwangserziehung wurde in den zivilrechtlichen Rahmen des Vormundschaftsrechts verlagert. Die Jugendrichter konnten in ihrer Personalunion von Straf- und Vormundschaftsrichter das gerichtliche Vorgehen gegen jugendliche Straftäter jetzt besser koordinieren, jedoch mussten Strafverfahren und vormundschaftliches Verfahren nach wie vor nach unterschiedlichen Regeln und in getrennten Sitzungen durchgeführt werden. Dem eigentlichen Ziel vieler Jugendrichter, bei jugendlichen Straffälligen ganz auf das Strafverfahren zu verzichten und ausschließlich die Regeln und Sanktionen des Vormundschaftsrechts anzuwenden, stand der gesetzliche Strafverfolgungszwang (Legalitätsprinzip) im Wege.[383]

In München gab es spätestens ab 1911 besondere Jugendgerichte. Darauf weisen Formulare aus dem Jahr 1911 in den Akten der Staatsanwaltschaft München I hin, in denen sich Aufdrucke wie „Betreff: Strafverfahren gegen Jugendliche" und Bezeichnungen wie „Der Staatsanwalt für Jugendstrafsachen" oder „An den Herrn Amtsanwalt am Kgl. Amtsgericht München – Jugendgericht" finden lassen.[384]

Das erste deutsche Jugendgefängnis wurde 1912 in Wittlich im Rheinland nach amerikanischem Vorbild eingerichtet. Dort wurden jugendliche Häftlinge unter strenger Trennung von erwachsenen Gefangenen einem jugendgemäßen Erziehungsstrafvollzug unterzogen.[385]

4.1.1.2 Das Jugendgerichtsgesetz (JGG) von 1923

In der Weimarer Republik wurden 1922 bzw. 1923 im Geiste der Demokratie und der pädagogischen Reformgedanken das Reichsjugendwohlfahrtsgesetz (RJWG) und das Jugendgerichtsgesetz (JGG) verabschiedet. Sie brachten sowohl in die Jugend- und Erziehungspolitik als auch in das Strafrecht neue pädagogische Standards.[386]

---

nisstrafen bei Minderjährigen nach Kräften zu beschränken – manche wollen überhaupt nichts von solchen Strafen bei Jugendlichen wissen – und die Gefährdeten durch erzieherische Maßnahmen zu retten. Bei dieser Arbeit wird ihnen die Hilfe der Fürsorgeerziehung besonders willkommen sein." *Weimer* (1911) S. 149

[383] *Oberwittler* (2000) S. 304

[384] z.B. Bayerisches Staatsarchiv München, Staatsanwaltschaft München I, 1762a

[385] *Schaffstein/Beulke* (1998) S. 33

[386] *Tenorth* (2000) S. 261

An die Stelle der für Jugendliche relevanten §§ 55-57 des RStGB trat das JGG von 1923. Das JGG war erstmals ein Strafgesetzbuch speziell für Jugendliche, das keine eigenen Straftatbestände schuf und – angelehnt an das allgemeine Strafrecht – eine strafbare Handlung voraussetzte. Die Altersgrenze der Strafmündigkeit wurde von dem 12. auf das 14. Lebensjahr angehoben (§ 2 JGG 1923). Bezüglich der strafrechtlichen Verantwortlichkeit von Personen zwischen 14 und 18 Jahren wurde neben geistiger nun auch sittliche Reife vorausgesetzt. War der Jugendliche unfähig, das Ungesetzliche seiner Tat einzusehen oder seinen Willen dieser Einsicht gemäß zu bestimmen, so war er nicht strafbar (§ 3 JGG 1923). War der Jugendliche nach § 3 JGG 1923 strafbar, so konnte das Gericht von Strafe absehen, wenn es Erziehungsmaßregeln für ausreichend hielt (§ 6 JGG 1923). Das Gericht bekam durch das JGG demnach eine Reihe von Möglichkeiten an die Hand, auf strafbare Handlung eines Jugendlichen anders zu reagieren als mit Strafe (z.B. Erziehungsmaßregeln wie Weisungen oder Erziehungsbeistandschaft, oder Zuchtmittel wie Verwarnungen, Auflagen oder Jugendarrest). Diese möglichen Reaktionen unterschieden sich wesentlich von denen, die während des Kaiserreichs und noch zu Beginn der Weimarer Republik gegeben waren. Es stand nun ein System jugendrichterlicher Erziehungsmaßnahmen zur Verfügung. Dadurch war eine klare Entwicklung vom „Tatstrafrecht" zum „Täterstrafrecht" und zum „Erziehungsstrafrecht" zu erkennen.

4.1.2 Einbeziehung der Hilfsorgane der Jugendfürsorge

Nach Einführung der zivilrechtlich verankerten Fürsorgeerziehung im Jahr 1901 standen im Rahmen vormundschaftlicher Verfahren die verschiedenen Hilfsorgane der Jugendfürsorge zur Verfügung. Vor der vormundschaftsgerichtlichen Entscheidung verlangten die landesrechtlichen Fürsorgeerziehungsgesetze die Anhörung der Kommunalverwaltung – von der in der Praxis auch die Mehrheit der Anträge auf Fürsorgeerziehung ausgingen – und der für die Jugendlichen zuständigen Geistlichen und Lehrer. In vielen größeren Städten wurden in Anlehnung an die bereits bestehenden Gemeindewaisenräte und oft in personeller Überschneidung so genannte Jugendfürsorgeausschüsse gebildet, die Informationen über die persönlichen und familiären Hintergründe einholten und die Vormundschaftsgerichte so bei der Entscheidung berieten. Diese Ausschüsse bildeten den historischen Kern der späteren Jugendgerichtshilfen und Jugendämter.[387]

Die Jugendrichter konnten die für das vormundschaftliche Verfahren eingeholten Auskünfte über die Persönlichkeit des jugendlichen Straftäters nun auch für das strafrechtliche Verfahren nutzen. Mit der Einführung der Jugendgerichte ab 1908 hatte sich die Vorgehensweise im Strafverfahren gegen Jugendliche verändert. Insbesondere wurden den Ermittlungen zur Feststellung der Einsichtsfähigkeit der Jugendlichen (§ 56 RStGB) mehr Bedeutung zugemessen und dabei

---

[387] *Oberwittler* (2000) S. 138

auch erstmalig die Hilfe von Organen der Jugendfürsorge in Anspruch genommen. Diese Inanspruchnahme von Hilfsorganen der Jugendfürsorge im Ermittlungsverfahren gegen Jugendliche sah der Psychiater *Schaeffer* im Jahr 1910 als großen Vorteil an bei der Anwendung des § 56 RStGB, dem „Leibparagraphen der Jugendrichter".[388]

4.1.3 Erkundigungen bei Behörden in den Verfahren Ludwig B. und Johanna Z.

Diese neue Vorgehensweise, nach der „im Ermittlungsverfahren die betreffenden Erhebungen durch Hilfsorgane der Jugendfürsorge" vorgenommen wurden, zeigt sich auch in den Fällen Ludwig B. und Johanna Z.. In den Akten der Münchner Staatsanwaltschaft der damaligen Zeit, in denen Ermittlungsverfahren gegen Jugendliche dokumentiert sind, lassen sich drei unterschiedliche Arten von Fragebögen finden, je nach dem, ob sie an die zuständigen Polizeibehörden, den Gemeindewaisenrat oder die Schulbehörden gesendet wurden.[389]

4.1.3.1 Fragebogen an die Polizeibehörden

Der Fragebogen, der im Rahmen des Strafverfahrens gegen Jugendliche an Polizeibehörden versendet wurde, wurde normalerweise an „den Herrn Sicherheitskommissär" des betreffenden Bezirks geschickt.[390] Im Fall Ludwig B. wurde der gleiche Fragebogen an die zuständige Gendarmeriestation gesendet und dabei der Vordruck „An den Sicherheitskommissär für den ___ Bezirk" durchgestrichen und als Adressat die „Gendarmerie Station Puchheim" benannt. Der Fragenkatalog betraf Erhebungen über die angezeigte Person und ihr Umfeld und es bestand die Möglichkeit, direkt neben die jeweilige Frage eine Antwort einzusetzen:

„Ich ersuche, soweit möglich zu erheben:

---

[388] „Es ist keine Frage, dass mit der Tätigkeit der Jugendgerichte der Paragraph mehr Beachtung finden wird. Während es bisher allgemein als Sache des Richters galt, die in dem Paragraphen geforderte Feststellung zu machen, ist in neuester Zeit die Staatsanwaltschaft darangegangen, im Ermittlungsverfahren die betreffenden Erhebungen durch Hilfsorgane der Jugendfürsorge vornehmen zu lassen. Bisher wurde die Feststellung der ,zur Erkenntnis der Strafbarkeit einer Handlung notwendigen Einsicht', meist eine oberflächliche, nach wenigen allgemeinen Gesichtspunkten – wie Aussehen, Grad der Schulbildung, Stand der Eltern, auch besondere ,Böswilligkeit' und Ähnlichem – vorgenommen. Der Richter ging nach einem gewissen Eindruck (...)" *Schaeffer* (1910) S. 37 ff.

[389] In den Akten zum Fall Johanna Z. sind lediglich Fragebögen an die Schulbehörden enthalten.

[390] So schickte z.B. im Jahr 1911 der „Erste Staatsanwalt bei dem Königlichen Landgerichte München I" unter dem „Betreff: Strafverfahren gegen Jugendliche" einen Fragebogen „An den Herrn Sicherheitskommissär für den 21. Bezirk" (Bayerisches Staatsarchiv StA 1762a). Oder es schickte im Jahr 1912 „Der Staatsanwalt für Jugendstrafsachen" einen Fragebogen an „den Herrn Sicherheitskommissär für den 14. Bezirk" (Bayerisches Staatsarchiv StA 1910).

1. Wie lange hält sich die Person im Bezirk auf? Wo wohnte sie früher?

2. Erwerbs- und Vermögensverhältnisse. Lebensführung. Steht diese im Einklang mit dem Einkommen?

3. a) Welchen Leumund genießt die Person? b) Welchen Verkehr unterhält sie?

4. Waren früher Strafverfahren anhängig? Sind früher Verurteilungen erfolgt?

5. Bestand Hang zur Nichtachtung der Gesetze und öffentlichen Ordnung? Ist die Tat auf Leichtsinn oder Mutwillen, Unbesonnenheit, Not, Verführung, Verwahrlosung, Unerfahrenheit zurückzuführen?

6. Wie führte sich die Person in der Arbeits- (Dienst-)stelle

7. Stand oder steht sie unter Zwangserziehung? Von welchen Gerichten ist diese angeordnet?

8. Besteht Aussicht auf künftiges Wohlverhalten? Bietet die Familie Gewähr für geeignete Erziehung und Aufsicht?

9. Erscheinen sofortige Fürsorgemaßregeln veranlasst? Sind auch Geschwister gefährdet? Wer kann als Pfleger benannt werden?"

4.1.3.2 Fragebogen an den Gemeindewaisenrat

Dem Gemeindewaisenrat wurden die Aufgaben übertragen, Erkundigungen über Familienverhältnisse und persönliche Eigenschaften des Beschuldigten einzuholen, wobei „mit möglichster Schonung und Rücksicht zu verfahren" sei.[391] Folgende Rubriken sollten ausgefüllt werden:[392]

I. Eltern (bei unehelicher Geburt Mutter), a) Vater: b) Mutter:

II. Zahl, Name, Alter, Aufenthalt und Beschäftigung der übrigen Kinder:

III. Persönliche Verhältnisse der Eltern:

IV. Persönliche Verhältnisse des Beschuldigten: (darunter fallen Vermögen, Gesundheitsverhältnisse, Charaktereigenschaften und bisheriges Verhalten, Vorbildung und Beschäftigung)

V. Fürsorgemaßnahmen:

VI. In Betracht kommende Verwandte:

VII. Bei wem wurde zur Erteilung der vorstehenden Auskunft Erkundigung eingezogen?

---

[391] „Zur Klarstellung der Familienverhältnisse und persönlichen Eigenschaften des Beschuldigten und zur Herbeiführung geeigneter Fürsorgemaßnahmen ersuche ich um eingehenden Aufschluß über folgende Punkte, über welche zuvor genaue Erkundigungen bei den Behörden, Stellen und Personen eingezogen werden wolle, von welchen zuverlässig Auskunft erwartet werden kann. Es wird gebeten, hiebei mit möglichster Schonung und Rücksicht zu verfahren und Anfragen bei der Arbeitsstelle des Beschuldigten zu unterlassen oder Erhebungen dort nur mit dessen Zustimmung zu pflegen."

[392] Auf die Wiedergabe der Unterpunkte wird verzichtet.

4.1.3.3 Fragebogen an die Schulbehörden

Eine dritte Art von Fragebögen wurde an die für die Jugendlichen zuständigen Schulbehörden versendet. Adressaten waren z.B. die „Schulinspektion der Volksschule Unterpfaffenhofen" (Ludwig B.) oder „die K. Bezirksschulinspektion der Volksschule an der Plinganserstraße 28" (Johanna Z.). Dabei wurden die Personalien und die jeweilige Straftat kurz vorgestellt und um „Aufschluss über nachstehende Fragen" gebeten:[393]

> „1. Besaß der Beschuldigte bei Begehung der Tat die zur Erkenntnis ihrer Strafbarkeit erforderliche Einsicht? - § 56 St.G.B. Ist er in seiner geistigen Entwicklung so weit fortgeschritten, um nicht blos zu wissen, sondern auch zu begreifen, dass seine Tat sittlich verwerflich und gerichtlich strafbar ist?
>
> 2. Ist der Beschuldigte mit körperlichen oder geistigen Gebrechen, Schwachsinn, Krankheiten, erblichen Mängeln behaftet?
>
> 3. Welche Schulen und wie viel Klassen hat der Beschuldigte bisher besucht? Wie steht es mit seiner Leistungsfähigkeit? Mußte er Klassen wiederholen?
>
> 4. Bisherige Führung in der Schule und Beschäftigung und Umgang außerhalb der Schule? (Neigung zum Trinken, Rauchen, Streunen, Leichtsinn, zu Roheit, Widersetzlichkeit, Schundliteratur, Kinobesuch, schlechter Kameradschaft?)
>
> 5. Was ist über die häuslichen Verhältnisse bekannt? Ruf und Lebensführung der Eltern; herrscht Not, Trunksucht, Unfriede in der Familie? Kümmern sich die Eltern um ihre Kinder? Sind Anzeichen vorhanden, dass der Beschuldigte sich selbst überlassen, verwahrlost, misshandelt, ins Wirtshaus mitgenommen, zum Bettel oder Hausieren geschickt oder bei der Heimarbeit überanstrengt wird? Muß er über Mittag in Wirtschaften oder Auskochgeschäften sich selbst versorgen?
>
> 6. Wird die Anordnung der Fürsorge- (Zwangs-) Erziehung begutachtet? Ist Anstaltserziehung nötig oder genügt die Unterbringung in guter fremder Familie oder in einer Lehrstelle?
>
> 7. Besteht auch ohne diese Anordnung Aussicht auf eine dauernde Besserung?
>
> 8. Wird bedingte Begnadigung befürwortet?
>
> 9. Ist Teilnahme an der Gerichtsverhandlung oder der vorausgehenden Fürsorgeausschußsitzung erwünscht?"

4.1.4 Aufgaben der heutigen Jugendgerichtshilfe

Die Ermittlungshilfe, die vor 1923 durch den Gemeindewaisenrat, Polizei- und Schulbehörden durchgeführt wurden, fällt seit der Einführung des JGG im Jahr 1923 in den Aufgabenbereich der Jugendgerichtshilfe. Die besondere spezialprä-

---

[393] „Ich ersuche um Aufschluss über nachstehende Fragen, wobei ich bitte, sowohl die Einträge im Schulbogen als auch die eigenen Wahrnehmungen und Erfahrungen über das Verhalten, die persönlichen Eigenschaften und die Familienverhältnisse der Beschuldigten mitzuteilen und dem abzugebenden Gutachten zu Grunde zu legen. Die Beschuldigte ist über die Tat, die sie zugesteht, bereits einvernommen."

ventive Zielsetzung des Jugendstrafrechts hat dazu geführt, dass in das Jugendgerichtsverfahren in Gestalt der Jugendgerichtshilfe ein besonderes Organ zur Vertretung der erzieherischen, sozialen und fürsorgerischen Gesichtspunkte eingebaut worden ist. Träger der Jugendgerichtshilfe ist in erster Linie das Jugendamt, zu dessen Pflichten sie gehört (§§ 38 I JGG, 52 SGB VIII). Die Jugendgerichtshilfe ist im gesamten Verfahren gegen einen Jugendlichen oder Heranwachsenden und so früh wie möglich heranzuziehen (§§ 38 III 1 u. 2, 107 JGG). In Haftsachen ist die Jugendgerichtshilfe gemäß § 72 a JGG unverzüglich hinzuzuziehen. Aus dem sozialrechtlichen Einschlag ergeben sich heute die beiden Aufgaben der Jugendgerichtshilfe, nämlich Hilfe für das Gericht und Hilfe für den jugendlichen oder heranwachsenden Beschuldigten.[394]

Eine ihrer Aufgaben ist die Ermittlungshilfe für das Gericht bei der Erforschung der Persönlichkeit des Täters. Die Ermittlungshilfe bezieht sich nicht auf die Aufklärung der Tat, sondern nur auf die Beschaffung der Unterlagen, die zur Beurteilung der Persönlichkeit des Täters erforderlich sind. Denn gemäß § 43 I JGG hat der das Verfahren leitende Jugendstaatsanwalt nach dessen Beginn „so bald wie möglich die Lebens- und Familienverhältnisse, den Werdegang, das bisherige Verhalten des Beschuldigten und alle übrigen Umstände zu ermitteln, die zur Beurteilung seiner seelischen, geistigen und charakterlichen Eigenart dienen können". Mit dieser Bestimmung ist zugleich das Feld für die Ermittlungstätigkeit der Jugendgerichtshilfe abgesteckt, auf deren Heranziehung zu dieser Aufgabe das Gesetz den Staatsanwalt ausdrücklich hinweist (§ 43 I a.E. iVm § 38 III JGG). Sie erhält damit den Auftrag, auf breiter Grundlage alle diejenigen Erhebungen anzustellen, die dem Gericht eine kriminologische Diagnose des jeweiligen Einzelfalls gestatten und es ihm ermöglichen, die zu verhängenden Rechtsfolgen auf eine Prognose der künftigen Entwicklung des Täters zu gründen.[395] Als Auskunftspersonen außer dem Jugendlichen selbst sind gemäß § 43 I 2 JGG die Erziehungsberechtigten, der gesetzliche Vertreter, die Schule und der Ausbildende zu hören. Die Anhörung der Schule und des Ausbildenden unterbleibt jedoch, wenn der Jugendliche davon unerwünschte Nachteile, namentlich den Verlust seines Ausbildungs- oder Arbeitsplatzes zu besorgen hätte (§ 43 I 3 JGG). Diese Rücksichtnahme bei der Einholung von Erkundigungen im Jugendstrafverfahren wurde schon vor 1923 beachtet, was beispielsweise aus dem Schreiben an den Gemeindewaisenrat hervorgeht.[396]

Der Vollständigkeit halber sei noch die zweite Aufgabe der Jugendgerichtshilfe genannt, die in der erzieherischen Fürsorge für den Beschuldigten besteht, nach

---

[394] *Schaffstein/Beulke* (1998) S. 207

[395] *Schaffstein/Beulke* (1998) S. 212

[396] Siehe oben Kapitel 4.1.3.2: „genaue Erkundigungen bei den Behörden, Stellen und Personen eingezogen werden (...) Es wird gebeten, hiebei mit möglichster Schonung und Rücksicht zu verfahren und Anfragen bei der Arbeitsstelle des Beschuldigten zu unterlassen oder Erhebungen dort nur mit dessen Zustimmung zu pflegen."

§ 38 II 5 JGG bzw. § 38 II letzter Satz JGG (Überwachung der Befolgung von Weisungen und Auflagen, Betreuung während des Vollzugs und nach der Entlassung).

4.1.5 Richterliche Zuständigkeit

4.1.5.1 Durchführung der Ermittlungen

Die Vordrucke der Schreiben an die Behörden enthalten den „Betreff: Strafverfahren gegen Jugendliche" und den Absender „Der Staatsanwalt für Jugendstrafsachen (Justizpalast Zimmer Nr. 208/II.)". Im Unterschied zu anderen Münchner Jugendstrafverfahren in dieser Zeit ist in den Fällen Ludwig B. und Johanna Z. der Absender durchgestrichen und mit dem Stempel „Der Untersuchungsrichter C bei dem k. Landgerichte München I" ergänzt. Das zeigt, dass in diesen Fällen der Untersuchungsrichter die Ermittlungstätigkeit übernommen hat, die sonst vom Staatsanwalt durchgeführt wurde.

Es ist auch heute nach allgemeinem Strafrecht möglich, dass der Ermittlungsrichter anstatt der Staatsanwaltschaft tätig wird, wenn die Staatsanwaltschaft die Vornahme einer richterlichen Untersuchungshandlungen für erforderlich hält (§ 162 StPO). Ein Grund dafür könnte z.B. in der prozessualen Fürsorgepflicht des Beschleunigungsgebotes liegen,[397] das heute in § 72 V JGG Ausdruck findet. Nach dieser Vorschrift ist das Verfahren mit besonderer Beschleunigung durchzuführen, wenn sich ein Jugendlicher in Untersuchungshaft befindet. Dies war damals sowohl bei Ludwig als auch bei Johanna der Fall.

4.1.5.2 Zuständigkeit bei der gerichtlichen Entscheidung

Die gerichtlichen Entscheidungen, der Beschluss im Fall Ludwig B. und das Urteil im Fall Johanna Z., wurden jeweils von einer Strafkammer des Königlichen Landgerichts München I gefällt: im Fall Ludwig B. die I. Strafkammer und im Fall Johanna Z. die 1. Ferienstrafkammer. Auch in anderen Fällen der damaligen Zeit, in denen Jugendliche am Königlichen Landgericht München I verurteilt wurden, sucht man vergeblich die Bezeichnung „Jugendgericht". Dies verwundert nicht, da eine offizielle gesetzliche Zuständigkeit für Jugendgerichte erst mit dem JGG 1923 geregelt wurde. Zuvor waren die allgemeinen Strafgerichte sowohl für Jugendliche als auch für Erwachsene zuständig, wobei sich jedoch innerhalb der Strafgerichte im Wege der Geschäftsverteilung besondere Abteilungen für Jugendstrafsachen spezialisiert hatten (siehe oben Kapitel 4.1.1).

Seit 1923 und bis heute sind bei Verfehlungen Jugendlicher die Jugendgerichte nach § 33 I JGG zuständig. Innerhalb der Jugendgerichte ist nach § 41 I Nr. 1

---

[397] *Kleinknecht/Meyer-Goßner* (2001) § 162 Rn. 6, Einleitung Rn. 160

JGG die Jugendkammer sachlich zuständig, wenn nach Erwachsenenstrafrecht das Schwurgericht (§§ 1 StPO, 24, 74 GVG) zuständig wäre. In den Fällen Ludwig B. und Johanna Z. wäre diese Zuständigkeit gegeben, denn es stünde bei Ludwig eine Unterbringung in psychiatrischen Krankenhaus und bei Johanna eine Gefängnisstrafe über 4 Jahren im Raum.

4.2 Form der gerichtlichen Entscheidung gemessen an heutigen Maßstäben

4.2.1 Beschluss im Fall Ludwig B.

Mit Beschluss des Königlichen Landgerichts München I, I. Strafkammer vom 02.10.1915 wurde der Haftbefehl gegen Ludwig B. aufgehoben und die ihm zur Last gelegten Straftaten außer Verfolgung gesetzt. Das Gericht hatte im Fall Ludwig B. gemäß § 202 RStPO[398] beschlossen, das Hauptverfahren nicht zu eröffnen. Aufgrund der stattgefundenen Voruntersuchung, hatte das Gericht auszusprechen, dass der Angeschuldigte außer Vollzug zu setzen ist. § 202 RStPO entspricht dem heutigen § 204 StPO mit dem Unterschied, dass heute das Erfordernis weggefallen ist, auszusprechen, dass der Angeschuldigte außer Vollzug zu setzen ist. Es würde heute ein Beschluss über die Nichteröffnung des Hauptverfahrens (§§ 47 I Nr. 4 JGG, § 204 StPO) sowie über die Aufhebung des Haftbefehls nach § 2 JGG, § 120 I 2 StPO erfolgen.

4.2.2 Aufbau des Urteils im Fall Johanna Z.

Am 11. August 1917 verurteilte die 1. Ferienstrafkammer des Königlichen Landgerichts München I Johanna Z. „wegen eines Verbrechens des Mordes in rechtlichem Zusammentreffen mit einem Verbrechen des versuchten schweren Raubes zur Gefängnisstrafe von zehn Jahren sowie zur Kostentragung."[399] Der Aufbau des Urteils von 1917 entspricht im Wesentlichen auch heutigen Anforderungen. Ein heutiges Strafurteil lautet nicht mehr „Im Namen Seiner Majestät des Königs von Bayern", sondern aufgrund der veränderten staatlichen Herrschaftsverhältnisse „Im Namen des Volkes". Das Rubrum ist ansonsten ähnlich aufgebaut mit Angaben zum Angeklagten, zu den Prozessbeteiligten und dem Schuldspruch.

Die Urteilsgründe wurden in fünf Abschnitte gegliedert, die mit römischen Ziffern nummeriert wurden:

---

[398] § 202 RStPO: Beschließt das Gericht, das Hauptverfahren nicht zu eröffnen, so muß aus dem Beschlusse hervorgehen, ob derselbe auf tatsächlichen oder auf Rechtsgründen beruht. Hat eine Voruntersuchung stattgefunden, so ist auszusprechen, dass der Angeschuldigte außer Verfolgung zu setzen ist. Der Beschluß ist dem Angeschuldigten bekannt zu machen. *Dalcke* (1912) S. 117

[399] Anhang C c. Urteil Z. S. 1

Unter I. wurde kurz die Vorgeschichte von Johanna dargestellt.

Unter II. wurden die objektiven Feststellungen zum Tathergang vorgestellt: Tatort, Sektion...

Unter III. erfolgte die Darstellung des Ergebnisses der Ermittlungen

Unter IV. wurden die Ergebnisse der Hauptverhandlung zusammengefasst.

Unter V. wurde die strafrechtliche Verantwortung erörtert, die Strafzumessung und Kostenentscheidung vorgenommen.

Die Reihenfolge der Urteilsgründe entspricht in etwa der eines heutigen Strafurteils. Die Urteilsgründe (§ 267 StPO, § 54 JGG) werden üblicherweise wie folgt dargestellt:[400]

1. Tatsächliche Feststellungen (Sachverhaltsschilderung) nach der Überzeugung des Gerichts. Schilderung der persönlichen Verhältnisse des Angeklagten, äußerer Tatbestand, innerer Tatbestand, Beweismittel

2. Beweiswürdigung begonnen mit der Einlassung des Angeklagten

3. Rechtliche Erörterung unter Ausführung der Strafgesetze

4. Begründung der Strafzumessung

5. Begründung zu etwaigen Nebenstrafen, Nebenfolgen oder Maßregeln der Besserung und Sicherung

6. Begründung der Kostenentscheidung

Gemäß § 54 I JGG müsste in den Urteilsgründen auch ausgeführt werden, welche Umstände für die Bestrafung des Angeklagten bestimmend waren. Dabei soll namentlich die seelische, geistige und körperliche Eigenart des Angeklagten berücksichtigt werden.

4.3 Feststellung des Tatbestands

4.3.1 Erfüllung der Tatbestände bei Ludwig B.

Beim Tatbestand im Fall Ludwig B. gibt es keine Unklarheiten, da Ludwig seine Taten zugegeben hatte und seine Schilderungen mit den Ermittlungsergebnissen übereinstimmen. Folgende Straftatbestände sind erfüllt:

Unterschlagung (§ 246 RStGB): Ludwig hat „am 19. Juli 1915 in Pasing einen für seinen Vater einkassierten Geldbetrag von 76 Mark sich angeeignet und für sich verbraucht". Damit hat er sich eine fremde bewegliche Sache rechtswidrig zugeeignet Der Tatbestand der Unterschlagung wäre auch heute gemäß § 246 I StGB erfüllt.

Widerstand gegen die Staatsgewalt (§ 113 RStGB): „Der Angeschuldigte hat am 23. Juli 1915 auf dem Marienplatze in Pasing dem ihn festnehmenden Sicherheitskommissär Joseph Drumer mit Gewalt Widerstand geleistet." Ludwig hat einem Amtsträger bei der Vornahme einer Diensthandlung mit Gewalt Widerstand geleistet und damit

---

[400] *Böhme/Fleck/Bayerlein* (2000) S. 82

auch den Tatbestand des heutigen § 113 I StGB (Widerstand gegen Vollstre-ckungsbeamten) erfüllt.

Gefährliche Körperverletzung (§§ 223, 223a RStGB): Ludwig hat „gleich darauf mit einem Revolver (...) auf den Lehrling Heinrich Reisinger geschossen und ihn am Arme verletzt". Ludwig hat eine andere Person körperlich misshandelt und diese Körperverletzung mittels einer Waffe begangen. Somit hat er auch den heutigen Tatbestand einer gefährlichen Körperverletzung (§§ 223, 224 I Nr. 2 StGB) erfüllt.

Da Ludwig einen Revolver bei sich trug, erfüllte er den Tatbestand des verbote-nen Waffentragens. Nach § 1 Ziff. 3 der königlich Allerhöchsten Verordnung vom 19. November 1887 war Personen unter 18 Jahren das Führen von Revol-vern untersagt. Wer dieser Verordnung zuwider handelte, konnte nach Art. 39 Polizeistrafgesetzbuch zu einer Geld- (bis zu 45 Mark) oder einer Haftstrafe (bis zu 8 Tagen) verurteilt werden. Zudem konnten die verbotenen Waffen eingezo-gen werden.[401] Auch nach dem heutigen Waffenrecht ist es unter 18-Jährigen grundsätzlich untersagt, mit Waffen umzugehen (§ 2 I WaffG) Eine Ausnahme nach § 3 WaffG (z.B. Waffenumgang im Ausbildungs- oder Arbeitsverhältnis) käme bei Ludwig nicht in Betracht. Da Ludwig ohne erforderlichen Waffen-schein eine Schusswaffe führte, wäre er nach § 53 III Nr. 1 b WaffG strafbar.

Der subjektive Tatbestand ist in allen Fällen erfüllt. Dass Ludwig in Bezug auf die Unterschlagung, das Waffentragen und dem Widerstand vorsätzlich, das heißt mit Wissen und Wollen der Tatbestandsverwirklichung, handelte, steht außer Frage. Auch bei der Körperverletzung hat Ludwig vorsätzlich gehandelt. Zwar hat er nicht bewusst auf den Lehrling gezielt, sondern ungezielt in die Menge geschossen. Dabei war ihm jedoch bewusst, dass er durch seine Hand-lung einen Menschen verletzen könnte und er nahm dies billigend in Kauf. Somit ist ihm bedingter Vorsatz[402] hinsichtlich der Körperverletzung zu unter-stellen.

4.3.2 Erfüllung der Tatbestände bei Johanna Z.

Johanna wird wegen Mordes (§ 211 RStGB) und versuchten schweren Raubes (§§ 249, 251, 43 RStGB) verurteilt.[403]

---

[401] Siehe Kapitel 2.3.1, *Riedel* (1907) S. 142

[402] *Tröndle/Fischer* (2001) § 15 Rn. 9

[403] „Die Tat der Angeklagten stellt sich daher, da sie einen Menschen vorsätzlich getötet und die Tötung mit Überlegung ausgeführt hat, als ein Verbrechen des Mordes nach § 211 des St.G.B. dar." Anhang C c. Urteil Z. S. 19 unten; „Das versuchte Verbrechen des schweren Raubes trifft mit dem vollendeten Verbrechen des Mordes rechtlich zusammen (§ 73 St.G.B.)." Anhang C c. Urteil Z. S. 22 Mitte

4.3.2.1 Mord (§ 211 RStGB)

Voraussetzung für den Tatbestand des Mordes nach § 211 RStGB war, dass jemand einen Menschen vorsätzlich getötet und die Tötung mit Überlegung ausgeführt hat.[404]

4.3.2.1.1 Nachweis des objektiven Tatbestands: Tötungshandlung mit Überlegung

4.3.2.1.1.1 Tötungshandlung

Für den objektiven Tatbestand des Mordes ist eine Tötungshandlung erforderlich. Im Fall Johanna Z. war die Feststellung des Tatbestands der Tötungshandlung nicht leicht, da der Tathergang nicht eindeutig feststand. Das Gericht ging davon aus, dass Johanna Frau Schweickart durch 3 Schüsse in den Kopf getötet hatte.

Zwar hatte Johanna zunächst am 18.3.1917 ein umfassendes Geständnis abgelegt, das sich auch mit den Ermittlungsergebnissen deckte und in der sie die Tötungshandlung zugab. Jedoch widerrief sie in der Hauptverhandlung das frühere Geständnis und führte einen gewissen Kurt von Thieme an, der die Tat begangen hätte.[405] Dieser hätte ihr den anonymen Brief diktiert, sie in der Wohnung der Schweickart, die angeblich dessen Tante sei, mit Hilfe einer Zigarette betäubt und Frau Schweickart umgebracht. Später in der Hauptverhandlung änderte Johanna diese Darstellung wieder ab und gab an, sie hätte die Frau umgebracht, wäre aber von Thieme angestiftet worden.[406] Für den Beweis der Existenz des Kurt von Thieme zeigt Johanna ihr Poesiealbum vor, in dem ein Gedicht mit der Unterschrift Kurt von Thieme eingetragen wurde. Außerdem hätten sie sich gemeinsam im Hause einer Frau Kipp getroffen.

Das Gericht wertete beide Darstellungen als unwahr, da sie „den Stempel der Unwahrheit offen an sich" trugen; „sie sind nichts als innerliche unglaubhafte, in sich selbst widerspruchsvolle Ausflüchte und lügnerische Versuche der Angeklagten, die auf ihr lastende schwere Verbrechensschuld zu bemänteln."[407]

---

[404] § 211 RStGB: Wer vorsätzlich einen Menschen tötet, wird, wenn er die Tötung mit Überlegung ausgeführt hat, wegen Mordes mit dem Tode bestraft.

[405] Es „erklärte die Angeklagte in der heutigen Hauptverhandlung zunächst, dass das von ihr früher abgelegte Geständnis unwahr sei und dass nicht sie, sondern ein Fliegerleutnant Kurt von Thieme, mit dem sie ein Verhältnis unterhalten habe, die Tat begangen habe." Anhang C c. Urteil Z. S. 12 oben

[406] Anhang C c. Urteil Z. S. 13 unten

[407] Anhang C c. Urteil Z. S. 14 Mitte

Folgende Beweise führt das Gericht an, um zu begründen, weshalb der Tathergang in der Weise erfolgte, wie es Johanna in ihrem ursprünglichen Geständnis geschildert hatte und es ihre neueren Darstellungen dagegen für unwahr hält:[408]

1. Die *Zeugin Öllinger* berichtet von der List mit dem anonymen Brief.

2. Zum Sektionsbericht nimmt *Sachverständige Bezirksarzt Dr. Biehler* Stellung: „Es steht außer Frage, dass der Tod der Viktoria Schweickart durch die drei auf sie abgegebenen Schüsse erfolgt ist."

3. Durch *Schriftvergleich* wurde festgestellt, dass Johanna die Schreiberin des anonymen Briefes war.

4. *Johannas Geständnis* am 18.3.1917 wurde nach dem *Zeugen Regierungsrat Ramer* „in der glaubwürdigsten Weise abgegeben". Und es deckt sich in allen Einzelheiten mit den Ermittlungsergebnissen.

5. Die *Zeugin Registratorsehefrau Josefa Pfaffinger* gibt an, dass ihre verstorbene Freundin Kipp entgegen Johannas Angabe, keinen Kurt von Thieme kannte.

6. Johannas *Bekannten* bezeugen, dass sie Johanna nie in Begleitung eines Herrn in Uniform gesehen hätten.

7. Der *Schriftsachverständige Professor Busse* weist nach, dass Johanna das Gedicht von Thieme selbst in ihr Poesiealbum geschrieben hatte.[409] Dies legte er „in überzeugender Weise" dar. Als Motiv für das fingierte Gedicht nimmt das Gericht an: „sie versuchte mit diesem Gedichte die Eifersucht des sie vernachlässigenden Gymnasiasten Zeh, ihres Verehrers, dem sie es vorzeigte, zu erregen."

8. Die beiden *Gymnasiasten Stöcker und Langenberger* beschreiben, wie sie Johanna bei der Beschaffung der Tatwaffe halfen.

9. *Hilfsarbeitersfrau Katharina Gigglberger* berichtet, wie Johanna in die Wohnung der Schweickart eingelassen wurde.

10. *Fabrikarbeitersfrau Käsbauer* gibt als Zeugin an, wie Johanna und Frau Schweickart aus dem Fenster gesehen haben und wie sie kurze Zeit später „aus der Schweickart'schen Wohnung nacheinander drei dumpfe Schläge" hörte, dann dass „ein Tisch gerückt wurde und sodann ein schwerer Fall auf den Boden erfolgte."

11. Die am Tatort vorgefundenen leeren Hülsen und Kugeln passen zu der von Stöcker entliehenen Browningpistole. Auch der Küchenschlüssel und der von der Angeklagten über einen Gartenzaun geworfene Wohnungsschlüssel wurden nach ihrer Festnahme entsprechend ihrer Angaben an den von ihr bezeichneten Orten gefunden

12. Die Aussage der *Frau Schweickart*, „Niemand" hätte ihr etwas getan, wertet das Gericht dahingehend, dass außer Johanna keine fremde Person in der Wohnung war: „Die Greisin, deren beide Augenhöhlen durch den ersten Schuß durchschlagen worden

---

[408] Die Auflistung entspricht der Reihenfolge, in der die Beweise im Urteil angeführt wurden.

[409] Nach *Busse* „weist die Schrift des Gedichts sämtliche charakteristischen Eigenschaften der Schrift der Angeklagten in so auffallender Weise auf und zeigt beim völligen Mangel von Verschiedenheiten eine derartige Gleichheit mit den sonstigen schriftlichen Erzeugnissen der Angeklagten, dass kein Zweifel darüber besteht, dass sie selbst das Gedicht in das Album geschrieben hat." Anhang C c. Urteil Z. S. 15 oben

waren und die infolge dieser Verletzung nichts mehr sah, glaubte offensichtlich, es habe sie ein Schlaganfall getroffen, weshalb sie auch der Angeklagten zurief, diese solle ihre Mutter herbeiholen. Sie glaubte nicht, dass die allein bei ihr in der Wohnung befindliche Angeklagte einen Anschlag auf ihr Leben ausgeführt habe."[410]

In der Urteilsbegründung folgert das Gericht: „Für das Gericht besteht keinerlei Zweifel, dass die Angeklagte die ganze auf Kurt von Thieme sich beziehende Erzählung erfunden hat, um ihre Tat zu beschönigen, dass sie in Wirklichkeit die Ermordung der Viktoria Schweickart aus eigenem Entschluss heraus ohne Mitwirkung eines Dritten allein genau in der Weise ausgeführt hat, wie sie selbst in ihrem vor dem K. Regierungsrat Ramer und vor dem Untersuchungsrichter abgelegten Geständnisse schilderte. Ihr früheres eingehendes, alle Einzelheiten der Tat umfassendes Geständnis ist um so glaubwürdiger, als es in einer Reihe der wesentlichen Punkte durch die polizeilichen Erhebungen und durch die Bekundungen der heute vernommnen Zeugen als objektiv richtig und zutreffend erwiesen wurde. (...) Im Hinblick auf alle diese Tatsachen ist das Gericht überzeugt, dass das frühere Geständnis der Angeklagten sich vollständig in Richtigkeit verhält."[411]

4.3.2.1.1.2 Tatausführung mit Überlegung

Um die Tat vom reinen Totschlag abgrenzen und als Mord qualifizieren zu können, ist zudem erforderlich, dass die Tat „mit Überlegung" ausgeführt wurde. Ins Gewicht fallen dabei Erwägungen über den gewollten Erfolg der Tötung, über die zum Handeln drängenden Beweggründe, über die Auswahl der Mittel zu Herbeiführung des Erfolges, die Zweckmäßigkeit der Art ihres Gebrauchs, die Beseitigung möglicher der Ausführung entgegenstehender Hindernisse, die Sicherung des Täters gegen Verteidigungsmaßnahmen sowie gegen Verfolgung.[412]

Das Gericht legt dar: „Die Angeklagte hat weiter die Tötung planmäßig unter langer und reiflicher Erwägung der zum Erfolg führenden Mittel und Wege vorbereitet und sie ebenso planmäßig mit besonener, ruhiger Überlegung ausgeführt."[413]

4.3.2.1.2 Nachweis des subjektiven Tatbestands: Tötungsvorsatz

Der Vorsatz besteht beim Mord im Wissen und Wollen der rechtswidrigen Tötung eines Menschen. Er erstreckt sich nicht auf das Strafbarkeitsmerkmal „mit Überlegung".[414] Das Gericht stellt im Urteil hinsichtlich Johannas Tötungsvorsatz fest, „dass der Tod der Viktoria Schweickart von der Angeklagten gewollt war und dass sie die Tötung vorsätzlich ausgeführt hat."

---

[410] Anhang C c. Urteil Z. S. 19 oben

[411] Anhang C c. Urteil Z. S. 15 unten, S. 19 oben

[412] *Olshausen* (1916) S. 821

[413] Anhang C c. Urteil Z. S. 19 Mitte

[414] *Olshausen* (1916) S. 822

4.3.2.2 Versuch des schweren Raubes (§§ 249, 251, 43 RStGB)

Bis zuletzt blieb das Motiv für Johannas Tat unklar. Johanna bot verschiedene Erklärungen an, die ihr weder vom Gutachter Rüdin noch vom Gericht geglaubt wurden. In ihrem Geständnis hatte Johanna angegeben, sie habe den Entschluss gefasst, die alte Frau Schweickart zu erschießen „um eine Affäre zu haben", um „vor sich selbst prahlen zu können" und „sich selbst zu zeigen, dass sie so mutig sei, so etwas auszuführen". Auch hatte Johanna angegeben: „Auf den Gedanken, die Tat zu begehen, sei sie durch das Lesen von Indianer- und Räubergeschichten, sowie eines Buches ‚Opfer der Wissenschaft' gekommen, in welchem geschildert sei, wie ein Arzt, ohne entdeckt zu werden, Patienten in seine Wohnung lockt und umbringt, um wissenschaftliche Aufgaben zu lösen. Die Absicht, die Frau Schweickart zu berauben, habe sie nicht gehabt."[415]

Letztendlich wurde Johanna die beabsichtigte Beraubung der Getöteten Viktoria Schweickart als Motiv der Tat unterstellt, so dass sie wegen versuchten schweren Raubes nach §§ 249, 251, 43 RStGB verurteilt werden konnte.

4.3.2.2.1 Tatentschluss, Vorsatz des Raubes, gleichzeitig Mordmotiv

Johanna hat nach Ansicht des Gerichts den Entschluss gehabt, mit Gewalt gegen eine Person einem anderen fremde bewegliche Sachen in der Absicht rechtswidriger Zueignung wegzunehmen (Raub nach § 249 RStGB). Der Entschluss beinhaltete zugleich die Marterung und Tötung eines Menschen, so dass er sich auch auf den Qualifikationstatbestand des schweren Raubes (§ 251 RStGB) bezog.[416]

Für das Gericht hat das „Verhandlungsergebnis keinen Zweifel übrig gelassen" hinsichtlich des Handlungsmotivs und Endzwecks der Tötung:

„Nicht etwa bloß die Absicht, ‚eine Affäre zu haben' oder ‚sich als Zeugin interessant zu machen' oder ‚vor sich selbst zu protzen' wie die Angeklagte früher in Beschönigung ihres wirklichen Motivs angab, sondern die Absicht, sich das von ihr bei Frau Schweickart vermutete Geld anzueignen, war das treibende Hauptmotiv, aus dem sie das Verbrechen beging, wenn vielleicht auch die Sucht, eine die breite Öffentlichkeit beschäftigende Affäre herbeizuführen und selbst als wichtige Zeugin Gegenstand der öffentlichen Besprechung zu werden, für sie mitbestimmend gewesen sein mag."[417]

Das Gericht begründet dies zum einen damit, dass Johanna wusste, dass Frau Schweickart „im Besitze erheblichen Vermögens und beträchtlicher Geldmittel sei". Dies wäre im Haus bekannt und Johanna hätte der Zeugin Atzinger erzählt, „dass die Schweickart ein großes Vermögen und soviel Geld besitze, dass sie täglich 200 M verbrau-

---

[415] Anhang C c. Urteil Z. S. 10 unten

[416] „Denn die Angeklagte hat den Entschluss, mit Gewalt gegen eine Person fremde bewegliche Sachen einem anderen in der Absicht rechtswidriger Zueignung wegzunehmen, durch Handlungen bestätigt, die den Anfang der Ausführung des beabsichtigten, aber nicht zur Vollendung gekommenen Verbrechens des Raubes enthalten und zugleich die Marterung und Tötung eines Menschen in sich schließen." Anhang C c. Urteil Z. S. 22 Mitte

[417] Anhang C c. Urteil Z. S. 19 unten

130

chen könne" und auch dass diese „einen Kasten mit 12000 Mark" in ihrer Wohnung hätte. Zum anderen begründet das Gericht Johannas Raubmotiv mit ihrem großen Geldbedürfnis, das sich auch in ihren früher begangenen Diebstählen zeigte, und das als Raubmotiv zu Johannas Charakterveranlagung und Lebensführung passen würde.[418] Die Tatsache, dass Johanna nach Abgabe der Schüsse keinen Versuch machte, die Wohnung und die darin befindlichen Behältnisse zu durchsuchen, um sich Geld oder Wertsachen anzueignen, spreche nicht gegen die Raubabsicht. Es würde sich daraus erklären, dass die Tötung nicht nach Plan verlief und Johanna deshalb von einer Beraubung absah.[419]

Das Gericht folgt hier genau den Argumentationen des Gutachters Rüdin, die dieser ungefragt vorgebracht hatte (siehe Kapitel 3.2.3.2).

4.3.2.2.2 Erfüllung der übrigen Tatbestandsvoraussetzungen

Wenn man - wie das Gericht - von Johannas Tatentschluss des Raubes ausgeht, dann ist mit Johannas Ausübung von Waffengewalt gegen Frau Schweickart, die zu deren Tod geführt hat, die geplante Tat teilweise verwirklicht worden. Sie hat ihren Entschluss „durch Handlungen bestätigt, die den Anfang der Ausführung des beabsichtigten, aber nicht zur Vollendung gekommenen Verbrechens des Raubes enthalten und zugleich die Marterung und Tötung eines Menschen in sich schließen." Johanna wurde demnach wegen des Versuchs eines schweren Raubes nach §§ 249, 251, 43 RStGB bestraft.

---

[418] „Gerade nach Geld hatte aber die Angeklagte bei ihrer liederlichen, auf Genuss, Vergnügen und Putz zielenden Lebensführung und ihrem ständigen Verkehr mit Freundinnen und Verehrern, die meist besser situierten Familien angehörten und über reichlichere Einnahmequellen als sie selbst verfügten, ein dringendes Bedürfnis. (...) Der Plan und die Sucht, sich mit einem Schlage eine erhebliche Geldsumme zu verschaffen, um es sodann ihren Freunden und Freundinnen gleich zu tun und sie womöglich zu übertreffen, waren bei der Charakterveranlagung und Lebensführung der Angeklagten sehr nahe liegende und sie auch tatsächlich beherrschende Motive, die sie bei der Ausführung des Verbrechens in erster Linie leiteten." Anhang C c. Urteil Z. S. 20 unten

[419] „Das Ausbleiben der sofortigen tödlichen Wirkung der Schüsse entgegen ihrer Erwartung und die Furcht vor Entdeckung allein haben die Angeklagte an der geplanten Beraubung der Frau Schweickart und ihrer Wohnung gehindert." „Die Tatsache, dass die Schweickart nach dem ersten Schuss sich noch aufrecht erhielt, den Tisch gegen die Wand schieben konnte und zur Angeklagten äußerte, sie solle ihre Mutter herbeirufen, hatte die Angeklagte nach ihrer eigenen Angabe in Angst versetzt, die Schweickart könne um Hilfe rufen. Auch nach Abgabe der beiden anderen Schüsse, mit denen der Patronenvorrat der Angeklagten erschöpft war, lebte die Schweickart noch, wenn sie auch zu Boden gefallen war. Die plötzlich erwachte Furcht, dass auf etwaige Hilferufe der Schweickart Hausgenossen herbeieilen könnten, und die Sorge, zunächst sich selbst vor der möglichen Ergreifung am Orte des Verbrechens zu sichern, waren es, welche die Angeklagte veranlassten, schleunigst aus der Wohnung unter Abschluss der Küchen- und Wohnungstüre zu flüchten." Anhang C c. Urteil Z. S. 21 Mitte

4.3.2.3 Bewertung nach heutigen Maßstäben

4.3.2.3.1 Erfüllung des Mordtatbestands (§ 211 StGB)

Früher war nach § 211 RStGB Mörder, wer einen anderen Menschen mit Überlegung tötet. Der Mordparagraph (§ 211 RStGB) wurde im Jahr 1941 abgeändert und erhielt die heutige Fassung (mit Ausnahme des Strafmaßes, dass nun statt der Todesstrafe die lebenslange Freiheitsstrafe vorsieht). In jüngster Zeit wurde ein Zusammenhang zwischen der Änderung des Mordparagraphen und den Tötungsaktionen im „Dritten Reich" vermutet, und § 211 StGB als „eines von mehreren nationalsozialistischen Kuckuckseiern im bundesdeutschen Strafgesetzbuch" bezeichnet.[420]

Heute ist nach § 211 StGB Mörder, wer einen anderen Menschen tötet aus Mordlust, zur Befriedigung des Geschlechtstriebs, aus Habgier oder sonst aus niedrigen Beweggründen, heimtückisch oder grausam oder mit gemeingefährlichen Mitteln oder um eine andere Straftat zu ermöglichen oder zu verdecken.

Bei Johanna würde wohl das Mordmerkmal der Heimtücke zutreffend sein. Heimtückisch handelt, wer die Arg- und Wehrlosigkeit des Opfers bewusst ausnutzt. Wehrlosigkeit ist gegeben, wenn dem Opfer die natürliche Abwehrbereitschaft und -fähigkeit fehlt oder stark eingeschränkt ist. Das Opfer muss gerade aufgrund seiner Arglosigkeit wehrlos sein.[421] Frau Schweickart hatte keinerlei Grund zur Annahme, dass von Johanna irgendeine Gefahr für Leib und Leben ausging, war also vollkommen arglos. Da Johanna auf Frau Schweickart schoss, während diese sich gerade zum Ofen herumgedreht hatte, konnte sie nicht sehen, wie Johanna die Waffe aus der Jackentasche zog und zielte. Ihr wurde so die Möglichkeit genommen, sich zu wehren oder zumindest Ausweichbewegungen durchzuführen. Johannas Opfer war somit aufgrund seiner Arglosigkeit wehrlos.

Andere Mordmerkmale sind bei Johanna wohl nicht einschlägig, insbesondere, wenn man davon ausgeht, dass nicht Raubabsicht ihr Motiv war (siehe folgendes

---

[420] *Baldus* (2003) u.a. S. 73. Diese These stützt sich unter anderem auf den zeitlichen Zusammenhang, in dem die Gesetzesänderung verabschiedet wurde (3.8.1941: Predigt des Bischofs von Galen, der die Krankentötungen als Mord im Sinne des § 211 RStGB brandmarkte; 24.8.1941: „Euthanasie-Stopp" durch Hitler, 4.9.1941: Änderungsgesetz mit neuen §§ 211 ff., erlassen und unterschrieben von Adolf Hitler und versehen mit einer Rückwirkungsregelung). Auch würden Ereignisse und Dokumente zu dieser Gesetzesänderung den Schluss nahe legen, dass die Änderung des § 211 StGB verabschiedet wurde, um die Beteiligten an dem Mordprogramm vor einer Strafverfolgung zu schützen. Tatsächlich ist nach 1950 fast kein Beteiligter an der Tötungsaktion wegen Mordes verurteilt worden, die meisten konnten nach Ableistung einer kurzen Freiheitsstrafe ihrem Beruf wieder unbehelligt nachgehen (vgl. *Klee* (1986)). § 211 RStGB in der alten Fassung hätte den Ärzten zumindest mehr Schwierigkeiten bereitet, da den Ärzten, Professoren und Doktoren ein „überlegtes" Töten wohl schlecht abzusprechen gewesen wäre. Die neuen Mordmerkmale dagegen waren für diese Fälle schwer anzuwenden.

[421] *Tröndle/Fischer* (2001) § 211 Rn. 16

Kapitel 4.3.2.3.2). Ansonsten wäre Mord aus Habgier, einem „noch über die Gewinnsucht hinaus gesteigertem abstoßenden Gewinnstreben um jeden Preis"[422], gegeben.

4.3.2.3.2 Keine Absicht des versuchten schweren Raubes mit Todesfolge (§§ 23 I, 249, 250, 251 StGB)

4.3.2.3.2.1 Strafbarkeit wegen Versuchs

Versuch ist die zwischen Vorbereitung und Vollendung einer vorsätzlichen Straftat liegende Handlung, die zwar den subjektiven Tatbestand vollständig, den objektiven aber nur teilweise verwirklicht oder dazu wenigstens unmittelbar ansetzt.[423] Der Raub war nicht vollendet, da nicht sämtliche objektive Tatbestandsmerkmale erfüllt waren; es fehlte die Wegnahmehandlung. Die für die Strafbarkeitsschwelle entscheidende Abgrenzung zwischen strafloser Vorbereitung und strafbarem Versuch wird nach der subjektiv-objektiv gemischten Methode vorgenommen. Subjektiver Faktor ist der konkrete Tatvorsatz. Objektive Voraussetzung des Versuchs ist, dass der Täter nach Maßgabe seines Tatplans zur Tat unmittelbar ansetzt. Das ist stets gegeben, wenn er bereits ein Tatbestandsmerkmal verwirklicht, wobei Voraussetzung ist, dass der Täter alle Tatbestandsmerkmale verwirklichen will.[424] Wenn Johanna also die Absicht gehabt hätte, ihr Opfer zu bestehlen, dann hätte sie mit der Tötungshandlung das erste Tatbestandsmerkmal (Gewalt) verwirklicht und somit unmittelbar zur Tat angesetzt, so dass der Versuch des Raubes vorläge.

4.3.2.3.2.2 Argumente gegen eine Raubabsicht bei Johanna

Genau diese Absicht ist Johanna aber meines Erachtens nicht nachzuweisen. Von vornherein hat sie bei allen Vernehmungen bestritten, Frau Schweickart bestehlen zu wollen. Davon ist sie bis zuletzt nicht abgewichen. Auch wenn sie vielleicht wusste, dass Frau Schweickart Geld in der Wohnung hatte und sie schon zuvor häufig Diebstähle begangen hatte um sich ein angenehmeres Leben zu ermöglichen, so ist doch der Schritt von kleinen Diebstählen zum Raubmord ein solch eklatanter, dass dies nicht zu Johannas Persönlichkeit passt. Es ist eher zu vermuten, dass sich Johanna bedingt durch ihre Persönlichkeitsstörungen zu der Mordtat hingedrängt fühlte und später aus Erklärungsnot verschiedene mehr oder weniger plausible Motive für ihr Handeln angab, ohne selbst so richtig zu verstehen, was sie zu dieser schrecklichen Tat getrieben hat.

Gegen die Argumentationsführung des Gerichts spricht meines Erachtens, dass Johanna in der Vergangenheit gezeigt hat, dass sie weitaus einfachere Möglich-

---

[422] NJW 1995 S. 2365, *Tröndle/Fischer* (2001) § 211 Rn. 8

[423] *Tröndle/Fischer* (2001) § 22 Rn. 2

[424] *Tröndle/Fischer* (2001) § 22 Rn.7 ff.

keiten kennt, sich das nötige Geld zu beschaffen, als ein aufwendig geplanter Raubmord. Dies belegen die unterschiedlichen Arten ihrer Diebstähle und der Einfallsreichtum, den sie dabei jeweils beweist. Außerdem ist nicht klar, ob Johanna tatsächlich von großen Geldbeständen in Frau Schweickarts Wohnung ausging, oder ob es sich bei ihren diesbezüglichen Aussprüchen gegenüber der Zeugin Atzinger nicht – wie so oft – um reine Aufschneidereien, Prahlereien und Lügen handelte. Das Gericht scheint hier inkonsequenterweise Johannas Aussage gegenüber der Zeugin ernst zu nehmen, obwohl es bei allen anderen Punkten stets Johannas lügnerisches Wesen und ihre Unwahrhaftigkeit hervorhebt.

4.4 Feststellung der strafrechtlichen Verantwortlichkeit

Bei der Prüfung der strafrechtlichen Verantwortlichkeit ist festzustellen, ob der Straftäter bei Begehung der Tat zurechnungsfähig (heute: schuldfähig) war, und bei Jugendlichen zudem, ob sie die Einsicht hatten, die Strafbarkeit ihrer Handlung einzusehen (Einsichtsfähigkeit).

4.4.1 Grundlagen für die Beurteilung der strafrechtlichen Verantwortlichkeit

4.4.1.1 Rechtliche Entwicklungen zur Schuldfähigkeit

Mit dem ersten Strafgesetzbuch des Deutschen Reiches 1871 (RStGB) wurde in § 51 ein Strafausschluss wegen psychischer Krankheit festgelegt. Eine verminderte Zurechnungsfähigkeit gab es nicht. Gemäß § 51 RStGB war eine strafbare Handlung nicht vorhanden, wenn der Täter zur Zeit der Begehung der Handlung sich in einem Zustande von Bewusstlosigkeit oder krankhafter Störung der Geistestätigkeit befand, durch welchen seine freie Willensbestimmung ausgeschlossen war.[425]

Erst mit der Strafrechtsreform 1933 wurde eine verminderte Zurechnungsfähigkeit in § 51 II RStGB eingeführt. Die Exkulpierungsvoraussetzungen lauteten nach dem neuen Gesetz: Bewusstseinsstörung, Geistesschwäche und krankhafte Störung der Geistestätigkeit. Für die Exkulpierung wurden anfänglich nahezu ausschließlich krankhafte Störungen anerkannt. Im Laufe der Jahre hat die Rechtsprechung die Störungen und Beeinträchtigungen, die eine verminderte Zurechnungsfähigkeit nach sich ziehen können, ausgeweitet. Sie mussten aber „krankheitswertig" sein.

Der alte § 51 StGB wurde 1973 durch die heute geltenden §§ 20 und 21 StGB ersetzt. In der Strafrechtsreform von 1975 wurde der juristische Merkmalskatalog entsprechend der Kompromisse, die zwischen den verschiedenen psychiatri-

---

[425] *Dalcke* (1912) S. 630

schen und psychologischen Schulen und den Juristen möglich waren, so erweitert, dass auch eindeutig „nicht-krankhafte" Beeinträchtigungen mit umfasst wurden.[426] Gemäß § 20 StGB handelt ohne Schuld, wer bei Begehung der Tat wegen einer krankhaften seelischen Störung, wegen einer tief greifenden Bewusstseinsstörung oder wegen Schwachsinns oder einer schweren anderen seelischen Abartigkeit unfähig ist, das Unrecht der Tat einzusehen oder nach dieser Einsicht zu handeln.

4.4.1.2 Diagnose und Schuldfähigkeit

Bei der Beurteilung der strafrechtlichen Verantwortlichkeit kann das Gericht die Hilfe eines Sachverständigen in Anspruch nehmen. Heute hat der Gutachter die Aufgabe, die klinisch-psychiatrische oder psychologische Diagnose einem der vier Eingangsmerkmale des § 20 StGB zuzuordnen. Zunächst muss geklärt werden, ob das Ausmaß der durch die klinische Diagnose beschriebenen Störung ausreicht, um den juristischen Krankheitsbegriff zu erfüllen. Erst wenn die Antwort auf die erste Frage positiv ausfällt, kann die zweite Frage nach der Einsichts- und Steuerungsfähigkeit beantwortet werden. Einsichtsunfähigkeit im Sinne von § 20 StGB besteht, wenn die kognitiven Funktionen nicht ausreichen, eine Einsicht in das Unrecht eines Handelns zu ermöglichen. Zu einer Aufhebung oder einer Verminderung der Steuerungsfähigkeit führen in der Regel Einbußen der voluntativen Fähigkeiten, die zu einem Handlungsentwurf beitragen. Dann ist noch die Hypothese aufzustellen, ob die Störung zur Tatzeit vorlag, die rechtsrelevante Funktionsbeeinträchtigung zu quantifizieren und die Wahrscheinlichkeit zu benennen, mit welcher die klinische Hypothese zutrifft.[427]

Eine Diagnose nach den Klassifikationssystemen ICD-10 oder DSM-IV allein reicht sowohl nach forensisch-psychiatrischer Auffassung wie nach der Rechtsprechung des BGH[428] nicht, um ein Eingangsmerkmal des § 20 StGB anzunehmen, vielmehr bedarf es der quantitativen Abschätzung der Störung und deren Auswirkung auf die Tat. Andererseits liegt bei Feststellung eines Eingangsmerkmals die Annahme zumindest einer erheblich verminderten Steuerungsfähigkeit nahe.[429]

4.4.1.3 Anlass zur Beauftragung eines Gutachters

Der Richter wird dann auf die Erfahrung eine Sachverständigen zurückgreifen, wenn Anzeichen einer Geistesstörung bemerkbar werden oder mindestens Zweifel an der Zurechenbarkeit des Angeschuldigten auftreten. Die Aufgabe des

---

[426] *Nedopil* (2000) S. 7

[427] *Nedopil* (2000) S. 11

[428] BGH, 2 StR 53/97, Urteil vom 2.4.1997, in: Recht & Psychiatrie 1997, S. 182

[429] *Nedopil* (2000), S. 20

psychiatrischen Sachverständigen besteht darin, zu untersuchen, ob bei dem zu Begutachtenden eine geistige Erkrankung vorhanden ist oder nicht. Lässt sich eine geistige Erkrankung nachweisen, so muss diese Krankheit in einer für den Richter verständlichen Weise geschildert und beschrieben werden. Der Richter muss nach dem Gutachten des Sachverständigen im Stande sein, zu beurteilen, ob die von dem Sachverständigen geschilderte Geisteskrankheit mit den in Betracht kommenden Rechtsbegriffen der Strafgesetzgebung in Beziehung gebracht werden muss oder nicht.[430]

Im heutigen Jugendstrafverfahren besteht - was die Stellung des Sachverständigen angeht - kein Unterschied zum Erwachsenenstrafrecht. Es gelten die Vorschriften des allgemeinen Prozessrechts, wobei das den Strafprozess beherrschende Prinzip der materiellen Wahrheit durch § 43 JGG (Umfang der Ermittlungen) eine gewisse Verdeutlichung erfährt.[431]

Im Strafverfahren gegen Jugendliche werden relativ selten Gutachter herangezogen. Empirischen Untersuchungen zufolge geschieht dies nur in 1,9 bis 11,5 % der abgeurteilten Fälle.[432] Das ist verwunderlich, weil es gerade im Jugendstrafverfahren theoretisch für den forensischen Sachverständigen ein weites Betätigungsfeld gibt. Denn Normverstöße Jugendlicher sind durch Merkmale gekennzeichnet, die ihre Ursache in der biologischen, psychischen und sozialen Eigenart des Jugendalters haben können; und bei vielen richterlichen Entscheidungen (z.B. §§ 7, 27, 88, 89 JGG) ist eine soziale Prognose des Jugendlichen erforderlich.

Eine Ausnahme besteht in Bezug auf Tötungsdelikte, bei denen im Gegensatz zu allen übrigen Deliktsgruppen im Jugendstrafverfahren nahezu immer eine Begutachtung erfolgt, obwohl Kapitalverbrechen gemessen an der Gesamtzahl aller Jugendstrafverfahren von untergeordneter Bedeutung sind.[433] Ein Grund für dieses Phänomen ist möglicherweise darin zu sehen, dass die Jugendrichter in solchen Verfahren vermehrt psychologische Entlastung brauchen, damit sie gegen den Täter eine Jugendstrafe aussprechen können, ohne sich wegen deren Höhe besonders schuldig fühlen zu müssen;[434] oder in umgekehrter Richtung, dass sie die Verantwortung für einen Freispruch wegen fehlender Schuldfähigkeit auf den Gutachter abschieben können, wenn die Öffentlichkeit eine harte Strafe für den Täter fordert. Bei der Zusammenarbeit von Richter und Gutachter

---

[430] *Cramer* (1903) S. 82

[431] Siehe Kapitel 4.1.4

[432] *Heim* (1986) S. 3 m.w.N.

[433] Nach der Verurteiltenstatistik des Statistischen Bundesamtes waren von den insgesamt 52.905 von Jugendlichen begangenen Straftaten im Jahre 2003 lediglich 24 Mord oder Totschlag, das entspricht einer Quote von 0,045%. Quelle: Statistisches Bundesamt (http://www.destatis.de)

[434] *Szasz* (1978) S. 152 f.

kann jeder dem anderen die Verantwortung für die Entscheidung zuschieben und damit sein Gewissen beruhigen. Der Gutachter kann sich darauf berufen, dass die offizielle Entscheidungskompetenz beim Gericht liegt, der Richter darauf, dass er lediglich der Empfehlung des Fachmanns gefolgt ist.

4.4.1.4 Bewusste Vorauswahl gerichtlicher Gutachter

Die Auswahl der Sachverständigen durch den Jugendrichter erfolgt zum geringsten nach sachlichen Gesichtspunkten, sondern eher willkürlich; oder sie wird aufgrund einer bestimmten Gewohnheit vorgenommen.[435] Dennoch ist die personelle und fachliche Auswahl des Gutachters ein wichtiges Steuerungsinstrument im Hinblick auf die richterliche Urteilsfindung. Wenn der Richter einen ihm bekannten Gutachter auswählt (erfahrungsgemäß greifen Richter gerne immer auf denselben „Hausgutachter" zurück), so kann er schon mit der Auswahl eine Tendenz für das Gutachtensergebnis geben. Z.B. muss den Richtern bei Ernst Rüdin schon bei der Beauftragung klar gewesen sein, in welche Richtung er seine Gutachten abgeben würde, und dass er aufgrund seiner bekannten (auch veröffentlichten) Ansichten alles dafür tun würde, damit eine „psychopathische" Mörderin ihrer gerechten Strafe nicht entkommt.

Die Brisanz zeigt sich auch bei der Fachgebietsauswahl, insbesondere am Kompetenzkonflikt zwischen Psychiatrie und Psychologie: Obwohl sich aus Gründen der Gesetzeslogik im Jugendstrafverfahren eine Priorität für den psychologischen Sachverständigen ergibt, ist empirisch eine solche Dominanz nicht auszumachen: Nach einer Untersuchung von *Heim* ergab sich beim Vergleich der Gutachter-Professionen eine klare Dominanz der Psychiater (in 77 % der Gutachten), und zwar solcher, die in der Regel erwachsene Straftäter begutachten. Ob aufgrund dieser Erfahrung zu jugendpsychiatrischen Fragestellungen immer kompetent Stellung genommen werden kann, bleibt fraglich. Der Gutachtenanteil der Profession mit der formal größten Kompetenz, nämlich die Kinder- und Jugendpsychiater, ist mit 17 % relativ gering; Psychologen und Therapeuten spielen eine untergeordnete Rolle.[436] In der Mehrzahl sind forensisch tätige Psychologen dank ihres Testarsenals nur Datenlieferanten für Gutachten, die von Psychiatern hauptverantwortlich erstellt werden.

Moser hat darauf aufmerksam gemacht, dass auch bei den Gutachtern eine gewisse berufliche Selektion stattfindet. Nach einer fachärztlichen Ausbildung würde eigentlich nur derjenige Kriminalpsychiater, der sich mit einer bestimmten konservativen Strafrechtsordnung identifiziert.[437] In diesem Sinne steht die naturwissenschaftlich ausgerichtete Psychiatrie der Strafjustiz am nächsten. Ihre

---

[435] *Heim* (1986) S. 5

[436] *Heim* (1986) S. 38 f.

[437] *Moser* (1971) S. 35

Erkenntnisansprüche stehen in der Tradition eines repressiven Schuldstrafrechts, und von jenem Zeitgeist, der die Entscheidung über die Schuldfähigkeit allein aus Merkmalen der Straftat abgeleitet wissen wollte und eines Täters eigentlich gar nicht mehr bedurfte.[438]

4.4.1.5 Rollenkonflikt des ärztlichen Gutachters

Der Arzt kann bei seiner Gutachtentätigkeit in einen mehrfachen Rollenkonflikt geraten: Zum einen in seinem Verhältnis zum Probanden, wo er als Gutachter neutral auftreten soll, aber auf der anderen Seite ein Vertrauensverhältnis benötigt; zum anderen im Verhältnis zum Gericht, insbesondere, wenn von beiden Seiten Vorurteile bestehen und die Grenzen der Kompetenz nicht gesehen werden.

4.4.1.5.1 Rollenkonflikt im Verhältnis zum Probanden

Sein Verhältnis zum untersuchten Probanden ist ambivalent: Einerseits benötigt er ein Vertrauensverhältnis, um eine sinnvolle Exploration und Untersuchung durchzuführen. Er kann auf Hilfsbedürftigkeit treffen, aber auch Abstoßendes erkennen, Mitgefühl oder Antipathie entwickeln. Andererseits benötigt er ausreichend kritische Distanz und unter Umständen auch ein gewisses Misstrauen, um nicht blind nur den subjektiven Darstellungen des Untersuchten zu folgen.[439]

Nach herrschender kriminalpsychiatrischer Ansicht hat der Sachverständige faktisch affektneutral aufzutreten, d.h. er soll als Gehilfe des Gerichts und nicht als Arzt oder Therapeut tätig sein. Wie unter diesen Umständen ein Vertrauensverhältnis zum Probanden hergestellt werden kann, das für das Erstellen einer richtigen psychiatrischen Diagnose unbedingt erforderlich ist, wird nicht dargelegt. Bei einer solcherart postulierten interpersonellen Distanz als Begutachtungsmaxime handelt es sich um eine Kunstfigur. Sie macht es möglich, die Erwartungen und Interessen, die der wichtigste Interaktionspartner, nämlich der Proband, in die Begutachtungssituation einbringt, aus dem Blickfeld verschwinden zu lassen.[440] *Moser* hat kritisiert, dass die kriminalpsychiatrische Begutachtung, die sich nur auf die Diagnose beschränkt, ohne Hilfe anzubieten, von einer generellen Unaufrichtigkeit der Situation getragen ist, die für viele Täter „ein fundamentales Erlebnis des Getäuschtwerdens" bedeutet.[441]

---

[438] *Heim* (1986) S. 5 f.

[439] *Nedopil* (2000) S. 15

[440] *Heim* (1986) S. 7 f.

[441] *Moser* (1971) S. 222

4.4.1.5.2 Rollenkonflikt im Verhältnis zum Gericht, Beurteilungskompetenz

Im Verhältnis zwischen Gutachter und Richter gibt es häufig Unsicherheiten. Die Herkunft aus unterschiedlichen Fachdisziplinen fördert Unverständnis untereinander und gegenseitige Vorurteile. Auch in Bezug auf die Beurteilungskompetenz herrscht oft Unsicherheit. Mal erscheint der Gutachter als bloßer „Gehilfe des Gerichts", mal als „Richter in Weiß".

Rüdin beantwortete die Frage der Zurechnungsfähigkeit ausführlich und mit solch gesundem Selbstvertrauen, als ob er zur Entscheidung befugt wäre.[442] Dabei ist (damals wie heute) klar gesetzlich geregelt, dass allein dem Richter die Entscheidung über die Zurechnungsfähigkeit obliegt. Der psychiatrische Sachverständige hat lediglich darzulegen, ob in einem bestimmten Fall die Voraussetzungen des Gesetzes für die Anerkennung der Unzurechnungsfähigkeit tatsächlich vorliegen. Der Arzt hat sich nur auf die Darlegung der bestehenden Abweichungen von normaler Geistestätigkeit auf den Nachweis gestörten Seelenlebens zur Tatzeit zu beschränken.[443] „Der Experte hat es lediglich mit der Erforschung eines außerhalb der Rechtsfrage liegenden Umstandes zu thun."[444] Der psychiatrische Sachverständige müsste sich immer daran erinnern, dass er nicht Recht spricht, sondern nur ein unmaßgeblicher Gehilfe des Richters zur Erforschung der Wahrheit ist.[445]

Es wird deutlich gemacht, dass die Feststellung der Schuldunfähigkeit in die Zuständigkeit des Gerichts fällt. Der Arzt, der sich hierzu direkt äußert, überschreitet die Grenzen seiner Kompetenz. Seine Aufgabe ist lediglich, dem Gericht die medizinischen und psychologischen Voraussetzungen zu benennen und sie zu erläutern, damit das Gericht möglichst gut gerüstet ist, selbständig die Entscheidung zu fällen, ob in einem konkreten Fall die vom Gesetz vorgesehene Ausnahme vorliegt oder nicht.[446] Der Richter bleibt Souverän des Verfahrens; ihm obliegt die Entscheidung über den Ausgang des Strafverfahrens, für das er die alleinige Verantwortung trägt. Ein psychiatrisches Gutachten, das er mangels eigener Sachkunde in Auftrag gibt, verwertet er in freier Beweiswürdigung. Eine so verstandene Funktionsabgrenzung ist freilich eine idealtypische Konstruktion.[447]

Der Gutachter hat nur solche Fragen zu beantworten, zu deren Beantwortung er aufgrund seiner fachlichen Kompetenz besonders befähigt ist. Fragen, die er nur

---

[442] Siehe Kapitel 4.4.3

[443] *Kratter* (1912) S. 558

[444] *Bruck* (1878) S. 157

[445] *Cramer* (1903) S. 83

[446] *Nedopil* (2000) S. 10

[447] *Heim* (1986) S. 1

nach dem allgemeinen Menschenverstand und Einfühlungsvermögen beantworten könnte, sollte er an das Gericht zurückgeben. Keinesfalls darf er in einem Gutachten seine Meinung zu juristischen Problemen kundtun. Zu Fragen der Schuld, der Absicht, des Betrugs, usw. kann und darf er nicht Stellung nehmen. Selbst die Begriffe wie Schuldfähigkeit sind juristische Termini, deren Feststellung nicht zu den eigentlichen Aufgaben des psychiatrischen Sachverständigen gehört. Er hat hingegen die psychopathologischen Funktionseinschränkungen zu benennen, aufgrund derer das Gericht die juristischen Schlussfolgerungen ziehen kann. Allerdings werden in der Praxis häufig Fragen nach Einsichts- und Steuerungsfähigkeit gestellt.[448]

Rüdin überschreitet seine Kompetenz als Sachverständiger, als er im Gutachten zu Johanna Z. seine Ansicht zum Tatbestand des Mordes kundtut, obwohl es sich bei der Feststellung der rechtlichen Tatbestände eindeutig um die Aufgabe des Gerichts handelt. Er begründet Johannas Vorsatz und die überlegte Ausführung auch nicht etwa mit Tatsachen, die aus seinem Fachgebiet, der Psychiatrie, entspringen, sondern schlicht mit Tatgeschehen, wie es nach dem Geständnis und den anderen Ermittlungsergebnissen feststand.[449]

4.4.2 Beauftragung eines ersten Gutachters

Sowohl im Fall Ludwig B. als auch im Fall Johanna Z. beauftragte der Untersuchungsrichter einen medizinischen Sachverständigen, damit dieser ein erstes Gutachten über die Zurechnungsfähigkeit der Angeschuldigten (§ 51 RStPO) anfertigen und einen Antrag nach § 81 RStPO[450] stellen würde. Zur Vorbereitung eines Gutachtens über den Geisteszustand des Angeschuldigten kann das Gericht gemäß § 81 RStPO auf Antrag eines Sachverständigen nach Anhörung des Verteidigers anordnen, dass der Angeschuldigte in eine öffentliche Irrenan-

---

[448] *Nedopil* (2000) S. 13

[449] „Die Tat kennzeichnet sich zunächst als vorsätzlich und in hohem Masse überlegt. Sie war gut, schlau und rasch vorbereitet. Die Augenzeugin wurde nach vorbereitetem schlauen Plane brieflich mit verstellter Handschrift weggelockt. Störende Zufälle, die ihr dazwischenzukommen drohten, wurden entschlossen prompt beseitigt. Nach vollbrachter Tat suchte sie deren Entdeckung durch Schließen der Küchentüre und Entfernen des Wohnungsschlüssels zu verzögern. Nach der Tat hat sie die Spuren der Täterschaft nach Möglichkeit beseitigt, die untersuchenden Behörden durch allerlei, ihren eigenen Zwecken dienlichen präzise und eingehende, aber bewusst unwahre, erfundene Angaben irregeführt, dreist einen bestimmten Mann als Täter bezeichnet. Es lässt sich also bei ihr ein vorsätzliches, überlegtes und ihr durchaus bewusstes Handeln feststellen". Anhang C b. Gutachten Z. S. 81 unten

[450] § 81 RStPO: Zur Vorbereitung eines Gutachtens über den Geisteszustand des Angeschuldigten kann das Gericht auf Antrag eines Sachverständigen nach Anhörung des Verteidigers anordnen, dass der Angeschuldigte in eine öffentliche Irrenanstalt gebracht und dort beobachtet werde. (...) Die Verwahrung in der Anstalt darf die Dauer von sechs Wochen nicht übersteigen.

stalt gebracht und dort beobachtet werde. In einem Kommentar der damaligen Zeit wird in diesem Zusammenhang empfohlen, am besten in allen Fällen, bei denen es um die Begutachtung jugendlicher Verbrecher handelt, die Beobachtung in einer Anstalt auf Grund des § 81 RStPO zu beantragen. Unbedingt müsste dies geschehen, „wenn eine erhebliche Belastung und einzelne psychopathische Symptome" vorlägen.[451] Eine solche Unterbringung zur Vorbereitung eines Gutachtens über den psychischen Zustand des Beschuldigten erfolgt heute nach § 81 StPO. Bei Jugendlichen findet diese Vorschrift über § 2 JGG ebenfalls Anwendung.

4.4.2.1 Erstes Gutachten im Fall Ludwig B.

Im Fall Ludwig B. gab Landgerichtsarzt Medizinalrat Dr. Hermann am 7. August 1915 sein handschriftliches knapp 3-seitiges Gutachten ab, wobei er unter anderem Ludwigs unsteten Lebenswandel, dessen unintelligentes Äußeres erwähnt: „Dazwischen war er beschäftigungslos bei seinen Eltern, oft auch zwecklos nach auswärts (Mindelheim) gestreunt, hat Liebschaften mit verschiedenen Mädchen unterhalten, hat schon seit seinem 10. Lebensjahre fast ständig einen Revolver bei sich getragen, hat viel Schauergeschichten gelesen, Kinos besucht, sich in schlechter Gesellschaft herumgetrieben. (...) Er ist von unintelligentem Äußeren, asymmetrischen Schädel, steilen Gaumen." Der Landgerichtsarzt stellte den Antrag nach § 81 RStPO: „Eine längere Anstaltsbeobachtung ist zur Entscheidung der Frage, ob es sich um eine psychopathische oder um eine psychisch erkrankte Persönlichkeit handelt, dringend notwendig."

Durch Beschluss der Ferienstrafkammer des Kgl. Landgerichts München I vom 13.07.1915 wurde angeordnet, dass Ludwig zur Beobachtung seines Geisteszustandes nach § 81 RStPO bis zur Höchstdauer von 6 Wochen in die Psychiatrische Klinik verbracht werde. Ludwig verbrachte daraufhin 6 Wochen, vom 20.8. bis 30.9.1915, in der Psychiatrischen Klinik in München, um vom Gutachter Ernst Rüdin auf seinen Geisteszustand hin untersucht zu werden.

4.4.2.2 Erstes Gutachten im Fall Johanna Z.

Am 16. April 1917 gab Bezirksarzt Dr. Biehler über Johanna Z. ein erstes Gutachten ab und beantragte, „die Johanna Z. nach § 81 STR.P.O. zur Beobachtung ihres Geisteszustands auf die Dauer von 6 Wochen in die psychiatrische Klinik München einzuweisen."

Johanna machte auf ihn einen sehr kindlichen Eindruck.[452] „In körperlicher Beziehung" fiel dem Bezirksarzt „neben missgebildeten Ohren (oben breit, unten spitz

---

[451] *Cramer* (1903) S. 61

[452] „Die 17 jährige Johanna Z. (...) macht in ihrer äußeren Erscheinung, ihrem Habitus, ihrem ganzen Benehmen den Eindruck eines höchstens 14 jährigen Mädchens. Sie unterhält sich mit kindlicher Naivität, gibt zutraulich die Hand, macht beim Fortgehen einen Knicks. (...) Nach

zulaufend) ein ganz außergewöhnlich schmaler und hoher Gaumen auf". Er betonte im übrigen Johannas „vollständige moralische Abgestumpftheit" und ihre fehlende Reue.[453] Es war keines der „gewöhnlichen Motive" festzustellen: „Sie hatte weder Hass, noch Rache gegen die Frau. Sie wollte nichts stehlen. Mir hat sie angegeben, sie wollte einmal sehen, wie das ist, wenn man einen Menschen erschießt. Und wie die Frau auf den ersten Schuss nicht tot war, war sie ganz baff." Zusammenfassend stellt der Bezirksarzt fest: „Es besteht also bei der Z. eine ausgesprochene Verkleinerung der Schädelkapsel bei allgemein zurückgebliebener körperlicher Entwicklung (...) mit noch ganz kindlichem Wesen und einer außergewöhnlichen Gefühlsrohheit und Abgestumpftheit mit Mangel jeder Gemütsreaktion. Wie weit dieser Zustand ihre Strafbarkeitseinsicht und ihre Zurechnungsfähigkeit beeinflusst, kann wohl erst durch eine eingehende allseitige psychiatrische Beobachtung festgestellt werden, wie sie im Gefängnis nicht möglich ist, weshalb ich eingangs den Antrag gestellt habe, sie in eine Anstalt einzuschaffen."

Johanna wurde daraufhin in der Psychiatrischen Klinik vom 5. Mai bis 16. Juni 1917 einer eingehenden Beobachtung und Untersuchung durch Ernst Rüdin unterzogen.

4.4.3 Rüdins strafrechtliche Beurteilung

Wie bereits ausgeführt (Kapitel 3) kommt Rüdin in seinen Gutachten bei Ludwig zur Diagnose der Dementia praecox (Schizophrenie) und bei Johanna zu der einer hysterischen Persönlichkeit (Psychopathie). Entscheidend für die Beurteilung der Zurechnungsfähigkeit ist, ob die diagnostizierten Störungen Geistesstörungen im Sinne des Gesetzes darstellen. Bei Ludwig bejaht Rüdin das Vorliegen einer Geistesstörung im Sinne des § 51 RStGB, bei Johanna lehnt er dies ab.

4.4.3.1 Rüdins Grundsätze in der Beurteilung

Rüdins Gutachten folgten der damals verbreiteten Auffassung, dass ausschließlich Psychosen zur strafrechtlichen Exkulpierung wegen fehlender Zurechnungsfähigkeit führen, weil nur in solchen Fällen die freie Willensbestimmung des Betroffenen ausgeschlossen würde. Alle anderen Formen psychischer Störungen, die Rüdin in zeittypischer Weise insgesamt zu den „psychopathischen Minderwertigkeiten" rechnete, rechtfertigen seiner Ansicht nach nicht die Anwen-

---

ihrer in dieser Richtung glaubhaften Angaben beschäftigt sie sich auch gern mit kindlichen Spielen, auch mit Puppen, geschlechtliche Regungen scheinen erst schwach angedeutet, spielten jedenfalls im Verkehr mit den Gymnasiasten von ihrer Seite noch keine Rolle."

[453] „Neben großem Leichtsinn besteht auch nicht die mindeste Reue über ihre Tat. Sie selbst behauptet: Die Tat reut mich schon, aber die alte Frau kann mich absolut nicht reuen. Mit der größten Ruhe und Kaltblütigkeit, einem Cynismus sondergleichen, man könnte fast sagen mit Vergnügen, erzählt sie die Einzelheiten ihrer Mordtat."

dung des § 51 RStGB, da hier keine eigentlichen Krankheiten vorlägen, sondern Persönlichkeitsdefekte.[454]

Im Jahresbericht über die Königliche Psychiatrische Klinik in München für 1908 und 1909 beschreibt Rüdin die generelle Vorgehensweise bei den Begutachtungen. Für ihn gilt der „konsequent durchgeführte Grundsatz, dass Hysterie, Psychopathie und chronischer Alkoholismus an und für sich noch nicht als abnorme Seelenzustände aufzufassen sind, wie sie nach den Rechtsanschauungen des Volkes und den Intentionen des Gesetzgebers dem § 51 des RStGB zugrunde gelegt wurden. Immer musste, um die Annahme der Voraussetzungen des § 51 zu rechtfertigen, eine krankhafte Störung der Geistestätigkeit vorliegen, und sie musste außerdem die freie Willensbestimmung ausschließen. Die Verfolgung dieser, sich streng an den Wortlaut des Gesetzes haltenden Gesichtspunkte, (...) brachten es mit sich, dass bei sämtlichen lediglich psychopathisch minderwertigen oder dem Alkoholmissbrauch ergebenen Angeklagten die Vorbedingungen des § 51 verneint wurden."[455] Rüdin spricht sich ausdrücklich für eine restriktive Anwendung des § 51 RStGB aus, um die Gesellschaft vor „den verbrecherischen Geisteskranken" zu schützen.[456]

4.4.3.2 Dementia Praecox als Geistesstörung im Sinne des § 51 RStGB bei Ludwig B.

Im Fall Ludwig B. kommt Rüdin zu folgendem Ergebnis:

„1. B. leidet an Dementia praecox, an Jugendirresein, d.h. an einer Geistesstörung welche die Voraussetzungen des § 51 R.S.G.B. erfüllt.

2. B. befand sich auch zur Zeit der ihm zur Last gelegten strafbaren Handlung (Diebstahl, schwere Körperverletzung, Widerstand) in einem Zustande krankhafter Störung der Geistestätigkeit, durch welchen seine freie Willensbestimmung ausgeschlossen war."[457]

Dementia praecox ist für Rüdin eine Geistesstörung im Sinne des § 51 RStGB. Es erübrigen sich für ihn weitere Erläuterungen. Dafür, dass diese Störung bei Ludwig schon zur Zeit der Tat „mit an Sicherheit grenzender Wahrscheinlichkeit" bestanden hätte, spräche das Motiv zur Tat und die Tat selbst. Das Motiv

---

[454] Weber (1993) S. 83

[455] *Rüdin* (1911a) S. 23 f.

[456] „Allein man muss sich dann klar werden, dass, wenn ausnahmslos dieser mildere Maßstab der Verantwortlichkeit angewendet wird, die Zahl der von Strafe Befreiten ganz zweifellos ungeheuer anschwellen wird. (...) Freilich würde, nach unserer Ansicht, die Durchführung dieser milderen Anwendung des § 51, für alle derartigen Inkulpaten, für unsere gegenwärtigen Einrichtungen zu ganz unhaltbaren Zuständen führen müssen. Man bedenke, dass zum Beispiel der in Frage stehende, von Strafe Befreite, tatsächlich frei herumläuft, und wir fragen uns besorgt, ob bei einer konsequenten Verallgemeinerung dieses Vorgehens von Seiten aller Psychiater und Richter das Recht der Gesellschaft auf Schutz vor den verbrecherischen Geisteskranken gebührende Berücksichtigung finden würde." *Rüdin* (1911a) S. 28

[457] Anhang B b. Gutachten B. S. 47 unten

zur Schießerei (und auch das zur Unterschlagung) wäre krankhaften Eingebungen („in einer Art von Detektivwahn") entsprungen, die Ludwig „mit dem Charakter des unwiderstehlichen Zwanges zur Ausführung drängten".[458] Ludwigs Tat trüge von vornherein „den Stempel der Krankhaftigkeit auf der Stirn", da sie in dieser Art von einem „Vollsinnigen" nie begangen worden wäre.[459] Krankhaft wäre auch Ludwigs „abnorme" und widersprüchliche Stellungnahme zur Tat.[460]

4.4.3.3 Keine krankhafte Störung der Geistestätigkeit im Sinne von § 51 RStGB bei Johanna Z.

Im Fall Johanna Z. kommt Rüdin zu dem Ergebnis:

„1. Johanna Z. ist eine ethisch schwer defekte entartete hysterische Persönlichkeit.

2. Sie ist nicht geisteskrank im Sinne des § 51 R.S.G.B.

3. Ein Zustand nach § 56 und § 51 R.St.G.B. lag auch zur Zeit der ihr zur Last gelegten strafbaren Handlung nicht vor."[461]

Rüdin erklärt, dass hysterische Persönlichkeiten grundsätzlich zurechnungsfähig im Sinne des § 51 RStGB seien, es sei denn, sie befänden sich in einem hysterischen Dämmerzustand. Solche Dämmerzustände wären bei Johanna aber nicht erkennbar.[462] Rüdin sieht auch keine Veranlassung, bei Johanna eine andere krankhafte Störung der Geistestätigkeit im Sinne des § 51 RStGB anzunehmen.[463] Ein Zwang durch „Stimmen" oder eine Triebhandlung schließt Rüdin bei Johanna aus.[464] Unabhängig davon, welches Tatmotiv angenommen würde, ein beabsichtigter Raubmord oder ein Mord „aus Sensation", könnte der Täterin „weder der Schutz des § 51, noch des § 56 R.St.G.B. zugebilligt" werden. Denn „nicht der psychologische Mechanismus der Tat, nicht ein in den Augen des Durchschnittsmenschen größerer oder geringerer Grad von Motiviertheit und „Vernünftigkeit" der Tat oder sonstige „eigentümliche" Handlungsweise" wären maßgebend bei der Beurteilung nach § 51, „sondern einzig und allein die medizinische Diagnose, die hier vorliegt und diese ist vollkommen klar die einer ethisch schwer defekten, hysterischen Persönlichkeit, aber keiner Geistes-

---

[458] Anhang B b. Gutachten B. S. 46 Mitte

[459] Anhang B b. Gutachten B. S. 47 oben

[460] Anhang B b. Gutachten B. S. 47 Mitte

[461] Anhang C b. Gutachten Z. S. 93 unten

[462] Anhang C b. Gutachten Z. S. 80 unten

[463] „Die Schrecklichkeit und Gefühlsrohheit der Tat allein und der Umstand, dass die Tat nach dem Empfinden des Normalen, der die sittliche Tiefe, auf die ein Hysterischer Charakter hinabsteigen kann, nicht kennt, in ihren Motiven, soweit die große Unwahrhaftigkeit der Angeschuldigten uns darin überhaupt einen Einblick gestattet, nicht zureichend begründet zu sein scheint, kann jedenfalls keine solche Veranlassung bilden." Anhang C b. Gutachten Z. S. 81 Mitte

[464] Anhang C b. Gutachten Z. S. 82 unten

gestörten."[465] Zwar würde es sich bei Johanna um eine „abnorm Veranlagte", „sehr lasterhafte", „mit den schlimmsten Charaktereigenschaften ausgerüstete Person, um eine Persönlichkeit von außergewöhnlicher, rücksichtsloser Gefühlsrohheit" handeln. „Aber ebenso wenig wie andere Mörder tiefer und tiefster Stufen, ebenso wenig auch wie die Giftmischerinnen, welche raffiniert und vorsätzlich und überlegt morden, um sich an ihren Opfern zu weiden, kann die Z. als geisteskrank im Sinne des § 51 aufgefasst werden."[466]

4.4.4 Entscheidung des Gerichts zur Zurechnungsfähigkeit

Nach einer Untersuchung von *Heim* folgen Jugendrichter in hohem Maße dem Begutachtungsergebnis der Sachverständigen.[467] So geschah es auch in den Fällen Ludwig B. und Johanna Z..

4.4.4.1 Beschluss: Zurechnungsunfähigkeit bei Ludwig B.

Das Gericht folgte Rüdins Gutachten und nahm bei Ludwig B. Zurechnungsunfähigkeit nach § 51 RStGB an: „Die mehrwöchige Beobachtung und Untersuchung des Angeschuldigten in der psychiatrischen Klinik in München hat jedoch ergeben, dass B. an dementia praecox, an Jugend-Irrsinn leidet und anzunehmen ist, dass er sich auch schon zur Zeit der Verübung der angeführten Straftaten in diesem Zustande krankhafter Störung der Geistestätigkeit befunden hat, durch den seine freie Willensbestimmung ausgeschlossen war. (§ 51 St.G.B.)"[468]

4.4.4.2 Urteil: Strafrechtliche Verantwortlichkeit von Johanna Z.

Auch im Fall Johanna Z. folgte das Gericht dem Gutachten Rüdins und lehnte die Voraussetzungen des § 51 RStGB ab: „Die Angeklagte ist für die von ihr verübte Tat strafrechtlich verantwortlich; sie befand sich bei Begehung der Tat nicht in einem Zustand der Bewusstlosigkeit oder krankhaften Störung der Geistestätigkeit im Sinne des § 51 St.G.B., durch den ihre freie Willensbestimmung ausgeschlossen gewesen wäre."[469]

---

[465] Anhang C b. Gutachten Z. S. 88 Mitte

[466] Anhang C b. Gutachten Z. S. 88 unten

[467] *Heim* (1986) S. 53 f.: Keine Beurteilungsdiskrepanz gibt es hinsichtlich der Anwendung bzw. Ablehnung des § 3 JGG und § 63 StGB. Bei § 105 JGG und § 20 StGB schließen sich die Jugendrichter dem positiven Gutachtensergebnis nur in wenigen Fällen (9 % bzw. 1 %) nicht an. In Bezug auf § 21 ist die Beurteilungsübereinstimmung mit 84 % am geringsten, und es zeigen sich auch nur dort Diskrepanzen in beide Richtungen. Im Vergleich zu früheren Übereinstimmungszahlen im Hinblick auf die Schuldfähigkeitsbestimmung zeigt sich auf der Grundlage eines größeren Untersuchungsmaterials eine deutlich stärkere Übereinstimmung von Gutachtern und Jugendrichtern, die auf einen eingespielten Konsens über die Würdigung des forensisch Normalen und Pathologischen verweist.

[468] Anhang B c. Beschluss B.

[469] Anhang C c. Urteil Z. S. 22 unten

In den Urteilsgründen nahm das Gericht ausführlich Bezug auf das Gutachten und zeigte sich vollkommen überzeugt von Rüdins Ausführungen.[470] Es wurden wesentliche Punkte des Gutachtens zusammenfassend wiedergegeben, so z.B. die körperlichen und charakterlichen Auffälligkeiten der Angeklagten. Rüdins Ergebnis wurde exakt übernommen,[471] und es wurde ausdrücklich betont, dass das Gericht Rüdins Gutachten in allen Punkten folgt.[472]

Johannas Strafverteidiger hatte den Antrag gestellt, mindestens noch einen weiteren Sachverständigen zu hören. Dies „erscheint geboten mit Rücksicht auf die Unerklärlichkeit der Tat und ihrer Beweggründe. Es muss auch mit der noch nicht untersuchten Möglichkeit gerechnet werden, dass die Angeklagte die Tat im Zustande der Hypnose begangen hat." Auf diesen Antrag einzugehen bestand für das Gericht kein Anlass, „da das Gericht schon auf Grund des umfassenden Gutachtens des Sachverständigen Dr. Rüdin und auf Grund des Verhandlungsergebnisses die feste Überzeugung gewonnen hat, dass die Angeklagte in zurechnungsfähigem Zustande gehandelt hat."[473]

4.4.5 Bewertung der Entscheidung zur Zurechnungsfähigkeit aus heutiger Sicht

4.4.5.1 Schizophrenie und Schuldfähigkeit

Aus heutiger Sicht würde man wohl im Fall Ludwig B. auch zu einer Schuldunfähigkeit im Sinne des § 20 StGB aufgrund seiner schizophrenen Erkrankung kommen.

Schizophrenie wird als endogene Psychose unter „krankhafte seelische Störung" im Sinne der §§ 20, 21 StGB subsumiert. Unter den Begriff krankhafte seelische Störung werden alle Krankheiten und Störungen zusammengefasst, bei denen nach früherer klassischer, psychiatrischer Anschauung eine organische Ursache bekannt ist oder aber eine solche Ursache vermutet wird.[474] Während die Schizophrenie bis in die Mitte des 20. Jahrhunderts als so schwerwiegende Erkrankung galt, dass allein die Diagnose dazu führte, einen Menschen als unzurechnungsfähig zu bezeichnen, so ist heute nach dem Stadium der Erkrankung zu unterschei-

---

[470] „Wie der Sachverständige Professor Dr. Rüdin (...) überzeugend in einem eingehend begründeten Gutachten darlegte, liegen bei der Angeklagten geistige Defekte, die ihre Zurechnungsfähigkeit in Frage stellen oder ausschließen könnten, nicht vor." Anhang C c. Urteil Z. S. 23 oben

[471] Anhang C c. Urteil Z. S. 23 Mitte

[472] „Das Gericht erachtet dieses Gutachten, das mit den in der Verhandlung zutage getretenen und erwiesenen Eigenschaften und Handlungen der Angeklagten durchaus übereinstimmt, in allen Punkten für zutreffend." Anhang C c. Urteil Z. S. 23 unten

[473] Anhang C c. Urteil Z. S. 24 oben

[474] *Nedopil* (2000) S. 21

146

den. Denn die soziale Kompetenz und damit auch ihre Fähigkeit zu einsichtsgemäßem Handeln wechseln bei den an Schizophrenie Erkrankten in Abhängigkeit vom Stadium der Erkrankung. Im akuten Schub der Krankheit besteht kaum je ein Zweifel daran, dass die Voraussetzungen für Schuldunfähigkeit vorliegen. Schwieriger wird die Beurteilung bei Kranken mit leichten Residualzuständen, bei voll remittierten ehemals Erkrankten und bei Kranken mit dissozialer, delinquenter und unter Umständen von Gewalttätigkeiten geprägter Vorgeschichte lange vor Ausbruch der Erkrankung. In diesen Fällen wird häufig eine verminderte Schuldfähigkeit angenommen. Bei voll genesenen, ehemaligen schizophrenen Patienten ist es auch gerechtfertigt, volle Schuldfähigkeit anzunehmen, wenn das Delikt aus dem Lebensstil des Menschen heraus normalpsychologisch nachvollziehbar ist.[475]

Da Ludwig sich aber wohl in einem akuten Zustand der Schizophrenie befand, würde man auch heute Schuldunfähigkeit aufgrund seiner Krankheit annehmen.

4.4.5.2 Persönlichkeitsstörungen und Schuldfähigkeit

Im Fall Johanna Z. käme möglicherweise eine verminderte Schuldfähigkeit im Sinne des § 21 StGB aufgrund von Persönlichkeitsstörungen in Betracht.

Bei den Schuldfähigkeitsbegutachtungen gehören Persönlichkeitsstörungen sicher zu den am häufigsten gestellten Diagnosen. Die Diagnose allein erlaubt jedoch keine Aussage über verminderte oder aufgehobene Steuerungsfähigkeit. Einsichtsunfähigkeit wird bei persönlichkeitsgestörten Probanden kaum je zu begründen sein, auch Steuerungsunfähigkeit ist bei ihnen eine seltene Ausnahme und hängt meist mehr von konstellativen Faktoren, z.B. einer erheblichen psychischen Belastung, als von der Persönlichkeitsstörung selbst ab. Seit der ersten Strafrechtsreform 1933 ist die Diskussion um die Annahme einer verminderten Zurechnungs- oder Schuldfähigkeit bei Persönlichkeitsstörungen nicht mehr abgebrochen.[476]

Die Zuordnung zu einem rechtlich definierten Krankheitsbegriff bleibt in jedem Einzelfall eine Gratwanderung, die vom Gutachter eine fundierte Darlegung seiner Entscheidungslogik erfordert. Pauschallösungen und generalisierende Entscheidungshilfen können kaum angeboten werden. Selbst bei der Schuldfähigkeitsbeurteilung, wo mit dem vierten Merkmal des § 20 StGB, der „schweren anderen seelischen Abartigkeit", eine Auffangkategorie unter anderem für die Persönlichkeitsstörungen geschaffen wurde, bleibt die Quantifizierung der „Schwere" ein ungelöstes Problem.[477] Im Allgemeinen wird darauf hingewiesen, dass die Funktionsbeeinträchtigung durch die Störung so ausgeprägt wie bei den

---

[475] *Nedopil* (2000) S. 128

[476] *Nedopil* (2000) S. 157 f.

[477] *Nedopil* (2000) S. 157

psychotischen Erkrankungen sein muss, oder dass die Einbußen an sozialer Kompetenz denen bei psychotischen Erkrankungen gleichen müssen.[478]

Bei der Beurteilung bleibt ein großer individueller Ermessensspielraum für den Gutachter und das Gericht. Einzelne Persönlichkeitsstörungen, wie z.B. Borderline-Persönlichkeiten erscheinen durchgängig psychopathologisch auffällig. Bei ihnen liegt die Hypothese einer verminderten Schuldfähigkeit näher als bei anderen Persönlichkeitsstörungen, wie z.B. der dissozialen Persönlichkeitsstörung. Allerdings ist es auch bei ihnen erforderlich, die Störung und die durch sie bedingte Beeinträchtigung im täglichen Leben und zum Zeitpunkt der Tat zu belegen. Gerade bei dissozialen Persönlichkeitsstörungen ist die Schuldfähigkeitsbeurteilung schwierig. Bei den Betroffenen sind einerseits deutliche Beeinträchtigungen in vielen Bereichen ihrer Entwicklung und ihres täglichen Lebens erkennbar, andererseits gehören Normverstoß und Delinquenz zu ihrem Lebensstil und sind somit nicht Symptome einer Störung, welche sie – wie bei einer Krankheit – ohne wesentliches eigenes Zutun äußern.[479]

Bei Johanna Z. kann man davon ausgehen, dass eine Persönlichkeitsstörung vorlag (siehe Kapitel 3.4.3.2.2). Sollte tatsächlich eine Borderline-Störung vorgelegen haben (siehe Kapitel 3.4.2.3.2.4), läge eine verminderte Schuldfähigkeit nahe. Es ist im Nachhinein nun aber kaum festzustellen, wie groß die Funktionsbeeinträchtigung durch eine mögliche Störung war oder ob Einbußen in der sozialen Kompetenz gegeben waren. Ob also ein heutiges Gericht bei Johanna verminderte Schuldfähigkeit nach § 21 StGB angenommen hätte, bleibt Spekulation.

4.4.6 Einsichtsfähigkeit (§ 56 RStGB)

Bei jugendlichen Straftätern war nach § 56 RStGB[480] die Einsichtsfähigkeit zu prüfen, also das Vermögen, die Strafbarkeit der Tat überhaupt zu erkennen. Dabei ist zu beachten, dass der Psychiater die Frage nach der zur Erkenntnis der Strafbarkeit einer Handlung notwendigen Einsicht als Sachverständiger kaum beantworten kann. Vielmehr kann er sich dazu nicht vom Standpunkt des Sachverständigen, sondern nur auf Grund der Erfahrung des alltäglichen Lebens äußern.[481]

---

[478] *Nedopil* (2000) S. 22

[479] *Nedopil* (2000) S. 157 f.

[480] § 56 RStGB: Ein Angeschuldigter, welcher zu einer Zeit, als er das zwölfte, aber nicht das achtzehnte Lebensjahr vollendet hatte, eine strafbare Handlung begangen hat, ist freizusprechen, wen er bei Begehung derselben die zur Erkenntnis ihrer Strafbarkeit erforderliche Einsicht nicht besaß. In dem Urteile ist zu bestimmen, ob der Angeschuldigte seiner Familie überwiesen oder in eine Erziehungs- oder Besserungsanstalt gebracht werden soll.

[481] *Cramer* (1903) S. 59 f., siehe auch Kapitel 4.4.1.5.2

4.4.6.1 Einsichtsfähigkeit bei Ludwig B.

Bei der Frage nach Ludwigs Einsichtsfähigkeit beziehen weder Rüdin noch das Gericht Stellung, da bereits Unzurechnungsfähigkeit festgestellt wurde. Die Schulbehörde bezweifelt nicht, dass Ludwig die erforderliche Einsicht besessen hatte.[482]

4.4.6.2 Rüdins Einschätzung bei Johanna Z.

Bei Johanna lehnt Rüdin die Anwendbarkeit des § 56 RStGB ab: „Es liegt kein Grund vor, anzunehmen, dass der Z. die Einsicht in die Strafbarkeit ihrer Handlung vor dem Gesetz und vor Gott gefehlt habe. Ihre Intelligenz und Erfahrung waren dazu mehr wie ausreichend. Sie kannte auch die üblen Folgen und hat alles versucht, um sie von sich abzuwenden. Sie hätte die Tat auch sicherlich nicht begangen, wenn sie nicht bestimmt gehofft hätte, dass sie nicht aufkommt. Dass auch die Schulinstanzen dem 17 ½ jährigen Mädchen, das also schon nahe an der oberen Grenze der relativen Strafmündigkeit steht, „zweifellos" die Einsicht nach § 56 speziell bezüglich der Diebstähle zusprechen, sei nur nebenbei erwähnt."[483] Rüdin beruft sich hier auch auf die Einschätzung der Schulbehörden, insbesondere der des Direktors der Frauenarbeitsschule, der von Johannas Einsichtsfähigkeit überzeugt war.[484]

4.4.6.3 Urteil: Einsichtsfähigkeit bei Johanna Z.

Auch das Gericht spricht Johanna die Einsichtsfähigkeit zu: „Die Angeklagte, die zur Zeit der Tat das 18. Lebensjahr noch nicht vollendet hatte, besaß auch die nach § 56 St.G.B. zur Erkenntnis der Strafbarkeit ihrer Handlung erforderliche Einsicht. Sie war hinreichend erfahren und geschult und hatte genügend Verstand, um die Strafbarkeit ihres Verbrechens einzusehen. Wie sie übrigens selbst angibt, war sie sich wohl bewusst, dass auf einem Verbrechen wider das Leben anderer schwere Strafen stehen."[485]

---

[482] Stellungnahme der Schulinspektion der Volksschule Unterpfaffenhofen (Lokalschulkommission) bei der Beantwortung des Fragebogens (Kapitel 4.1.3.3)

[483] Anhang C b. Gutachten Z. S. 92 unten

[484] „Die in der kurzen Zeit des Schulbesuches gemachten Wahrnehmungen lassen erkennen, dass die Beschuldigte bei der Tat die zu ihrer Strafbarkeit erforderliche Einsicht unzweifelhaft besaß. Sie ist in ihrer geistigen und sittlichen Entwicklung so weit vorgeschritten, dass sie nicht nur weiß, sondern auch begreift und sich voll bewusst ist, dass ihre Handlung sittlich verwerflich und gerichtlich strafbar ist." Stellungnahme des Direktors Koob bei der Beantwortung des Fragebogens (Kapitel 4.1.3.3)

[485] Anhang C c. Urteil Z. S. 24 Mitte

4.4.6.4 Heutige Einsichtsfähigkeit nach § 3 JGG

Heute muss bei jugendlichen Straftätern stets gemäß § 3 JGG geprüft werden, ob er zur Zeit der Tat nach seiner sittlichen und geistigen Entwicklung reif genug ist, das Unrecht der Tat einzusehen und nach dieser Einsicht zu handeln. Die Verantwortlichkeit fehlt gemäß § 3 JGG, wenn Mängel im Prozess der Reifeentwicklung vorliegen.[486]

Sowohl Ludwig B. als auch Johanna Z. scheinen von ihrer Entwicklung her reif genug gewesen zu sein, das Unrecht ihrer Taten einzusehen und nach dieser Einsicht zu handeln, so dass bei ihnen auch heute Einsichtsfähigkeit nach § 3 JGG angenommen würde.

4.5 Strafzumessung und Folgen für die Jugendlichen

4.5.1 Beschluss und Folgen im Fall Ludwig B.

Die I. Strafkammer des Königlichen Landgerichts München I beschloss am 02.10.1915, den Haftbefehl gegen Ludwig B. aufzuheben und die ihm zur Last gelegten Straftaten außer Verfolgung zu setzten. Die Kosten des Verfahrens hatte gemäß § 499 RStPO[487] die Königliche Staatskasse zu tragen. Heute würde ein Beschluss über die Nichteröffnung des Hauptverfahrens (§§ 47 I Nr. 4 JGG, § 204 StPO) sowie über die Aufhebung des Haftbefehls nach § 2 JGG, § 120 I 2 StPO erfolgen. Die Kostenentscheidung würde sich heute nach § 2 JGG, § 467 I StPO richten und genauso wie damals ausfallen.

Nach dem Beschluss des Landgerichts München I wurde Ludwig B. aus der Untersuchungshaft entlassen und am 06.10.1915 in die Heil- und Pflegeanstalten Eglfing und Haar verlegt. Aus seiner Patientenakte lässt sich entnehmen, dass er am 02.03.1917 aus der Anstalt entwich, aber 2 Wochen später bereits wieder nach Haar zurückgebracht wurde. Am 19.8.1917 konnte Ludwig „in die Familie" entlassen werden. Bis zum Jahr 1922 wurde Ludwig B. noch weitere drei Male in die Heil- und Pflegeanstalten Eglfing und Haar eingewiesen.[488]

Gegen Ludwig würde heute eine Maßregel der Besserung und Sicherung, wie die Unterbringung in einem psychiatrischen Krankenhaus, die Unterbringung in einer Erziehungsanstalt, oder einer Führungsaufsicht gemäß § 7 JGG in

---

[486] *Eisenberg* (1997) § 3 Rn. 33

[487] § 499 RStPO: Einem freigesprochenen oder außer Verfolgung gesetzten Angeschuldigten sind nur solche Kosten aufzuerlegen, welche er durch eine schuldbare Versäumnis verursacht hat. Die dem Angeschuldigten erwachsenen notwendigen Auslagen können der Staatskasse auferlegt werden. *Dalcke* (1912) S. 248 f.

[488] Archiv des Bezirks Oberbayern, Heil- und Pflegeanstalt Eglfing, Patientenakten 81; siehe auch Biographie von Ludwig B. Anhang B a.

Verbindung mit §§ 61 Nr. 1, 2 und 4 StGB in Betracht kommen. Die Unterbringung in einem psychiatrischen Krankenhaus (§§ 61 Nr. 1, 63 StGB) sollte aber bei Jugendlichen nur in besonderen Ausnahmefällen angeordnet werden, wenn weniger einschneidende Maßnahmen nicht ausreichen.[489] Die Anordnung einer solchen Unterbringung wäre insofern bei Ludwig möglich, da er eine rechtswidrige Tat im Zustand der Schuldunfähigkeit begangen hatte. Eine Gesamtwürdigung des Täters und seiner Tat müsste gemäß § 63 S. 2 StGB ergeben, dass von ihm infolge seines Zustandes erhebliche rechtswidrige Taten zu erwarten seien und er deshalb für die Allgemeinheit gefährlich sei. Wegen der Vielzahl von gefährlichen Vorfällen mit Waffen, die bei Ludwig innerhalb kürzester Zeit vorgefallen waren, würde wohl eine solche Gesamtwürdigung zu der Annahme einer Gefährlichkeit für die Allgemeinheit kommen.

Die Anordnung einer Sicherungsverwahrung gegen Jugendliche und Heranwachsende war bislang nach § 106 II 1 JGG ausgeschlossen. Nach den Plänen der neuen Bundesregierung soll jedoch demnächst die nachträgliche Anordnung der Sicherungsverwahrung auch gegen Jugendliche gesetzlich ermöglicht werden.[490]

4.5.2 Strafzumessung und Folgen im Fall Johanna Z.

Johanna wurde vom Gericht „eines Verbrechens des Mordes in Tateinheit mit einem Verbrechen des versuchten schweren Raubes schuldig erkannt". Die Strafe wurde gemäß § 73 RStGB[491] aus § 211 RStGB bemessen, da Johanna durch eine Handlung mehrere Strafgesetze verletzt hatte und nur das Gesetz mit der schwersten Strafandrohung (hier Mord nach § 211 RStGB: Todesstrafe) zur Anwendung kam.

Beim Strafmaß berücksichtigte das Gericht zu Gunsten der Angeklagten als strafmildernd „ihre psychopathische Minderwertigkeit, ihr moralischer Defekt und ihre hysterische Veranlagung sowie ihre durch mangelhafte Erziehung und häusliche Vernachlässigung begünstigte Charakterschwäche, weiter die Verlockungen, denen sie durch ihren Verkehr ausgesetzt war, sowie endlich ihre Jugend". Als strafverschärfend führte das Gericht folgende Punkte an: „Auf der anderen Seite fielen aber ins Gewicht die außerordentliche Schwere der Tat, die geradezu erschreckende Verworfenheit der Angeklagten, die vor Vernichtung des Lebens eines Mitmenschen nicht zurückschreckte, nur um sich selbst die erhofften Mittel zur bequemen Lebensführung und zur Befriedigung der Genusssucht zu verschaffen, weiter das ungewöhnliche Maß von List, Raffiniertheit und Heimtücke, mit der sie das Verbrechen plante, vorbereitete, und durchführte, endlich die große Gewissenlosigkeit,

---

[489] *Tröndle/Fischer* (2001) Vor § 61 Rn. 5

[490] siehe Kapitel 6.2.2

[491] § 73 RStGB: Wenn eine und dieselbe Handlung mehrere Strafgesetze verletzt, so kommt nur dasjenige Gesetz, welches die schwerste Strafe, und bei ungleichen Straftaten dasjenige Gesetz, welches die schwerste Strafart androht, zur Anwendung

mit der sie den Verdacht der Tat auf den am Verbrechen in keiner Weise beteiligten Schlosser Kurtius zu lenken versuchte."[492]

Es wurde auf eine Strafe von zehn Jahren Gefängnis erkannt. Da es sich bei Johanna um eine unter 18-jährige Straftäterin mit Einsichtsfähigkeit handelte, stand dem Gericht gemäß § 57 RStGB[493] ein gemilderter Strafrahmen von drei bis fünfzehn Jahren zur Verfügung (Mord war grundsätzlich mit Todesstrafe oder lebenslanger Freiheitsstrafe bewehrt). Außerdem hatte Johanna die Kosten des Strafverfahrens und der Strafvollstreckung nach § 497 RStPO zu tragen.

Nach 9 Jahren und 2 Monaten im Zuchthaus und der Gefangenenanstalt in Aichach wurde Johanna Z. am 09.10.1926 entlassen. Der Strafrest wurde ihr nach Ablauf der 4-jährigen Bewährungsfrist erlassen.[494]

Im Fall Johanna Z. würde bei einer heutigen Verurteilung wegen heimtückischen Mordes (siehe Kapitel 4.3.2.3) wohl eine Jugendstrafe verhängt werden. Der Richter verhängt nach § 17 II JGG eine Jugendstrafe, wenn wegen der schädlichen Neigungen der Jugendlichen, die in der Tat hervorgetreten sind, Erziehungsmaßregeln oder Zuchtmittel zur Erziehung nicht ausreichen oder wegen der Schwere der Schuld Strafe erforderlich ist.

„Schädliche Neigungen" sind nach überwiegender Ansicht „Mängel, die ohne längere Gesamterziehung die Gefahr der Begehung weiterer solcher Straftaten in sich bergen, die nicht nur ‚gemeinlästig' sind oder den Charakter von Bagatelldelikten haben."[495] Johannas Tat war kein Bagatelldelikt und es sind dabei sicherlich Mängel hervorgetreten, so dass man von schädlichen Neigungen sprechen könnte. Es müsste aber auch an der Möglichkeit ausreichender erzieherischer Beeinflussung der auf die Begehung von Straftaten gerichteten Neigungen durch andere jugendstrafrechtliche Rechtsfolgen fehlen. Ob dies der Fall ist, kann nur nach eingehender Persönlichkeitsforschung beurteilt werden.[496] Betrachtet man die von Johanna genannten Tatmotive (Sensationslust, Ausprobierenwollen) und ihre ernüchternden Erfahrungen als Folgen der Tat (Gefängnis, Psychiatrie), so ist nicht anzunehmen, dass Johanna jemals wieder ein solches Verbrechen begehen würde. Somit würden auch andere jugendstrafrechtli-

---

[492] Anhang C c. Urteil Z. S. 24 unten

[493] § 57 RStGB: Wenn ein Angeschuldigter, welcher zu einer Zeit, als er das zwölfte, aber nicht das achtzehnte Lebensjahr vollendet hatte, eine strafbare Handlung begangen hat, bei Begehung derselben die zur Erkenntnis ihrer Strafbarkeit erforderliche Einsicht besaß, so kommen gegen ihn folgende Bestimmungen zur Anwendung: 1. ist die Handlung mit dem Tode oder mit lebenslangem Zuchthaus bedroht, so ist auf Gefängnis von drei bis fünfzehn Jahren zu erkennen. ...

[494] Siehe auch Johannas Biographie, Anhang C a.

[495] *Eisenberg* (1997) § 17 Rn. 18

[496] *Eisenberg* (1997) § 17 Rn. 23

che Rechtsfolgen als die Jugendstrafe erzieherischen Erfolg mit sich bringen, so dass eine Jugendstrafe nicht nach § 17 II Alt. 1 JGG verhängt werden könnte.

Jedoch würde eine Jugendstrafe wohl wegen der „Schwere der Schuld" nach § 17 II Alt. 2 JGG verhängt werden. Die Voraussetzungen dafür bestimmen sich, unter Einbeziehung der Tatmotivation, in erster Linie nach der jeweiligen Form der Tatschuld und dem Grad der Schuldfähigkeit.[497] Es können solche Besonderheiten, die eine Minderung der Schuldfähigkeit nach § 21 StGB begründen, auch bei vorsätzlich verursachten schweren Tatfolgen die „Schwere der Schuld" ausschließen.[498] Je nach dem, ob ein heutiges Gericht bei Johanna verminderte Schuldfähigkeit annehmen würde (siehe oben Kapitel 4.4.5.2), könnte somit eine „Schwere der Schuld" ausgeschlossen werden. Es ist allerdings äußerst wahrscheinlich, dass bei einem solch schweren Kapitalverbrechen und mangels einer eindeutig feststehenden Geistesstörung eine „Schwere der Schuld" angenommen und eine Jugendstrafe ausgesprochen werden würde.

---

[497] *Eisenberg* (1997) § 17 Rn. 29

[498] *Eisenberg* (1997) § 17 Rn. 30

5 Der Einfluss psychiatrischer Gutachter auf gesellschaftliche Entwicklungen, dargestellt am Beispiel von Ernst Rüdin

Am Beispiel des Psychiaters Ernst Rüdin lässt sich erkennen, wie nachhaltig der Einfluss eines prominenten Wissenschaftlers sich auf das Schicksal vieler Menschen auswirken kann, nicht nur direkt durch seine Gutachten, sondern auch indirekt als Folge seines gesellschaftlichen Engagements.

5.1 Rassenhygiene als Basis für Rüdins politisches Engagement

5.1.1 Rassenhygiene und Psychiatrie

Die Vorstellungen der Rassenhygiene, der „Lehre von der Verbesserung der Rasse"[499], waren zu Beginn des 20. Jahrhunderts insbesondere im Kreise deutscher Psychiater weit verbreitet. Sie sahen seelische und geistige Störungen oder Defekte als eindrucksvolle Zeichen einer fortschreitenden genetischen Verschlechterung der Rasse an. Die Psychiater hatten die verschiedenen Formen und Grade des Schwachsinns täglich vor Augen, und ihre forensische Praxis bot ihnen zudem Einsicht in abnorme Verhaltensweisen und die sich daraus ergebende Kriminalität.[500] Die Rassenhygiene etablierte sich immer mehr als medizinische Spezialdisziplin und war ab den 20er Jahren in den Lehrplänen aller deutschen Universitäten enthalten.[501]

Die Tatsache, dass gerade in der Psychiatrie die Theorien der Rassenhygiene und des Sozialdarwinismus auf fruchtbaren Boden stießen, ist damit zu erklären, dass die Psychiatrie ihrer Natur nach keine wertfreie Wissenschaft ist; sie ist immer in den gesellschaftlichen Zusammenhang integriert.[502] Soziale und politische Einstellungen finden Eingang in die psychiatrische Theorienbildung, weil der Bestand gesicherten naturwissenschaftlichen Wissens bei der Mehrzahl der geistigen Erkrankungen verhältnismäßig gering ist und die Psychiater deshalb schon immer Lösungen ihrer Probleme außerhalb des medizinischen Modells gesucht haben.[503]

---

[499] Der Große Brockhaus (1933) Fünfzehnter Band Pos-Rok, S. 389

[500] *Becker* (1988) S. 123

[501] *Schmuhl* (1987) S. 79

[502] *Güse/Schmacke* (1976) Bd. 1 S. 43

[503] *Güse/Schmacke* (1976) Bd. 1 S. 12

5.1.2 Rüdins rassenhygienisches Weltbild

Rüdin gründete sein rassenhygienisches Weltbild auf die Lehren *Morels* und *Darwins*. Die Degenerationslehre *Morels* (1804-1873) ging von einer vermeintlichen Zunahme der Geisteskrankheiten, Schwachsinnszustände und anderer nervöser Störungen infolge der Zivilisation aus. Beeinflusst von *Thomas R. Malthus* (1766-1834) formulierte *Charles Darwin* (1809-1882) im Jahr 1859 seine Selektionstheorie.[504] In Deutschland wurde der Darwinismus besonders von *Ernst Haeckel* (1834-1919) gefördert, der 1863 die Darwin'schen Selektionsbedingungen auf die gesellschaftlichen Verhältnisse übertrug (Sozialdarwinismus). Während *Darwin* den Ausdruck „struggle for life" in einem viel weiteren Sinne gebrauchte, als es in der vereinfachenden Übersetzung „Kampf ums Dasein" erscheint,[505] wurde dieses Konzept bei Rüdin zu einem „erbarmungslosen Kampf" und einer „menschenmordenden Ausmerze.[506]

Rüdin sah die Theorie der Vermehrung krankhafter Dispositionen durch gestörte Auslese als gesicherte wissenschaftliche Erkenntnis in der Biologie an und übertrug diesen Gedanken im Sinne des Sozialdarwinismus auf die menschliche Gesellschaft. Ärztliche Behandlung und humanitäre Betätigung würden die natürliche Ausmerze (z.B. durch Krankheiten) abmildern, so dass die guten Erbanlagen im Volk aussterben würden.[507] Er kritisierte einen „systematischen Zwangsschutz alles Schwachen, Kranken, Absterbenden"; auf diese Weise müsste „das Volk allmählich an guten Varianten, an Begabten, Willenskräftigen und Gesunden verarmen."[508] Alles, was der Arzt pflichtgemäß täte, wäre daraufhin angelegt, erbliche Leiden aufkommen zu lassen. Auch rechtliche Institutio-

---

[504] „Wenn daher mehr Individuen erzeugt werden, als möglicher Weise fortbestehen können, so muss jedenfalls ein Kampf um das Daseyn entstehen, entweder zwischen den Individuen einer Art oder zwischen denen verschiedener Arten, oder zwischen ihnen und den äusseren Lebens-Bedingungen." *Darwin* (1860) S. 69

[505] „Ich will voraussenden, dass ich den Ausdruck ‚Ringen um's Daseyn' in einem weiten und metaphorischen Sinne gebrauche, in sich begreifend die Abhängigkeit der Wesen von einander und, was wichtiger ist, nicht allein das Leben des Individuums, sondern auch die Sicherung der Nachkommenschaft." *Darwin* (1860) S. 68

[506] „Nur durch erbarmungslosen Kampf ums Dasein gegen die lebende und leblose Umwelt und das massenhafte Verschwinden unangepasster Individuen kann im Tier- und Pflanzenreich, sowie beim primitiven Menschen das durchschnittliche Niveau der Anpassung aufrecht erhalten oder gar eine fortschreitende Anpassung erzielt werden. Die menschenmordende Ausmerze ist seit Ankunft der humanitären Ära, in der wir jetzt leben, aber viel milder geworden." *Rüdin* (1910) S. 735 f.

[507] „die Lücken, die in unserer Kultur in die Kinderproduktion gerade der Begabten gerissen werden, werden durch jenes unterdurchschnittliche Material ausgefüllt, welches die gemilderte Ausmerze auf dem Schauplatz der humanitären Betätigung zurücklässt." *Rüdin* (1910) S. 740 f.

[508] *Rüdin* (1910) S. 745

nen, „die ganz ursprünglich der adäquate Ausdruck natürlicher Tüchtigkeit und Überlegenheit gewesen sein mögen", würden jetzt „direkt die Dummheit, Faulheit und Unfähigkeit" schützen.[509] Während früher durch Todesstrafe oder Selbstjustiz „zahllose Verbrecher (...) gehängt oder sonst unschädlich gemacht" wurden und man zahlreiche „so genannte Narren (...) jämmerlich verkommen" ließ, würden diese Menschen jetzt lediglich weggesperrt oder „zum Range liebevoll behandelter Kranker erhoben".[510]

Rüdin zog daraus den Schluss, „dass bei unseren Kulturvölkern eine starke Tendenz zur körperlichen Entartung besteht und dass dies nach all dem, was wir wissen, über kurz oder lang auch ein Sinken der nervösen Tüchtigkeit mit sich führen muß und damit auch eine Erschütterung der konstitutionellen Basis unserer Kultur. (...) Es bleibt uns deshalb nichts übrig, als uns aufzuraffen und der drohenden Entartung durch rassenhygienische Maßnahmen einen Damm zu setzen."[511] Diese Aussage zeigt, dass Rüdin von vornherein die politische Umsetzung seiner rassenhygienischen Vorstellungen im Auge hatte.

5.1.3 Rüdins Streben nach politischer Umsetzung seiner rassenhygienischen Vorstellungen

Rüdin mag sich selbst rückblickend als politikfernen Wissenschaftler betrachtet haben;[512] dies entspricht aber in keiner Weise seiner tatsächlichen gesellschaftlichen Wirkung.

In politischer Hinsicht erregte Rüdin schon bei den Gerichtsverfahren in den Jahren 1918/1919 im Zusammenhang mit wichtigen Persönlichkeiten der Münchner Räterepublik Aufmerksamkeit. Gemeinsam mit Kraepelin war er als psychiatrischer Gutachter tätig und „rechtfertigte" unter anderem den Mord von Graf Arco-Valley am bayerischen Ministerpräsidenten Kurt Eisner, indem er ihn nicht als „gemeinen Mord" sondern als „Tyrannenmord" einstufte, der „unter gewissen Umständen unumgänglich notwendig, ein sittliches Gebot" sei.[513]

Rüdin verstand die von ihm propagierte Rassenhygiene als eine angewandte Wissenschaft, deren Erkenntnisse die staatliche Sozial- und Bevölkerungspolitik anleiten sollte. Die Leitsätze der Deutschen Gesellschaft für Rassenhygiene, die Alfred Ploetz unter Beteiligung Rüdins im Jahre 1905 gegründet hatte, enthiel-

---

[509] *Rüdin* (1910) S. 737

[510] „Jetzt nimmt man sich all dieser Menschen, ich moralisiere natürlich nicht, sondern ich konstatiere nur, liebevoll an und verlängert ihnen das Leben oder hilft ihnen über ihre Krisen hinweg." *Rüdin* (1910) S. 729

[511] *Rüdin* (1910) S. 747 f.

[512] *Weber* (1993) S. 291

[513] *Weber* (1993) S. 91

ten sozialpolitische, sozialmedizinische und bevölkerungspolitische Themen.[514] Es bedurfte jedoch der nationalsozialistischen Machtübernahme, um diese Ideen in eine rassenhygienisch und rassenanthropologisch angeleitete staatliche Bevölkerungspolitik umzusetzen, die jegliche Individual- und Menschenrechte missachtete. Sie kostete Hunderttausenden von Menschen ihre körperliche Selbstbestimmung, ihre Gesundheit und das Leben.[515]

Rüdin war vom Anfang seiner Karriere an bis in seine letzten Arbeitsjahre bestrebt, politische Entscheidungsträger und Institutionen für seine Forschungen zu interessieren und komplementär seine Forschungsaktivitäten im Sinne von möglichen politischen Handlungsanweisungen zu fokussieren.[516] Im Rahmen seiner Forschungsarbeiten als Leiter der Genealogisch-Demographische Abteilung (GDA) der Deutschen Forschungsanstalt für Psychiatrie (DFA), die 1924 an die Kaiser-Wilhelm-Gesellschaft (KWG, dem heutigen Max-Planck-Institut) angegliedert wurde, kam es zu einer engen Zusammenarbeit mit staatlichen Behörden. Das war unter anderem durch Rüdins Arbeitsweise begründet: Seine wissenschaftliche Arbeit bestand darin, mit den Methoden der „empirischen Erbprognose" den Nachweis für die Erblichkeit von Geisteskrankheiten zu erbringen. Hierbei war er darauf angewiesen, große erbbiologische Datenmengen statistisch zu erfassen und auszuwerten.[517] Ziel der erbbiologischen Forschungen, die auch von der Leitung der Kaiser-Wilhelm-Gesellschaft befürwortet wurden, war eine Bestandsaufnahme psychischer Störungen in der Gesamtbevölkerung sowie die genaue Analyse der Erbgänge. Die gesammelten Informationen sollten bereits in der Weimarer Republik die Grundlage für eine eugenisch fundierte Gesundheits- und Sozialpolitik bilden. Denn angesichts der schlechten finanziellen Lage des Staates in der Weltwirtschaftskrise häuften sich die Forderungen nach rassenhygienischen Gesetzgebungsmaßnahmen, die Ausgaben für Kranke und Behinderte minimieren sollten.[518] In diesem Umfeld

---

[514] *Pfeiffer* (1992) S. 173 ff.; Bemerkung: Rassenhygiene beinhaltete grundsätzlich eine Einschränkung des Individualrechts auf körperliche Unversehrtheit. Manche Rassenhygieniker zogen Maßnahmen bis hin zu Zwangssterilisation, Zwangsabtreibung und Tötung von missgebildeten Neugeborenen in Erwägung.

[515] *Sachse/Massin* (2000) S. 14

[516] *Roelcke* (2000) S. 122 m.w.N.

[517] So versuchten z.B. Rüdins Mitarbeiter der GDA seit Mitte der 1920er Jahre, in bayerischen „Inzuchtgebieten" mit Hilfe erbstatistischer Methoden den Nachweis zu erbringen, dass psychiatrische Formenkreise wie Schizophrenie, manisch-depressives Irresein, Schwachsinn usw. erblich bedingt seien. *Schmuhl* (1987) S. 146

[518] In der amtlichen Begründung für das Gesetz zur Verhütung erbkranken Nachwuchses (GzVeN) von 1933 heißt es: „Dazu kommt, dass für Geistesschwache, Hilfsschüler, Geisteskranke und Asoziale jährlich Millionenwerte verbraucht werden, die den gesunden, noch kinderfrohen Familien durch Steuern aller Art entzogen werden. Die Fürsorgelasten haben eine Höhe erreicht, die in gar keinem Verhältnis mehr zu der trostlosen Lage derjenigen steht, die diese Mittel durch Arbeit aufbringen müssen. (...) Von weiten Kreisen des deutschen Volkes

intensivierte Rüdin seit 1929 seine psychiatrisch-humangenetischen Forschungen und übernahm 1931 die Gesamtleitung der Deutschen Forschungsanstalt für Psychiatrie.

Der Regierungsantritt der Nationalsozialisten gab Rüdin die Chance, seine rassenhygienischen Vorstellungen, die bis dahin auf die Forschung beschränkt waren, praktisch zu realisieren. So äußerte er sich im Jahr 1934, wie sehr ihm als Rassenhygieniker die Politik Hitlers entgegenkam: „Die Bedeutung der Rassenhygiene ist in Deutschland erst durch das politische Werk A d o l f H i t l e r s allen aufgeweckten Deutschen offenbar geworden, und erst durch ihn wurde endlich unser mehr als dreißigjähriger Traum zur Wirklichkeit, Rassenhygiene in die Tat umsetzen zu können."[519] Rüdin sicherte als Vorsitzender der Deutschen Gesellschaft für Rassenhygiene dem nationalsozialistischen Staat die volle Unterstützung bei rassenhygienischen Gesetzgebungsvorhaben in Form von sachverständigen Mitarbeitern und Öffentlichkeitsarbeit zu.[520] Dabei bot er auch ausdrücklich die Zusammenarbeit mit den zuständigen Staats- und Parteiorganen an.[521]

In der Zeit des Nationalsozialismus nahm Rüdin zahlreiche wichtige Funktionen für Fachverbände, Behörden, Ministerien und Gerichte wahr: z.B. amtlicher Kommentator des „Gesetzes zur Verhütung erbkranken Nachwuchses" (GzVeN), ständiger Berater der Gesundheitsabteilung des Reichsinnenministeriums als „Obmann der Arbeitsgemeinschaft II des Sachverständigenbeirats für Bevölkerungs- und Rassenpolitik", Vorsitzender der Gesellschaft Deutscher Neurologen und Psychiater sowie der Gesellschaft für Rassenhygiene, propagandistische Auftritte zugunsten der nationalsozialistischen Psychiatrie- und Gesundheitspolitik in der Öffentlichkeit, Beisitzer am Erbgesundheitsobergericht München und deutscher „Delegationsführer" bei ausländischen Kongres-

---

wird darum heute die Forderung gestellt, durch Erlass eines Gesetzes zur Verhütung erbkranken Nachwuchses das biologisch minderwertige Erbgut auszuschalten. So soll die Unfruchtbarmachung eine allmähliche Reinigung des Volkskörpers und die Ausmerzung von krankhaften Erbanlagen bewirken." *Gütt/Rüdin/Ruttge* (1936) S. 77

[519] *Rüdin* (1934a) S. 228

[520] „Die Gesellschaft soll den Staat bei seiner rassenhygienischen Gesetzgebung, die er bereits bahnbrechend begonnen hat, mit allen Kräften unterstützen. Zur Vorbereitung der Gesetze und Verordnungen wird sie ihm die sachverständigen Mitarbeiter auf allen Teilgebieten der Rassenhygiene liefern und zur Durchführung der Gesetze muss sie die günstige geistige Atmosphäre in der Bevölkerung schaffen helfen, damit sie den wohlgemeinten Absichten des Gesetzgebers freudig entgegenkommt. (...) Wo es nötig erscheint, kann sie die rassenhygienische Aufklärungsarbeit in bescheidener Weise auch mit Mitteln, die ihr das Reich zur Verfügung stellt, unterstützen." *Rüdin* (1934a) S. 232 f.

[521] „Die Gesellschaft, welche Mitglied des Reichsausschusses für Volksgesundheitsdienst im Reichsministerium des Innern ist, legt den allergrößten Wert auf die harmonische Zusammenarbeit mit anderen Stellen, den Organen des Propagandaministeriums, der Partei, der Bauernschaft, des nationalsozialistischen Ärztebundes, des nationalsozialistischen Lehrerbundes, des Kampfbundes für Deutsche Kultur." *Rüdin* (1934a) S. 233

sen.[522] Auf in- und ausländischen Kongressen sowie in zahlreichen Veröffentlichungen stellte er die Ergebnisse der „Empirischen Erbprognose" dar und „legitimierte" damit auch die rassenhygienische Gesetzgebung des „Dritten Reiches".

Rüdin arbeitete nicht nur eng mit der Ministerialbürokratie zusammen, sondern pflegte auch direkte Kontakte zur Reichskanzlei: Über einen Zeitraum von mehreren Jahren erhielt er von hier regelmäßige Zahlungen von mehreren zehntausend Reichsmark jährlich, und zwar „zur Schaffung wissenschaftlicher Grundlagen für die rassenhygienische Gesetzgebung". Rüdin erwähnte wiederholt seine direkten Kontakte zum „Führer", um auch von der Leitung der Kaiser-Wilhelm-Gesellschaft weitere Mittel zu erhalten.[523] Von seinen Assistenten wurde Rüdin der „Millionenbettler" genannt.[524] Die finanzielle Unterstützung des nationalsozialistischen Staates ermöglichte eine erhebliche Steigerung der Forschungsaktivitäten seines Instituts.[525]

1939 wandte sich Rüdin wegen seines ungebrochenen Finanzbedarfs schließlich auch an das SS-Ahnenerbe[526], was den Höhepunkt seiner Kooperation mit dem Nationalsozialismus bedeutete, aber auch persönliche und juristische Probleme mit einzelnen SS-Stipendiaten mit sich brachte. Offensichtlich hatte Rüdin den Machtanspruch des SS-Ahnenerbes auf sein Institut unterschätzt.

Nach dem Ende des Zweiten Weltkriegs wurde Rüdin das Schweizer Bürgerrecht entzogen, mit der Begründung, er habe durch seine wissenschaftliche Tätigkeit eine politische Rolle eingenommen, die den Geboten der Menschlichkeit widerspräche und mit schweizerisch-demokratischen Anschauungen unvereinbar sei. Rüdins Beschwerde an den Schweizer Bundesrat wurde verworfen.

---

[522] *Weber* (2000) S. 102

[523] *Roelke* (1998) S. 127

[524] *Weber* (2000) S. 105

[525] *Weber* (1993) S. 11

[526] Das "Deutsche Ahnenerbe" wurde 1935 als "Studiengesellschaft für Geistesurgeschichte" als eingetragener Verein von führenden Funktionären der SS (u.a. Himmler, Darré) gegründet. 1937 in „Das Ahnenerbe" umbenannt, entwickelte es sich zu einer der größten nichtstaatlichen Forschungseinrichtungen des Dritten Reiches, für die Hunderte von Wissenschaftlern aus geistes-, sozial- und naturwissenschaftlichen Disziplinen arbeiteten. In ideologischer Hinsicht hatte das Ahnenerbe die Aufgabe, die These von der eingeborenen rassischen Überlegenheit der germanischen Völker mit „wissenschaftlicher" Legitimation zu versehen. Das größte Verbrechen in der Geschichte des Ahnenerbes sind die Menschenversuche der Abteilung "R" des Ahnenerbe-Instituts für Wehrwissenschaftliche Zweckforschung, die an Häftlingen der Konzentrationslager Dachau und Natzweiler/Struthof durchgeführt wurden, zum Teil mit Unterstützung der Wehrmacht. Zu den menschenverachtenden und grausamen Experimenten zählten Unterdruck- und Unterkühlungsversuche, Versuche mit Meerwasser, künstlich herbeigeführtem Wundbrand, Krankheitserregern und Impfstoffen. Quellen: *Baader* (2003) S. 132 ff., http://www.shoa.de/ss_ahnenerbe.html

Wegen des Schweizer Ausbürgerungsverfahrens wurde die US-amerikanische Militärregierung in Bayern auf Rüdin aufmerksam. Auf ihre Anweisung hin wurde Rüdin am 15.11.1945 aller seiner Ämter enthoben. Er wurde verhaftet und war von Dezember 1945 bis August 1946 inhaftiert.[527] 1948 fand vor der Spruchkammer München ein Entnazifizierungsverfahren gegen Rüdin statt. Das Urteil der Spruchkammer stufte Rüdin als „Minderbelasteten" ein und legte ihm als Sühnemaßnahme eine Zahlung von 500 DM sowie eine Bewährungsfrist von 6 Monaten auf.[528]

Bis zu seinem Tod 1952 war Rüdin von der Richtigkeit der Rassenhygiene überzeugt und betrachtete sich unverändert als politikfernen Wissenschaftler. Die Süddeutsche Zeitung kam in ihrer Meldung über den Tod Rüdins zu der zusammenfassenden Beurteilung, dass seine „wissenschaftlichen Arbeiten den Intentionen der nationalsozialistischen Rassenpolitik in besonderem Maße entgegengekommen" seien.[529]

Es kann kein Zweifel daran bestehen, dass Rüdin zu den Experten zählte, die aufgrund ihrer wissenschaftlichen und gesellschaftspolitischen Überzeugung zu einer engen Kooperation mit dem Nationalsozialismus auf ihrem Fachgebiet bereit waren, und ihm dadurch halfen, sich politisch zu stabilisieren. Sein Verhalten trug dazu bei, gegenüber akademischen Entscheidungsträgern und der Öffentlichkeit im In- und Ausland rassenhygienische Maßnahmen eines menschenverachtenden Systems wissenschaftlich zu legitimieren. Er schuf eine enge Verflechtung von Politik und Wissenschaft, die eine unabhängige Forschung nach rein wissenschaftlich-fachlichen Kriterien letztlich nicht mehr zuließ.

5.2 Rüdins Beitrag zu rassenpolitischen Maßnahmen im „Dritten Reich"

Während des nationalsozialistischen Regimes wurde eine Reihe von Maßnahmen mit rassenhygienischem Hintergrund in die Praxis umgesetzt. Maßgeblichen Einfluss hatte Rüdin auf das Gesetz zur Verhütung erbkranken Nachwuchses (GzVeN). Das Institut der Sicherungsverwahrung, das mit dem Gewohnheitsverbrechergesetz von 1933 eingeführt wurde, hatte Rüdin bereits 1917 in seinem Gutachten über Johanna Z. gefordert. An den von den Nationalsozialisten als „Euthanasie" bezeichneten Tötungsaktionen an Geisteskranken ab 1939 war Rüdin zwar nicht unmittelbar beteiligt. Er wurde jedoch frühzeitig informiert und billigte sie.

---

[527] *Weber* (1993) S. 283-286

[528] *Weber* (1993) S. 287 f.

[529] *Weber* (2000) S. 111

5.2.1 Unfruchtbarmachung

5.2.1.1 Hintergrund und Durchführung des Gesetzes zur Verhütung erbkranken Nachwuchses (GzVeN)

Nach ersten rassenhygienisch begründeten Unfruchtbarmachungen in der Schweiz und der USA[530] eröffneten die Rassenhygieniker in Deutschland zu Beginn des 20. Jahrhunderts die Debatte um die Legalisierung der rassenhygienisch indizierten Sterilisierung. Ernst Rüdin befürwortete bereits 1903 die Unfruchtbarmachung unheilbarer Trinker.[531] Seit Anfang der zwanziger Jahre sprach er sich in Gutachten auch für die Sterilisierung psychisch Kranker aus, wobei er Zwangsmaßnahmen für „Uneinsichtige" nicht ausschloss.[532] Nachdem die in großem Maßstab durchgeführten Untersuchungen der GDA des Deutschen Forschungsinstituts unter Rüdin in der zweiten Hälfte der zwanziger Jahre scheinbar erdrückende Beweise für die Erblichkeit der meisten Geistesstörungen erbracht hatten, wurde der Ruf nach gesetzlichen rassenhygienischen Maßnahmen immer lauter. In der Weimarer Republik kam eine Reihe von einschlägigen Gesetzesentwürfen zur Diskussion, die indirekt auf den wissenschaftlichen Ergebnissen Rüdins beruhten. Ende der 1920er Jahre wurden bereits rassenhygienisch motivierte Sterilisierungen von Ärzten durchgeführt, die strafrechtlich nicht verfolgt wurden.[533] Gesetzliche Regelungen gab es erst ab 1933.

Aufgrund Hitlers Interesse an sozialdarwinistisch-rassenhygienischen Konzepten[534] wurde die Rassenhygiene in die nationalsozialistische Ideologie integriert. Die rassenhygienisch indizierte Sterilisierung war ein konstitutives Element der eugenischen Programmatik des Nationalsozialismus. Dieser Programmpunkt wurde nach der Machtübernahme zielstrebig in praktische Politik umgesetzt.[535]

---

[530] Die erste rassenhygienisch begründete Sterilisierung einer geisteskranken Frau wurde bereits im Jahre 1892 von *Forel* in seiner psychiatrischen Klinik Burghölzli (Schweiz) durchgeführt. Es folgten weitere rassenhygienische Sterilisierungen in der Schweiz, deren Berechtigung 1911 im Nachhinein ausdrücklich anerkannt wurde. Auch in den USA kam es zu rassenhygienisch motivierten Unfruchtbarmachungen: 1898 wurden in einer Anstalt für „Schwachsinnige" in Kansas 48 Männer kastriert; 1899 bis 1907 erfolgten in einer Strafanstalt in Indiana rassenhygienische Sterilisierungen an 176 Männern. Diese Erfahrungen führten zur gesetzlichen Regelung eugenisch motivierter Sterilisierungen in Indiana im Jahre 1907. Weitere gesetzliche Regelungen in amerikanischen Staaten folgten. Die Sterilisierungsgesetzgebung beinhaltete keine Zwangsmaßnahmen und gelangte bis 1914 lediglich in zwei amerikanischen Staaten zur Anwendung (Kalifornien und Nord-Dakota) während sie in den anderen Staaten außer Vollzug gesetzt wurde. *Schmuhl* (1987) S. 99

[531] *Schmuhl* (1987) S. 99 m.w.N.

[532] *Weber* (1993) S. 10

[533] *Schmuhl* (1987) S. 100 ff.

[534] *Schmuhl* (1987) S. 151

[535] *Schmuhl* (1987) S. 153

So wurde bereits am 14.7.1933 das „Gesetz zur Verhütung erbkranken Nachwuchses" (GzVeN) verabschiedet, das am 1.1.1934 in Kraft trat. Laut amtlicher Gesetzesbegründung sollte das GzVeN „das biologisch minderwertige Erbgut" ausschalten. Die Unfruchtbarmachung sollte „eine allmähliche Reinigung des Volkskörpers und die Ausmerzung von krankhaften Erbanlagen bewirken".[536]

Rüdin schrieb als Mitverfasser des offiziellen Kommentars zum GzVeN:
„Das deutsche Gesetz zur Verhütung erbkranken Nachwuchses vom 14. Juli 1933 ist dem Bedürfnis entsprungen, zum Wohle der Erbgesundheit des deutschen Volkes eine Gegenwirkung gegen die Störungen der Auslese und Gegenauslese zu schaffen. Die Maßnahme bedeutet keine Strafe, sondern einen Heilversuch am erbkranken Individuum und Volkskörper."[537] „Die nationalsozialistische deutsche Regierung hat damit bewiesen, dass sie bereit ist, aufbauend auf den Grundsätzen der wissenschaftlichen Erkenntnisse, das erbkranke Einzelwesen dem Gesamtwohl des erbgesunden deutschen Volkes und damit dem Gedeihen der ‚Deutschen Nation' unterzuordnen."[538]

Das GzVeN bestimmte, dass ein „Erbkranker" unfruchtbar gemacht werden konnte, „wenn nach den Erfahrungen der ärztlichen Wissenschaft mit großer Wahrscheinlichkeit zu erwarten ist, dass seine Nachkommen an schweren körperlichen oder geistigen Erbschäden leiden werden" (§ 1 I GzVeN). Als Erbkrankheiten im Sinne des Gesetzes galten: angeborener Schwachsinn, Schizophrenie, manisch-depressives Irresein, erbliche Fallsucht, erblicher Veitstanz, erbliche Blindheit, erbliche Taubheit, schwere körperliche Missbildungen erblicher Art, schwerer Alkoholismus (§ 1 II GzVeN). In dieser Indikationenstellung waren die von Rüdins Forschungsinstitut gewonnenen „Ergebnisse der Erbprognose in den vier wichtigsten psychiatrischen Erbkreisen" berücksichtigt worden. Die in großem Maßstab durchgeführten Untersuchungen der GDA unter Rüdin waren das wissenschaftliche Fundament für das GzVeN.[539]

Im Kommentar des GzVeN ist mehrfach vom „Grundsatz der Freiwilligkeit" die Rede. In der Praxis sah das aber bald ganz anders aus. § 12 GzVeN erlaubte eine Unfruchtbarmachung auch gegen den Willen der Betroffenen und die Anwendung unmittelbaren Zwangs. Im Unterschied zu den ausländischen Sterilisationsgesetzen wurde das GzVeN ausschließlich als Zwangsgesetz angewendet und erfasste einen weitaus größeren Kreis an Betroffenen.[540] Obwohl die Sterilisierung nach einem gesetzlich vorgeschriebenen Antrags- und Entscheidungsverfahren ablief, ließ das Gesetz den Erbgesundheitsgerichten einen so weiten

---

[536] *Gütt/Rüdin/Ruttge* (1936) S. 77

[537] *Rüdin* (1934b) S. 150

[538] *Gütt/Rüdin/Ruttge* (1936) Einführung S. 15

[539] „Um beurteilen zu können, ob die betreffende Erbanlage sich mit großer Wahrscheinlichkeit auf die Nachkommenschaft vererben wird, wird man aber vor allen Dingen immer wieder die Ergebnisse der empirischen Erbprognose im Vergleich um Auftreten der betreffenden Krankheit in der übrigen sonst gefundenen Durchschnittsbevölkerung zu berücksichtigen haben!" *Gütt/Rüdin/Ruttge* (1936) Einführung S. 57 f.

[540] *Faulstich* (1993) S. 179

Ermessensspielraum und stattete sie mit so großen Machtmitteln aus, dass die Sterilisierungspraxis weit vom Prinzip der Rechtsstaatlichkeit entfernt war.[541]

Die Zahl der gesetzlich vorgenommenen Sterilisierungen zwischen Januar 1934 und Mai 1945 betrug etwa 400.000. Das bedeutet, dass etwa 1 % aller auf dem Gebiet des Deutschen Reichs in den Grenzen von 1939 lebenden Menschen im zeugungs- bzw. gebärfähigen Alter sich einer rassenhygienisch indizierten Sterilisierung unterziehen mussten. An den nach dem GzVeN vollzogenen Sterilisierungen starben etwa 6000 Frauen und 600 Männer.[542]

5.2.1.2 Rüdins Engagement bei den Erbgesundheitsgerichten

Über die zwangsweise Sterilisation von als „erbkrank" definierten Personen nach dem GzVeN entschieden auf Antrag von beamteten Ärzten und Anstaltsleitern die „Erbgesundheitsgerichte" und ggf. „Erbgesundheitsobergerichte", die den Amtsgerichten bzw. Oberlandesgerichten angegliedert waren (§§ 6, 10 GzVeN), und denen neben Amts- bzw. Oberlandesrichtern auch Ärzte und Experten der „Erbgesundheitslehre" angehörten.

Zwischen 1934 und 1943 fertigte Rüdin als Beisitzer des Erbgesundheitsobergerichts in München mehrere hundert Stellungnahmen und Gutachten an. Nur in den seltensten Fällen wandte sich Rüdin gegen die Sterilisation. Die Wortwahl seiner Äußerungen entsprach dem damals in der psychiatrischen Krankengeschichten üblichen Duktus; sie verriet dennoch, dass Rüdin daran gelegen war, möglichst viele psychisch Kranke oder sozial Auffällige der Sterilisation zu unterwerfen.[543] Die Stellungnahmen Rüdins waren wegen seiner herausragenden Stellung in der rassenhygienischen Bewegung besonders gewichtig. Diagnostische Zweifel sprachen nicht für die Betroffenen, sondern wurden zugunsten einer raschen Durchführung der Zwangssterilisation zurückgestellt. In der Kategorie „Schwachsinn" beruhte die Zuordnung häufig auf gesellschaftlichen Nützlichkeitskriterien. Der globale Begriff der „Minderwertigkeit" verdeckte auch

---

[541] *Schmuhl* (1987) S. 158

[542] *Schmuhl* (1987) S. 159; Die Sterilisierungen erfolgten größtenteils per „Salpingektomie", die einen erheblichen chirurgischen Eingriff darstellt. Das damit verbundene Risiko wurde noch beträchtlich erhöht durch die Gewaltanwendung gegen sich wehrende Sterilisanden.

[543] Typische Äußerungen waren: „angeboren schwachsinnig", „debil, angeboren schwachsinnig, außerdem noch minderwertig und bedarf als Gesamtpersönlichkeit der Unfruchtbarmachung", „Frau M.A. halte ich für eine Schizophrene. Sicher aber leidet sie an einer Erbkrankheit. (...) Auch hier wäre wieder ein Schuß Röntgenstrahlung angezeigt. Aber die römisch katholischen Gewissenskonflikte der Patientin werden wahrscheinlich auch hierfür ein unüberwindliches Hindernis sein...", „Geistig war die A. zwar zugänglich, aber ausgesprochen stumpf. Schon nach den ersten Fragen war die hochgradige Dürftigkeit ihres geistigen Lebens offenkundig. (...) Ich halte die Rubrikatin für angeboren schwachsinnig und fortpflanzungsgefährlich, weshalb sie unfruchtbar zu machen ist..." *Weber* (1993) S. 210 f.

bei Rüdin als dehnbares Ersatzargument häufig, dass eine erbliche Störung selbst nach rassenhygienischen Kriterien nicht wirklich nachzuweisen war.

Einzelne Betroffene nahmen offenbar die Beschlüsse des Erbgesundheitsobergerichts und Rüdins Beurteilungen nicht widerstandslos hin. 1939 beantragte Rüdin bei der Polizeidirektion München erfolgreich einen Waffenschein mit der Begründung, er habe wiederholt telefonische Drohanrufe erhalten, mit dem Inhalt, dass ein „geheimes Femegericht" ihn „zum Tode verurteilt" hätte.[544]

Der Kontakt Rüdins zu den Erbgesundheitsgerichten erstreckte sich auch auf die wissenschaftliche Auswertung der dort anfallenden Akten, sowie auf die „rassenhygienische Schulung" der Richter und ärztlichen Beisitzer. Rüdin verfolgte äußerst aufmerksam die Anwendung des GzVeN.[545]

Neben den Stellungnahmen für das Münchner Erbgesundheitsobergericht fertigte Rüdin auch Gutachten für andere Behörden und Gerichte sowie gelegentlich für Privatpersonen an. Beispielsweise bat ihn der Ärztliche Bezirksverband München-Stadt mehrfach, die rassenhygienische Notwendigkeit von Schwangerschaftsabbrüchen zu bestätigen. Für viele Institutionen galt Rüdins Entscheidung gerade in Grenz- und Zweifelsfällen als verbindlich. Einmal sprach er sich z.B. für die Unfruchtbarmachung einer Patientin aus, die an einer Blutgerinnungsstörung litt, obwohl das GzVeN diese Erkrankung nicht enthielt. Hierauf wurde die Zwangssterilisation angeordnet.

5.2.1.3 Weiteres Engagement Rüdins für die nationalsozialistische Gesetzgebung

Rüdins Arbeiten trugen wesentlich zur wissenschaftlichen Begründung der rassenhygienischen Maßnahmen des NS-Regimes bei.

Unter Rüdins Vorsitz wurde im Juli 1933 vom Reichsinnenministerium zusammen mit dem Deutschen Verband für psychische Hygiene und Rassenhygiene ein „erbbiologisch-rassenhygienischer Lehrgang" für Psychiater veranstaltet. Die Referate der Tagung wurden von Rüdin in einem Sammelband mit dem Titel „Erbpflege und Rassenhygiene im völkischen Staat"[546] veröffentlicht. Das Buch wurde im Vorwort als „Hilfsmittel" zur „seelisch-geistigen Aufartung unseres Volkes" bezeichnet. Zusammen mit dem offiziellen Kommentar zum GzVeN von *Gütt/Rüdin/Ruttge* wurde der Band im folgenden Jahrzehnt zum

---

[544] Die Geheime Staatspolizeileitstelle ließ die Polizeidirektion wissen, dass „über den Gesuchsteller politisch nichts nachteiliges bekannt ist". Rüdin konnte daraufhin der Waffenschein ausgehändigt werden. Bayerisches Staatsarchiv München, Polizeidirektion München 15584, Personalakte Rüdin, 4. September 1939

[545] *Weber* (1993) S. 212 f.

[546] *Rüdin, Ernst (Hrsg.):* Erblehre und Rassenhygiene im völkischen Staat, München 1934

Referenzwerk für die psychiatrische „Erbpflege" und die Erbgesundheitsgerichte.[547]

Im Mai 1933 wurde der „Sachverständigenbeirat für Bevölkerungs- und Rassenpolitik" (SBR) gegründet, der dem Reichsinnenministerium zugeordnet war. Rüdin wurde die Leitung der „Arbeitsgemeinschaft II: Rassenhygiene und Rassenpolitik" im SBR übertragen. Das Gremium befasste sich mit den Grundlinien zukünftiger Bevölkerungs- und Rassenpolitik und dem Aufbau einer Datenbasis für die „Erbgesundheitspflege". Insbesondere beriet es auch über Erweiterungen und Modifikationen der Indikationenstellungen zur Zwangssterilisation. In den Folgejahren betrieb Rüdin die Einführung der Strahlensterilisation zur weiteren Vereinfachung der „Unfruchtbarmachung" und die Ausweitung der Zwangssterilisation auf alle „sozial minderwertigen Psychopathen". 1935 referierte Rüdin im SBR über die Indikationen für Sterilisationen durch Röntgenbestrahlungen, sowie die aus seiner Sicht notwendige Erweiterung der Indikationsstellung zum GzVeN. Hier ging es ihm insbesondere um Verfahrensgrundlagen, um die bisher nicht eindeutig unter das Gesetz fallenden Personenkreise der „moralisch Schwachsinnigen" sowie anderer Gruppen von „Psychopathen" von der Fortpflanzung ausschließen zu können. Rüdin begründete diese Empfehlungen mit neueren Forschungsergebnissen aus seinem eigenen Institut und anderen Institutionen und deren direkter Bedeutung für eine angemessene Präventivstrategie gegen sozial abweichendes Verhalten, insbesondere Querulantentum und Delinquenz.[548]

Der SBR entwarf darüber hinaus in den Jahren von 1933 bis 1935 die Gesetzgebung zur Kastration von Kriminellen und zur Zwangsabtreibung an „minderwertigen" Frauen und bereitete die Zwangssterilisation der so genannten „Rheinlandbastarde"[549] vor. Er entwickelte die Grundzüge eines Staatsbürgerschafts- und Eherechts, das bereits eine Unterscheidung nach der „arischen" bzw. „nicht-arischen" Abstammung vorsah, die dann in den Nürnberger Rassegesetzen festgeschrieben wurde.[550]

---

[547] *Roelke* (2000) S. 124 f.

[548] *Roelke* (2000) S. 127

[549] „Rheinlandbastarde" wurden die 600 bis 800 Kinder weißer deutscher Mütter genannt, die von nicht-weißen Soldaten der französischen Besatzungsmacht nach dem Ersten Weltkrieg gezeugt worden waren. 1933 wurde ihre statistische Erfassung vom Reichsinnenministerium angeordnet. Bis Mai 1935 hatte man bereits 385 Jugendliche aufgespürt. Sie wurden zunächst rassenanthropologisch untersucht und schließlich 1937 durch Betreiben des SBR – insbesondere der von Rüdin geleitete Arbeitsgemeinschaft II – zwangssterilisiert. Diese Zwangssterilisationen waren nicht einmal durch ein nationalsozialistisches Gesetz gedeckt. *Sachse/Massin* (2000) S. 20 f.

[550] *Sachse/Massin* (2000) S. 17

Als „folgerichtige Ergänzung des Gesetzes zur Verhütung erbkranken Nachwuchses" wurden das „Gesetz zum Schutze des deutschen Blutes und der deutschen Ehre" (Blutschutzgesetz) vom 15.9.1935 und das „Gesetz zum Schutze der Erbgesundheit des deutschen Volkes" (Ehegesundheitsgesetz) vom 18.10.1935 erlassen. Diese Gesetze sollten „sowohl der Ausmerze dienen, wie anderseits den einzelnen Menschen und das gesamte Volk zur Rassenreinheit und Erbgesundheit erziehen".[551] Am Blutschutzgesetz, das die Eheschließung und den außerehelichen Geschlechtsverkehr zwischen Juden und Staatsangehörigen „deutschen oder artverwandten Blutes" untersagte, war Rüdin nicht beteiligt. Er billigte es aber, da er von dem Schutzbedürfnis der nordischen Rasse ausging.[552] Das Ehegesundheitsgesetz verbot die Eheschließung, wenn einer der Ehepartner an einer Erbkrankheit im Sinne des GzVeN oder an einer anderen geistigen Störung litt, „die die Ehe für die Volksgemeinschaft unerwünscht erscheinen" ließ.[553] „Geistige Störung" betraf in der überwiegenden Zahl der Fälle Psychopathen.[554]

5.2.2 Sicherungsverwahrung

5.2.2.1 Rüdins Forderung nach der Einführung einer Sicherungsverwahrung

Rüdin hatte schon lange zuvor im Jahr 1917 den Fall Johanna Z. als Musterbeispiel benutzt, um rechtspolitische Forderungen in Hinblick auf Maßregeln zur Sicherung zu stellen:

„Es wäre zwar ganz zweifellos besser, man würde nach den stets wiederholten Vorschlägen der modernen forensischen Psychiatrie solche abnorme Persönlichkeiten als dauernd höchst

---

[551] *Gütt/Rüdin/Ruttge* (1936) S. 65

[552] „Die deutsche Gesellschaft für Rassenhygiene (...) steht auf dem Standpunkt, dass die nordische Rasse in der Weltgeschichte und ganz besonders in der deutschen Geschichte als kulturschöpfende Rasse an erster Stelle steht und dass sie daher der Erhaltung und des Schutzes dringend bedarf. (...) jede Rechtfertigung einer Mischung mit unähnlichen Rassen lehnen wir aufs entschiedenste ab (...)." *Rüdin* (1934a) S. 231 f.

[553] zitiert nach *Voss* (1973) S. 33

[554] „Zu den geistig Gestörten rechnet der Gesetzgeber nach den Ausführungen der Kommentatoren in erster Linie die Psychopathen, die als Menschen bezeichnet werden, die ‚aus innerer Haltlosigkeit nicht mit dem Leben fertig werden'." *Riedel* (1937) S. 314. „Nach *Rüdin* sind als eheuntauglich selbstverständlich anzusehen alle psychopathisch bestraften, sog. geborenen Verbrecher und Gesellschaftsfeinde, die Schwindler, Betrüger, Hochstapler und Bauernfänger, die hysterischen Canaillen, die nachgewiesenermaßen haltlosen und dadurch asozial gewordenen Psychopathen, die grob Gemütsarmen, unter ihnen vor allen Dingen die schweren unverbesserlichen Anlageverbrecher, dazu die eingefleischten Prostituierten, die Zuhälter, die unverbesserlichen und eingefleischten homosexuell sich Betätigenden und die unverbesserlichen Arbeitsscheuen." *Heinze* (1942) S. 286

gefährliche, antisoziale Schädlinge der menschlichen Gesellschaft dauernd unschädlich machen, am besten freilich, bevor sie ihre schrecklichen Taten vollbracht haben, also sie dauernd internieren. Das müsste dann aber mit einer ungeheuren Zahl von unverbesserlichen Rechtsbrechern ebenso geschehen, die heute noch immer wieder nur abgestraft und dann wieder auf die Menschheit losgelassen werden."[555]

Rüdin vertrat auch in diesem Punkt die gleiche Ansicht wie sein Lehrer *Kraepelin*, der bereits 1906 forderte, dass man „die gefährlichen psychopatisch minderwertigen Rückfalls-, Gewohnheits- und Berufsverbrecher (...) nach Ablauf der Strafe nicht freilassen, sondern nunmehr in besonders eingerichteten Sicherungsanstalten verwahren solle, ähnlich wie die im engeren Sinne Geisteskranken."[556]

5.2.2.2 Das „Gesetz gegen gefährliche Gewohnheitsverbrecher und über Maßregeln der Sicherung und Besserung" von 1933

Rüdins (und Kraepelins) Forderung wurde mit der Strafrechtsreform von 1933 erfüllt, als das „Gesetz gegen gefährliche Gewohnheitsverbrecher und über Maßregeln der Sicherung und Besserung" (GggG) vom 24.11.1933 eingeführt wurde. Der Leitgedanke dieses Gesetzes war der, „den wirksamen Schutz der Volksgemeinschaft gegen verbrecherische Schädlinge zu verbürgen und den Belangen der Allgemeinheit den unbedingten Vorrang vor denjenigen des verbrecherischen oder minderwertigen Rechtsbrechers einzuräumen."[557] Das GggG regelte die Zwangseinweisung von Straftätern in Heil- und Pflegeanstalten, Arbeitshäuser und Trinkerheilanstalten, die Strafverschärfung von Rückfalltätern und die Sicherungsverwahrung. Zudem ermöglichte es auch die Kastration („Entmannung") von „gefährlichen Sittlichkeitsverbrechern" (dazu gehörten Lustmörder und Vergewaltiger ebenso wie Päderasten und Exhibitionisten).

Das GggG von 1933 war ein nationalsozialistisches Gesetz. Mit ihm sollten die Volksschädlinge und Volksfeinde bekämpft werden, die bei der noch bestehenden Unsicherheit des Regimes und der Masse seiner politischen Feinde eine zusätzliche Gefahr für die Erziehung des Volkes zum Nationalsozialismus darstellte. Ferner stand das Gesetz in einem deutlichen Zusammenhang mit den anderen politisch-strafrechtlichen Gesetzen, die im ersten Jahr des nationalsozialistischen Regimes beschlossen wurden.[558] Es bestand „nicht nur in der Entstehung, sondern auch bei der Durchführung und Auswirkung ein enger Zusam-

---

[555] Anhang C b. Gutachten Z. S. 89 oben

[556] „Schon heute muß es als empörend bezeichnet werden, dass wir kein gesetzliches Mittel haben, die Rechtsordnung anders vor einem gefährlichen Verbrecher zu schützen, als dadurch, dass wir ihm nach Verbüßung jeder Strafe erst wieder irgend ein Opfer ausliefern, dessen Schädigung dann die Grundlage für ein neues Strafverfahren abgeben muß." *Kraepelin* (1906) S. 30

[557] *Schäfer(u.a.)* (1934) S. 34

[558] *Hellmer* (1961) S. 293

menhang" zwischen dem GzVeN und dem GggG.[559] Zahlreiche „Gewohnheitsverbrecher" unterlagen gleichzeitig den Bestimmungen des GzVeN und die
„Entmannung der gefährlichen Sittlichkeitsverbrecher" ergänzte „die Maßnahmen der Unfruchtbarmachung auf diesem besonderen Gebiet".[560] Das GggG
diente den Zielen der Rassenhygiene und war Rüdin daher sehr willkommen:

„Neben dem Schutz der Allgemeinheit ist das Gesetz gegen gefährliche Gewohnheitsverbrecher auch noch einen anderen Zweck zu erfüllen geeignet, nämlich den, für die Zeit der
Durchführung von Maßregeln der Sicherung und Besserung die Fortpflanzung dieser Personen unmöglich zu machen und so die Übertragung der verbrecherischen Anlagen auf Nachkommen zu verhindern, also erbbiologisch günstig wirksam zu werden."[561] Rüdin erwartete
daher von den Gerichten eine konsequente Anwendung des Gesetzes: Es „kann gar kein
Zweifel daran bestehen, dass auch die Anlagen zum Verbrecher erblich bedingt sind. Es ist
daher vom Standpunkt der Staatspolitik aus und für die Zukunft des Volkes durchaus nicht
mehr bedeutungslos, ob die Gerichte diese Maßnahmen nun auch wirklich durchführen, oder
ob sie in liberalistischer Weltanschauung befangen aus Rücksicht auf das Einzelwesen ein
Durchgreifen scheuen werden.[562]

Das GggG führte insbesondere eine Strafverschärfung nach § 20a RStGB und
die Sicherungsverwahrung nach § 42a RStGB ein. Beide Vorschriften setzten
voraus, dass „die Gesamtwürdigung der Taten" ergäbe, dass der Täter ein
„gefährlicher Gewohnheitsverbrecher" wäre. Weder in der amtlichen Begründung noch im Kommentar zum GggG wird der Begriff des „Gewohnheitsverbrechers" eindeutig definiert, sondern lediglich folgendermaßen umschrieben: „Der
Täter ist als gefährlicher Gewohnheitsverbrecher im Rechtssinne dadurch gekennzeichnet,
dass seine verbrecherische Betätigung auf einem in seiner Persönlichkeit verwurzelten Hang
zum Verbrechen beruht, der seinen äußeren Ausdruck in mindestens drei erheblichen Straftaten gefunden hat und es wahrscheinlich macht, dass der Täter auch künftig weitere nicht uner-
hebliche Straftaten begehen wird."[563] Dem Kommentar ist zu entnehmen, dass der
Begriff des Gewohnheitsverbrechers „bewusst und erkennbar als Sammel- und
Oberbegriff für sämtliche Erscheinungsformen des chronischen Verbrecher-

---

[559] „Auch in diesem Gesetz (GggG) ist der leitende Grundgedanke der, dass die Autorität des
Staates dem Verbrecher gegenüber zu erhöhen ist, dass andererseits das deutsche Volk aber
sowohl vor den Verbrechern selbst in stärkerem Maße geschützt, als auch vor ihrem erblich
belasteten Nachwuchs bewahrt werden muss. Dies aber sind ethisch hohe völkische Ziele, die
über das Denken des liberalistischen Zeitalters, ja man kann sagen über die Ethik der christli-
chen Nächstenliebe der vergangenen Zeitrechnung weit hinausgehen; denn sie stellen den
Grundsatz auf: ‚Das deutsche Volk ist nicht nur vor Verbrechern zu schützen, sondern noch
höher steht die Zukunft der Nation, die Vorsorge für das kommende Geschlecht, das von Erbkrankheiten, Missbildungen und vererbbaren Verbrecheranlagen durch diese beiden Gesetze
bewahrt werden soll!'" *Gütt/Rüdin/ Ruttge* (1936) S. 6

[560] *Gütt/Rüdin/Ruttge* (1936) S. 61

[561] *Gütt/Rüdin/Ruttge* (1936) S. 61

[562] *Gütt/Rüdin/Ruttge* (1936) S. 62

[563] *Schäfer* (1934) S. 59

169

tums" verwendet, und dem richterlichen Ermessen bewusst ein sehr weiter Spielraum eingeräumt wurde. Wer ein gefährlicher Gewohnheitsverbrecher ist, „gegen den hat der Richter entschlossen und ohne Weichmütigkeit so vorzugehen, wie es das Gesetz um der vergeltenden, abschreckenden und die Volksgemeinschaft schützenden Gerechtigkeit willen vorschreibt."[564] Ausdrücklich werden auch „die hartnäckigen politischen Verbrecher" als Beispiel für Gewohnheitsverbrecher genannt.

Bei Einführung der Sicherungsverwahrung war der Reichsjustizminister der Auffassung, dass sie für nur etwa 800 Personen in Betracht käme.[565] In Wirklichkeit sind jedoch bis 1945 etwa 16.000 Personen zu Sicherungsverwahrung verurteilt worden, also 20mal so viel.[566] Schätzungen zufolge wurden von den Sicherungsverwahrten etwa 3.500 an Konzentrationslager überstellt.[567]

Hinsichtlich der „Entmannung gefährlicher Sittlichkeitsverbrecher" nach § 42k RStGB erkannte der Gesetzgeber die schwerwiegenden physischen und psychischen Folgen einer Kastration für den Betroffenen, räumte jedoch den „höherwertigen Interessen der Allgemeinheit" absoluten Vorrang ein.[568]

5.2.3 „Vernichtung lebensunwerten Lebens" – Die Krankenmorde des NS-Regimes

An den Krankenmorden des NS-Regimes war Rüdin nicht unmittelbar beteiligt. Im Rahmen seines rassenhygienischen Weltbildes akzeptierte er jedoch die Tötung kranker und behinderter Menschen als weitestgehende Maßnahme zur Verhütung erbkranken Nachwuchses. Rüdin, der frühzeitig über die geheimen Aktionen informiert war, unternahm nichts gegen die Morde, sondern profitierte sogar von ihnen, indem sein Forschungsinstitut die Gehirne der Getöteten für die wissenschaftliche Forschung nutzte.

---

[564] *Schäfer* (1934) S. 45, 59 f., 61

[565] *Schäfer* (1934) S. 130

[566] *Hellmer* (1961) S. 296

[567] *Hellmer* (1961) S. 371

[568] Die amtliche Gesetzesbegründung lautet: „Die Entmannung (...) bedeutet einen schwerwiegenden Eingriff in den körperlichen und seelischen Organismus (...) und stellt in manchen Fällen eine erhebliche Schädigung des Körpers und der Psyche dar. Von diesen Wirkungen ist nur ein Teil gewollt, nämlich das Erlöschen des krankhaften und entarteten Triebes. Die Nachteile, die der Eingriff darüber hinaus dem Entmannten unter Umständen zufügt, sind ungewollt und liegen außerhalb der Zweckbestimmung der Maßregel. Um der höherwertigen Interessen der Allgemeinheit willen können sie für den Gesetzgeber kein Hindernis sein, eine Maßregel einzuführen, die nach ärztlicher Erfahrung die Allgemeinheit wirksamer als die Strafe vor Sittlichkeitsverbrechern schützen kann." *Schäfer* (1934) S. 146

5.2.3.1 „Vernichtung lebensunwerten Lebens"

Der Gedanke der „Vernichtung lebensunwerten Lebens" war in den Schriften deutscher Rassenhygieniker bereits frühzeitig formuliert worden. Schon 1895 hatte Rüdins Mentor, *Alfred Ploetz*, ein rassenhygienisches Idealbild vorgestellt, wonach unter anderem schwachen oder behinderten Neugeborenen nach ärztlicher Begutachtung „durch eine kleine Dose Morphium" ein „sanfter Tod" bereitet würde.[569]

Mit ihrer im Jahr 1920 veröffentlichten Schrift[570] bezweckten *Karl Binding* und *Alfred Hoche*, ein Jurist und ein Mediziner mit hohem Ansehen, die Freigabe der Vernichtung „lebensunwerten Lebens". Das Leben sorgebedürftiger Menschen wurde als „lebensunwert" deklariert, dessen Ermordung straflos und sogar gesellschaftlich begrüßenswert wäre. Die Schrift eröffnete den Weg zu einer „juristisch seriös aufgemachten Tötung schwer Geisteskranker".[571] Die Denkart, die von *Binding* und *Hoche* repräsentiert wurde, und die in der öffentlichen Diskussion großen Anklang fand, wurde durch die Tötung von weit über 100.000 Geisteskranker in der NS-Zeit zur Anwendung gebracht.

Zeitgleich mit Ausbruch des 2. Weltkrieges begann das NS-Regime mit der Ermordung tausender Geisteskranker in psychiatrischen Anstalten. Begonnen wurde mit der so genannten „Kindereuthanasie" aufgrund eines streng vertraulichen Erlasses des Reichsministeriums des Innern vom August 1939, der Ärzte und Hebammen zur Meldung behinderter Kinder über die Gesundheitsämter verpflichtete. Die Kinder wurden in 30 so genannte „Kinderfachabteilungen" verlegt. Dort wurden bis 1945 mindestens 5000 Kinder mittels Injektionen, Verhungern lassen oder Gas umgebracht.[572]

Durch geheimen Führererlass vom Oktober 1939 wurde die Tötungsaktion unter dem Decknamen „Aktion T4" (benannt nach dem Sitz der Organisationszentrale in der Berliner Tiergartenstraße 4) auf Erwachsene ausgedehnt. Nach außen tarnten harmlos klingende Einrichtungen den organisierten Krankenmord: Die „Reichsarbeitsgemeinschaft Heil- und Pflegeanstalten" (RAG) erfasste die Opfer durch eine systematische Fragebogenaktion bei den Anstalten und erledigte die Verwaltungsaufgaben. Die „Gemeinnützige Krankentransportgesellschaft" (Gekrat) brachte die Betroffenen in so genannte „Zwischenanstalten" und schließlich in eine der 6 „Tötungsanstalten". Zwischen 1940 und 1941 wurden

---

[569] *Ploetz, Alfred:* Die Tüchtigkeit unserer Rasse und der Schutz der Schwachen, Berlin 1895, S. 144. Bemerkung: *Ploetz* bezog sich auch ausführlich auf das historische Vorbild Sparta, wo behinderte Kinder umgebracht wurden um die Stärke des Spartanischen Volks zu erhalten.

[570] *Binding, Karl/Hoche, Alfred:* Die Freigabe der Vernichtung lebensunwerten Lebens. Ihr Maß und ihre Form, Leipzig 1920

[571] *Naucke, Wolfgang:* Einführung zu *Binding/Hoche* (2006) S. XXXV

[572] *Weber* (1993) S. 272

über 70.000 Insassen von Heil- und Pflegeanstalten durch Gas ermordet.[573] Die Leichen (insbesondere die Gehirne) der Ermordeten wurden vielfach wissenschaftlichen Untersuchungen zugeführt. Aufgrund zunehmender Beunruhigung der Bevölkerung, die durch den öffentlichen Protest des Münsteraner Bischofs v. Galen verstärkt wurde, brach Hitler die „T4-Aktion" im August 1941 ab.

Bis 1945 fielen mindestens noch weitere 30.000 Kranke der so genannten „Wilden Euthanasie" zum Opfer. Zudem wurden im Zeitraum von 1941 bis 1944 in den Gaskammern der Tötungsanstalten unter der Tarnbezeichnung „Sonderbehandlung 14 f 13" mindestens 20.000 KZ-Häftlinge umgebracht, die als arbeitsunfähig oder „gemeinschaftsfremd" ausgesondert worden waren.[574]

5.2.3.2 Rüdins Kenntnisse und Billigung der Tötungsaktionen

An der früheren Diskussion um die „Vernichtung lebensunwerten Lebens" nach dem Erscheinen des Werkes von *Binding* und *Hoche* hatte sich Rüdin nicht beteiligt. In einem ausführlichen Gutachten über die eugenische Indikation der Schwangerschaftsunterbrechung auf psychiatrischen Gebiet" für das Preußische Wohlfahrtsministerium von 1923 sprach sich Rüdin sogar unmissverständlich dagegen aus.[575]

Über die Planungen der Tötungsaktionen durch die zuständigen NS-Verwaltungen und den Umsetzungen in Kliniken und Landesanstalten war Rüdin frühzeitig informiert. Denn er war mit einigen der maßgeblichen Organisatoren der „T4-Aktion", wie etwa dem Psychiater Paul Nitsche,[576] aber auch mit den zuständigen staatlichen und Parteidienststellen in engem Informationsaustausch verbunden.

---

[573] *Weber* (1993) S. 273

[574] *Weber* (1993) S. 272 f., *Schmuhl* (1987) S. 262 ff.

[575] „Zu Rassenhygiene, so wie ich sie verstehe, gehört aber nicht die Vernichtung des wenn auch unwerten, so doch schon in die Welt gesetzten, und daher menschlich fühlenden und empfindenden Lebens, sondern die Verhütung der Entstehung unwerten Lebens." *Rüdin* zitiert nach *Weber* (2000) S. 98 f.

[576] Rüdin war seit 1910 eng mit Paul Nitsche befreundet, der ab 1933 zu den führenden Vertretern der nationalsozialistischen Psychiatrie zählte. Ab November 1939 war dieser als stellvertretender ärztlicher Leiter in der Berliner Zentrale der „T4-Aktion" (Tiergartenstr. 4) tätig, und übernahm 1941 deren Leitung. Mit Nitsche unterhielt Rüdin seit 1934 und bis in die Mitte der 1940er Jahre hinein einen sehr regen und freundschaftlichen Briefwechsel. Auffallenderweise fehlen heute im umfangreichen Aktenbestand im Historischen Archiv des heutigen Max-Planck Instituts für Psychiatrie in München zu dieser Korrespondenz alle Briefe aus der Zeit zwischen November 1939 (dem Beginn von Nitsches Tätigkeit in der Berliner „T4"-Zentrale) und Februar 1941. Es weisen vereinzelt an anderer Stelle vorhandene Dokumente darauf hin, dass Rüdin frühzeitig über Nitsches Tätigkeit in Berlin informiert war, und es existiert kein Hinweis dafür, dass er diesen Wechsel seines „lieben Freundes" (so die in den Briefen übliche Anrede) missbilligte. *Roelke* (2000) S. 125 f.

Auf der anderen Seite lehnte Rüdin aber kurz nach Beginn der Tötungsaktionen wiederholt Versuche einzelner Anstaltsleiter ab, gemeinsam bei staatlichen Stellen gegen die Vernichtungsaktionen zu intervenieren.[577] In der ersten Jahreshälfte 1940 wurde Rüdin noch mehrfach von Ordinarien und Anstaltsdirektoren auf dieses Thema angesprochen. Trotz mehrfacher kollegialer Aufforderungen und bester Beziehungen zur Reichskanzlei, zum Reichsinnenministerium und zur „T4"-Zentrale unterließ er es, in seiner Funktion als KWI-Wissenschaftler und führender Standespolitiker (Vorsitzender der Gesellschaft Deutscher Neurologen und Psychiater, GDNP) kritisch gegen die „Euthanasie"-Maßnahmen Stellung zu beziehen. Es ist zu vermuten, dass für Rüdin im Rahmen der ursprünglichen rassenhygienischen Utopie von Ploetz die Tötung behinderter Neugeborener zumindest wissenschaftlich eine zulässige Frage war, so dass er auch keinen Grund sah, gegen die „T4-Aktion" zu protestieren.

Rüdin setzte nicht nur seine Forschungen, sondern auch seine Zusammenarbeit mit den Instanzen der nationalsozialistischen Gesundheits- und Bevölkerungspolitik fort.[578] Für September 1941 bereitete Rüdin eine von der „T4"-Zentrale finanzierte Tagung[579] zur Information der deutschen Nervenärzte über ein geplantes „Euthanasie"-Gesetz vor. Rüdin sicherte dem Reichsinnenministerium die Vorabzensur der angemeldeten Vorträge zu, um die befürchteten „Quertreibereien wissenschaftlicher Antagonisten (...) auch angesichts des kommenden Euthanasie Gesetzes" zu unterbinden.[580] Das Reichinnenministerium sagte die Tagung kurzfristig ab, da kurz zuvor die „T4-Aktion" abgebrochen worden war und von dem geplanten „Euthanasie"-Gesetz Abstand genommen wurde. Bei

---

[577] Im Dezember 1939 wurde Rüdin durch Hans Roemer, Direktor der psychiatrischen Anstalt Illenau (Baden) aufgefordert, in seiner Funktion als Vorsitzender der GDNP und der Gesellschaft für Rassenhygiene beim Reichsinnenministerium gegen die „T4-Aktion" zu intervenieren. Hans Roemer hatte als einer der ersten erfahren, dass aufgrund eines Führerbefehls Geisteskranke „liquidiert" werden sollten und suchte Bundesgenossen, „um eine Abwehrfront aufzubauen". Rüdins Reaktion beschrieb Roemer später wie folgt: „Dieser schien über die Sache unorientiert, versprach mir aber, in Berlin Rückfrage zu halten. Nach einigen Tagen erhielt ich von Rüdin einen Brief, in welchem er mir mitteilte, in dieser Sache sei nichts zu machen und er warnte mich dringend, darin irgendetwas zu unternehmen." (Aussage Römer vom 22.9.1947 im Freiburger „Euthanasie"-Verfahren (1 Ks 5/48), zitiert nach: *Faulstich* (1993) S. 238. Dennoch trat Hans Roemer aktiv gegen die Krankentötungen auf. Er verweigerte seine Mithilfe durch Krankmeldung, so dass einige Patienten in seiner Anstalt der Vernichtung entkommen konnten. Bemerkenswert ist, dass Roemer wie Rüdin überzeugter Rassenhygieniker war, im Gegensatz zu diesem jedoch nicht bereit war, die Grenze zur aktiven Tötung der zuvor schon abgewerteten Menschen zu überschreiten. *Roelcke* (2000) S. 146

[578] *Sachse/Massin* (2000) S. 30, *Weber* (1993) S. 268-275, 279-281

[579] Zur Finanzierung der Tagung hatte die zentrale „T-4"-Dienststelle unter Nitsche dem Vorstand der Gesellschaft unter Rüdin 10.000 RM zur Verfügung gestellt.

[580] *Sachse/Massin* (2000) S. 30, *Weber* (1993) S. 276, auch *Schmuhl* (1987) S. 275

diesem und weiteren Anlässen hatte sich Rüdin in vollständiger Übereinstimmung mit den wichtigsten Verantwortlichen für die Krankentötungen gezeigt.[581]

Als Rüdin in den Jahren 1942 bis 1944 von politischen Instanzen um sein wissenschaftliches Votum zu Stand und Weiterentwicklung der psychiatrischen Forschung und ihrer klinischen Anwendung gefragt wurde, sprach er sich jetzt sogar mehrfach für die Weiterführung der Krankentötungen aus und trug dazu bei, diesen Teil der nationalsozialistischen Mordpolitik wissenschaftlich zu legitimieren.[582] So wurde Rüdin im Oktober 1942 vom Reichsforschungsrat um Vorschläge für kriegswichtige Forschungsfragen gebeten. Rüdin empfahl unter anderem: „Rassenhygienisch von hervorragender Wichtigkeit, weil bedeutsam als Grundlage zu einer humanen und sicheren Gegenwirkung gegen kontraselektorische Vorgänge jeder Art in unserem deutschen Volkskörper wäre die Erforschung der Frage, welche Kinder (Kleinkinder) können, als Kinder schon, klinisch und erbbiologisch (sippenmäßig) so einwandfrei als minderwertig eliminationswürdig charakterisiert werden, dass sie mit voller Überzeugung und Beweiskraft den Eltern bzw. Gesetzlichen Vertretern sowohl im eigenen Interesse als auch in demjenigen des deutschen Volkes zur Euthanasie empfohlen werden können?"[583] Auch ist eine im Kontext der Krankentötungen eindeutige Aussage Rüdins gegenüber dem Reichsgesundheitsführer aus dem Jahr 1942 dokumentiert: „Wir haben (..) kein Interesse an der Erhaltung unheilbar und ruinenhafter Opfer der Vererbung am Leben, und auch nicht an der Fortpflanzung der Menschen, welche Träger der zur Ausbildung schwerer Erbkrankheiten nötigen Erbanlagen sind (...).“[584]

Im Juni 1943 unterzeichnete Rüdin gemeinsam mit seinen Kollegen Carl Schneider, Paul Nitsche und Hans Heinze das Memorandum mit dem Titel „Gedanken und Anregungen betr. die künftige Entwicklung der Psychiatrie“. Daraus geht hervor, dass die Erneuerung der deutschen Psychiatrie im Nationalsozialismus nicht gegen, sondern zumindest vorübergehend mit der „Euthanasie“ stattfinden sollte.[585] Diese Denkschrift wird vielfach als historischer Beleg dafür angesehen, dass die deutsche Psychiatrie in ihrem Behandlungsalltag und ihren Forschungsprojekten die Krankentötung als zulässige und notwendige

---

[581] *Roelke* (2000) S. 133 f.

[582] *Sachse/Massin* (2000) S. 31

[583] *Rüdin* an Schütz, 23. Oktober 1942, in: Max-Planck-Institut für Psychiatrie, Historisches Archiv der Klinik, Genealogisch-Demographische Abteilung 8, zitiert nach *Weber* (1993) S. 279; ebenfalls zit. bei *Roelke* (2000) S. 136

[584] *Roelke* (2000) S. 130 f.

[585] Der Einsatz der neuen individualtherapeutischen Methoden beabsichtigte dabei nicht primär die Heilung des einzelnen Kranken oder die Besserung der Lebensumstände, sondern die Anpassung der Betroffenen an den „Volkskörper" nach den Maßstäben einer vereinheitlichten nationalsozialistischen „Volksgemeinschaft". Dieses Konzept ermöglichte schließlich auch die „Ausstoßung" der Kranken aus dem Kollektiv, falls ihre Behandlung, ihre Eingliederung in das „Volksganze" oder ihre „volkswirtschaftliche Nutzbarmachung" trotz der neuen Therapieformen erfolglos blieb. *Weber* (1993) S. 278 f.

Ergänzung zu den damals aufkommenden, „modernen" Therapieverfahren betrachtete und mit der Forderung nach der endgültigen Überwindung des tradierten „therapeutischen Nihilismus" zu begründen suchte.[586] Auch aus der Zeit nach der Übergabe der „Denkschrift" ist kein Abweichen Rüdins von seinen langfristigen forschungsstrategischen und gesundheitspolitischen Zielsetzungen zu erkennen.

5.2.3.3 Rüdins Beziehung zu psychiatrischen Forschungsvorhaben an Opfern der Tötungsaktionen

Von einer engeren Beziehung Rüdins zu psychiatrischen Forschungsvorhaben an Opfern der Tötungsaktionen kann ausgegangen werden. Rüdin hatte als führender Vertreter der deutschen Psychiatrie dieser Zeit ein genuines Interesse an Forschungsvorhaben, die einerseits von der Krankenvernichtung profitierten und andererseits die wissenschaftliche Voraussetzung für die Durchführung von Selektion und Krankentötungen schaffen sollten.[587] Unter den Bedingungen nationalsozialistischer Herrschaft machte das Fehlen ethischer Beschränkungen und strafrechtlicher Konsequenzen eine Forschung ohne jegliche Rücksicht auf einzelne Menschen möglich.

5.2.3.3.1 Hirnpräparate von Tötungs-Opfern in Rüdins Forschungsanstalt

Als geschäftsführender Direktor der DFA für Psychiatrie musste Rüdin wissen, dass viele Präparate, die in seiner Forschungsanstalt für die Hirnforschung genutzt wurden, von Opfern der Krankentötungsaktionen stammten. Die Anstalt Eglfing-Haar, die mit der DFA eng zusammenarbeitete, unterhielt eine der so genannten „Kinderfachabteilungen", in denen seit Sommer 1939 geisteskranke Kinder umgebracht wurden.[588] Der offizielle Jahresbericht der DFA meldete für 1941/42 eine Zunahme der kindlichen Todesfälle in der Anstalt Haar und den daraus resultierenden wissenschaftlichen Nutzen: „Eine wesentliche Steigerung erfuhr die Zahl der kindlichen Sektionsfälle in der Anstalt Haar. Es konnte infolgedessen viel seltenes und wertvolles Material zur Frage der frühkindlichen Hirnschäden bzw. der angeborenen Missbildungen gewonnen werden, dessen Bearbeitung größtenteils das Hirnpathologische Institut übernahm."[589]

Im Hirnpathologischen Institut der DFA für Psychiatrie in München wurde von 1940 bis 1944 der Eingang von 1069 Hirnpräparaten registriert. Bei 633 der registrierten Hirnpräparate ist der Verdacht, dass sie von Opfern der Tötungsaktionen stammen, begründet. Soweit diese Hirnpräparate sich noch im Max-

---

[586] *Weber* (2000) S. 107 f.

[587] *Roelke* (2000) S. 149

[588] *Sachse/Massin* (2000) S. 32 f.

[589] *Weber* (1993) S. 272

Planck-Institut für Psychiatrie in München befanden, wurden sie im Mai 1990 auf dem Münchner Waldfriedhof beigesetzt.[590]

5.2.3.3.2 Unterstützung eines Forschungsprojekt an getöteten Kindern

Ein Mitarbeiter Rüdins, Julius Deussen, war neben Carl Schneider die zentrale Figur der ab 1943 in Heidelberg durchgeführten psychiatrischen Forschungsprojekte über die Entstehung der „Idiotie" an geistig behinderten Kindern, wobei deren Tötung bewusst einkalkuliert war.[591]

Rüdin unterstützte die Heidelberger Forschungen seines Mitarbeiters in mehrfacher Weise. So stellte er finanzielle Mittel aus dem Etat der GDA für Deussens Aktivitäten zur Verfügung. Gegenüber dem Dekan der Heidelberger Medizinischen Fakultät wies er wiederholt auf die langfristige gesundheits- und bevölkerungspolitische Bedeutung des Forschungsprojekts hin und befürwortete zunächst die Habilitation (Brief vom 28.2.1944), später eine Dozentur Deussens (Brief vom 14.2.1945). In diesem Zusammenhang äußerte er auch die Hoffnung, dass die Forschungsabteilung sich unter Deussens Leitung zum Kristallisations-

---

[590] *Sachse/Massin* (2000) S. 32

[591] Die Fragestellung des Projekts zielte auf die Kriterien ab, mit denen die Patienten mit erblicher Belastung von denjenigen ohne Belastung unterschieden werden könnten. Für die vollständige Durchführung des Forschungsprogramms war der Tod der untersuchten Kranken eine notwendige Voraussetzung. Nur auf diese Wiese konnten die am lebenden Patienten gewonnenen Daten systematisch mit den pathologisch-anatomischen und histopathologischen Befunden korreliert werden. Eine solche Korrelation wurde durch die systematische Krankentötungen in einem vorher nicht gekannten Umfang ermöglicht. Einerseits profitierte das Projekt vom rechtsfreien Raum der Krankenvernichtung; andererseits sollten die Forschungen aber auch die wissenschaftlichen Kriterien liefern, die eine rationale Selektion der Kranken und damit eine wissenschaftlich vertretbare Durchführung der Tötungsaktionen ermöglichen sollte. – Zweiundfünfzig Kinder und Jugendliche wurden in aufwendiger Weise mit psychologischen, klinisch-medizinischen und apparativen Methoden untersucht. Kennzeichnend für die gesamte Konzeption des Forschungsprogramms war, dass auch schmerzhafte Untersuchungen (Röntgenuntersuchung der Gehirnventrikel) und Gewalt (Überstülpen einer Kappe, Untertauchen im Wasser) angewendet wurden, so dass eines der Kinder bereits direkt nach einem Eingriff verstarb. Im Anschluss wurden die Kinder in die Heil- und Pflegeanstalt Eichberg bei Wiesbaden gebracht, wo sie in einer so genannten Kinderfachabteilung durch Überdosierung von Beruhigungs- bzw. Schlafmitteln getötet wurden. Entsprechend dem Forschungsprogramm wurden die Gehirne der getöteten Kinder zurück nach Heidelberg gesandt, um eine Korrelation der an den lebenden Patienten erhobenen Daten mit den pathologischen Befunden zu ermöglichen. Aus den noch vorhandenen Dokumenten lässt sich rekonstruieren, dass mindestens 21 der 52 untersuchten Kinder tatsächlich in der Anstalt Eichberg getötet wurden. Einige der Gehirne von diesen Kindern wurden nach dem Krieg von der Staatsanwaltschaft in der Heidelberger Klinik identifiziert. *Roelke* (2000) S. 136 ff.

kern für ein bis dahin an der Heidelberger Universität noch nicht existierendes Institut für Erbbiologie und Rassenhygiene entwickeln könnte.[592]

5.3 Auswirkungen auf die Probanden Ludwig B. und Johanna Z.

Die psychiatrischen Diagnosen Schizophrenie und Psychopathie stellten bei Ludwig B. und Johanna Z. nicht nur die Voraussetzung für die gerichtliche Beurteilung dar, sondern bargen auch spätere Gefahren für die körperliche Unversehrtheit in sich.

5.3.1 Unfruchtbarmachung

Schizophrene, aber auch indirekt Psychopathen, fielen unter das GzVeN. Somit hätte es unter Umständen sowohl bei Ludwig B. als auch bei Johanna Z. zur Zwangssterilisierung nach dem GzVeN kommen können.

5.3.1.1 Unfruchtbarmachung bei Schizophrenie

Schizophrenie galt als Erbkrankheit im Sinne des § 1 II Nr. 2 GzVeN. Denn bei Schizophrenie erschien 1933 der rezessive Erbgang als gesichert, was bedeutete, dass nicht nur der Erkrankte, sondern auch das scheinbar gesunde Familienmitglied die Krankheit weiter tragen konnte. Außerdem ging man davon aus, dass im familiären Umfeld von Psychosekranken gehäuft auch andere psychische Störungen wie Psychopathie auftreten.[593]

Da bei Ludwig B. von Rüdin Schizophrenie diagnostiziert worden war, und Ludwigs Krankheit bei den Behörden bekannt war, wäre Ludwig in den Anwendungsbereich des GzVeN gefallen und höchstwahrscheinlich zwangssterilisiert worden. Über Ludwigs Schicksal nach 1924 ist allerdings nichts mehr bekannt.

Die Familie von Johanna Z. wurde durch das GzVeN insofern betroffen, als Johannas jüngerer Bruder Johann (Hans) Z. nach einem Verfahren am Erbgesundheitsgericht München im Jahr 1939 zwangssterilisiert wurde. Er war zuvor

---

[592] „Nun leitet er (Deussen) aber in Heidelberg nach wie vor, und zwar schon über 1 Jahr in vollem Umfang seine erbbiologische Forschungsanstalt (gemeint ist wohl „Forschungsabteilung") weiter, durch deren Arbeit ich unter anderem wesentliche Aufschlüsse in der Idiotie-Ätiologie erwarte. Ich habe aus diesem Grund weiterhin einen Etat für seine Ausgaben zur Verfügung gestellt (...) (Es) besteht, soviel mir bekann ist, in Heidelberg noch kein rassenhygienisches oder wenigstens erbbiologisches Institut. Ein solches ließe sich von der Forschungsabteilung Deussens aus wenigstens im kleinen Rahmen aufbauen u. Deussen könnte mit der Leitung dieses Instituts betraut werden (...)" Universitätsarchiv Heidelberg, Medizinische Fakultät, Personalakte 877 (Julius Deussen), zitiert nach *Roelcke/Hohendorf/ Rotzoll* (1998) S. 335; *Roelke* (2000) S. 140 f.

[593] *Faulstich* (1993) S. 177

mehrfach straffällig geworden und bei ihm war Schizophrenie diagnostiziert worden.[594]

5.3.1.2 Unfruchtbarmachung bei „Psychopathie"

Der Begriff der Psychopathie wurde im Nationalsozialismus missbraucht um gesellschaftlich unerwünschte Menschen auszugrenzen, einzusperren, zwangsweise unfruchtbar zu machen oder gar umzubringen. Die Maßnahmen zur „rassenhygienischen Aufartung" waren dabei wohl eher ein Vorwand. Tatsächlich ging es wohl eher um die „Bestrafung des Abnormen seiner Abnormität wegen" und als „exemplarisches Objekt der Abschreckung"[595].

Obwohl Psychopathie keinen im GzVeN vorgesehener Sterilisationsgrund darstellte, wurde auf verschiedenen Wegen versucht, dem rassenhygienischen Ziel der Sterilisierung „asozialer Psychopathen" und anderer „Minderwertiger" näher zu kommen. Es wurden Anstrengungen unternommen, Psychopathen unter die im GzVeN vorgesehenen Rubriken „angeborener Schwachsinn" (§ 1 II Nr. 1 GzVeN) oder „schwerer Alkoholismus" (§ 1 III GzVeN) einzuordnen. Indem beispielsweise Menschen, die keinem geordneten Beruf nachgingen oder straffällig geworden waren, „moralischer Schwachsinn" unterstellt wurde, konnte man diese „asozialen Psychopathen" in die rassenhygienischen Sterilisierungen einbeziehen, ohne dass „Psychopathie" eine Indikation gewesen wäre. Der alte Begriff der „moral insanity" wurde bedenkenlos als „moralischer Schwachsinn" wiedergeboren und dem psychiatrischen Schwachsinnsbegriff an die Seite gestellt.[596] Einen Zugriff auf „asoziale Psychopathen" bot auch die Diagnose schwerer Alkoholismus, der als „Hinweis auf eine schwere psychopathische Degeneration" gewertet wurde. „Schwerer Alkoholismus" wurde zur typischen Manifestationsform der verschiedensten psychopatischen Störungen erklärt, und auf diesem Umweg waren Psychopathen dann sterilisierbar.[597] Auch Rüdin setzte sich immer wieder für die Ausweitung der Zwangssterilisation auf alle „sozial minderwertigen Psychopathen" ein.[598]

Als verurteilte „Psychopathin" wäre auch Johanna Z. unter Umständen in die Gefahr der Unfruchtbarmachung geraten. Davon ist aber nichts bekannt.

---

[594] Diese Informationen stammen aus den Akten der Erbgesundheitsgerichte im Bayerischen Staatsarchiv.

[595] *Moser* (1971) S. 181, *Voss* (1973) S. 37

[596] Mit dem Begriff des „moralischen Schwachsinns", einer grobschlächtigen Eindeutschung des von *J.C. Pritchard* geprägten Begriffs der „moral insanity", fand eine radikale Sozialdiagnostik Eingang in das Psychopathiekonzept. *Voss* (1973) S. 24

[597] *Voss* (1973) S. 31

[598] siehe Kapitel 5.2.1.3

5.3.1.3 Eheverbot

Unter das „Ehegesundheitsgesetz" (siehe oben Kapitel 5.2.1.3) fielen sowohl Schizophrene als auch Psychopathen, so dass sowohl Ludwig B. als auch Johanna Z. ein Eheverbot hätte erteilt werden können. Johanna Z. hatte aber bereits am 28.12.1933, etwa zwei Jahre vor Verabschiedung dieses Gesetzes geheiratet, so dass sie einem möglichen Eheverbot entging.

5.3.2 Maßregeln zur Sicherung und Besserung

Das „Gesetz gegen gefährliche Gewohnheitsverbrecher und über Maßregeln der Sicherung und Besserung" von 1933 (GggG) eröffnete die Möglichkeit, „gefährliche Gewohnheitsverbrecher" in der Sicherungsverwahrung oder bei verminderter Zurechnungsfähigkeit auch in einer Heil- und Pflegeanstalt unterzubringen. Für Sicherungsverwahrte bestand erhöhte Gefahr, in ein Konzentrationslager überstellt zu werden.[599]

Weder bei Ludwig B. noch bei Johanna Z. ist die Begehung weiterer schwerwiegender Straftaten bekannt, die die Anordnung einer „Maßregel zur Sicherung und Besserung" ermöglicht hätte.

5.3.3 Tötungsaktionen

5.3.3.1 Tötungsaktionen an Schizophrenie-Patienten

Für Ludwig B. als Schizophrenie-Patienten bestand ab 1939 erhöhte Gefahr, im Rahmen der Tötungsaktionen an Geisteskranken umgebracht zu werden. Das wäre z.B. der Fall gewesen, wenn er sich in der Zeit ab 1939 in einer Heil- und Pflegeanstalt befunden hätte und er von der „T4"-Zentrale erfasst worden wäre. Ludwig war sicherlich aufgrund seiner zahlreichen Anstaltsaufenthalte offiziell als Schizophrenie-Patient registriert.

In den Merkblättern und Meldebogen, die „im Hinblick auf die Notwendigkeit planwirtschaftlicher Erfassung der Heil- und Pflegeanstalten" vom Reichsinnenministerium versandt wurden, und die als Grundlage für die „Selektion Lebensuntüchtiger" dienten, stand das Merkmal Schizophrenie an erster Stelle.[600] In der Heilanstalt Eglfing-Haar (der Anstalt, in die Ludwig B. zu Beginn der 1920er Jahre regelmäßig eingeliefert wurde) wurden insgesamt 1396 Menschen „selek-

---

[599] siehe Kapitel 5.2.2.2

[600] *Schmidt* (1965) S. 40

tiert" und zu Tötungsanstalten deportiert. Unter ihnen war der Anteil der Schizophrenie-Patienten mit 76,1 % (1062 Personen) sehr hoch.[601]

Die Tatsache, dass Ludwigs Tod nicht an das Standesamt seines Geburtsorts Aubing gemeldet wurde, wie es normal üblich wäre, spricht dafür, dass Ludwig „in den Kriegswirren" umgekommen ist,[602] was auch eine Tötung im Rahmen der Tötungsaktionen in den Bereich des Möglichen rückt.

5.3.3.2 Tötungsaktionen an „Psychopathen"

An Einzelbeispielen lässt sich erkennen, dass einige so genannte „Psychopathen" den „T4"-Vernichtungsaktionen zum Opfer fielen, obwohl dies kaum den Richtlinien des vom Reichsinnenministeriums versandten Merkblatts entsprach.[603] Aber im Rahmen der „T4-Aktionen" kam es in der Praxis nicht selten zu völlig willkürlichen Entscheidungen. *Gerhard Schmidt* bestätigt in seinem Bericht, den er als kommissarischer Direktor der Anstalt Eglfing-Haar „aus tatnahen Berichten von Schwestern, Pflegern, leitenden Pflegepersonen und Ärzten, die 1945/46 alle unter dem noch frischen Eindruck der Krankentötungen standen"[604], zusammenstellte, dass die NS-Tötungsaktionen Psychopathen einbezogen.[605] Bei 1,5 % (21 Personen) der Opfer aus der Anstalt Eglfing-Haar lautete die Diagnose „Psychopathie".[606] Auch die gerichtlichen Aussagen und Aufzeichnungen des Arztes und SS-Obersturmbannführers Mennecke, dem Direktor der Heil- und Pflegeanstalt Eichberg, in der die „Vernichtung lebensunwerten Lebens" praktiziert wurde, zeigen, dass häufig die Diagnose „Psycho-

---

[601] In die Zahlen mit einbezogen sind 488 Kranke aus der Heil- und Pflegeanstalt Gabersee, die nach deren Auflösung am 15.1.1941 komplett in die Anstalt Eglfing überging. *Schmidt* (1965) S. 72 f., 77

[602] Vermutung einer Verwaltungsangestellten im Standesamt Aubing

[603] *Voss* (1973) S. 93

[604] *Schmidt* (1965) S. 13

[605] *Schmidt* schließt seine Bemerkungen über die der Selektion zum Opfer gefallenen „soziologisch Geächteten", indem er auf die innere Logik einer konsequenten Entwicklung hinweist: „Dass kriminelle Psychopathen von der Praxis her nach dem Modell ‚krimineller Geisteskranke' erfasst wurden, war zwar Willkür, aber sinngemäß, ja folgerichtig. Wer den asozialen Geisteskranken vernichtet, macht – wie das Eliminierungsprogramm vorexerziert hatte – vor dem antisozialen noch weniger Halt. Vom gesellschaftsfeindlichen Psychotiker wiederum ist es nur ein Schritt zum gesellschaftsfeindlichen Psychopathen usw. Zur Assoziation Verbrechen und Geisteskrankheit kam die Vorstellung vom psychopathischen Anlageverbrecher, welcher aus seinem abnormen Charakter heraus des Rückfalls verdächtig, prophylaktisch beseitigt werden sollte." *Schmidt* (1965) S. 67

[606] *Schmidt* (1965) S. 77

path" als Begründung für die „Selektion" in Anstalten und Konzentrationslagern diente.[607]

Johanna Z. scheint nach Ablauf ihrer Haftstrafe (1934) strafrechtlich nicht mehr aufgefallen zu sein, so dass ihr Rüdins Diagnose der Psychopathie nicht mehr zum Verhängnis werden konnte.

---

[607] Bei der Untersuchung der von Mennecke selektierten Häftlinge finden sich z.B. folgende „Diagnosen" und „Symptome": –„Kohlstädt, Walter Israel, geb. am 8.11.09, Diagnose: Triebhafter, haltloser Psychopath, Hauptsymptome: Fortgesetzte Rassenschande, lange Freiheitsstrafen" –„Oppenheim, Alfred Israel, Diagnose: Fanatischer Deutschenhasser und asozialer Psychopath, Symptome: Eingefleischter Kommunist, wehrunwürdig" *Platen-Hallermund* (1948) S. 75/76

6 Kritische Betrachtung der Tendenzen in der aktuellen gesellschaftlichen, psychiatrischen und kriminalpolitischen Entwicklung

6.1 Gesellschaftliche Lage zu Beginn des 21. Jahrhunderts

Im ersten Jahrzehnt des 21. Jahrhunderts herrscht in Deutschland ein Klima der Unsicherheit, vor allem aus Angst vor Terrorismus, vor Verlust des Arbeitsplatzes, vor persönlichem wirtschaftlichen Abstieg im Rahmen der globalen Veränderungen, vor gefährlichen Verbrechern und brutalen Jugendlichen sowie möglichen Gefahren der neuen Medien. Um diese Angst zu bekämpfen, tendiert die Politik zu schnellen radikalen Lösungen, ohne sich die Folgen genau bewusst zu machen. Repressionen werden erhöht und die Freiheit des Einzelnen immer mehr beschnitten. Das Wohl der Gemeinschaft wird über das einzelner Individuen gestellt, ohne ausreichend Anstrengungen zu unternehmen, um Lösungen zu finden, beides miteinander in Einklang zu bringen.

6.1.1 Terrorismusbekämpfung, Datensammlung, Waffenrecht

Als Beispiel lassen sich die gesetzlichen Maßnahmen aus Anlass der Terrorismusbekämpfung anführen, deren Sicherheitserfolg fragwürdig ist, durch die aber die Freiheitsrechte der Bürger auf empfindliche Weise beschränkt werden (siehe Kapitel 2.4.1.2). Friedliche Bürger scheinen nun unter Generalverdacht gestellt, die Unschuldsvermutung entfällt. Die Verunsicherung und das Sicherheitsbedürfnis in der Bevölkerung scheinen derart groß zu sein, dass sämtliche Gesetzesverschärfungen inklusive freiheitsbeschränkender Nebenwirkungen widerspruchslos geduldet oder sogar begrüßt werden.

Im Hinblick auf personenbezogene Daten herrscht eine regelrechte Sammelleidenschaft staatlicher und kommerzieller Institutionen. Bedenken von Datenschützern werden ignoriert. Der persönliche Datenschutz muss immer wieder zugunsten einer vereinfachten Verbrechens- bzw. Terrorismusbekämpfung sowie zur leichteren Gewinnung von Kundendaten aus wirtschaftlichem Vorteilsstreben in den Hintergrund treten. Beispielsweise lässt die erfolgreiche Nutzung des genetischen Fingerabdrucks bei der Ermittlung von Straftätern (z.B. beim raschen Ermittlungserfolg im Mordfall Mooshammer[608]) die Forderung nach immer umfassenderen Gendateien zur Verbrechensbekämpfung aufleben. In diesem Zusammenhang darf aber nicht die große Gefahr verkannt werden, die darin besteht, dass sich den gespeicherten Gendaten durch DNA-

---

[608] Der Mörder des Münchner Modemachers Rudolph Mooshammer konnte nach wenigen Tagen ermittelt und gefasst werden, da von ihm noch eine Speichelprobe anlässlich eines früheren Vorfalls polizeilich gespeichert war, die mit den DNA-Spuren am Tatort übereinstimmten.

Analyse eine Fülle höchstpersönlicher Informationen entnehmen lassen, die vielfältige Arten des Missbrauchs ermöglichen. Denn wie die Vergangenheit gezeigt hat, erleichtern umfangreiche Datensammlungen den Datenmissbrauch. So war es dem nationalsozialistischen Regime in Hamburg – im Unterschied zu anderen Regionen Deutschlands – auf der Grundlage einer beispiellos umfangreichen Datensammlung möglich, im Rahmen der rassenhygienischen Maßnahmen unverhältnismäßig viele Sterilisierungen und Kastrationen vorzunehmen.[609]

Auf dem Gebiet des Waffenrechts werden nach spektakulären Gewalttaten hastig Gesetzesverschärfungen umgesetzt, die Handlungsfähigkeit der Politik vorweisen sollen, deren langfristige Wirkung in Bezug auf einem Rückgang von Gewaltkriminalität mit Waffen aber fragwürdig bleibt (siehe Kapitel 2.3.2). Anstatt etwa auf Versäumnisse in der Erziehung und im sozialen Umfeld der Gewalttäter einzugehen, werden schnelle populistische Entscheidungen gefällt, die von den eigentlichen gesellschaftlichen Missständen ablenken.

6.1.2 Erziehung und Medien

Im Bereich der Erziehung gibt es hingegen positive Tendenzen. So gehen von Seiten des Staates Signale aus, Gewalt in der Erziehung allgemein zu ächten, und es steht z.B. Lehrern im Gegensatz zu früher nicht mehr zu, Schüler körperlich zu züchtigen. Andererseits werden in vielen Familien auch heute noch die Körperstrafe und andere Formen von Gewalt bei der Erziehung eingesetzt (siehe Kapitel 2.1.2). Es muss noch viel getan werden, damit Kinder und Jugendliche in Deutschland wirklich gewaltfrei aufwachsen können, was eine Voraussetzung dafür ist, dass sie später nicht selbst auf Gewalt als Mittel zur Konfliktlösung zurückgreifen.

Das Ziel „Aufwachsen ohne Gewalt", das sich die neue Bundesregierung (im Koalitionsvertrag zwischen CDU, CSU und SPD) in Bezug auf Jugendliche gesetzt hat, ist zu begrüßen. Allerdings besteht ihr Lösungsvorschlag in erster

---

[609] Das Zentrale Gesundheitspassarchiv (GPA) der Hamburger Gesundheitsverwaltung stellte die erste regionale Datensammlung dar, die nicht nur die Ergebnisse der „Erbbestandsaufnahme" der Amts-, Gefängnis- und Anstaltsärzte zusammenfasste, sondern auch Angaben der Krankenhäuser und Irrenanstalten, der AOK und LVA, des Amtes für Volksgesundheit, der Fürsorgeeinrichtungen und des Jugendamtes, der Polizei und der Gerichte usw. auswertete. Bis Kriegsbeginn waren 1,1 Mio. Hamburger im GPA erfasst. Dieses statistische Material bildete die Grundlage dafür, dass in Hamburg im Verhältnis zur Gesamteinwohnerzahl die meisten Sterilisierungen und Kastrationen vorgenommen wurden. Gleich nach Inkrafttreten des GzVeN liefen zu Beginn des Jahres 1934 im „Mustergau Hamburg" die Verfahren vor den Erbgesundheitsgerichten mit beispielloser Geschwindigkeit an. Anfang September 1934 waren in Hamburg bereits über 700 Sterilisierungen ausgeführt worden, was einem Viertel aller bis dahin im Deutschen Reich vorgenommenen Unfruchtbarmachungen entsprach. Bis 1945 wurden in Hamburg insgesamt über 24.000 Personen (rund 6 % aller Sterilisierten) unfruchtbar gemacht. *Schmuhl* (1987) S. 148, 161

184

Linie darin, durch Altersgrenzen, Zensur und Verbote rigoros gegen so genannte „Killerspiele" und Horrorvideos vorzugehen.[610] Begründet wird dies mit dem „deutlichen Einfluss", den Gewaltspiele und -videos auf Jugendliche haben sollen, und dem angeblichen Vorbildcharakter für Verbrechen.[611] Das zeigt wieder einmal die undifferenzierte und von wissenschaftlichen Erkenntnissen ungetrübte Meinung vieler Politiker über die Wirkungen von Medien auf Jugendliche. Wie bereits ausführlich dargestellt wurde (siehe Kapitel 2.2), haben Medien keine solch starke Wirkung auf Jugendliche. Unkenntnis, Misstrauen und Kontrollwut der Erwachsenen hinsichtlich Neuem gegenüber aufgeschlossenen Jugendlichen führen dazu, dass neue Medien zu einem „Schreckgespenst" aufgebläht werden. Es dient Politikern aber auch als „Sündenbock" für soziale und kriminalpolitische Missstände, dem leicht mit Verboten und Zensur begegnet werden kann, ohne die wirklichen Probleme thematisieren zu müssen. Doch nicht immer beteiligt sich die Presse nicht immer an dem modernen „Schundkampf" der Politiker, sondern weist auch einmal zu Recht darauf hin, dass keine bisher veröffentlichte unabhängige Forschung ernsthafte Auswirkungen aggressiver Spiele auf das Verhalten junger Leute belegt hat.[612] Hauptfaktoren für aggressives Verhalten in der realen Welt sind elterliches Verhalten, die Kultur der Gleichaltrigen sowie die Schul-Umgebung. Auch sollte die positive Wirkung von Computerspielen nicht unbeachtet bleiben.[613]

6.2 Fortschritte in der Psychiatrie

Die Psychiatrie konnte in den letzten Jahren sowohl von einer intensiven Aufarbeitung ihrer Vergangenheit als auch vom wissenschaftlichen und technischen Fortschritt profitieren.

---

[610] *Schmieder, Jürgen:* Die Politik schlägt zurück. Hauptsache „Killerspiel": Die neue Bundesregierung möchte laut Koalitionsvertrag gewaltverherrlichende Kulturgüter verbieten, in: SZ vm 16.11.2005

[611] Beate Merk (bayerische Justizministerin): „Gewaltvideos und -spiele haben auf Jugendliche im Entwicklungsstadium, in dem sie noch formbar sind, einen deutlichen Einfluss." Dies sehe man bei kriminellen Jugendlichen, die sich an solchen Videos und Spielen orientierten; z.B. an den Mörder der zwölfjährigen Vanessa aus Gersthofen, dem die siebte Folge des Horrorfilms „Halloween H20" als Vorbild für die Tat gedient haben soll. Es müsse gesetzlich etwas getan werden. *Graupner, Heidrun:* Schutz für die Kinderseele. Menschenverachtende Spiele sollen bald schon aus dem Verkehr gezogen werden, in: SZ vom 17.11.2005, S. 2

[612] *Schulte v. Drach, Markus C.:* Mörderische Spiele. „Schädliche Wirkung nicht belegt", in: SZ 27.02.2001

[613] Aktuellen Forschungen zufolge fördern viele Computerspiele die gleichen Fertigkeiten, die in nicht-sprachlichen Intelligenztests geprüft werden. Computerspiele haben einen unmittelbaren positiven Einfluss auf bestimmte räumliche Fähigkeiten, auf die Vorstellungskraft und die kontrollierte Aufmerksamkeit (z.B. die Fähigkeit, Wichtiges von Unwichtigem unterscheiden). *Stöcker, Christian:* Gehirntraining mit dem Shooter, in: Spiegel online 29.12.2004

In vielen Veröffentlichungen wurde mittlerweile die Beteiligung deutscher Psychiater an den nationalsozialistischen Verbrechen behandelt. Beispielsweise hat die Max-Planck-Gesellschaft 1999-2005 das Forschungsprogramm „Geschichte der Kaiser-Wilhelm-Gesellschaft im Nationalsozialismus" geför- dert, das die Aufgabe hatte, den spezifischen Beitrag der Kaiser-Wilhelm-Gesellschaft und ihrer Wissenschaftler zum nationalsozialistischen System umfassend zu untersuchen.[614] In diesem Rahmen konnten auch einige neue Erkenntnisse über Ernst Rüdin gewonnen werden, die hier in den Kapiteln 5.2.3.2. und 5.2.3.3. verwendet wurden.

Der wissenschaftliche und technische Fortschritt brachte eine Veränderung der Untersuchungen und die Einführung neuer Methoden mit sich (siehe Kapitel 3.2.1.1). Viele der Untersuchungen, die Rüdin an Ludwig B. und Johanna Z. vorgenommen hat, insbesondere die schmerzhaften Stechversuche (siehe Kapitel 3.3.4.1.4, 3.3.5.1), sind heute undenkbar. Es stehen heute eine ganze Anzahl objektiver Testverfahren zur Intelligenzmessung zur Verfügung (siehe Kapitel 3.3.5.3). Erkenntnisse der Psychologie werden bei der psychiatrischen Untersu- chung mit einbezogen, so dass auch der Entwicklung der Persönlichkeit und den zwischenmenschlichen Phänomenen der Übertragung und Gegenübertragung Gewicht beigemessen wird (siehe Kapitel 3.3.5.5). Die Diagnoseerstellung erfolgt heute nahezu überall anhand des operationalisierten Klassifikationssys- tems der ICD-10 bzw. dem DSM-IV (siehe Kapitel 3.4.1.1.4). Dies ermöglicht eine verbesserte Kommunikation zwischen Gutachtern verschiedener wissen- schaftlichen Richtungen und lokaler Herkunft. Aufgrund des rasanten Fort- schritts in der Molekularbiologie und der inzwischen fast vollständigen Entschlüsselung des menschlichen Genoms hofft man, die genetischen Ursachen vieler Geisteskrankheiten, u.a. auch der Schizophrenie, lokalisieren und dann mittels noch zu entwickelnder Medikamente gezielt behandeln zu können (siehe Kapitel 3.4.1.1.2). Im Rahmen der Schizophreniebehandlung wird aber auch neben Pharmakotherapie verstärkt Psychotherapie, kognitives Training sowie soziotherapeutische und rehabilitative Ansätze eingesetzt, da die Lebensqualität des Patienten verstärkt in den Mittelpunkt der Aufmerksamkeit gerückt ist (siehe Kapitel 3.4.1.1.3).

6.3 Kriminalpolitische Entwicklung

6.3.1 Strafverschärfungen zu Beginn des 21. Jahrhunderts nach jugend- strafrechtlicher Aufbruchstimmung im 20. Jahrhundert

Betrachtet man die rechtliche Würdigung der Fälle Ludwig B. und Johanna Z., so erstaunt es, dass nach ca. 100 Jahren und vier Staatsformen in Deutschland heute nicht viel anders vorgegangen worden wäre. Zwar gibt es mittlerweile eine

---

[614] http://www.mpiwg-berlin.mpg.de/KWG/

Reihe neuer Gesetze (wie das JGG, StVollzG, WaffG) und eine Fülle von Gesetzesänderungen, jedoch war die Basis unserer heutigen Gesetze mit dem Strafgesetzbuch von 1871 und dem BGB von 1899 schon damals vorhanden.

In den ersten beiden Jahrzehnten des 20. Jahrhunderts bestand eine unvergleichliche Reform- und Aufbruchstimmung. Wie oben (Kapitel 4.1.1.1) ausgeführt, wurden spezielle Jugendgerichte geschaffen, bevor es die gesetzlichen Grundlagen dafür gab. Die Ziele der Jugendgerichtsbewegung wurden schon innerhalb der alten Gesetze umgesetzt, da der allgemeine Wille bestand, Jugendliche im Sinne des Erziehungsgedanken rechtlich anders zu behandeln. Beispielsweise diskutierte der Jugendpsychiater *Ludwig Scholz* (1868-1918) um die Jahrhundertwende ein Heraufrücken des Strafmündigkeitsalters bis zum 16. Lebensjahr und überlegte sogar, ob nicht die Bestrafung der Jugendlichen unter 18 Jahren vernünftigerweise ganz verschwinden müsste.[615] Die rechtlichen Ansichten und Gerichtsurteile waren dank der Einbeziehung reformerischer Ideen nach heutigen Maßstäben schon sehr modern.

Die rechtspolitischen Tendenzen zu Beginn des 21. Jahrhunderts stehen in einem Gegensatz zu den Reformbestrebungen und der Aufbruchsstimmung vor 100 Jahren. Die gerade im Jugendstrafrecht für den Erziehungsaspekt so wichtigen Liberalisierungen werden immer mehr zurückgeschraubt. Die Behandlung jugendlicher und heranwachsender Rechtsbrecher durch das JGG wird als zu milde angesehen und längst veraltet geglaubte Forderungen (wie Erhöhung der Jugendstrafe, generelle Anwendung von Erwachsenenstrafrecht für Heranwachsende, Verschärfung der Sicherungsverwahrung und Einführung derselben auch für Jugendliche) leben wieder auf: Es wird gefordert, Heranwachsende (18-21-Jährige) ganz aus dem Anwendungsbereich des JGG herauszunehmen und sie ausschließlich nach Erwachsenenstrafrecht zu verurteilen sowie die Höchststrafe für Jugendliche von 10 auf 15 Jahre anzuheben.[616] Wiederholt kommt die Forderung nach einer Herabsetzung der Strafmündigkeit von derzeit 14 auf 12 Jahren. Es wird auch die Ansicht vertreten, dass Resozialisierungsmaßnahmen nichts bringen („Resozialisierungspessimismus"[617]) und den Steuerzahler nur viel Geld kosten würden. Der Schutz der Allgemeinheit wird über das Resozialisierungsbedürfnis Einzelner gestellt: Die Sicherheit der Bevölkerung durch „Wegschließen" von jugendlichen Rechtsbrecher wird wichtiger eingeschätzt als der Versuch der Wiedereingliederung der jungen Menschen in die Gesellschaft.

Unter anderem durch die massenmedial überzeichnete Darstellung spektakulärer Einzelfälle wird fälschlicherweise von einer dramatisch wachsenden Jugendkri-

---

[615] *Nissen* (1996) S. 298 f.

[616] *Rost/Stroh*: CSU will Jugendstrafrecht verschärfen, SZ vom 21.02.2005

[617] *Kreuzer* (1999) S. 60

minalität ausgegangen.[618] Diese dramatisierende Fehlwahrnehmung schafft ein Angstklima bei der Bevölkerung und führt zu entsprechenden Überreaktionen der Politik.

6.3.2 Aktuelle Gesetzesentwürfe zur Behandlung junger Gewalttäter

6.3.2.1 Verminderte Anwendung von Jugendstrafrecht und Anhebung der Jugendstrafe

Oft veranlasst schon ein einzelnes, Aufsehen erregendes Verbrechen Politiker, ein immer härteres Vorgehen und schärfere Gesetze zu fordern. Jüngeres Beispiel ist der Mord am neunjährigen Peter am 17.2.2005 in München durch Martin Prinz, der bereits als Heranwachsender wegen eines vergleichbaren Verbrechens zu 9 ½ Jahren Jugendstrafe verurteilt worden war und knapp 10 Monate nach seiner Haftentlassung rückfällig wurde.

Diesen Fall nahm die Bayerische Staatsregierung zum Anlass, weit reichende Gesetzesverschärfungen in Bezug auf junge Gewaltverbrecher zu fordern. Sie veranlasste eine Gesetzesinitiative im Bundesrat gegen Rückfalltaten gefährlicher junger Gewalttäter.[619] Der Gesetzesentwurf sieht unter anderem vor, dass für Heranwachsende regelmäßig kein Jugendstrafrecht, sondern Erwachsenenstrafrecht angewendet werden soll.[620] Dies stellt eine Umkehrung der heute gängigen Gerichtspraxis dar, die erfolgreich gezeigt hat, dass Jugendrichter mit Hilfe des Jugendstrafrechts weitaus sachgerechter und individueller auf den straffällig gewordenen Heranwachsenden reagieren können als im Erwachsenenstrafrecht, das in erster Linie nur Geld- und Freiheitsstrafen vorsieht. Gerade bei Schwerttätern muss man darauf bedacht sein, auf künftig straffreies Leben hinzuwirken. Dieses Ziel ist eher mit den erzieherisch sinnvolleren Mitteln des Jugendstrafrechts als mit der Freiheitsstrafe für Erwachsene zu erreichen.[621]

Nach dem Gesetzesentwurf soll außerdem die Höchststrafe im Jugendstrafrecht von 10 auf 15 Jahre angehoben werden.[622] Zu bedenken ist dabei, dass bei

---

[618] siehe Kapitel 1.1 mit Fußnote 3

[619] Quelle: Artikel vom 28. April 2005 aus www.bayern.de/Berlin/Bundesrat/Pressearchiv/ 2005

[620] Nur in begründeten Ausnahmefällen darf weiterhin Jugendstrafrecht angewendet werden. Darüber hinaus soll die Sicherungsverwahrung nun auch bei Heranwachsenden, auf die allgemeines Strafrecht Anwendung findet, im gleichen Umfang wie bei Erwachsenen zulässig sein.

[621] *Kreuzer* (1999) S. 64

[622] Bayerns Bundesratsminister Erwin Huber: „Es ist nicht hinnehmbar, dass 18- bis 21-jährige Mörder schlimmstenfalls mit einer Jugendstrafe von 10 Jahren rechnen müssen. Das führt zu unerträglichen Ergebnissen, die das Vertrauen der Bevölkerung in unsere Rechtsordnung nachhaltig erschüttern. Eine längere Strafe kann gerade in diesen Fällen eine Resozialisierung fördern."

zunehmender Haftdauer die spätere Wiedereingliederung des Gefangenen in die Gesellschaft, die in § 2 S. 1 StVollzG zum Vollzugsziel erhoben wurde, erschwert wird. Die erzieherisch ungünstigen Wirkungen der Haftstrafe bestehen u.a. im Prisionierungsprozess und der negativen Sozialisierung im Vollzug.[623] Stigmatisierung, Verkümmerung von Außenkontakten, subkulturelles Leben und Lernen, neue Kriminalitätsimpulse, Entstehen von Passivität sowie von anhaltenden vollzugsbedingten Stresssituationen sind erzieherisch ungünstige, aber weitgehend unvermeidbare Auswirkungen der Haft.[624]

6.3.2.2 Verschärfungen der Sicherungsverwahrung

6.3.2.2.1 Verschärfungen der Sicherungsverwahrung in den letzten Jahren

Die Forderung der Bayerischen Staatsregierung nach einer nachträglichen Sicherungsverwahrung für nach Jugendstrafrecht verurteilte Täter wurde in den Koalitionsvertrag von CDU/ CSU und SPD aufgenommen und soll unter der neuen Bundesregierung umgesetzt werden.[625]

Dieser neue Vorstoß in Richtung einer Erweiterung des Anwendungsbereichs der Sicherungsverwahrung fügt sich ein in eine Reihe von Verschärfungen der Sicherungsverwahrung in den letzten Jahren. Seit 1996 sind die Anordnungsvoraussetzungen für die Sicherungsverwahrung stetig herabgesetzt und die Entlassungsbedingungen aus dem Straf- und Maßregelvollzug immer weiter heraufgesetzt worden.[626] Als zusätzliche Instrumente wurden die nachträgliche und die vorbehaltene Sicherungsverwahrung eingeführt. Eingedenk des Kanzlerworts des ehemaligen Bundeskanzlers Gerhard Schröder: „Wegsperren, und zwar für immer"[627] galten frühere Bedenken nicht mehr. Das Gesetz über die nachträgliche Sicherungsverwahrung wurde eilig durch die parlamentarischen Gremien gebracht, obwohl die Regelungen bisher nicht gekannte Eingriffe in Freiheitsgrundrechte von Untergebrachten enthalten.[628] Nach all dem befinden

---

[623] *Kaiser/Schöch* (1994) S. 213

[624] *Kreuzer* (1999) S. 65

[625] Für straffällig gewordene Jugendliche soll künftig die Sicherungsverwahrung auch nachträglich angeordnet werden können, wenn der Täter nach Jugendstrafrecht wegen schwerster Straftaten gegen das Leben, die körperliche Unversehrtheit oder die sexuelle Selbstbestimmung verurteilt wurde. *Fiebig, Peggy*: Bericht aus Berlin, NJW 48/2005 S. VI

[626] *Boetticher* (2005) S. 419

[627] In „Bild am Sonntag" forderte der damalige Bundeskanzler Gerhard Schröder für Kinderschänder: „Wegschließen – und zwar für immer." Er beklagte sich, dass dies zu selten geschehe, und dass zu oft die Täter auf milde Gutachter träfen, die sich zu einem Kartell zusammengeschlossen hätten. *Jaeger/Scheidges*: Sexueller Supergau, Der Spiegel 29/2001 S. 32

[628] Nunmehr gilt auch im Bund eine präventiv-polizeiliche Verwahrung und dies sogar für Täter, bei denen ein Hang nach § 66 I Nr. 3 StGB „nicht sicher festgestellt, aber auch nicht

wir uns bereits nahe an der Grenze des verfassungsrechtlich Machbaren.[629] Das Bundesverfassungsgericht hat jedoch die Handlungsweise des Gesetzgebers gebilligt und damit dem Schutzbedürfnis der Allgemeinheit Vorrang vor dem Freiheitsrecht des Täters gewährt.

Es ist äußerst bedenklich, dass die Sicherungsverwahrung, die ein Fremdkörper im strafrechtlichen Sanktionensystem ist,[630] eine solche „Renaissance" erlebt. Die Sicherungsverwahrung ist wohl der schwerste in unserer Rechtsordnung zugelassene Rechtseingriff. Das Konzept der Verwahrung bedeutet für viele Verurteilte das absolute Nein der Gesellschaft zu seiner Person und ein Leben ohne Perspektive. Trotz seiner nationalsozialistischen Entstehungsgeschichte[631] wurde die Sicherungsverwahrung im bundesdeutschen Strafrecht belassen.

Gegen das Instrument der Sicherungsverwahrung bestehen grundlegende Bedenken; in erster Linie darin, dass die Begriffe „Hang" und „Gewohnheit" nicht eindeutig bestimmbar sind, und der „gefährliche Gewohnheitsverbrecher", für den dieses Instrument eingeführt wurde, gar nicht existiert. Die Sicherungsverwahrung entbehrt damit ihres Realgrundes und ist „ein Irrweg".[632] Der Begriff „Gewohnheitsverbrecher" taucht zwar im heutigen § 66 StGB nicht mehr auf, jedoch ist die Formulierung „Hanges zu erheblichen Straftaten" auch nicht aussagekräftiger. Bei den (unbestimmbaren) Begriffen wie „Gewohnheit" und „Hang" ist exakte Definition und Subsumtion nicht möglich, so dass sie sich nicht als Merkmal einer strafrechtlichen Regelung eignen.[633] Der „gefährliche Gewohnheitsverbrecher" ist kein empirischer Typ, sondern ein unklarer Begriff, eine unscharfe juristische Einheit, gegründet auf ein „kriminologisches Nichts".[634] Bei uns war und ist die Sicherungsverwahrung eine dauernde Maßnahme zur Ausschließung einer bestimmten (gar nicht kleinen) Gruppe von Tätern aus der sozialen Gemeinschaft. Die Internierung dient nicht der Sanierung (der inneren und äußeren Situation, aus der neue Straftaten entstehen können), sondern tritt an die Stelle einer Sanierung.[635] Die Existenz des

---

ausgeschlossen" werden kann. Auch Ersttäter und sogar Schuldunfähige (§ 66b III StGB) können davon betroffen sein.

[629] Staatssekretär Alfred Hartenbach: Sicherungsverwahrung, Berlin, 21.12.2005, www.bmj. bund.de

[630] Im Gegensatz zur Strafe ist die Anordnung der Sicherungsverwahrung unabhängig von der persönlichen Schuld des Täters, sondern zielt ausschließlich auf den Schutz der Allgemeinheit ab.

[631] siehe Kapitel 5.2.2.2

[632] *Fabricius* (1999) S. 320

[633] *Naucke* (1962) S. 96

[634] *Naucke* (1962) S. 94 f.

[635] *Hellmer* (1961) S. 295 f.

„Gewohnheitsverbrechers" wird unterschwellig aus genetischem Defekt, Degeneration und ähnlichem erklärt. „Damit wäre gesellschaftliche Ungleichheit gerechtfertigt und ebenso Investitionen in Erziehung, Ausbildung, Bildung und Therapie für überflüssig erklärt".[636]

6.3.2.2.2 Erklärungen für die veränderte Stimmungslage

Historisch fiel die Entstehung des „Gewohnheitsverbrechers" mit einer Krise in der Weltwirtschaft zusammen. Gegenwärtige wirtschaftliche Entwicklungen (Globalisierung) verunsichern in vergleichbarem Maße. „Die korrespondierenden Ängste werden teilweise in Kriminalitätsangst verwandelt. Es entsteht ein Feld, in dem sich vielfältige andere Ängste ansiedeln können."[637] Es ist sicher auch eine Folge einer bewusst vereinfachenden Medieninformation, dass ein diffuses Klima einer allgegenwärtigen und ständigen Furcht vor gefährlichen Sexual- und Gewaltstraftätern – ähnlich der Angst vor terroristischen Angriffen – erzeugt worden ist. Dieser Stimmungslage haben sich Politiker, Justiz und selbst das Bundesverfassungsgericht nicht entziehen können.[638]

6.3.2.2.3 Steigende Unterbringungszahlen und Veränderungen im Vollzug

Konkreter Beleg für den eingetretenen Meinungswandel sind die steigenden Unterbringungszahlen in den psychiatrischen Krankenhäusern und in der Sicherungsverwahrung. So ist die Zahl der auf Grund des § 63 StGB in einem psychiatrischen Krankenhaus Untergebrachten in den Jahren 1996 bis 2004 von 2956 auf 5118, und die der Sicherungsverwahrten (gemäß § 66 StGB) in den Jahren 1996 bis 2005 von 176 auf 363 gestiegen.[639]

Diese Veränderung in der Kriminalpolitik lässt sich auf Länderebene an einer Neuorientierung der gesamten Strafvollzugspolitik festmachen, die sich zu Lasten der Verurteilten ausgewirkt hat. Eine deutlich restriktivere Lockerungs- und Entlassungspraxis hat zu längeren Verweildauern und damit zu einer teilweise dramatischen Überbelegung in sämtlichen Einrichtungen des Regel- und Maßregelvollzugs geführt. Das bei den Verantwortlichen im Vollzug herrschende allgemeine Klima der Furcht vor Versagen hat zur Folge, dass es auch keinen ausreichenden Diskurs über therapeutische Maßnahmen in den Einrichtungen, über die weiterhin bestehende Notwendigkeit von Lockerungen zur Erprobung des in den Anstalten gelernten Verhaltens und erst recht nicht über eine qualifizierte ambulante Nachsorge mehr gibt.[640] Die gegenwärtige Praxis der Gewäh-

---

[636] *Fabricius* (1999) S. 339

[637] *Fabricius* (1999) S. 337 f.

[638] *Boetticher* (2005) S. 418

[639] Quelle: Statistisches Bundesamt

[640] *Boetticher* (2005) S. 418

rung von Vollzugslockerungen ist bei den meisten Gefangenen im Regelvollzug, aber auch im Maßregelvollzug, äußerst restriktiv.[641] Es herrscht ein „Klima der Ängstlichkeit und der Übersicherung im gesamten Strafvollzug"[642]

6.3.2.2.4 Alternativen zur Verwahrung

Anstatt das Institut der Sicherungsverwahrung immer mehr zu verschärfen, wäre es dem Schutz der Allgemeinheit vor rückfälligen Straftätern dienlicher, sich mehr um die Nachsorge der Haftentlassenen zu kümmern. Es müsste eine ambulante Nachsorge eingerichtet werden sowie Kontrolle, Resozialisierung und Psychotherapie in einem Behandlungsprogramm vernetzt werden. Der Gesetzgeber sollte die ambulante Nachsorge als kriminalpolitischen Ausgleich zu den Regeln der vorbehaltenen und der nachträglichen Sicherungsverwahrung begreifen.[643]

Man hat sich auf dem Kissen strafrechtlicher Maßnahmen ausgeruht und dabei ein gutes Gewissen gehabt. Zu einer echten Sanierung der äußeren Verhältnisse hätte eine intensive Kulturpolitik und zur Sanierung der inneren Situation ein verstärktes Bildungswesen und eine wirkliche Kriminalpädagogik gehört.[644] Jedoch „sind Vorbeugung, Prävention, Erziehungs-, Bildungs- und Ausbildungsprozesse immer in Gefahr, als unproduktiv angesehen zu werden, weil sie (...) wegen ihrer engen Verbindung zu Entwicklungs- und anderen biologischen Prozessen nur in sehr engen Grenzen technischer Rationalisierung zugänglich sind." Vorbeugen ist besser als heilen oder verwahren, aber heilen oder verwahren ist einträglicher.[645]

6.4 Ausblick

Es darf nicht geschehen, dass der Gesetzgeber die wissenschaftlichen Erkenntnisse der Kriminologie aus den letzten Jahrzehnten ignoriert, und sich zu populistischen Entscheidungen hinreißen lässt, um die Bevölkerung vordergründig zufrieden zu stellen. Denn damit werden die Probleme nicht behoben, sondern nur verdeckt und vergrößert. Sollte der Gesetzgeber den populistischen Forderungen nach einer „Verschärfung" des Jugendstrafrechts tatsächlich nachgeben, so wäre dies ein großer Rückschritt in der Rechtsentwicklung und würde allen wissenschaftlichen Erkenntnissen in kriminologischen und pädagogischen Gebiet zuwiderlaufen.

---

[641] *Boetticher* (2005) S. 420

[642] *Boetticher* (2005) S. 421

[643] *Boetticher* (2005) S. 422 f.

[644] *Hellmer* (1961) S. 295 f.

[645] *Fabricius* (1999) S. 341 f.

Insgesamt gesehen ist eine „Dienstbarmachung des Strafrechts für die Innenpolitik"[646] erkennbar. Und da Innenpolitik in unruhigen, bewegten Zeiten, wie wir sie gerade haben, generell zu einem harten Strafrecht führt,[647] kann eine vernünftige humane Reform des Strafrechts nicht erwartet werden. Diese würde eine humane liberale vernünftige Innenpolitik in ruhiger, prosperierender Zeit voraussetzen, wie sie im 19. und 20. Jahrhundert so gut wie gar nicht gegeben war,[648] und auch in näherer Zukunft nicht zu erwarten ist.

Dabei ist es dringend nötig, präventive Maßnahmen zur Verhinderung jugendlicher Kriminalität auszubauen und die besseren Möglichkeiten im Umgang mit kriminellen Jugendlichen weiter zu entwickeln, diese der Bevölkerung verständlich zu kommunizieren, und sie über Politik und Gesetzgebung zur Ausführungspraxis zu bringen. Der Weg der Repression und der generellen Missachtung der Persönlichkeitsrechte des Individuums (auch nicht-krimineller Bürger) ist nicht der richtige.

---

[646] *Naucke* (2000) S. 404

[647] *Naucke* (2000) S. 405

[648] *Naucke* (2000) S. 408 f.

Anhang

A Biographie von Ernst Rüdin

Die Biographie Ernst Rüdins in tabellarischer Form:[1]

Jahr	Ereignisse
1874	19.04. Geboren in St. Gallen, Schweiz
1890	Pauline Rüdin, die Schwester, heiratet Alfred Ploetz, den Begründer der Rassenhygiene in Deutschland Engagement in der Schweizer Abstinenzbewegung unter dem Eindruck der Begegnung mit Ploetz und der Bekanntschaft mit den Schriften August Forels
1893-1898	Studium der Humanmedizin in Genf, Heidelberg, Berlin und Zürich
1899-1905	Psychiatrische Weiterbildung in Zürich, Heidelberg, Berlin und Basel
1900	Erste wissenschaftliche Tätigkeit für Kraepelin in Heidelberg
1901	Promotion an der Universität Zürich zum Dr. med., „Über klinische Formen der Gefängnispsychosen"
1903	In „Der Alkohol im Lebensprozeß der Rasse" Formulierung eines rassenhygienischen Programms einschließlich „Verhinderung der Fortpflanzung" bei „erblichen Krankheiten... durch privaten und staatlichen Zwang"
1905	Hauptamtlicher Leiter des Archivs für Rassenhygiene und Gesellschaftsbiologie (Zeitschrift, ARGB) Gründung der Gesellschaft für Rassenhygiene in Berlin mit Ploetz. Gemeinsame Organisation der rassenhygienischen Bewegung in Deutschland
1907	Wissenschaftlicher Assistent Kraepelins an der Psychiatrischen Universitätsklinik München
1909	Funktionsoberarzt an der Psychiatrischen Universitätsklinik München Habilitation durch die Medizinische Fakultät der Universität München, „Über die klinischen Formen der Seelenstörungen bei zu lebenslangen Zuchthausstrafen Verurteilten"
1910	Beginn der Studien zur Empirischen Erbprognose
1911	Internationale Hygiene-Ausstellung Dresden. Zusammen mit Max von Gruber Konzeption der Sondergruppe Rassenhygiene
1912	Verleihung des Ritterkreuzes des Sächsischen Albrecht-Ordens für die Verdienste anlässlich der Dresdner Hygiene-Ausstellung Erwerb der deutschen Staatsangehörigkeit neben dem Schweizer Bürgerrecht durch Ernennung zum bayerischen Beamten. Etatmäßiger Oberarzt der Psychiatrischen Universitätsklinik München

---

[1] Angelehnt an *Weber* (1993) S. 301 ff.

1915	Ernennung zum außerordentlichen Professor an der Universität München
1915	**20.8.-30.9.1915: Untersuchung und Begutachtung von Ludwig B.**
1916	Ausarbeitung der Empirischen Erbprognose in der Studie „Zur Vererbung und Neuentstehung der Dementia praecox"
1917	13.02.: Gründung der Deutschen Forschungsanstalt für Psychiatrie (DFA) durch Kraepelin in München mit einer Genealogisch-Demographischen Abteilung (GDA). **5.5.-16.6.1917 : Untersuchung und Begutachtung von Johanna Z.**
1918	Ernennung zum Leiter der GDA in der DFA
1918-1919	Forensisch-psychiatrische Gutachten über Hauptbeteiligte der Münchner Räterepublik und Graf Arco-Vally, den Mörder des bayerischen Ministerpräsidenten Kurt Eisner
1920	Heirat mit Dr. med. Ida Editha Senger (1988-1926). Aus der Ehe geht 1921 die Tochter Edith hervor.
1923-1925	Gutachten für das Preußische Ministerium für Volkswohlfahrt und die Schweizer Gesellschaft für Gynäkologie. Darin Empfehlung der eugenischen Indikation zum Schwangerschaftsabbruch u.a. bei endogenen Psychosen
1925-1928	Ordinarius für Psychiatrie in Basel und Direktor der psychiatrischen Kantonal- und Universitätsklinik Basel-Friedmatt. Weiterhin Leiter der GDA als Auswärtiges Wissenschaftliches Mitglied der DFA.
1928	Rückkehr aus Basel an die erweiterte GDA Honorarprofessor der Medizinischen Fakultät der Universität München
1929	Zweite Eheschließung mit Theresia Ida Senger (*1885), Schwester der ersten Ehefrau
1931	Geschäftsführender Direktor der DFA
1932	Mitglied der deutschen Akademie für Naturforscher (Halle) in Anerkennung seiner Arbeiten zur menschlichen Vererbungsforschung. Präsident der Internationalen Föderation eugenischer Organisationen (IFEO) bis 1937.
1933	Obmann der Arbeitsgemeinschaft II für Rassenhygiene und Rassenpolitik des Sachverständigenbeirats für Rassen- und Bevölkerungspolitik beim Reichsminister der Innern, Beauftragter des Reichsministeriums des Innern für die Gesellschaft für Rassenhygiene 14.07.: Erlass des „Gesetz zur Verhütung erbkranken Nachwuchses" (GzVeN). Mitautor und Mitherausgeber des offiziellen Kommentars Verleihung eines persönlichen Ordinariats durch den Reichsstatthalter in Bayern
1934	Beisitzer am Erbgesundheitsobergericht München
1934	Auf Anordnung des Reichsministeriums des Innern Vereinigung der nervenärztlichen Berufsverbände zur Gesellschaft deutscher Neurologen und Psychiater (GDNP) unter seinem Vorsitz

1936	Ehrenmitgliedschaft der Japanischen Gesellschaft für Psychiatrie und Neurologie.
	Direkte finanzielle Unterstützung der GDA durch die Reichskanzlei.
	Kommissarischer Direktor des Instituts für Rassenhygiene der Universität München
1937	Eintritt in die NSDAP
	Auswärtiges Mitglied der Société Médico-Psychologique, Paris.
1938	Korrespondierendes Mitglied der Königlichen Gesellschaft der Ärzte, Budapest.
1939	Wilhelm-Erb-Medaille der GDNP für die Verdienste bei der Erforschung der Erbkrankheiten des Nervensystems.
	Zum 65. Geburtstag Glückwunschtelegramm des Reichsministeriums des Innern, Verleihung der Goethe-Medaille für Kunst und Wissenschaft.
	Goldene Gedenkmünze der Medizinisch-Naturwissenschaftlichen Gesellschaft Jena für „hervorragende Leistungen auf dem Gebiet der Rassenhygiene".
	Goldenes Treudienst-Ehrenzeichen
	Zunächst aus finanziellen Gründen Kontaktaufnahme zum SS-Ahnenerbe. Hieraus resultierten Auseinandersetzungen mit der SS bis zum Kriegsende
	Spätestens im Dezember Kenntnis der „T4-Aktion", jedoch keine direkte Beteiligung an Vorbereitung und Durchführung
1942	In einer Liste kriegswichtiger Themen für den Reichsforschungsrat Vorschlag einer wissenschaftlichen Untersuchung über „eliminationswürdige" behinderte Kleinkinder
	Publikation des Aufsatzes „Zehn Jahre nationalsozialistischer Staat" im ARGB nach Auseinandersetzung mit der Presseabteilung der Reichsregierung
1943	Mit Carl Schneider, Paul Nitsche und Hans Heinze Denkschrift zur Reorganisation der deutschen Psychiatrie
1944	Zum 70. Geburtstag Verleihung des „Adlerschilds des Deutschen Reichs"
1945	Entzug des Schweizer Bürgerrechts durch das Eidgenössische Justiz- und Polizeidepartement in Bern wegen seiner „ausgesprochen politischen Rolle" nach 1933; Ablehnung der Beschwerde durch den Schweizer Bundesrat
	Letztes dienstliches Schreiben an Max Planck mit der Forderung, das genealogische Aktenmaterial für zukünftige Forschungen zu sichern.
	31.10./15.11.: Amtsenthebung durch die US-amerikanische Militärregierung in Bayern und Internierung an verschiedenen Orten Süddeutschlands
1949	08.07.: Im Entnazifizierungsverfahren durch die Hauptkammer München Einreihung in Gruppe III (Minderbelasteter). Nach Ablauf der Bewährungsfrist Rückstufung in Gruppe IV (Mitläufer).
	Freigabe der suspendierten Ruhestandsbezüge durch Gnadenentschließung des Bayerischen Staatsministeriums für Sonderaufgaben.
1952	22.10.: Tod nach längerer Krankheit 78-jährig in München

B Der Fall Ludwig B.

a. Biographie von Ludwig B.

Wichtige Vorkommnisse im Leben von Ludwig B. bis 1925:[2]

Jahr	Al-ter	Ausbildung/Arbeit	Delinquenz	Ereignisse
1899				11.2.: geboren in Mering
1905	6	bis 1911: Volkshaupt-schule Aubing (6 Jah-re)		Musste 2. Klasse wiederholen
1909	10		bekam 4 Revolver ge-schenkt	
1912	13	Ende 1912 bis April 1914: Besuch ver-schiedener Volksfort-bildungsschulen		
1913	14		Schuleschwänzen und He-rumstreunen	
1914	15	Gelegenheitsarbeiter an vielen verschiede-nen Stellen: 1/2 Jahr Dienstknecht (ab 9.2.1914) 4 Wochen landwirt-schaftliche Arbeiten 1 Woche Dienstknecht 5 Wochen Tagelöhner in Margarine Fabrik 3 Monate Tagelöhner in Kerzenfabrik	Ständiger Waffenbesitz 5.11.1914: Fahrraddieb-stahl	Auffälliges Verhalten (Reden u.a.) Ende 1914: erstmals Suizidabsichten
1915	16	3 Wochen landwirt-schaftliche Arbeiten 1 Woche Zollhaus	4.1.1915: Schussverlet-zung an der Hand 30.5.1915: Beobachtung/ Bedrohung Lindner	4.-9.1.: Aufenthalt in Chi-rurgischer Klinik 9.-17.1.: in Psychiatrie 27.4.-4.5. im Krankenhaus Pasing wegen fieberhafter Bronchitis 30.5.-1.6. Klinikaufenthalt nach Knüppelschlag auf Kopf

---

[2] Für den weiteren Lebensweg von Ludwig B. für die Zeit nach 1925 lassen sich in den Archi-ven (Bayerisches Staatsarchiv, Archiv des Bezirks Oberbayern, Archiv der Psychiatrischen Universitätsklinik München, Münchner Stadtarchiv) keinerlei Informationen mehr finden.

		1 Woche Stelle in München (Anfang Juli)	5.6. und 16.7.1915: Anzeigen wegen Führens verbotener Waffen 17.7.1915: auffälliges Verhalten bzgl. eines Mordfalles 18.7.1915: Bedrohung der Maria Wambacher 21.7.1915 Unterschlagung **23.7.1915: Schießerei in Pasing**	ab 4.7.1915: Verhältnis mit Maria Wambacher 23.-30.7.: im Krankenhaus Pasing (Stichwunde am Handgelenk durch Bajonett) 30.7.: Flucht, anschl. Festnahme durch Polizei 31.7. Beschuldigtenvernehmung 7.8.: Begutachtung durch Landgerichtsarzt **20.8.-30.9.: Untersuchung durch Rüdin in der Psychiatrischen Klinik** 2.10.1915: Beschluss LG München I, Entlassung aus Untersuchungshaft 6.10.: Verlegung in die Heil- und Pflegeanstalten Eglfing und Haar
1917	18	in der Anstalt: Arbeiten in der Küche und auf dem Feld	„nahm zuweilen anderen Kranken das Essen fort"	2.3.1917 aus Haar entlaufen 15.3.: nach Haar zurückgebracht 19.8.1917: Entlassung „in die Familie"
1919	20	Gelegenheitsarbeit	Juli 1919: „Stahl einem Verhältnis Effekten"	Aufenthalt im Untersuchungsgefängnis Einlieferung in die Anstalt 20.9.1919: Entweichen bei der Gartenarbeit
1920	21			12.3.1920: wird von Gendarmen nach Eglfing gebracht 8.5.1920 entweicht wieder
1921	22	Gelegenheitsarbeit	gab sich als Detektiv aus und öffnete Koffer seiner Geliebten	29.11.1921: Einlieferung ins Krankenhaus wegen Schlafmittelvergiftung

				5.12.1921: Verlegung nach Eglfing
1922	23			15.10.1922 Entlassung
1925	26			Ehescheidungsverfahren vor dem LG München II

b. Auszug aus Rüdins Gutachten zu Ludwig B.[3]

- 32 -

(...) In der äußeren Ordnung des Benehmens, in der Orientierung, Auffassung und Aufmerksamkeit, auch im Gedächtnis waren keine auffallenden Störungen bemerkbar. Nur war die Merkfähigkeit durch seine ungeheure Interessenlosigkeit beeinträchtigt. So wusste er wohl, dass es einen Dr. Thumm und einen Prof. Rüdin gebe. Dass aber der Unterzeichnete, der sich wiederholt mit ihm abgegeben, ihn körperlich untersucht, befragt, ihm Verweise und Mahnungen gegeben und ihn zeitweise regelmäßig bei der Visite besucht hatte und der ihm auch schon auseinandergesetzt

- 33 -

hatte, dass er ihn vom Gericht aus untersuchen müsse, dieser Prof. Rüdin sei, das wusste er noch nicht einmal am 26. September.

Anfälle oder Bewusstseinstrübungen jeder Art fehlten.

Dagegen zeigte sich, dass B. an Sinnestäuschungen litt. Als man ihn frug, warum er überall nur so kurze Zeit geblieben sei, antwortete er: „ja, das ist nur von meiner Krankheitsgeschichte. Von meiner Krankheit kommt das. Geistes natürlich. Ich habe 14 Tag lang höchstens gearbeitet, dann bin ich ganz wirrisch geworden. Dann hab ich mich nicht mehr auskennt. Einen Tag hab ich gearbeitet wie der Teufel, den anderen Tag bin ich wieder so niedergeschlagen gewesen und so traurig und so dämisch und das hat natürlich den Leuten nicht gefallen.". Auf die Frage, warum er denn immer wieder plötzlich närrisch geworden sei, sagte er: „Ja, das weiss ich nicht, ich hör' nur immer diese Stimme, und da red ich dann alles nach, obwohl ich mich zurückhalten will. Ich will nicht reden, aber auf einmal kommt so ein Dusel daher und dann schleudere ich alles umeinander. Aber wenn das (die aufgeregte Zeit) gewesen ist, dann hab ich jeden Mitmensch so saudumm angeredet, weil ich das oft gehört habe: „Verreck, verreck, dämischer Hund". Seit etwa 2 Jahren sei das schon so, dass er so nirgends aushalten könne. Auf die wiederholte Frage, wie denn das genauer mit dem Stimmenhören sei und wann er diese höre, erklärte er: „Hie und da schon. Das sag ich dann alleweil nach. Da schreits auf einmal im Kopf drin: „dämischer Tropf, verreck, verreck! und das red ich dann immer nach, bei der Arbeit und überall, wo ich bin.". Auf die Frage,

- 34 -

wer denn so rede, sagte er: „ja im Kopf drinn auf einmal kimmts halt so für. Es redet so drinn. Ich hörs ganz deutlich. Das ist so eine barsche Stimme. Das weiss ich nicht was für eine". Ferner höre er auch „Ich weiss alles, ich weiss alles". so 6 bis 8 mal wiederholt. „und das hab

---

[3] Quelle: Bayerisches Staatsarchiv, Akten der Staatsanwaltschaft München I Nr. 1733; wörtliche Abschrift inkl. Rechtschreibfehlern und original Seitenangaben (jeweils oberhalb des entsprechenden Textes)

ich dann alles gesagt zum anderen Mitarbeiter zum Jakob Brunnermeier in Fürstenfeldbruck, jetzt in der Eggenfabrik in Pasing. Der wohnt in Fürstenfeldbruck und fährt alle Tage nach Pasing. Der hat immer recht gelacht und der wiess ja ganz genau, wies am Nachmittag war, wie ich gar nichts mehr habe tun können und ganz auseinander gewesen bin". Morgens und Abends sei's am besten gewesen. Die Stimmen höre er schon „seit so einem Jahr darf ich sagen". Das erstemal seien sie beim Bell in Auing gekommen, wie er das erste mal dort gewesen sei. Da habe die Haushälterin immer gesagt „Du närrischer Bub". Das habe ihn dann so geärgert. Die Stimmen schaffen ihm auch hie und da was an „da ist was und da gehst heut nacht hin und das nimmst das was und den schlägst nieder". Und auf die wiederholte Frage, wer denn das sage erklärte er „Das sagts alles im Kopf drinn. Da bin ich nicht dabei. Aber natürlich das muss ich dann tun". „Das meiste reds immer schiess, schiess, kauf Dir einen Revolver, und wenn ich Geld hab, kauf ich dann einen.". Seit der Zeit, wo er die Stimmen höre, seit so einem Jahr, müsse er auch immer Revolver kaufen. 4 habe er geschenkt gekriegt vom Vetter Johann Meiler. Die habe er aber immer wieder das Stück für 1 M verkauft. Selber gekauft habe er in München einen kleinen, in Starnberg einen 6 Läufer dann in Pasing einen, den er vom Kollegen Josef Sedlmeier geschenkt bekommen habe und dann der letzte, der ihm nach

- 35 -

der letzten Schiesserei abgenommen worden sei. Ferner habe er in Puchheim 2 gefunden, die er wieder tadellos zusammengerichtet habe und zwar selber, da nicht viel dran gefehlt habe. Im ganzen seien ihm 7-8 Revolver abgenommen worden. Zuletzt habe er noch 3 Revolver zuhause gehabt. Das sei alles seit einem Jahr, früher nicht. Ausser mit den geschenkten und da habe er keine Freud dran gehabt und die habe er gleich wieder verkauft.

Bei uns in der Klinik höre er auch „Schiess, schiess". „Aber ich kann hier nichts machen". Auf den Vorhalt, dass er den Stimmen ja nicht gehorchen müsse, sagte er „ja, das brauchts nicht, das weiss ich so". „und das vergeht mir nicht, wie die Stimme immer sagt: „ich weiss alles, ich weiss alles". „Das hör ich im Kopf drinn, ganz und das red ich grad nach, als wenns elektrisert ging, grad so". Und auf die Frage, was denn dieses im Kopf reden bedeuten solle: „Dass ich so gescheidt bin, und dass ich schon so viel Bücher durchgemacht habe, dass ich schon selber einen Detektiv gemacht habe. Auf das lässt sichs schliessen. Da red´s immer so". Und auf die Frage, ja ob er denn wirklich so gescheidt sei, sagte er: „ja, gescheidt bin ich schon. Durch die Stimmen werde ich gescheidt, die machen mich zum Detektiv. Ja. direkt." Und auf die Frage, wie so denn?: „Ja die Stimmen reden so und ich mach alles dann. Dass ich da so gescheidt bin und dass ich das und das machen kann und das muss ich auskundschaften und ausforschen und da bin ich so gescheidt gewesen und da hab ich die Augen so gespitzt immer (macht es nach, indem er die Augen hin und herrollt). Das ist eine ganze Detektivgeschichte gewesen, in München, wie ich gewesen bin". Auf die Frage, ob das keine Krankheit

- 36 -

sei, sagte er: „ja natürlich ist es eine Krankheit, ich werd' aber nicht los davon, ich weiss nicht". und auf die Frage, warum er denn den Stimmen folge, sagte er: „Ja das ist grad, wie wenns mir angetan wär, wie wenn ich in dem Bann drinn wär, da kann ich über meinen Willen gar nicht mehr herrschen. Obwohls darnach wieder anders ist, aber es bleibt halt so". „Hier in der Klinik wär mir auch schon verschiedenes angeschafft worden, aber da bin ich ja eingezwengt. Da bin ich ja ganz wie in Ketten, da kann ich nichts machen". Und auf die Frage, ob es ihm denn lieber wäre, wenn er draussen die Leut totschiessen könnte, meinte er „nä gar nicht, mir ists von Herzen lieb, dass ich da bin.". Auf die Frage, was ihm denn an sich sonst noch krankhaft vorkomme, meinte er „immer die dummen Reden, die wo ich raussag. Den hab ich niedergeschossen, den hab ich ganz totgeschossen. Beherrschen kann ich mich nicht. Das kommt immer raus, obs grad oder ungrad geht.". Schlafen könne er nicht bis 11 oder ½ 12 Uhr. Und in der Früh sei er dann immer noch ganz vertieft. Im Bett etwa so um ½ 9 oder 9 Uhr Abends habe er auch schon die Worte gehört: „verzweifelt, verzweifelt". Auch so Bilder kämen ihm bei der Nacht vor, dann die Bilder von der Marie Wambacher, wie sie vor 2 ½ Monaten gewesen sei. Er sehe immer die Person und wie er immer als Detektiv herumgegangen sei, das gehe ihm nicht mehr aus dem Kopf. „Sonst ist weiter nichts als die Grübelei, wo ich im Kopf drinn hab. Das wo so im Kopf vorgeht, das ruf ich so naus".

Selbstmordabsichten habe er schon öfter gehabt. Voriges Jahr im Winter habe er sich schon aufs Bahngeleise stürzen wollen. „Direkt ist's mir so vorgekommen,

- 37 –

ich muss es tun". Die Mutter habe ihn dann noch zurückgehalten. Auf die Frage, warum er denn dies tue: „Auf einmal kommt so eine Idee über mich. Auf einmal bin ich so traurig, als ob mir die Eltern gestorben wären. Es kommt so ein Gemüt über mich und da mein ich, ich müsst jeden Mord tun, ja". An jenem Tag, bevor er sich in die Hand geschossen habe, habe er sich schon auch eine Kugel in den Kopf reinlassen wollen. Aber dann habe er sich wieder gedacht, er brauche Kaliber 9 dazu, er habe aber blos Kaliber 6 gehabt!

In einer Unterredung machte B. sogar Andeutungen, als ob jener Schuss in die Hand selbst aus Selbstmordabsicht geschehen sei.

Bei seinem ganzen Verhalten in der Klinik und bei allen Unterredungen war eine ausserordentlich tiefgehende gemütliche Stumpfheit bei B. festzustellen. In dieser Hinsicht bestand eine Ausnahme nur in Bezug auf seinen Wunsch, möglichst viel zu essen und zu Trinken zu bekommen und er versäumte bei keinem Besuch und keiner Unterredung mit dem Unterzeichneten oder der ihn besuchenden Mutter, zu beteuern, dass er verhungern müsse, wenn man ihm nicht mehr zu essen gebe. Es kam auch vor, dass er in der Abteilung so viel Essen in sich hineinschlang, dass ihm darob Übel wurde. Während er sonst sich um Namen von Pflegern nichts kümmerte, hat er sich einen besonders gemerkt, weil dieser pflichtgemäss ihn daran verhindert hatte, den anderen Kranken das Essen wegzunehmen. „Der Löffler, der wo so bös gewesen ist, weil er mirs Essen vergunnt hat, wenn ich was kriegt hab von anderen, hat der mirs wieder weggetragen."

- 38 -

Um seine affektive Reaktion zu prüfen, wurde ihm in schroffen Worten seine Faulheit vorgehalten. Er sagte aber dazu nur ganz gleichgültig: „Ich weiß nichts". Nichts, auch nicht die schlimmsten Vorwürfe und Herausforderungen vermochten ihn aus seiner gemütlichen Stumpfheit zu erwecken. Von Hass, Liebe, Scham, Reue, Gewissensbissen war auch nicht die leiseste Äusserung an seinem Mienenspiel, seinen Reden und seinem Verhalten zu bemerken. Bei der Unterhaltung über die Dinge, die man mit ihm besprach und die über sein künftiges Schicksal entscheiden sollte, gähnte er wiederholt. Er stiess auch die gröbsten Beleidigungen gegen Mitpatienten mit der größten Seelenruhe aus. Wünsche, außer solchen, die das Essen betrafen, brachte er keine vor. Bei der Unterhaltung stierte er gerade hinaus, ohne den Befrager anzuschauen. Sein Urteil verriet grosse Schwäche, was auch ohne weiteres aus seinen bisher angeführten Antworten hervorgehen dürfte.

Den Fragebogen fertigte er im Allgemeinen mit regelmässiger Schrift an. Jedoch kam mitten unter normaler Schrägschrift auch Steilschrift vor und sein Name war ausserordentlich verschnörkelt und schwer leserlich. Bei der Frage, ob er krank sei, schrieb er hin: ja. Lesen und Schreiben seinen ihm leicht, Geographie und Rechnen schwer gefallen. Das Alphabet vermochte er nicht vollkommen und lückenlos niederzuschreiben. München habe 68000

Einwohner. König Ludwig I. habe das Deutsche Reich gegründet. Bismark sei ein Heerführer gewesen. Der Pabst heisse Pius X. Unter den Deutschen Dichtern wurde auch Beethoven genannt. Die Wolle komme vom „Wollbaum". und die Baumwolle von

- 39 -

der Baumwollstaude. Unterschied zwischen Rechtsanwalt und Staatsanwalt? „Der Rechtsanwalt ist bei Gericht, der Staatsanwalt versorgt den Staat". Unterschied zwischen Hass und Neid? „Wenn ich einer Person böse bin, ists Hass und wenn ich nichts herschenken will, ists Neid". Unterschied zwischen Irrtum und Lüge? „Wenn man die Wahrheit nicht ganz richtig gesagt, ists Irrtum, wenn man öffentlich die Wahrheit nicht sagt". Warum darf man auch sein eigenes Haus nicht anzünden? „Weil man sonst selbst eingesperrt wird". Sonst war aber weitaus die überwiegende Anzahl der Fragen gut beantwortet. Speziell antwortete er noch auf die Frage: Was hat man für Pflichten gegen seine Eltern? „Gehorsam dann wird man glücklich werden ---. Es fehlt nur Gehorsam mir". Nennen Sie mir ein Beispiel von Undankbarkeit: „Wenn einem die Eltern gute Lehrungen geben und man tut das Gegenteil und macht man seinem alten Vater so viel Verdruss wie ich". Was würden Sie tun, wenn Sie eine Börse mit 500 M fänden? „Jetzt würde ich sie schon sofort abgeben beim Fundbüro".

Bei der mündlichen Befragung über diese Themata gab er ähnliche Antworten, aber ohne dass dabei entsprechende Gemütsbewegungen zu Tage traten oder zu vermuten gewesen wären.

In den Briefen und Karten an seine Eltern spielte nur die Bitte um Essen eine Rolle. („Brot, Schokolade, etwa um eine Mark Obst, Geräuchertes, Kuchen u.s.w." oder: „Selbstgebackene Nudeln, z.B. Maultaschen, Zopf, Kuchen u.s.w." oder er schrieb z.B. dem Vater (der ihn notabene selbst in das Arbeitshaus wünscht!) „bring mir doch Brot, einen 50 Pfennig Wecken vom Marchner von Pasing und da kannst ja gleich beim Deiglmeier in Pasing eine

- 40 -

5 Pfunddose Marmelade mitbringen, etwas vom G'selchten und wäre es Pferdefleisch, Rosswürste, aber ja das Roggenbrot nicht vergessen, dazu brauchst Du, lieber Vater, keine Marken".

Einmal schrieb er: „Wenn Ihr doch wenigstens mir eine Geldsendung von 10 M senden würdet. Denkt doch, wie lange ich Euch liebe Eltern nicht mehr sehen werde. Meine auffallende Kleidung werde ich verkaufen. Besuche mich aber sofort (der Vater nämlich), denn Du kannst Dir lieber Vater meinen Hunger nicht vorstellen. Rohe Erdäpfelschalen wären mir noch willkommen." Er sei „vom Heimweh gequält". „Verzeih lieber Vater, dass ich so schreckliches vollbracht habe, verzage nicht, lieber Vater und komm sofort, besuche mich aber sogleich, denke lieber Vater, dieses Geschenk, wo Du mir bringen wirst, wird einen hungrigen Löwen wie ich, mir wird es gut tun. Also nichts vergessen, Dein unglücklicher Sohn."

Am 26.VII.1915 schrieb B. das Folgende Elaborat:

„München am 26. August 1915

Beschluss !!

Der Amtsrichter bestätigt, dass der betreffende Ludwig B. vorerst mindest zu 10 Jahr in der Psychiatrischen Klinik verbleiben wird !!! Dann wird er 15 Jahr in Eglfing verbleiben !! und dann noch 15 Jahr in „Stadlheim" und vielleicht noch nachher 5 Jahr in Amberg im Zuchthaus. Und nach diesem Verlauf wird ihm der Schreiner das letzte Haus machen

++ Ruhe sanft ++

-- + --

Der arme Ludwig B., der in der Welt nichts hat als Leiden, schwere Schicksalsschläge, ist auf ewig seinen Eltern entrissen. Nie wieder wird derselbe wieder an die Freiheit gesetzt. Nie, nie wieder

- 41 -

wird er sich glücklich fühlen, auf ewig bleibt er seinen guten Eltern verschollen .... Der einzige Sohn der braven Eltern .... so jung .... und so verdorben" Folgt wieder die schräg geschriebene verschnörkelte Namensunterschrift. Sodann der Erguss: „Die Welt vergeht mit ihrer Pracht. Mein Leben wird auch einst vergehen, entweder im Irrenhaus oder im Zuchthaus. Ludwig B. „Und Du" Marie Wambacher ..... Du Elende vor allen ... hast mich ins Unglück gestürzt .... Du hast mir am 18.VIII.1915 Nachts 12 Uhr feierlich geschworen ewige Treue .... nur Deinen Ludwig .... Hast Du es auch gehalten ???? ... Unglücklich, unglücklich hast Du mich gemacht verfluchte, ewig Verfluchte. Marie Wambacher denkst Du noch an diese Zeit. Du sollst leben, ich aber nicht". Worauf wieder die verschnörkelte Unterschrift folgt.

Körperlich stellte sich B. als ein mittelgrosser 16 Jähriger in mittlerem Ernährungszustand dar mit kräftigem Körperbau, sehr schlaffer Haltung und unintelligentem, stumpfen, morosen verschlafenen, ja blöden und leblosen Gesichtsausdruck. Der Schnurrbartwuchs war mässig, der Haarwuchs in den Achselhöhlen mangelhaft entwickelt. Haut- und Gesichtsfarbe waren blass. Am linken Unterarm, an der Radialseite des Handgelenks befand sich eine von unten nach oben verlaufende 5-6 cm lange, lineäre, auf der Unterlage in der unteren Hälfte nicht verschiebliche, auf Druck etwas empfindliche Narbe. Auf Druck wurden auch ausstrahlende Schmerzen nach dem Oberarm angegeben. Das linke Handgelenk war an der Stelle, wo er den Säbelhieb erlitten, etwas mangelhaft beweglich

- 42 -

und schmerzhaft. In der Nasenwurzel fand sich eine 1-2 cm lange, gut verschiebliche, schmerzlose Narbe, angeblich von einem Unfall als Kind herrührend (Sturz im 2. Altersjahr.). Am Schädel selbst, der auch nirgends druckempfindlich war, fanden sich keine Narben. Über der Mitte des linken Unterschenkels und über dem rechten Knie waren 2 flache, gut verschiebliche, nicht schmerzempfindliche Hautnarben zu sehen, die am linken Unterschenkel 10 Pfennigstück gross, am rechten Knie 2 cm lang und 3 cm breit war. Links unten vom Schwertfortsatz des Brustbeines befand sich eine 1 Pfennigstück grosse, rötliche, auf Druck verblassende Stelle und 4 cm über der rechten Mamilla eine erbsengrosse Warze. Die Prüfung der Empfindungsqualitäten der Hautoberfläche ergab nichts Besonderes. Jedoch stellte sich B. bei Prüfung der Empfindung und überhaupt bei der Untersuchung sehr läppisch-ängstlich an, zeigte läppisch-ängstliche übertriebene Ausdrucksbewegungen, ohne dass er aber irgendwie abwehrte. Ebenso verhielt sich B. beim wiederholt angestellten Zungenstechversuch oder sonstigen schmerzhaften Stechversuchen. Er liess sich immer wieder herbei, die Zunge herauszustrecken und sie sich in empfindlicher Weise anstechen zu lassen, trotzdem ihn die Stiche, wie er angab, schmerzten und trotzdem auch schon das Blut aus der Schleimhaut herausquoll. Zu seinem sonstigen läppisch schüchternen Verhalten während der körperlichen Untersuchung stand diese Reaktionsweise in einem gewissen Widerspruch. Oft noch zuckte B. schon beim bloßen Beklopfen mit dem Hammer von Brust oder Gesicht wie erschrocken zusammen. Dermographie auf der Haut fehlte. Die Hautreflexe waren in normaler Weise vorhanden. Die

- 43 -

Sehnenreflexe waren auf beiden Körperhälften gleich, normal stark. Das Fazialis-Phaenomen fehlte, jedoch zogen sich bei Beklopfen des Jochbeines die Mundwinkel nach oben (Knochen

204

hautreflex). Auch die Schleimhautreflexe waren normal. Das motorische Verhalten der Gliedmassen bot nichts Besonderes. An den ausgestreckten Händen und Fingern war ein leichtes Zittern zu konstatieren. Bei Fussaugenschluss erfolgte kein Schwanken. Es war Katalepsie mässigen Grades vorhanden und ab und zu zeigte sich auf seinem Gesicht ein Grimassieren in der Augenbrauengegend. Die Augenbewegungen waren nicht eingeschränkt, die Pupillen normal weit, rund, gleich, reagierten rasch und ausgiebig auf Lichteinfall und Naheinstellung. Im Rachen, der hoch gewölbt erschien, waren stark vergrösserte Mandeln wahrzunehmen. Die Zunge wurde grade vorgestreckt. Die inneren Organe waren ohne Besonderheiten, die Pulszahl betrug 48 bis 56 Schläge. Der Urin war frei von Eiweiss und Zucker. Die Wassermann' sche Syphilisreatktion im Blute fiel negativ aus.

Bei der ganzen Untersuchung benahm sich B. sehr schlapp, ungeschlacht, schwerfällig und war langsam von Begriff.

III.
Gutachten

B., in dessen Familie eigentliche Geistesstörungen nicht vorgekommen zu sein scheinen, entwickelte sich bei schwachen bis mittelmässigen intellektuellen Fähigkeiten, etwa bis vor einem Jahr leidlich normal, scheint aber immerhin bereits vor dieser Zeit schon

- 44 -

ohne dass man diesen Zeitpunkt genau feststellen könnte, eine gewisse Neigung zum Müssiggang und zu unstetem Verhalten gezeigt zu haben. Eine wirkliche, deutlich erkennbare Veränderung in seinem ganzen Wesen dürfte aber wohl erst seit ca. 1 Jahr sich bemerkbar gemacht haben. B. wurde noch ruheloser und vergnügungssüchtiger, wie zuvor, unbotmässig, faul, unehrlich. Die allmähliche Veränderung in seinem Wesen wird der Mutter des B. und von diesem selbst in gleicher Weise durchaus glaubwürdig angegeben. Er beging einen dummen Streich nach dem anderen, wurde immer reizbarer, gefühlsroher. Es stellten sich Zeiten ein, in denen er „spinnte". Es machte sich eine wahre Fresslust bei ihm bemerkbar, die Schrift wurde anders, verschnörkelt, unregelmässig, geziert. In fast triebhafter Weise, sehr wahrscheinlich aber auch durch Sinnestäuschungen oder pathologische Eingebungen mitbedingt verschaffte er sich immer wieder Schiesswaffen und spielte und drohte damit „ohne jeden Anlass", trotz der übelsten bisherigen Erfahrungen, in einer Weise, wie wir das bei Normalen oder lediglich psychopathischen Menschen nicht finden. Er kleidete sich auffallend, eitel, und benahm sich höchst absonderlich in den Strassen (Benützung des Feldstechers). Es tauchten in ihm vage läppische Grössenvorstellungen auf, ferner beschimpfende und auffordernde (imperative) Stimmen, deren Befehlen er nicht zu widerstehen vermochte, auch wenn sie die unsinnigsten Aufforderungen enthielten. Auch an plötzlichen impulsiven Einfällen litt er, denen er dranghaft nachkommen musste. Er folgte ihnen umsoeher, als auch seine Urteilskraft anscheinend immer schwächer wurde. Auch vage Verfolgungsvorstellungen bestanden

- 45 -

zweifellos, er glaubte sich „sichern zu müssen" gegen „allenfallsige Angriffe", befürchtete eine Verfolgung als Mörder der Kohlhofer, weil der Mörder geradeso geschildert werde, wie er, B., aussehe und gekleidet sei. Er habe „genug Feinde in Pasing, sei auch in Unterpfaffenhofen mit dem ganzen Dorfe verfeindet". In den Krankenhäusern glaubte er sich von Ärzten und Pflegern und draussen von Lehrern und anderen Menschen vernachlässigt, misshandelt, ausgelacht. Auch unmotivierte Verstimmungen und schwächliche, gegenstandslosen, triebartige Selbstmordanwandlungen lagen zeitweise vor.

Gegenwärtig findet sich im Wesentlichen, neben den genannten Zügen, bei B. ausser den Sinnestäuschungen und der Urteilsschwäche und einem zerfahrenen Wesen eine ganz ungeheure Schwäche fast aller gemütlichen Regungen, eine aussergewöhnlich grosse gemütliche Stumpfheit, kurz, ein erheblicher affektiver Schwachsinn. Die sentimentalen Anwandlungen, die aus manchen seiner namentlich schriftlichen Äusserungen hervorzugehen scheinen, beruhen demgegenüber in Wirklichkeit nur auf hohlem Phrasengeklingel ohne jede wirklich tiefe, entsprechende Gefühlsbeteiligung.

Bemerkenswert ist auch das Fortschreiten dieses Zustandes bei B., der, als er zum ersten Mal in unserer Klinik war, den klaren Eindruck eines Geisteskranken damals noch nicht machte und gemütlich noch viel regsamer war, so dass damals noch lediglich das Vorliegen einer Psychopathie und Debilität, eines leichten angeborenen Schwachsinns angenommen wurde.

Das Bild, das B. gegenwärtig darbietet

- 46 -

und das im Wesentlichen aus Sinnestäuschungen auf dem Gebiete des Gehörs, zerfahrenem, widerspruchsvollem Denken und einem ausgeprägten Schwachsinn auf dem Gebiete der Gemüts- und Willenssphäre besteht, ist typisch für jene Form erworbenen Schwachsinns, die wir Jugendverblödung oder Dementia praecox nennen. Die Annahme ihres Vorliegens bei B. wird gestützt durch weitere Symptome, wie Katalepsie, Befehlsautonomie (Stechversuch), Grimassieren, Verschrobenheit der Schrift, auch Andeutungen von Wortneubildungen.

B. ist also zur Zeit geisteskrank und leidet an Dementia praecox.

Auch zur Zeit der Tat hat mit an Sicherheit grenzender Wahrscheinlichkeit diese Störung bei B. schon bestanden. Für diese Annahme spricht das Motiv zur Tat und die Tat selbst.

Das Motiv der Tat, der Schiesserei, in einer Art von Detektivwahn, entsprang nicht normalen Beweggründen, wie Eigennutz, Rache oder dergl., sondern durchaus krankhaften Eingebungen, sei es Sinnestäuschungen, sei es impulsiven, triebhaften, verschrobenen Einfällen, die mit dem Charakter des unwiderstehlichen Zwanges zur Ausführung drängten.

Auch die Unterschlagung, die B. unmittelbar vorher beim Vater ausführte, um die Mittel zur Ausführung seines krankhaften Dranges sich zu verschaffen, ist als unter diesem krankhaften unwiderstehlichen Zwang begangen zu erachten, der umsoweniger bekämpft zu werden vermochte, als bei B. auch die Willenskraft und das Gefühlsleben, die ethischen Hemmungen durch den Krankheitsprozess schon erheblich gestört waren.

- 47 -

Auch die Tat selbst, die läppische, sinn- und zwecklose, unter gegenwärtigen Umständen für jeden Vollsinnigen zum mindesten höchst bedenklich erscheinende Maskerade am helllichten Tag und unter den vielen Menschen, mit der Gefährlichkeit ihrer Vorbereitung (geladener Revolver!) mit der Unklarheit ihres Zieles, der Albernheit ihrer Ausführung und der völligen Verkennung der durch sie geschaffenen Lage trägt von vornherein den Stempel der Krankhaftigkeit auf der Stirn. Endlich ist auch die Stellungnahme zur Tat eine durchaus abnorme, ohne jede Reue, ohne tieferes Verständnis für ihre Lächerlichkeit und Gefährlichkeit und für ihre Tragweite für B. selbst und seine Mitmenschen. Die zahlreichen Widersprüche in seinen Angaben über die Motive seines Handelns, die er nicht aufzuklären vermag, erklären sich leicht aus der bereits sehr fortgeschrittenen Zerfahrenheit seines Denkens und der Schwäche seiner Urteilskraft.

Ich komme sonach zum Schlusse:

1. B. leidet an Dementia praecox, an Jugendirresein, d.h. an einer Geistesstörung welche die Voraussetzungen des § 51 R.S.G.B. erfüllt.

206

2. B. befand sich auch zur Zeit der ihm zur Last gelegten strafbaren Handlung (Diebstahl, schwere Körperverletzung, Widerstand) in einem Zustande krankhafter Störung der Geistestätigkeit, durch welchen seine freie Willensbestimmung ausgeschlossen war.

München, den 30. September 1915   Die Direktion

                                               I.V. Prof. Dr. Rüdin
                                               Kgl. Oberarzt

c. Beschluss im Fall Ludwig B.

Beschluss des LG München I vom 2.10.1915:[4]

„Die I. Strafkammer des K.Landgerichts München I hat am 2. Oktober 1915 unter Mitwirkung des K.Landgerichtsdirektors Lindner, der K.Landgerichtsräte Lingg und Vollmutz in der Untersuchungssache gegen B. Ludwig, Fabrikarbeiter von Aubing, wegen Widerstands u.a. nach Einsicht der wichtigeren Aktenstücke des bisherigen Verfahrens, auf den vom K.Staatsanwalte unterm 1. Oktober 1915 gestellten Antrag

folgenden B e s c h l u ß gefasst:

I.)   Der Haftbefehl des K.Amtsgerichts München vom 31. Juli 1915 wird aufgehoben.

II.)   B. Ludwig wird bezüglich der ihm zur Last gelegten Straftaten, nämlich je eines Vergehens der Unterschlagung, des Widerstands gegen die Staatsgewalt, der gefährlichen Körperverletzung nach §§ 246, 113, 223, 223a St.G.B., sämtliche Vergehen in sachlichem Zusammenhange stehend, sowie bezüglich der ihm ferner zur Last gelegten Übertretung des verbotenen Waffentragens nach Art. 35 Pol.Str.G.B., K.Verordnung vom 19.XI.1887 § 1 Ziff.1 außer Verfolgung gesetzt.

III.)   Die Kosten des Verfahrens hat die K.Staatskasse zu tragen

G r ü n d e .

Der Angeschuldigte hat am 23. Juli 1915 auf dem Marienplatze in Pasing dem ihn festnehmenden Sicherheitskommissär Joseph D r u m e r mit Gewalt Widerstand geleistet, gleich darauf mit einem Revolver, den er schon seit einiger Zeit bei sich führte, auf den Lehrling Heinrich Reisinger geschossen und ihn am Arme verletzt, ferner hat er am 19. Juli 1915 in Pasing einen für seinen Vater einkassierten Geldbetrag von 76 M sich angeeignet und für sich verbraucht.

Die mehrwöchige Beobachtung und Untersuchung des Angeschuldigten in der psychiatrischen Klinik in München hat jedoch ergeben, dass B. an dementia praecox, an Jugend-Irrsinn leidet und anzunehmen ist, dass er sich auch schon zur Zeit der Verübung der angeführten Straftaten in diesem Zustande krankhafter Störung der Geistestätigkeit befunden hat, durch den seine freie Willensbestimmung ausgeschlossen war. (§ 51 St.G.B.)

Es war daher zu beschließen, wie geschehen, (§§ 202, 499 St.P.O.).

L.S. gez. Lindner, Lingg, Vollmuth"

---

[4] Quelle: Bayerisches Staatsarchiv, Akten der Staatsanwaltschaft München I Nr. 1733; wörtliche Abschrift

C Der Fall Johanna Z.

a. Biographie von Johanna Z.

Die wichtigsten Vorkommnisse im Leben von Johanna Z. bis 1978:[5]

Jahr	Al-ter	Ausbildung	Delinquenz	Ereignisse
1899				18.10.1899 geboren in München
1905	6	Einschulung Volksschule		
1912	12	Entlassung Volksschule nach 7 Jahren. Beginn kaufmännische Fortbildungsschule (bis 1915)	April 1912: Verurteilung zu 3 Tagen Gefängnis wegen Speicherdiebstählen Mai 1912 versuchter Diebstahl eines Kragenschoners	
1915	15	Entlassung aus der kaufmännischen Fortbildungsschule	Oktober 1915 Ladendiebstahl (Marmelade), Zeugnisfälschung	Johannas Vater zieht als Soldat in den Krieg
1916	16	18.9.-24.11. Besuch der Frauenarbeitsschule, Entlassung wegen „Diebstahls und grober Betrügereien"	28.4.1916 Ladendiebstahl (Schokolade) November 1916 Diebstahl (390 M) bei ihrer Mutter 28.12.1916 Handtaschendiebstahl	Johanna kauft von gestohlenem Geld Kleidung und geht viel ins Theater und Kino
	17			
1917	17		**11.3.1917 Mord an Victoria Schweickart**	17.3.: Festnahme und Untersuchungshaft 16.4.: Gutachten durch Bezirksarzt **5.5.-16.6. : Untersuchung durch Rüdin in der Psychiatrischen Klinik** 11.8.: Verurteilung durch das LG München I zu 10 Jahren Gefängnis wegen Mordes und versuchten schweren Raubes

---

[5] Aus dem Melderegister des Stadtarchivs lässt sich entnehmen, dass Johanna K, geb. Z., im Jahr 1978 noch in München wohnte.

1921	22		Im Gefängnis wegen un-züchtigen Reden bestraft	
1926	26			9.10.: Entlassung aus Ge-fängnis nach 9 Jahren und 2 Monaten
1930	31			3.11.: Ablauf der Bewäh-rungsfrist
1933	34			28.12.: heiratet Sebastian K. (geb. 21.07.1903) in Mün-chen
1939	40			Johannas Bruder Johann Z.: nach diversen Straftaten und Schizophrenie- Diagnose: Verfahren zur Unfruchtbar-machung vor dem Erbge-sundheitsgericht München
1967	67			13.09.: Johannas Ehemann Sebastian K. stirbt in München
1978	79			Johanna K. weiterhin wohnhaft in München

b. Auszug aus Rüdins Gutachten zu Johanna Z.[6]

- 58 -

(...) "Die Z. selbst vermochte zu ihrer Vorgeschichte und zu ihrer Tat sehr viel neues zu den eingehenden, in den Akten enthaltenen Erhebungen und Selbstangaben nicht mehr beizufü-gen. Da sie immer in hübsch feuchter Wohnung gelebt, habe sie immer Rheumatismus gehabt, auch jetzt noch, sodann Zahn und Ohrenweh. Es sei richtig, dass ihr die Mutter erzählt habe, dass sie als kleines Kind Fraisen gehabt habe. Sie erinnere sich selbst noch daran (?). Fraisen, das seien so ne Art Anfälle, nur etwas leichter. Wie oft sie sie gehabt habe, wisse sie nicht, sie habe die Besinnung dabei verloren. In der 5. Klasse in den Ferien, sei sie ein paar mal umgefallen, weil ein Gewitter gekommen sei und der Blitz und Donner in der Nähe eingeschlagen

- 59 -

habe. Sie sei darob sehr erschrocken und sei bewusstlos und mit Schüttelfrost weggetragen worden. Das habe sich dann 2 oder 3 mal wiederholt, einmal in der Kirche, wobei sie auch den Schüttler gekriegt habe, auch einmal bei der Prozession. Bei festem Orgelspiel, das grossen Eindruck auf sie gemacht habe, sei sie gern ohnmächtig geworden. Nachher seien

---

[6] Quelle: Bayerisches Staatsarchiv, Akten der Staatsanwaltschaft München I Nr. 1932; wört-liche Abschrift inkl. Rechtschreibfehlern und original Seitenangaben (jeweils oberhalb des entsprechenden Textes)

diese Anfälle verschwunden. Ein Anfall in der Schule sei, soweit sie wisse, einmal von selbst gekommen. 10 Jahre lang, vom ersten Schuljahr bis zum letzten, habe sie Kopfausschlag gehabt. Die Periode, die mit 15 Jahren gekommen sei, habe sie anfangs regelmässig gehabt. Dann sei sie mal in kaltes Wasser baden gegangen und seither komme sie unregelmässig. Sie war stets schwach, dauerte 3 Tage lang, kam alle 4 Wochen und war von „entsetzlichen Leibschmerzen" begleitet. In der Schule sei sie mittelmässig gewesen. „Ich hätt schon besser lernen können, aber mich hats nicht gefreut". Sie sei oft so verstimmt gewesen, überhaupt immer grantig, die letzten Jahre nicht mehr. Dass man sie Affenmädchen geheissen, wisse sie. Dies rühre von einer Schaustellung in einer Bude am Oktoberfest: „Johanna das Affenmädchen". Nach dieser sei sie dann immer verspottet worden. Das hätten sich aber nur die Buben herausgenommen, warum wisse sie nicht.

Über ihre Tat machte sie im allgemeinen die aktenbekannten Angaben, nur brachte sie noch durch ihre Umgebung und die durch die medizinische Exploration gebotenen Fragen an sie angeregt, allerlei entschuldigende „Erklärungen" für ihr Handeln vor. Auf fast alle ausdrücklichen oder auch nur angedeuteten Einwände gegen ihre

- 60 -

„entschuldigenden" Vorbringen hatte sie auch schon ihr mehr oder weniger plausibel erscheinende Antworten bereit. (...)

- 62 -

(...) Diebstahlsabsicht bei der Frau Schweickart bestritt sie nach wie vor stets. Sie gab aber zu, dass in der Tat der Hergang bei der Schweickart für sie überraschend länger gedauert habe, als sie sich das vorher gedacht habe. Auf den Vorhalt, dass, wenn sie es getan habe aus dem Beweggrund, den sie angebe, dies ja noch schlimmer gewesen sei, als wenn sie habe stehlen wollen, erklärte sie nur: „Ja, ich habs deshalb getan und wenns auch schlimm ist, ich kanns nicht anders sagen". Auf die Erklärung, dass ihren Beteuerungen in dieser Beziehung doch wirklich kein Gewicht beizulegen sei, nachdem sie auch in der Angelegenheit Curtius seinerzeit erklärt habe: und wenn man ihr den Kopf herunter mache, könne sie nicht anders sagen, als dass er der Täter gewesen sei, wusste sie nichts zu erwidern.

Auf die wiederholte Frage, was denn die ganze Sache für einen Zweck gehabt haben solle, erklärte sie: „Ich habe eigentlich gar keinen Grund gehabt, im Gegenteil, sie hat mich sogar sehr gern gehabt. Ich wollt mich zuerst selbst erschiessen, weils mich nicht mehr gefreut hat". „Es kam mir auch schön vor" (das sich selbst Erschiessen nämlich). Den Buben habe sie dann auch gesagt zuerst. Nachher sei sie dann erst mit dem Vorwand der Katze

- 63 -

gekommen.

Auf die Frage, wie sie denn gerade auf die Frau Schweickart verfallen sei (nachdem sie die Selbstmordidee aufgegeben habe) meinte sie, weil sie dachte, die ist im Hause, die wohnt unter ihr, sie ruft ihr immer, sie kann leicht an sie herankommen, sie habe sie auch gern gehabt, d.h. sie meine damit, dass sie sie deswegen leicht habe reinlassen. Sonach war also diese Sache am leichtesten oder bequemsten zu machen. Sie habe sich ferner gedacht, es sei eine alte Frau und die wollte sowieso immer gern sterben. Dass sie auch gedacht habe, die Frau könne sich nicht wehren, wollte sie nicht gelten lassen. Auf den Einwand, dass, wenn sie der Frau habe zum Sterben verhelfen wollen, sie es mit ihr ja hätte besprechen können, erklärte sie, daran habe sie gar nicht gedacht, dass sie das hätte tun können.

Wiederholt behauptete sie, sie habe sich halt gedacht, es sei schön, so etwas zu machen und dann nicht aufzukommen. Sie habe wohl noch kein Tier umgebracht und glaube auch nicht,

210

dass, an und für sich, umgebracht zu werden schön sei. Direkt gemeint habe sie das auch nicht, aber weil die Schweickart immer gesagt habe, sie möchte gern sterben, so habe sie nichts darin gefunden. Auf den Vorhalt, sie meine also, dass sie der Frau gewissermassen einen Gefallen getan habe, meinte sie: „Ja eigentlich schon". Auf den wiederholten Einwand, dass sie es ihr dann aber hätte sagen können oder ihr das Schiessen selbst überlassen, wusste sie aber wieder nichts zu antworten. Sie sei 2-3 Tage vorher bei ihr gewesen, blos ¼ Stunde in der Küche und da habe sie vom Sterben gesprochen. Das habe schon zur Tat beigetragen. Vorher

- 64 -

habe sie den Vorsatz zur Tat nicht gehabt.

Sehr bald nachdem sie einige Zeit in der Klinik gewesen war und da schon allerhand gehört hatte (siehe unten, Verhalten in der Abteilung) wollte sie in Conception und Ausführung der Tat einer „Stimme" gefolgt sein, die immer wieder von vorn angefangen und sie dazu getrieben habe. Als sie sich nämlich überlegt habe, was sie jetzt mit dem Revolver, nachdem sie ihn durch Zufall erhalten hatte, tun solle: „da rief plötzlich eine innere Stimme: Die Frau Schweickart! Und diese Stimme liess mir keine Ruhe mehr und rief immer, Du musst, Du musst. Kam mir der Gedanke, lass es doch stehen, da rief die Stimme wieder und wieder Du musst es, es geht nicht anders. Du musst, Du musst und der Gedanke liess mich nicht mehr aus". Auch wie sie die Frau Schweickart schon erschossen gehabt habe, habe die Stimme schon wieder gerufen: „habe nur keine Angst, Du kommst nicht auf". Ach dass sie am Anfang, wie sie als Täterin noch nicht feststand, so unerhört die Unwahrheit gesagt und Unschuldige ins Unglück hineinbringen wollte, wollte sie, im Anschluss an Suggestivfragen, auf Stimmenhören zurückführen. Als sie nämlich nach der Tat gehört habe, dass man nicht zur Schweickart rein könne und die Leute im Hause gesagt hätten, es sei ein Mann ins Haus gekommen, "da kam wieder diese Stimme und rief: „Du warst es ja gar nicht, das war dieser Mann. Diese Stimme wurde so deutlich und stark, dass ich es gar nicht mehr wusste, dass ich es getan habe. Auch als dieser Herr verhaftet wurde, sprach die Stimme so stark: „Dieser tat es und kein anderer". Erst als ich am Samstag so verdächtigt wurde, wusste ich, das ich es getan habe. Warum weiss ich heute noch nicht, denn wenn ich

- 65 -

nachdenke, kommt die Stimme wieder und ruft: „Du hast gewusst, Du hast gewusst". Sie gab aber auf weitere Suggestivfragen zu, dass dies keine laute Stimme gewesen sei, nur eine „innere Stimme". Auf beiden Ohren, von innen, schon lange vor der Tat, vielleicht ein halbes Jahr schon (!) Sie sei damals beim Oberpollinger gewesen und da habe sie auch ein Täschchen entwendet und da habe sie auch „die Stimme" gehört, die sagte: „nimms, nimms nur, das macht nichts, Du kommst nicht auf.". Dass sie das Täschchen wieder zurücktun solle, habe ihr die Stimme nicht angeschafft. Auf den Einwand, ob sie das Täschchen denn wieder zurückgegeben habe, erklärte sie: ja, gab aber dann zu, dass sie es nicht aus eigenem Antrieb getan habe, sondern dass sie ein Fräulein beim Stehlen gesehen und ihr es wieder abgenommen habe. Dies sei im Oktober 1915 gewesen. Wegen ihres jungen Alters habe man die Sache gut sein lassen. Die „Stimme", gab sie auf entsprechende Fragen an, habe sie auch bei anderen Gelegenheiten gehört. Sie habe z.B. oft gedacht, sie könnte den Zeh noch treffen, wollte es aber nicht. Doch die Stimme sagte: „Fahr nur rein, triffst ihn schon". Auch auf die Suggestivfrage, wie es denn komme, dass ihr die Stimme immer nur schlechtes anschaffe, fiel sie rein und erklärte: „Nein, auch gutes." Wie sie aus der Frauenarbeitsschule habe austreten müssen, habe sie „gehört": „Sei nicht mehr so dumm und nimm nichts mehr, es führt ja doch zu nichts Gutem". Auch habe sie „gehört": „jetzt geh ins Geschäft und werde gescheidt, das führt ja zu nichts".

Und wieder auf entsprechendes Befragen antwortete sie, sie habe auch Antwort gegeben auf die Stimme und zwar vernünftige Antworten, diese habe aber niemand gehört u.s.w.u.s.w. – Als man ihr

- 66 -

erklärte, dass diese ganzen Angaben mit dem „Stimmenhören" auf Unwahrheit beruhten, kam sie damit nicht mehr.

Später sprach sie dann aber von einem unwiderstehlichen Drang, der sie gegen ihren Willen und trotz besseren Vorsatzes und menschlich sittlicher Gefühle dazu getrieben habe, die Frau zu töten. „Ich habe einfach nicht mehr anders gekonnt". „Es hat mich so gedrängt". „Ich habe einfach keine Ruh mehr gehabt". Auch nachdem man sich dann von ihr versichern liess, dass sie ja doch nach ihrer Angabe wenigstens keinen vernünftigen Grund zur Tötung gehabt habe, also es auch hätte lassen können, wenn sie gewollt hätte, da Mädels wie sie doch nicht taten, was keinen Sinn habe, bestand sie darauf. Auf Vorhalt aber, dass sie dann also wirklich dem einfachen Drang als braves Mädel hätte, sie dann auch nicht solche raffinierten Vorbereitungen getroffen hätte mit allen dazugehörigen Unwahrheiten und es dann auch doch ferner die einfachste Sache von der Welt gewesen wäre, von diesem Drang der Mutter Mitteilung zu machen, etwa mit den Worten: „Mutter, es treibt mich hier zu einer schrecklichen Tat, was soll ich machen u.s.w.", wusste sie nur zu erwidern: „Ich habe mir der Mutter auch nichts zu sagen getraut." Und auf die Frage, warum sie denn auch noch Unschuldige in Verdacht gebracht habe, das tue doch niemand, der im Zwang gehandelt habe, wenn er im übrigen sittlich rechtschaffen sei, wusste sie nichts zu erwidern. Als sie erzählte, sie habe durch Probieren des Revolvers den Lauf verschoben und hätte die Tat sicher nicht begangen, wenn der Revolver nicht wieder rechtzeitig repariert worden

- 67 -

wäre, wurde ihr vorgehalten, sie habe doch früher gesagt, sie habe einen unwiderstehlichen Drang gehabt, die Frau zu töten, worauf sie sehr um Antwort verlegen wurde, sagte aber dann doch wieder, als man sie aufforderte, nicht weiterfort solche Albernheiten aufzutischen: „Es war ein direkter Drang, ich kanns nicht anders sagen". Dass sie damals im Jahre 1912 (bei den Speicherdiebstählen!) es nicht habe tun müssen, gab sie aber zu. Sie habe damals eben auch gedacht, es komme nicht auf. (...)

- 68 -

(...) Zur Charakterisierung ihres sittlichen Fühlens, ihrer Reue und der gemütlichen Reaktion gab sie noch an, es habe keinen besonderen Eindruck auf sie gemacht, wie ihr die Schweickart die heiligen Bilder, Wäsche, Betten, Fremdenbett und Totenkleid gezeigt habe. Sie habe sich nur gedacht, die Schweickart habe vielleicht eine Ahnung, was ihr bevorsteht, weil sie immer vom Tod gesprochen habe. – Gespannt auf den Anblick zu schiessen sei sie eigentlich nicht gewesen. Sie habe sich gedacht, es werde schon eine Gelegenheit kommen. – Auf Befragen (aber erst dann, denn vorher hatte sie darüber „ganz sachlich" berichtet), ob ihr

- 69 -

denn, wie sie nach dem letzten Schuss die Frau fallen und röcheln und in ihrem Blut schwimmen sah, nicht das Grauen angekommen sei, bejahte sie, aber ohne besonderes Zeichen von Gemütsbewegung: „da ist mir dann schon das Grauen gekommen, hernach hab ich immer meine Hand angeschaut." – „Zuerst habe sie", erklärte sie einmal, „gar keine Gewissensbisse gehabt.". Erst nachher. Auch wieder erst auf Befragen erklärte sie etwas nüchtern, nach der Tat habe ihr der Tee nicht geschmeckt. Es habe ihr halt doch leid getan. „Dass ich jetzt die Frau erschossen habe und habe gar nicht gewusst warum". Auf ihren religiösen Pflichten aufmerksam gemacht, erklärte sie, zum Beichten zu gehen habe sie sich auch nicht getraut, weil sie ans Aufkommen gedacht habe. Sie wisse zwar schon, dass der Priester nichts sagen dürfe. Aber da habe sie mal in ihrer Klasse gehört, dass ein Pfarrer in der Religionsstunde über die Tat einer anwesenden Schülerin gesprochen und dabei immer an dieses Mädel hingeschaut habe. Dann habe sich das Mädel betroffen gefühlt und so sei es doch aufgekommen. Und dann habe sie mal im Kino gesehen, dass sich ein Detektiv in einen Pfarrer umgezogen und die Beichte abgenommen habe und da habe sie sich gedacht, das könnte ihr am Ende auch passieren. Es könne aber auch schon sein, dass sie daran gedacht habe, dass der Pfarrer als anständiger Mensch ihr nach der Beicht dann keine Ruhe mehr gelassen hätte, bis sie es selbst eingestanden und sich angezeigt hätte, was sie aber nicht gewollt habe. – Auf den Vorhalt, wenn der Curtius ihretwegen nun hingerichtet worden wäre, erklärte sie, nach einigem Besinnen: „Dann hätte ichs schon noch gesagt". Dass sie übrigens

- 70 -

gerade den Curtius als Täter angegeben habe, beruhe, wollte sie glauben machen, auf einem Missverständnis. Sie habe eigentlich auf einen, den Curtius begleitenden Mann gedeutet. Es sei dann aber später anders gekommen, sodass sie an dem Curtius festgehalten habe u.s.w.. Der Buchhalter habe ihr gesagt, es stimme alles. Der sei ja auch im Haus gewesen u.s.w. „Ich habe mir das eingeredet, dass der es ist, ich habs gar nicht mehr anders gewusst". – Auf die Frage, ob sie denn bei der ganzen schrecklichen Tat nicht an ihre Eltern gedacht habe, ob sie denn überhaupt irgend ein Gefühl für ihre Eltern habe, weinte sie heftig und erklärte nach einer Weile: „Ich habe meine Eltern sogar sehr gern". Überhaupt wenn im Laufe der Taterzählung oder auch sonst die Rede auf ihre Mutter kam, weinte sie, weil ihr ihre Mutter so leid tue. „Mein Leben ist halt verpfuscht und kaputt". – Wenn man zur Prüfung ihrer gemütlichen Reaktion ihr jedoch dann die grausigen Photographien der Ermordeten zeigen wollte, war sie zwar nicht zu bewegen, sie anzuschauen und blickte weg, jedoch mehr als wollte sie sagen, ich mag nicht, ohne besondere äussere Zeichen gemütlicher Erregung, ohne Tränen. – Ihre brutale Äusserung zur Eisverkäuferin: „Das alte Viech hat noch ein zähes Leben gehabt", stellte sie rundweg in Abrede, wie sie überhaupt oft Tatsachen, die man ihr vorhielt, ja Aussprüche, die sie selbst früher gemacht hatte, deren Vorhalt ihr jetzt aber unangenehm war, später einfach ableugnete oder anders, harmloser deutete. – Dass sie ein lügenhaftes, tiefgesunkenes Mädchen sei, gab sie, wenn sich die ihr vorgehaltenen Beweise häuften, wortlos nickend zu.

- 71 -

Über den Aufenthalt in Neudeck erzählte sie noch, da sei ihr die Frau Schweickart jede Nacht gekommen und habe ihr mit Erschiessen, Erstechen gedroht und ihr Rache geschworen. Die letzte Zeit aber sei es besser geworden. Ihr träume oft von grossen bunt schillernden Schlangen, welche die Köpfe auf ihre Brust legten und sie anglotzten. Wenn sie sich noch so bemühe, sich umzudrehen, könne sie nicht. Dann schnüre es ihr auch die Kehle zusammen und sie könne weder reden, noch schreien. Manchmal habe sie Kopfweh, als wenn ein schweres Gewicht drinnen wäre.

Auch in der Klinik neigte die Z. zum Prahlen und Sichaufspielen. Bald nach der Aufnahme erklärte sie einer Kranken, sie kenne diese doch, sie wohne ja auch in ihrer Nachbarschaft in Sendling. Als die Kranke aber verneinte, sich an die Z. erinnern zu können, stellte sich diese ihr vor mit den Worten: „Ich bin die, die die Schweickart umgebracht hat", wonach sie den aufhorchenden Mitpatientinnen genau den Verlauf der Tat mit allen Einzelheiten erzählte und hinzufügte, das sei etwas gewesen, das ganz gewiss nicht jeder fertig gebracht hätte. „Ich habe mich vor mir selber geprotzt, dass ich das getan habe". Als besonders rühmend hob sie hervor, dass sie einen anderen, den Schlosser, fast ins Zuchthaus gebracht hätte. Sie sprach über die Tat auch zu solchen Patientinnen, die gewiss sich dafür keineswegs interessierten. Über die Ermordete äusserte sie sich auch in der Abteilung lieblos: „Die wär sowieso bald gestorben. Das war ein Geizkragen erster Güte. So geizige Leute nützen ja nicht. Der ihre Sache ist ja für die Katz". – Anderen Kranken

- 72 -

prahlte sie vor, ihr Vater, früher in den Ottowerken als Werkmeister beschäftigt, habe sich im Krieg durch seine Tapferkeit mehrfach ausgezeichnet, sei jetzt zum Flieger Leutnant befördert. Sie selbst sei lange Zeit in der Kuranstalt Talkirchen gewesen, habe 12 und 17 M und mehr für den Tag bezahlen müssen. Sie spiele Klavier, spreche mehrere fremde Sprachen, sei Töchterschülerin und besuche ein sehr teures Pensionat.

Ihr Handeln in der Klinik trug ausgeprägt den Charakter der Berechnung. Sie wollte sich kränker machen, als sie ist und sprach und tat allerlei, um sich Vorteile dadurch zu erringen. Einmal erkundigte sie sich, ob sie auch, wenn sie Rheumatismus habe, ins Gefängnis überführt würde. Auf bejahende Antwort erwiderte sie: „Aber schwer Kranke können doch nicht transportiert werden." In der übernächsten Nacht fingierte sie „Anfälle".: Sie lief durch die Sääle hin und her, scheinbar von grosser Unruhe getrieben, sprach halblaut einzelne Sätze und Worte vor sich hin: „Ich muss zum Rennen, zum Rennen nach Riem, ich darf keine Einladungskarte verlieren". Mit geschlossenen Augen ging sie dann ans Bett einer Patientin und lud die zum Rennen ein. Nur schwer liess sie sich scheinbar wieder beruhigen und ins Bett bringen. Am anderen Tag aber frug sie eine Mitkranke, ob diese der Ärztin auch sicher von ihren „nächtlichen Anfällen" erzählt habe? – Ein andermal behauptete sie plötzlich, sie habe Stimmen gehört (vorher wurde nämlich eine neben ihr liegende Dementia praecox danach gefragt!). Eine Stimme hätte ihr gerufen, sie müsse dies und jenes tun. Auch Erscheinungen habe sie, auch sei sie

- 73 -

Nachwandlerin. – Ein andermal behauptete sie, Geister zu sehen, schrie laut und brachte die ganze Abteilung in Aufregung. Ein andermal fingierte sie einen Selbstmordversuch, nachdem sie diesen vorher ihrer Umgebung angekündigt hatte. Dazu erklärte sie dann, sie habe sich deswegen aufhängen wollen. Sie habe ein Strumpfband zusammengezogen und an den Fensterhaken hingehängt. (es gibt gar keinen), es habe schon gehalten. – Wenn sie sich beobachtet fühlte, konnte sie sehr zärtlich mit kranken Kindern der Abteilung sein. Der Schwester half sie oft, um kleine Vorteile für sich zu erlangen (Essensreste u.s.w.). – Da sie immer Hunger hatte, stiftete sie eine schwachsinnige Mitpatientin an, einer nur widerwillig essenden Erstklass-Patientin das gute Essen (Mehlspeise) wegzunehmen und es ihr zu bringen, das sei erlaubt, ein Tric, der mehrmals gelang, ehe die Schwestern ihn entdeckten. Einer anderen Patientin nahm sie 2 mal heimlich Zucker weg und erklärte nach der Entdeckung, sie esse so leidenschaftlich gern Süssigkeiten und brauche so Zucker „für ihren Körperaufbau". – In ihrer Stimmung zeigte sich launisch, zumeist aber recht guter Dinge. Im Garten sang sie mit schöner lauter Stimme eifrig im Chor mit. Oft zeigte sie sich etwas kokett, steckte sich Blumen ins Haar u.s.w. „Wenn sie echt wurde", benahm sie sich recht frei. Sie kannte eine Menge Couplets und Chansonets und sprach sehr ungeniert über sexuelle Dinge und über ihre Erfahrung darin. Sie machte auch Andeutungen, als ob sie schon Verkehr gehabt hätte. Wie eine Patientin einen kleinen Buben koste, meinte sie: Warten Sie doch, bis der mal 20 Jahr alt ist, da haben Sie mehr davon. Sie sagte

- 74 -

auch mit Bezug auf eine Patientin, die ein Kind koste: „Schaut, wie sich die an dem Kind entschädigt, weil gerade kein Mann da ist". Sie erörterte auch die schlechten Heiratsaussichten für vermögenslose Mädchen. Öfters sprach sie es aus, dass sie bald und sehr gern

214

heiraten möchte, „da hätte man doch etwas vom Leben". (...)

In körperlicher Beziehung erschien die Z. von normaler Grösse und Gewicht, mit normalem Kopfumfang (54 cm grösster Umfang, <u>nicht</u> 34.). Dagegen war sie blass, ihre Gesichtbildung erschien etwas kindlich und die Ohren waren abnorm gebildet, der Gaumen hoch gewölbt und sehr enge. Im Rachen war die rechte Mandel vergrössert, zerklüftet. (von einer früheren Operation her). Auf der

- 75 -

Haut traten auf Bestreichen mit einem harten Gegenstand rote Streifen auf (leichte Dermographie). Die Schmerzempfindlichkeit der Haut war stark herabgesetzt. Stumpf und spitz wurden schlecht unterschieden. Die Patellarsehnenreflexe waren in normaler Stärke vorhanden, mitunter traten aber psychogene Nachzuckungen auf. Klonus und Babinski'sches Zeichen fehlten. Die Pupillen waren gleichweit und spielten rasch und ausgiebig auf Lichteinfall und Einwärtsdrehung der Augäpfel. Sie erweiterten und verengten sich auch lebhaft während der Unterhaltung, jenachdem sie affektiv erregende Vorstellungen bewegten oder in ruhiger Gemütsverfassung war. Das Gesichtsfeld erschien leicht conzentrisch eingeengt. Der Urin war frei von Eiweiss und Zucker, die Wassermann'sche Syphilisreaktion im Blute negativ. – Nach der gynäkologischen Untersuchung vom 16.VI.1917 (Frau Dr. Weiler) fanden sich läppchenförmige Einrisse am Hymen.

III.
Gutachten.

In der Familie der Z. sind bereits Erkrankungen auf dem Gebiete des Zentralnervensystems, sowie auch Persönlichkeiten vorgekommen, welche mit dem Strafgesetz in Conflict gerieten. Auch werden speziell den Eltern gewisse Charakterfehler, dem Vater Schroffheit der Mutter unangebrachte Schwäche in der Kindererziehung und eine gewisse Unordentlichkeit im Haushalt nachgesagt. Wir können jedenfalls, wenn wir unser Urteil über die Anlagen des Zentralnervensystems der Blutverwandten der Angeschuldigten zusammenfassen wollen, getrost von einer

- 76 -

entarteten Familie sprechen, aus der die Z. stammt.

Die Z. selbst soll auf körperlichem Gebiete nach Angaben der Mutter von 1-4 Jahren Fraisenanfälle durchgemacht haben. Es ist möglich, dass die Entwicklung ihrer normalen Charakteranlagen dadurch schaden litt. Bis zur 7. Klasse soll sie schwächlich und blutarm gewesen sein, später an Hautausschlag und Furunkeln, sowie an vereinzelten Herzkrämpfen gelitten haben. Ein Ohnmachtsanfall ist einmal auch von einer Klasslehrerin beobachtet worden.

Ausser einer etwas verspätet eingetretenen Periode, etwas verbildeten Ohren und einem steilen schmalen Gaumen finden sich sonst keine körperlichen Zeichen verspäteter oder mangelhafter körperlicher Entwicklung. Kopfumfang, Körpergrösse und Gewicht entsprechen ihrem Alter. Das Vorliegen einer Syphilis konnte weder bei der Z. selbst, noch bei deren Angehörigen (Mutter, Schwester Hilda, Bruder Fritz) nachgewiesen werden.

Ihre Intelligenz, speziell die Urteilskraft ist normal. Ja die Z. ist geistig recht geweckt, wenn auch ihre Begabung nur mittelmässig genannt werden kann. Dass sie zum Teil mangelhafte Schulfortschritte aufwies, hängt nicht mit einer erschwerten Auffassungskraft oder einem mangelhaften Begriffsbildungsvermögen zusammen, sondern mit ihrer Trägheit, (wie sie dies auch ganz richtig von sich selbst sagt) ihrem oft säumigen Schulbesuch und ihrem zerstreuten, flatterhaften Wesen.

Ihre hervorstechendsten, ihre geistige Persönlichkeit von der Norm abhebenden Eigenschaften liegen eben vorwiegend auf dem Gebiete der Charakterbildung. Sie neigt vor allem zur Unwahrhaftigkeit. Ihr Wille ist unbeständig.

Sie ist schwatzhaft, flüchtig und zerstreut, sehr frech im Benehmen und leicht ausgelassen, wenn sie unbeobachtet oder unkontrolliert ist. Sie neigt zu Müssiggang und bequemem Leben. Auf dem Gebiete des Gefühls und Trieblebens ist sie oft roh, vorlaut, frech, unverschämt und trotzig, gleichgültig gegen Ermahnungen und Rügen, leichtsinnig, sehr vergnügungssüchtig, naschhaft, hoffärtig, grossprecherisch und prahlerisch, sehr selbstgefällig und eitel auf Figur, Stimme und Kleider. Sie hascht nach Effekten und will sich auffällig machen, was ihr um so notwendiger erscheint, als sie zu wirklich tüchtigen Leistungen bei aller geistigen Beweglichkeit doch zu unbegabt ist. Ihr Sehnen und Trachten ging stets höher hinaus (Klavierspielen, Schauspielerin, Sängerin, Unterkunft bei einem Grafen), aber ohne entsprechenden inneren tieferen seelischen Gehalt und Willensnachdruck. Ihr überspanntes Wesen hat ihr den Spitznamen des Affenmädchens eingetragen. Auch in geschlechtlich sittlicher Beziehung wird sie als nicht einwandfrei geschildert. Der Befund an den Genitalien unterstützt auch diese Auffassung.

Hervorstechend in ihrem Leben, besonders aber auch bei der jetzigen Tat ist ferner ihr Mangel jeder tieferen altruistischen Gefühlsregung (Stehlen, Morden, gefährliche falsche Anschuldigungen), ihre moralische Abgestumpftheit, ihre Gefühlsrohheit, ihre mangelhafte wahre Reue, wobei sie aber doch eine gewisse, wohl nicht in allen Stücken geheuchelte Anhänglichkeit an ihre Mutter besitzt und sicherlich die Entdeckung ihrer Täterschaft tief bedauert und sich vor Strafe und Zukunft fürchtet. Sie kennt zwar wohl das Gute. Da sie es aber nicht aus natürlicher Liebe dazu zu tun vermag, heuchelt sie es

gelegentlich mit grossem Geschick, wie sie überhaupt in ihrem ganzen Wesen ausserordentlich berechnend und raffiniert überlegend ist, um zu allerlei Vorteilen für sich zu gelangen. Das gilt sicher zum Teil auch für die von ihr heute noch zur Schau getragene Kindlichkeit und Naivität, wenn auch zugegeben werden soll, dass sie manche Züge ihres kindlichen Vorlebens tatsächlich noch nicht ganz abgestreift haben dürfte (Naschen, Spielen, Herumtollen u.s.w.)

Ihre Fantasietätigkeit ist eine sehr lebhafte, neigt zum Theaterspiel, zur Lektüre aufregender Schundliteratur hin und wird rückwirkend durch diese letztere wiederum vergiftet. Die findige Fantasie wird von der Z. beständig in den Dienst ihrer schrankenlosen Selbstsucht und ihrer Gelüste gestellt. Diese stets bereite Fantasie ist es auch, welche der Z., von derem ethischen Tiefstand abgesehen, die Rechtsbrüche sehr erleichtert, Schwierigkeiten, die sich ihr bei Plan und Ausführung und bei der Verheimlichung ihrer Täterschaft entgegenstellen, verhältnismässig leicht und rasch beseitigen hilft. Sie erleichtert ihr zweifellos auch das Lügen, welches bei ihr vorwiegend ein ganz deutliches Zwecklügen ist, wenn sie, um zu prahlen und sich interessant zu machen, freilich auch zu pikanten, aber ihr als unwahr bewussten Erzählungen greift, die nur den Zweck der Komödie und des Sichaufspielens und Grosstuns haben. Von einer sogenannten Pseudologia Phantastika aber, die darin besteht, dass selbsterfundene, phantastische Geschichten für wahr gehalten werden, kann bei der Z. jedenfalls nicht die Rede sein.

All diese Züge, im Zusammenhalt mit der glaubwürdig berechneten Tatsache, dass die Z. auch schon Anfälle im Anschluss an eindrucksvolle Erlebnisse hatte (Herzkrämpfe, Ohnmachten) und im Verein mit einigen körperlichen Stigmata (geringe Empfindlichkeit der

Körperhaut für Schmerzreize, Einschränkung des Gesichtsfeldes u.s.w.) kennzeichnen die Z. als eine hysterische Persönlichkeit, als einen hysterischen Charakter. Ihre grosse ethische Defektheit macht sie dabei zur ausgesprochenen Gesellschaftsfeindin, zur antisozialen Psychopathin, von der sie die hauptsächlichen charakteristischen Züge trägt: die sittliche Stumpfheit, die Unwahrhaftigkeit, Eitelkeit und Selbstgefälligkeit, den Mangel an tieferen gemütlichen Regungen, an Mitgefühl, die Rückfälligkeit und Unverbesserlichkeit.

Eine Geistesstörung irgend welcher Art konnte in der Klinik nicht nachgewiesen werden. Ihre erst vor kurzem noch gemachten Angaben, sie habe schon lange vor der Tat „Stimmen" gehört, sei schon lange „unter einem unwiderstehlichen Zwange gestanden" u.s.w., entbehren jeder Glaubwürdigkeit und Begründung. In der Art, wie sie vorgebracht und geschildert werden, entsprechen sie gar keinem dem irrenkundigen Arzte vertrauten Krankheitsbilde, wohl aber den Bedürfnissen, welche die Z. empfindet und den laienhaften, durch Kenntnisse nicht beschwerten Vorstellungen welche sie sich von Geisteskrankheiten macht. Sie sind, wie „die Anfälle", die sie in der Klinik uns vorgeführt hat, zweifellos glatt erfunden, vorgetäuscht. Die „Anfälle", die

- 80 -

sie in letzter Zeit bei ihrer Vernehmung und auch im Gefängnis hatte, waren als echt nicht sicher erkennbar. Sollten sie aber echt gewesen sei, so würden auch sie unsere Diagnose nur bestätigen und an unseren forensischen Schlussfolgerungen nichts ändern.

Dagegen mag es sein und würde auch der allgemeinen Erfahrung nicht zuwiderlaufen, dass sie im Gefängnisse wüste Träume, vielleicht auch die Erscheinung der Ermordeten mit dem entsprechenden dramatischen Zubehör, mit Schlaflosigkeit u.s.w. erlebt hat, wie wir das bei Gefangenen nach schrecklichen Folgen schwerer Taten nicht so selten sehen. Es sind das abortive Formen von Gefängnis-Psychose. Hier in der Klinik hat sie nichts Derartiges mehr geboten. Und bekanntlich sind ja diese Störungen als Folgen und nicht als Ursache oder Begleiterscheinung von strafbaren Handlungen aufzufassen.

Die hysterischen und ethisch defekten Charaktere und Persönlichkeiten können den Schutz des § 51 R.S.G.B. für sich nicht in Anspruch nehmen, es sei denn, sie handeln in einer eigentlichen hysterischen Geistesstörung im engeren Sinne, d.h. in einem vorübergehenden, transitorischen hysterischen Dämmerzustand, im Zustande einer schweren Trübung des Bewusstseins. Dämmerzustände lassen sich aber aus keinem Lebensabschnitte der Z. erweisen und auch zur Zeit der ihr jetzt zur Last gelegten strafbaren Handlung kann ein solcher Zustand nicht vorgelegen haben, da ihre Erinnerung an die Tat voll und ganz in allen Einzelheiten erhalten ist.

Auch für die Annahme eines „menstruellen Irreseins" liegen keine Anhaltspunkte vor. Dass die Periode der

- 81 -

Z. im Anzuge war, als sie die Tat beging und dass sie sie bald nach der Tat bekam, darf wohl als sicher angenommen werden. Es liegt auch kein Grund vor, in Abrede zu stellen, dass sie zur Zeit der Periode oder kurz vorher oder kurz nachher, wie unzählige Frauen, etwas reizbarer, gemütlich erregbarer, etwas exaltierter, kurz, noch etwas psychopathischer gewesen sein wird, als sonst. Das ist aber auch alles, was zugestanden werden kann. Sollte aber ein menstruelles Irresein angenommen werden, so müssen dafür eben Symptome von geistiger Störung nachzuweisen sein, was aber hier unmöglich ist.

Aber auch zur Annahme eines anderen, die freie Willensbildung ausschliessenden Zustandes

217

krankhafter Störung der Geistestätigkeit im Sinne des § 51 zur Zeit der Tat haben wir keine Veranlassung. Die Schrecklichkeit und Gefühlsrohheit der Tat allein und der Umstand, dass die Tat nach dem Empfinden des Normalen, der die sittliche Tiefe, auf die ein Hysterischer Charakter hinabsteigen kann, nicht kennt, in ihren Motiven, soweit die grosse Unwahrhaftigkeit der Angeschuldigten uns darin überhaupt einen Einblick gestattet, nicht zureichend begründet zu sein scheint, kann jedenfalls keine solche Veranlassung bilden.

Die Tat kennzeichnet sich zunächst als vorsätzlich und in hohem Masse überlegt. Sie war gut, schlau und rasch vorbereitet. Die Augenzeugin wurde nach vorbereitetem schlauen Plane brieflich mit verstellter Handschrift weggelockt. Störende Zufälle, die ihr dazwischenzukommen drohten, wurden entschlossen prompt beseitigt. Nach vollbrachter Tat suchte sie deren Entdeckung durch Schliessen

- 82 -

der Küchentüre und Entfernen des Wohnungsschlüssels zu verzögern. Nach der Tat hat sie die Spuren der Täterschaft nach Möglichkeit beseitigt, die untersuchenden Behörden durch allerlei, ihren eigenen Zwecken dienlichen präcise und eingehende, aber bewusst unwahre, erfundene Angaben irregeführt, dreist einen bestimmten Mann als Täter bezeichnet. Es lässt sich also bei ihr einvorsätzliches, überlegtes und ihr durchaus bewusstes Handeln feststellen, das sie freilich durch zahlreiches Lügen und Vortäuschen zu verschleiern sucht. Wenn sie vielfach behauptet, unbewusst die Unwahrheit gesagt zu haben, so spricht sie die Unwahrheit. So z.B. wenn sie behauptete, sie habe wirklich geglaubt, der Curtius sei der Täter. Auch dass sie sich ernstlich umzubringen die Absicht gehabt hätte, dass sie vor der Tat in der Nacht, um den Revolver zu probieren, noch hat zum Fenster hinausschiessen wollen, halte ich für bewusste Unwahrheit. Es hatte auch nur den Zweck der Vortäuschung, wenn sie erst so tat, als könnte sie eine Pistole überhaupt nicht halten. Die Z. machte zwar geltend, sie sei zur Zeit der Tat durch „Stimmen" „gezwungen" worden. Wir haben schon hervorgehoben, dass sie durchaus die Unwahrheit spricht, wenn sie behauptet, sie habe Stimmen gehört, wie sie Geisteskranke hören und es ist auch unwahr, dass sie zur Tat durch Stimmen angestiftet worden ist. Ihre „Stimmen" selbst entsprechen gar keinem klinischen Krankheitsbilde und jegliche andere Zeichen geistiger Störung, welche wir bei Psychosen finden, die mit Stimmenhören verknüpft sind, fehlen bei ihr überdies.

- 83 -

„Stimmen" in psychiatrischem Sinne als krankhafte Triebfedern ihres Handelns kommen also in Wegfall. Auch Wahnvorstellungen als ev. krankhafte Triebfedern ihrer Tat waren nicht zu entdecken.

Auch eine Triebhandlung, ein unwiderstehlicher Zwang, so sehr sie uns dies immer versichert, kann bei ihr nicht angenommen werden. Charakteristischer Weise für ihr durch und durch unwahres Wesen ist diese ihre „Erklärung", wie auch das Stimmenhören, recht spät und erst in medizinischem Milieu aufgetaucht. Gegen die Triebhaftigkeit sprechen eindeutig ihre sorgfältigen, in diesem Gutachten eingehend wiedergegebenen Vorbereitungen zur Tat, sowie ihre sehr eingehenden Massnahmen zum Zwecke der Abwälzung der Schuld auf einen anderen Täter und der Verdunkelung ihrer eigenen Täterschaft.

Was als Beweggrund der Tat wirklich in Betracht kommt, wissen wir freilich nicht genau. Wir sind in dieser Richtung in der Hauptsache auf die Angaben der Angeschuldigten selbst angewiesen, welche aber, wie sich im Verlaufe des Verhörs gezeigt hat, bekanntlich nur mit der grössten Vorsicht aufzunehmen sind. Es ist im höchsten Masse zweifelhaft, ob nach den vielen Unwahrheiten, die sie zum Teil sogar beschwören wollte, nun ihre letzten Angaben, bei denen sie stehen geblieben ist, der wirklichen Wahrheit auch wirklich entsprechen.

218

Wie wir auch den Beweggrund zur Tat betrachten, ob unter der Voraussetzung eines versuchten oder beabsichtigten Raubmordes oder unter derjenigen eines Mordes „aus Sensation", so kommen wir in gleicher Weise zu der Auffassung, dass bei ihrer Ausführung der Täterin weder der

- 84 -

Schutz des § 51, noch des § 56 R.St.G.B. zugebilligt zu werden vermag.

Ein vollendeter oder begonnener Diebstahl ist ihr nach den Akten freilich nicht nachzuweisen. Aber Diebstahlsabsicht, die sie so energisch in Abrede stellt, k a n n deswegen doch vorgelegen haben. Ein Geständnis in dieser Richtung würde uns kaum in Erstaunen versetzen, ja Tötung der Frau zum Zwecke der Ausführung irgend eines Diebstahles würde wohl zur Persönlichkeit der Z. passen, mit ihr jedenfalls nicht in Widerspruch stehen. Ihrer eigenen hochheiligen Beteuerung, dass ihr das fern gelegen hat (sie scheint Morden zum Zwecke des Stehlens für eine besondere Niederträchtigkeit zu halten, was übrigens auch die Ansicht der Mutter ist, welche darüber sagte: „S o schlecht ist meine Tochter nicht") dürfte an und für sich kaum ein grösseres Gewicht beizumessen sein, als ihrem seinerzeitigen Ausspruch, den sie tat, um den Verdacht von sich abzulenken: „Und wenn Sie mir meinen Kopf heruntertun, er ist es" (nämlich Curtius sei der Täter). Auch dass sie Detektivromane gelesen, hatte sie ja ursprünglich energisch bestritten. Spricht zwar, wie gesagt, nach den Akten nichts für einen vollendeten oder versuchten Diebstahl, so muss doch die Diebstahlsabsicht im Auge behalten werden. Zunächst ist der Persönlichkeit der Z. eine solche Absicht durchaus zuzutrauen. Auf Geld u.s.w. war sie von jeher sehr aus und verschaffte es sich oft genug, auf unehrlichem, strafbarem Wege. In dieser Richtung hat sie auch früher nie „unsinnig" gehandelt, sondern sehr verständlich, von dem Gestohlenen stets Süssigkeiten oder „lauter nützliche Sachen" gekauft und sich andere

- 85 -

Annehmlichkeiten aller Art verschafft. Sie war stets unehrlich, „aber praktisch" und wusste stets wohl, warum sie etwas tat. Sie tat alles, um sich auf möglichst bequeme Art das Leben zu verschönern. In diesem Sinne hatte ihr Handeln stets Hand und Fuss, war nie dunkel in seinen Beweggründen, wenn es auch sittlich verwerflich war. Sie war immer in Geldnot, brauchte solches zu Anschaffungen, zu Vergnügungen u.s.w. Noch beim Eintritt in die Klinik machte sie Äusserungen, nach denen sie zur Zeit, als die Tat geschah, mittellos war und aus diesem Grunde sich nach einer Beschäftigung umschauen müsse. Sodann ist schwer zu glauben, dass, wo so viele andere Personen über die wahren Verhältnisse der Schweickart Bescheid wussten, die Z., die sich stets um alles kümmerte, allein darüber im Unklaren geblieben sein sollte. Etwas auffallend ist auch, dass sie zuerst leugnete, überhaupt zu wissen, dass und wo die Schweickart Geld und Wertsachen aufbewahrt hatte. Seite 27 sagt sie aber selbst, dass ihr die Schweickart gezeigt und gesagt habe, wo sie was Geld habe. Ferner (Seite 31) gestand sie, dass ihr die Schweickart früher schon, vor der Tat, mal gesagt habe, dass sie einen sehr schönen Schmuck hätte. War Diebstahlsabsicht aber der Beweggrund der Tat, so kann sie ja durch Zwischenfälle an der weiteren Ausführung verhindert worden sein. Augenscheinlich bekam sie doch Angst nach dem ersten Schuss. Jedenfalls war sie „baff", was sehr viel heisst, bei einer Persönlichkeit wie die Z. ist. Es war ja auch nach dem ersten Schuss in der Tat eine ganz merkwürdige, unerwartete Situation geschaffen. Nicht programmgemäss war jedenfalls,

- 86 -

dass die Schweickart nach dem ersten Schuss, ja nach dem dritten und letztem Schuss immer noch lebte. Es kann ihr ja das „Herz heruntergefallen sein", sie kann sich nicht mehr getraut haben. Oder sie kann angesichts der unliebsamen Verlängerung der Prozedur die Befürchtung gehegt haben, die Öllinger möchte vorzeitig zurückkehren und sie so auf der Tat ertappt werden. Es mochte auch schwierig sein, der Schweickart beizukommen. Nach der Öllinger wäre es ihr ja auch gar nicht möglich gewesen, sie so leicht zu berauben. „Denn so lange die Frau Schweickart bei Bewusstsein war, hätte sie, meint die Öllinger, den Schlüssel zur Kommode nicht aus der Hand gegeben". Sie hätte ihn sich auch nicht abnehmen lassen. War der Beweggrund wirklich Diebstahlsabsicht, was wir aber eben nicht wissen, sondern höchstens vermuten können und war die Täterin nur durch Überraschungen, welche sich im Laufe der Z. offenbar zu langsam vorsichgehenden Tötung der Schweickart ergaben, von der Ausführung einer Diebstahlsabsicht abgestanden, so wäre über die „Begreiflichkeit" dieses Motives weiter kein Wort zu verlieren.

War der Beweggrund aber nicht Diebstahlsabsicht, sondern Sensationslust, der Wunsch, eine „Affaire", ein Aufsehen erregendes Geschehnis zu haben, so ist auch das kein Grund für uns, deswegen Geisteskrankheit bei der Z. zur Zeit der Tat anzunehmen. Zunächst ist aber wiederum zu betonen, dass aus dem Lügengewirr, das uns die Z. auftischte, auch nach dieser Richtung schwer ein genaues Bild ihrer angeblichen Triebfedern zu gewinnen ist. Durch entsprechende Fragen konnte man so ziemlich alle

- 87 -

verständlichen oder weniger verständlichen Nuancen von „Sensation" aus dem Munde der Z. hören, sodass auch hier bei ihrer ungeheuren Neigung zur Unwahrheit schwer zu sagen ist, was nun eigentlich richtig sein soll. Dass sie eine „Affaire" in dem Sinne haben wollte, dass sie sich vor der Mitwelt in eine besondere wichtige oder Heldenrolle versetzen wollte ist nach der Sachlage schwerlich anzunehmen, da sie ja mit dieser Tat niemandem gegenüber renommieren konnte, wenn auch das Renommieren bei ihr früher stets eine grosse Rolle spielte. Gab sie auf diesen Einwand, den man ihr wiederholt machte, die Antwort, sie wollte sich dabei in keiner Weise von anderen, sondern nur vor sich selbst brüsten, so zeigte sie, wie ungemein schlagfertig sie auf jeden Vorhalt war, aber auch, dass sie unter Sensation offenbar nicht das verstand, was man gemeiniglich darunter versteht. Wenn sie es aber nicht „aus Protzen vor sich selbst" getan hat, was fraglich ist, warum hat sie es denn sonst getan? War es reine Freude an der Imitation ungestraften Mordens? (denn eine tiefere Ähnlichkeit ihrer Handlung mit derjenigen des angeblichen Arztes besteht wohl kaum). War es blosse Mordlust, Freude an Leiden und Tod einer ihr sicher unsympathischen Person, war es die boshafte Freude, die Machen des Netzes allmählich immer mehr um das Opfer zu ziehen? Oder erschien ihr das Pikante gerade in der Ahnungslosigkeit des Opfers? War es Freude am Neuen, an einer die Eintönigkeit der Alltäglichkeit durchbrechenden Sinnenkitzelnden Abwechslung, an der Aufregung, am Theater, an einem „schönen Schauspiel", darin, Schauspielerin und Zuschauerin zugleich zu sein oder kam dazu wirklich noch der Wunsch, vor sich selbst zu protzen

- 88 -

(also etwas an und für sich recht Unhysterisches und daher gerade vor alle von ihr vorgebrachten angeblichen Motiven eigentlich am unwahrscheinlichsten). Oder war es der Wunsch, als Zeugin eine Rolle zu spielen, in die Zeitung zu kommen, neuen interessanten Gesprächsstoff zu haben oder ist es ein Gemisch von alledem? Wir wissen es nicht.

Allein nicht der psychologische Mechanismus der Tat, nicht ein in den Augen des Durchschnittsmenschen grösserer oder geringerer Grad von Motiviertheit und „Vernünftigkeit" der Tat oder sonstige „eigentümliche" Handlungsweise ist massgebend bei der Beurteilung nach § 51, sondern einzig und allein die medizinische Diagnose, die hier vorliegt und diese ist vollkommen klar die einer ethisch schwer defekten, hysterischen Persönlichkeit, aber keiner Geistesgestörten. Auffallendes bei der Tat selbst, „Sinnlosigkeit, Zwecklosigkeit, Nutzlosig-

220

keit für den Täter", Mangel an Reue hinterher u.s.w. gibt an sich zunächst eben nur die Aufforderung, den Geisteszustand des Täters zu prüfen, aber keinen sicheren Beweis für das Vorliegen einer geistigen Anomalie im Sinne einer die freie Willensbestimmung ausschliessenden Geistesstörung. Wohl handelt es sich hier um eine abnorm Veranlagte, um eine populär gesprochen „sehr lasterhafte" und gegen Mitmenschen sehr gefühllose, d.h. mit den schlimmsten Charaktereigenschaften ausgerüstete Person, um eine Persönlichkeit von aussergewöhnlicher, rücksichtsloser Gefühlsrohheit und Rohheit gegen Mitmenschen und Nichtachtung der Interessen derselben bei gleichzeitiger grosser Freude am eigenen, seichten Lebensgenuss und Sinnenkitzel, aus welchen Eigenschaften heraus sich auch die Tat dieser Entarteten erklärt.

- 89 -

Aber ebensowenig wie andere Mörder tiefer und tiefster Stufen, ebensowenig auch wie die Giftmischerinnen, welche raffiniert und vorsätzlich und überlegt morden, um sich an ihren Opfern zu weiden, kann die Z. als geisteskrank im Sinne des § 51 aufgefasst werden. Es wäre zwar ganz zweifellos besser, man würde nach den stets wiederholten Vorschlägen der modernen forensischen Psychiatrie solche abnorme Persönlichkeiten als dauernd höchst gefährliche, antisoziale Schädlinge der menschlichen Gesellschaft dauernd unschädlich machen, am besten freilich, bevor sie ihre schrecklichen Taten vollbracht haben, also sie dauernd internieren. Das müsste dann aber mit einer ungeheuren Zahl von unverbesserlichen Rechtsbrechern ebenso geschehen, die heute noch immer wieder nur abgestraft und dann wieder auf die Menschheit losgelassen werden. Selbst wenn wir die Z. in gewissem Sinne als „moralisch irr" bezeichnen wollen, so dürfen wir in ihr doch de lege lata keine Geisteskranke im eigentlichen klinischen und forensischen Sinne sehen. Denn dann müssten wir jenen zahllosen Rechtsbrechern, welche ihrer ungeheuren Selbstsucht ebensowenig Schranken entgegenzusetzen vermögen, wie die Z. ebenfalls den Schutz des § 51 zubilligen, was aber eine prinzipielle Umwälzung der Rechtspflege bedeuten würde und zur Zeit ganz zweifellos weder den Gefühlen und Intentionen des Gesetzgebers, noch des Volkes entsprechen würde, noch mit unserem ganzen jetzigen Anstalts- und Versorgungswesen im Einklang stünde.

Von einem „moralischen Irresein" als Teilerscheinung in der abnormen Gesamtpersönlichkeit der Z. könnte man bei dieser nur insofern sprechen, als

- 90 -

ein ihr, neben ihren hysterischen Charaktereigenschaften aber wohl gemerkt bei durchschnittlicher Verstandsbegabung als wesentliches Merkmal eine grosse Schwäche derjenigen Gefühle zu finden ist, welche der rücksichtslosen Befriedigung der Selbstsucht in der weiteren Bedeutung dieses Wortes entgegenwirken. Allein praktisch besteht dabei eben keine Möglichkeit, einen Verbrecher, einen schlechten Menschen an sich von einem solchen „moralischen Idioten" zu trennen. Wenn wir die „moralische Idiotie" als alleiniges Symptom oder, wie hier, im Verein mit hysterischen Charakterzügen, als eine Art von Krankheit auffassen wollen, so müssen wir dies auch mit bestimmten Verbrecherkategorien, ja vielleicht mit dem grössten Teil der Verbrecher tun. Denn der richtige Anlagenverbrecher, der täglich vor den Schranken des Gerichtes steht und verurteilt wird, ist eben auch ein abnormer Mensch, der „nichts für seine Anlage kann" und der oft genug auch – man denke nur an zahllose hysterische Schwindler, an Sittlichkeitsverbrecher u.s.w. – in einer Weise handelt, die dem gesunden Menschenverstand im Grunde genommen auch recht unbegreiflich, „blöd", „pervers" erscheint.

Es sei hier übrigens noch ganz ausdrücklich als wichtiger Bestandteil dieses Gutachtens betont, dass, wenn auch nach unserer Ansicht die entartete, gesellschaftsfeindliche Anlage bei der Z. die Hauptursache ihrer verbrecherischen Betätigung spielt, doch die sehr schlechte

Erziehung bei der Entwicklung und Ausartung ihres Treibens durchaus nicht ausser Acht gelassen werden darf.

Sie war „schlecht erzogen", heisst es in den Akten, wenig beaufsichtigt. Man war zu nachsichtig, zu schwach mit ihr, liess ihr alles durchgehen. Sie konnte augenscheinlich tun und lassen, was sie wollte. Der diebischen Neigung, nahm ein Gericht früher schon an, wurde zuhause nicht das nötige Gegengewicht entgegengesetzt. Man nahm sie mit ihren Unarten und verbrecherischen Neigungen gegenüber Fremden eher in Schutz, sprach beschönigend von „Jugendstreichen". Wo jedermann die Z. als Streunerin ansah, behauptete die Mutter das Gegenteil. Trotz den Vorkommnissen des Jahres 1912 u.s.w. machte die Mutter keine Anstalten, auch nur wenigstens die Hauptversuchungen von dem Mädchen fern zu halten. Die 700 M, die der Vater zurückgelassen, waren der Angeschuldigten allzu leicht zugänglich. Die von allen Seiten seinerzeit für richtig gefundene Zwangserziehung hielten die Eltern nicht für nötig und baten dringend um Umgangnahme. Kurz, dass eine solche verwerfliche Nachsicht und Milde in der Erziehung zu nichts gutem führen konnte und in der Z. die Meinung sich ausbilden lassen musste, dass „wenn ihr etwas einfalle, sie es sagen oder tun müsse, da könne sie nicht anders" (z.B. schlechtes Benehmen in der Schule u.s.w.) ist weiter gewiss nicht verwunderlich. Das musste ihr ja noch den letzten Rest der Hemmung gegen die schrankenlose Betätigung ihrer Selbstsucht nehmen.

Dazu kam auch noch das gewiss nicht gerade gute Beispiel, das sie in dem übrigen Milieu, in ihrem Umgang mit halbwüchsigen Burschen vor sich sah und das ihr auch

in Kino und Lektüre gegeben wurde.

Dass sie, einem Knaben gleich, Schundromane im Stiele Nic Carters u.s.w. verschlungen hat, scheint festzustehen. Die verderbliche Wirkung dieser blutrünstigen Lektüre auf an und für sich abnorme junge Menschen ist ja zur Genüge bekannt.

Auch das Kino wird in dieser Hinsicht gewirkt haben. Der verderbliche Einfluss von Darstellungen, die gerade in der letzten Zeit wieder an sogen. Detektivabenteuern das möglichste bieten und in denen auch Täuschungsbriefe meist einen breiten Raum einnehmen, ist ja oft genug betont worden. Auf Jugendliche, mit mysterisch-pathologischer Veranlagung und Überreizung , können solche lebendige Beschreibungen von Taten, die dem Täter den Nimbus des Aussergewöhnlichen verleihen bis zur Betäubung aller sittlichen Regungen und Hemmungen wirken.

Auch die Gefahr der „Schusswaffen in Kinderhänden", die trotz aller Generalkommandoverbote leider immer noch besteht, ist wieder durch diese Tat erwiesen worden.

Es muss nach alledem, trotz dessen, was wir über die abnorme Veranlagung der Z. gesagt haben, durchaus als recht fraglich erscheinen, ob, ohne Hinzutreten dieser rein äusserlichen verderblichen Momente - sehr schlechte Erziehung, schlechter Umgang, verhängnisvolle Suggestion durch Schauerromane und Kinovorstellungen, sowie die Leichtigkeit, mit der sie zu ihrem geladenen Revolver gelangte – die grausige Tat überhaupt begangen worden wäre.

Zum Schluss sei nochmals de Frage der Einsicht nach § 56 kurz erörtert. Es liegt kein Grund vor,

anzunehmen, dass der Z. die Einsicht in die Strafbarkeit ihrer Handlung vor dem Gesetz und vor Gott gefehlt habe. Ihre Intelligenz und Erfahrung waren dazu mehr wie ausreichend. Sie kannte auch die üblen Folgen und hat alles versucht, um sie von sich abzuwenden. Sie hätte die Tat auch sicherlich nicht begangen, wenn sie nicht bestimmt gehofft hätte, dass sie nicht aufkommt. Dass auch die Schulinstanzen dem 17 ½ jährigen Mädchen, das also schon nahe an der oberen Grenze der relativen Strafmündigkeit steht, „zweifellos" die Einsicht nach § 56 speziell bezüglich der Diebstähle zusprechen, sei nur nebenbei erwähnt.

Ich komme daher zum Schlusse:

1. Johanna Z. ist eine ethisch schwer defekte entartete hysterische Persönlichkeit.

2. Sie ist nicht geisteskrank im Sinne des § 51 R.S.G.B.

3. Ein Zustand nach § 56 und § 51 R.St.G.B. lag auch zur Zeit der ihr zur Last gelegten strafbaren Handlung nicht vor.

München, den 20. Juni 1917
Die Direktion
I.V. Prof. Dr. Rüdin
Kgl. Oberarzt"

c. Urteil im Fall Johanna Z.[7]

„Im Namen
Seiner Majestät des Königs
von Bayern.

erkennt die 1. Ferienstrafkammer des K. Landgerichts München I in der Strafsache gegen
Z. Johanna, Werkmeisterstochter von München,
wegen Verbrechens des Mordes
in der öffentlichen Sitzung vom Samstag, den 11. August 1917 an welcher teilgenommen haben:
der K. Landgerichtsdirektor Lindner als Vorsitzender,
  die K. Oberlandesgerichtsräte Dr. Bittinger und Brandl, die K. Landgerichtsräte
  Hümmer und Schraub als Beisitzer,
der K. I. Staatsanwalt Hahn und
der Gerichtsassistent Seiferth als Gerichtsschreiber,
zu R e c h t, wie folgt:

Z. Johanna, geb. am 8. Oktober 1899 in München, zuständig nach München, katholisch, Werkmeisterstochter, in Untersuchungshaft im Gefängnis am Neudeck, wird wegen eines Verbrechens des Mordes in rechtlichem Zusammentreffen mit einem Verbrechen des versuchten schweren Raubes zur Gefängnisstrafe von zehn Jahren sowie zur Kostentragung verurteilt.

- 2 -

<u>Gründe:</u>

I.

Die Angeklagte, die als Tochter der Werkmeisterseheleute Johann und Johanna Z. geboren und das älteste der vier Kinder dieser Eheleute ist, wurde in der Familie der Eltern erzogen, besuchte ordnungsgemäß die Volksschule, sodann in den Jahren 1913 bis 1915 drei Jahre lang

---

[7] Quelle: Bayerisches Staatsarchiv, Akten der Staatsanwaltschaft München I Nr. 1932; wörtliche Abschrift inkl. Rechtschreibfehlern und original Seitenangaben (jeweils oberhalb des entsprechenden Textes)

die städtische kaufmännische Fortbildungsschule und schließlich vom September 1916 bis 22. November 1916 die städtische Frauenarbeitsschule. Schon in der Volksschule gab ihr Verhalten und Betragen zu Klagen Anlaß. Ihr Volksschulentlassungszeugnis trug den Vermerk: Betragen nicht tadelfrei; diese Bemerkung fälschte sie später, weil sie ihr bei ihren Versuchen, eine Stellung in einem kaufmännischen Büro zu erhalten, hinderlich war, indem sie sie in „recht tadelfrei" abänderte. Die häusliche Erziehung und Beaufsichtigung der Angeklagten war mangelhaft. Der Vater hielt zwar auf strenge Erziehung, die Mutter aber, die bis Ende 1916 ein Ladengeschäft betrieb und sich tagsüber im Geschäfte befand, war zu nachgiebig und vertrauensselig. Namentlich seit der 1914 erfolgten Einberufung ihres Vaters zum Heere war die Angeklagte viel sich selbst überlassen und kam immer mehr auf Abwege. Sie trieb sich, da sie zu einer ernstlichen Arbeit und geregelten Beschäftigung nicht angehalten wurde, öfters mit Freundinnen und jungen Burschen in der Stadt umher, war ständiger Gast an öffentlichen Eisverkaufsständen, besuchte mit ihren Begleitern häufig Konditoreien,

- 3 -

Kaffees, Kinos und Theater und unternahm Ausflüge nach auswärtigen Orten. Wiederholt fing sie Liebeleien mit jungen Burschen, zuletzt mit dem 16 jährigen Gymnasiasten Nikolaus Zeh an. Da Zeh sie Ende 1916 zu vernachlässigen begann, suchte sie seine Eifersucht zu erregen. Sie erzählte ihm öfters von einem gewissen Kurt von Thieme, einem Gymnasiasten aus Wien, der ein Freund ihres Bruders sei, sich für sie interessiere, ihr ein Gedicht in ihr Album geschrieben habe und mit dem sie in Briefwechsel stehe. Sie zeigte ihm auch das angeblich von Kurt von Thieme in das Album geschriebene Gedicht, sowie einen Brief, den sie selbst an die Adresse des Kurt von Thieme nach Wien gerichtet hatte und an ihn abschicken wollte. Wie die Beklagte selbst heute zugab, tat sie dies, um die Eifersucht des Zeh auf Thieme zu erregen.

Den Besuch der Frauenarbeitsschule während der Monate September bis November 1916 vernachlässigte die Angeklagte häufig; die bei der Leitung der Schule eingelaufenen, mit dem Namen ihrer Mutter unterzeichneten Entschuldigungsschreiben hatte sie selbst fälschlich angefertigt.

Da sie bei ihrem Hang zum Wohlleben und ihrer Sucht sich zu amüsieren, nicht unbedeutende Geldmittel benötigte, verfiel sie auf Diebereien; es bildete sich bald bei ihr ein Hang zum Stehlen aus. Schon 1912 war sie wegen eines zum Schaden von Hausgenossen verübten Diebstahls mit drei Tagen Gefängnis bestraft worden. In der Zeit von Augusts bis November 1916 stahl sie ihrer Mutter einen Betrag von 390 M, den sie größtenteils für Putz, Leckereien, Besuch von Kinos und Theatern vergeudete; diese Tatsache im Verein

- 4 -

mit der Entdeckung der Fälschung der Entschuldigungsschreiben führte im November 1916 zu ihrer Entlassung aus der Frauenarbeitsschule. Eine Freundin der Angeklagten, die 17 jährige Susanne Brettinger, der ein Handtäschchen mit 20 M Inhalt gestohlen worden war, brach die Beziehungen zu ihr ab, weil sie dringenden Verdacht hatte, dass die Angeklagte die Diebin sei. In den beiden hiesigen Warenhäusern Tietz und Oberpollinger wurde die Angeklagte auf der schwarzen Liste geführt, weil sie in beiden bei kleineren Warendiebstählen ertappt worden war. Im Januar 1917 stahl die Angeklagte im Wartesaal des hiesigen Hauptbahnhofs einem Dienstmädchen ein Handtäschchen mit zwei Geldbörsen; wegen dieser Tat ist gegen die Angeklagte das Hauptverfahren vor dem Schöffengericht eröffnet.

Mangels ernsthafter Beschäftigung befasste die Angeklagte sich viel mit schlechter Lektüre; sie las häufig Indianererzählungen, billige Schundromane und sonstige Erzeugnisse der Schundliteratur, die sie meist bei Bekannten entlehnte. Nicht zuletzt infolge dieser Lektüre entwickelte sich bei ihr ein Hang zum Romanhaften und zu phantastischen, mit ihren wirkli-

224

chen Verhältnissen nicht in Einklang stehenden Plänen. Sie drängte ihre Mutter, sie doch fürs Theater ausbilden zu lassen, weil sie eine schöne Stimme habe, plante, sich mit der Kinodarstellerin Henny Porten in Verbindung zu setzen und wandte sich, wenn auch vergeblich, an einen Grafen, der in der Zeitung angekündigt hatte, dass er ein Mädchen adoptieren wolle. Ihren Bekannten und Verehrern gegenüber übertrieb sie ihre Verhältnisse. So log sie den Gymnasiasten Zeh, Stöcker und Langenberger vor,

- 5 -

ihr Vater, der gewöhnlicher Soldat ist, sei Fliegeroffizier, im Frieden habe er die Stelle eines Betriebsleiters in der Zuban'schen Fabrik bekleidet.

In sittlicher Beziehung blieb die Angeklagte nicht unberührt; wie sie selbst zugab, hat sie bereits Geschlechtsverkehr gepflogen.

Alle diese Tatsachen stehen fest teils auf Grund der Bekundungen der in der heutigen Hauptverhandlung vernommenen Zeugen, teils auf Grund der eigenen Angaben der Angeklagten. Angesichts dieser durchaus ungeordneten Lebensführung und haltlosen Charakterveranlagung der Angeklagten ist es nicht verwunderlich, dass sie auf der von ihr schon betretenen Bahn des Verbrechens immer tiefer hinabglitt.

II.

Die Angeklagte und ihre Eltern wohnten zuletzt im 2. Stockwerk des Hauses Zechstraße 4 dahier. Im 1. Stockwerk des Hauses wohnte die 83 jährige, für sich alleinlebende Privatiere Viktoria Schweickart, bei der seit 15. November 1916 die aus Österreich stammende Dienstmagd Rosa Öllinger bedienstet war. Viktoria Schweickart, eine misstrauische und ängstliche Greisin, hatte wenig Verkehr mit fremden Leuten; sie hielt ihre Wohnungstür immer geschlossen, hatte ständig an der Gangtüre die Sicherungskette vorgelegt und verwahrte selbst den Gangtürschlüssel bei sich. Ihre Dienstmagd, die einen eigenen

- 6 -

Gangschlüssel nicht hatte, und ihre sonstigen Bekannten wurden von ihr nur bei zweimaligem Läuten in die Wohnung gelassen.

Schon am Donnerstag, den 8. März 1916 erzählte die Angeklagte gelegentlich eines Zusammentreffens auf der Treppe des Hauses der Rosa Öllinger, eine Freundin der Öllinger aus deren Heimat sei da gewesen, habe bei Abwesenheit der Öllinger zweimal an der Türe der Schweickart geläutet, aber keinen Einlaß bekommen und habe ihr aufgetragen, der Öllinger auszurichten, dass sie ihr demnächst näheres schreiben werde. Bei dieser Gelegenheit hatte die Angeklagte die Öllinger, die ihr bis dahin nur unter dem Vornamen Rosa bekannt war, auch um ihren Schreibnamen gefragt. Frau Schweickart verneinte der Öllinger auf Frage in bestimmtester Weise, dass während der Abwesenheit der Öllinger jemand an der Türe geläutet habe.

Am Sonntag, den 11. März 1917 vormittags erhielt die Öllinger durch die Post einen Brief zugestellt, der mit „Hoch Österreich" begann, die Unterschrift „eine Landsmännin" trug und inhaltlich dessen Rosa Öllinger aufgefordert wurde, sich am Nachmittag am Stachus zwecks Zusammentreffens mit ihrer Freundin einzufinden. Die Öllinger verständigte ihre Herrin von dem Inhalt des Briefes, begab sich nachmittags um die im Briefe bezeichnete Stunde zum Stachus, wartete daselbst längere Zeit vergeblich und kehrte schließlich nach Hause zurück. Bei der Heimkunft nach 6 Uhr wurde ihr die Türe trotz öfteren Läutens nicht

- 7 -

geöffnet. Da sie befürchtete, es sei ihrer Herrin infolge ihres Alters ein Unfall zugestoßen, holte sie schließlich einen Schutzmann, der die Türe aufsprengte und die ebenfalls verschlossen vorgefundene Küchentüre mit einem zufällig passenden Zimmerschlüssel öffnete. Nunmehr wurde Frau Schweickart auf dem Küchenboden neben dem Küchentische in einer großen Blutlache liegend, sichtlich schwer verletzt, aber noch lebend vorgefunden. Sie rief, als der Schutzmann, die Dienstmagd Öllinger und mehrere Hausgenossen in die Küche kamen, noch mehrmals mit hörbarer Stimme „Rosa" und gab auf Frage der Öllinger und des Schutzmanns, wer ihr etwas getan habe, die Antwort: „Niemand", verschied aber bald darnach in Gegenwart eines beigerufenen Arztes.

Die Sektion der Leiche ergab, dass Frau Schweickart durch drei aus nächster Nähe auf sie abgefeuerte Schüsse getötet worden war. Die Leiche wies drei, sämtliche auf der rechten Gesichtshälfte befindliche Einschussöffnungen mit eingestreuten Pulverkörnern und zwei auf der linken Gesichtsseite befindlichen Ausschussöffnungen auf. Ein Geschoß war am rechten äußeren Augenwinkel eingedrungen, hatte beide Augenhöhlen durchschlagen, den linken Augapfel zertrümmert und unterhalb des linken Auges den Ausgang gefunden; ein zweites Geschoß, das am rechten Stirnbein eingedrungen war, einen Teil des Gehirns zertrümmert und den linken Oberkiefer durchschlagen hatte, war in der Haut der linken Gesichtsseite stecken geblieben; das dritte Geschoß war am rechten Ohr eingedrungen, hatte die Mundhöhle unter Zerreißung größerer Blutgefässe durchschlagen

- 8 -

und war am linken oberen Unterkieferrand wieder ausgetreten. Die drei Schüsse, namentlich aber der zweite, das Gehirn verletzende Schuß, mussten, wie der Sachverständige, K. Bezirksarzt Dr. Bihler bestätigte, unbedingt tödlich wirken. Es steht außer Frage, dass der Tod der Viktoria Schweickart durch die drei auf sie abgegebenen Schüsse erfolgt ist. Abgesehen von den Schussverletzungen wies die Leiche nur noch kleinere, von dem Fall auf den Boden herrührende Verletzungen auf.

Bei der alsbald vorgenommen Untersuchung der Wohnung wurden im Küchenherd Reste einer Anzahl verbrannter Spielkartenblätter, ferner eine am Boden liegende zu einer Browningpistole gehörige Kugel, die an der Spitze Mörtelspuren aufwies, sowie eine Patronenhülse gefunden, außerdem wurden an den Wänden der Küche zwei von einschlagenden Geschossen herrührende Schussspuren festgestellt. In den Wohnräumen und den Behältnissen wurde keinerlei Unordnung und keinerlei auf eine Durchsuchung zwecks Entwendung von Wertsachen hindeutende Spur wahrgenommen; auch konnte das Fehlen von Geld oder Wertgegenständen der Getöteten nicht festgestellt werden.

III.

Bei den eingeleiteten polizeilichen Erhebungen suchte die Angeklagte den Verdacht der Täterschaft zunächst auf einen ungekannten Mann, den die Schweickart angeblich am Nachmittag des 11. März besuchsweise empfangen habe, hinzulenken.

- 9 -

Sie gab an, sie selbst habe sich am Nachmittag gegen ½ 4 Uhr auf der Straße vor dem Hause befunden, Frau Schweickart habe ihr von ihrem Fenster aus zugerufen, sie möge zu ihr heraufkommen und ihr Gesellschaft leisten, daraufhin sei sie zu der Wohnung der Frau Schweickart hinaufgegangen, von dieser eingelassen worden und habe sodann mit ihr, nachdem sie zunächst einige Zeit im Wohnzimmer gemeinsam zum Fenster hinausgeschaut hätten, in der Küche Karten gespielt. Als während des Spieles zweimal geläutet worden sei, habe sie auf Veranlassung der Schweickart die Türe geöffnet, worauf ein großer breitschultriger Mann mit goldenem Zwicker hereingekommen sei, der nach seinem Eintritt der Frau Schweickart im Wohnungsgange den Arm geboten und sie in die Küche zurückgeführt habe.

Auch sie selbst sei in die Küche nachgefolgt, sodann aber auf Veranlassung des Herrn und der Frau Schweickart fortgegangen, während der Herr bei Frau Schweickart zurückgeblieben sei.

Als der Verdacht der Täterschaft später auf den Schlosser Franz Kurtius fiel, der mit seinen Eltern früher im Hause Zechstraße 4 gewohnt hatte, bezeichnete ihn die Angeklagte bei der Gegenüberstellung mit ihm mit vollster Bestimmtheit als den Mann, dem sie am 11. März Einlaß in die Wohnung der Frau Schweickart gewährt habe; sie versicherte sogar, sie könne es beschwören, dass er der Mann sei, sie lasse sich den Kopf heruntermachen, wenn er es nicht sei.

Schließlich richtete sich aber der Verdacht der Täterschaft gegen sie selbst, da sich zahlreiche von ihr gemachten Angaben als unwahr erwiesen hatten und auch

- 10 -

durch Schriftvergleichung festgestellt wurde, dass sie selbst die Schreiberin des an Rosa Öllinger gerichteten Briefes sei.

Bei einem am 18. März 1917 nach ihrer Festnahme von dem K. Regierungsrat Ramer bei der K. Polizeidirektion dahier mit ihr vorgenommenen Verhör gab sie unumwunden zu, dass sie selbst am Sonntag, den 11. März die Frau Schweickart durch drei Revolverschüsse getötet und die Tat mit Überlegung ausgeführt habe. Dieses Geständnis wurde von ihr, wie Regierungsrat Ramer zeugschaftlich bekundete, in der glaubwürdigsten Weise abgegeben. Im Laufe der Voruntesuchung hat die Angeklagte dieses Geständnis auch vor dem Untersuchungsrichter wiederholt. Im einzelnen gab sie bei Ablegung des Geständnisses folgendes an:

Sie habe, „um eine Affäre zu haben", um „vor sich selbst prahlen zu können" und „sich selbst zu zeigen, dass sie so mutig sei, so etwas auszuführen" den Entschluß gefasst, die alte Frau Schweickart zu erschießen.

Auf den Gedanken, die Tat zu begehen, sei sie durch das Lesen von Indianer- und Räubergeschichten, sowie eines Buches „Opfer der Wissenschaft" gekommen, in welchem geschildert sei, wie ein Arzt, ohne entdeckt zu werden, Patienten in seine Wohnung lockt und umbringt, um wissenschaftliche Aufgaben zu lösen. Die Absicht, die Frau Schweickart zu berauben, habe sie nicht gehabt. Die Tat habe sie genau überlegt und vorbereitet. Um die Tat ausführen zu können, habe sie sich bei dem ihr befreundeten Realgymnasiasten Stöcker einen Revolver entlehnt und die Weglockung der Köchin Öllinger aus der Schweickert'schen Wohnung durch den

- 11 -

gefälschten Brief in die Wege geleitet. Nach Weggang der Öllinger habe sie, nachdem sie zuvor in ihrer Wohnung eine Jacke mit zwei Seitentaschen angezogen und in der rechten Seitentasche den geladenen Revolver, in der linken ein Spiel Karten untergebracht habe, bei Frau Schweickart zweimal geläutet, habe Einlaß erhalten und sodann in der Küche mit Frau Schweickart Karten gespielt. Während des Spieles habe sie den Revolver in der Tasche entsichert und schussbereit gemacht und sodann, als Frau Schweickart sich erhoben habe, um Feuer zu machen, aus nächster Nähe einen Schuß auf ihren Kopf abgegeben. Auf den ersten Schuß hin sei Frau Schweickart nicht sofort umgefallen, habe sich vielmehr an einen Tisch gelehnt und den Tisch nach vorwärts gegen die Wand geschoben und zu ihr geäußert, sie solle ihre Mutter herbeiholen. Sie habe daraufhin noch zwei Schüsse auf den Kopf der Frau Schweickart abgegeben, worauf diese zu Boden gefallen sei. Sie selbst habe sodann die blutig gewordenen Spielkarten in das Herdfeuer geworfen, zwei beim Schießen zu Boden gefallene Hülsen aufgehoben und in den Abort geworfen, die Küchentüre abgesperrt und den Küchenschlüssel auf ein Bordbrett im Abort gelegt, die Wohnungstüre von außen verschlossen, den

Schlüssel abgezogen und ihn auf der Straße über einen Zaun in einen nahen Garten geworfen. Den Revolver habe sie am 13. März 1917 dem Stöcker zurückgegeben."

- 12 -

IV.

Gegenüber der gegen sie wegen eines Verbrechens des Mordes erhobenen Anklage erklärte die Angeklagte in der heutigen Hauptverhandlung zunächst, dass das von ihr früher abgelegte Geständnis unwahr sei und dass nicht sie, sondern ein Fliegerleutnant Kurt. von Thieme, mit dem sie ein Verhältnis unterhalten habe, die Tat begangen habe.

Sie machte folgendes geltend:

„Den Kurt von Thieme, der den rechten Arm in einer Schlinge getragen habe, habe sie im Dezember 1916 in einem Automatenrestaurant am Bahnhof, woselbst er in Uniform gewesen sei, kennen gelernt; er habe sie angesprochen, sie nach Hause begleitet und ihr dabei erzählt, dass er aus Wien sei, dass sein Vater dort eine Villa besitze und dass er in München auf der Universität studiert habe. Mit Thieme sei sie in der Folgezeit häufig zusammengetroffen und habe auch mit ihm in der Wohnung einer Frau Kipp in der Plinganserstraße, die eine Jugend-freundin des Thieme gewesen sei, Zusammenkünfte gehabt. Thieme habe ihr gelegentlich erzählt, dass er in München eine alte Erbtante habe, die er nicht auffinden könne. Seine Anga-ben hätten auf die alte Frau Schweickart gepasst und bei näherer Beschreibung habe er erklärt, dass Frau Schweickart seine Tante sei. Er habe dann verlangt, dass sie ihm den Zutritt zu der Wohnung der Frau Schweickart ermögliche und geäußert, das Dienstmädchen müsse aus dem Hause, damit die Freude des Wiedersehens

- 13 -

mit seiner Tante nicht gestört werde. Er habe ihr auch den Brief diktiert, durch den die Öllinger für Sonntag Nachmittag zum Stachus bestellt worden sei. Am Sonntag Nachmittag sei sie dann nach Vereinbarung mit Thieme, um ihm Einlaß zu gewähren, zu Frau Schwei-ckart in deren Wohnung gegangen; den von Stöcker entlehnten Revolver habe sie nur zufällig mitgenommen. Während des Kartenspiels habe Thieme geschellt und Einlaß erhalten. Das Wiedersehen Thiemes mit Frau Schweickart sei aber kein freudiges gewesen. Letztere habe vielmehr sofort auf Thieme zu schimpfen angefangen. In der Küche hätten beide einige Zeit miteinander gestritten. Thieme habe ihr während seiner Auseinandersetzung mit seiner Tante eine Zigarette zum Rauchen gegeben, durch deren Duft sie plötzlich betäubt worden und sodann bewusstlos zu Boden gefallen sei. Als sie wieder erwacht sei, habe sie Frau Schwei-ckart blutend am Boden liegen sehen, während Thieme nicht mehr anwesend gewesen sei. Sie habe einen Arzt herbeiholen wollen, unten auf der Straße habe sie aber den Thieme wieder getroffen, der ihr gesagt habe, dass er auf seine Tante geschossen habe, und ihr verboten habe, etwas zu verraten."

Im Laufe der Beweiserhebung erklärte die Angeklagte, diese von ihr anfänglich bei ihrem Verhör gemachte Darstellung entspreche nicht den Tatsachen, sie wolle nunmehr die reine Wahrheit sagen. Nicht Kurt von Thieme, sondern sie selbst habe Frau Schweickart durch drei Schüsse getötet. Thieme habe sie aber zu der Tat angestiftet und sei auch bei der Ausführung dabei gewesen;

- 14 -

der Plan, die Frau Schweickart zu erschießen, sei zwischen ihr und Thieme in der Wohnung der Frau Kipp gefasst worden, vereinbarungsgemäß habe sie ihm den Zutritt zur Wohnung der Schweickart verschafft und während der Unterhaltung zwischen ihm und der Frau Schwei-ckart auf ein von ihm gegebenes Zeichen die Schüsse auf Frau Schweickart abgegeben."

228

Diese in der heutigen Hauptverhandlung von der Angeklagten gegebenen Darstellungen trugen den Stempel der Unwahrheit offen an sich; sie sind nichts als innerliche unglaubhafte, in sich selbst widerspruchsvolle Ausflüchte und lügnerische Versuche der Angeklagten, die auf ihr lastende schwere Verbrechensschuld zu bemänteln.

Der angebliche Kurt von Thieme existiert überhaupt nicht. Die gepflogenen Erhebungen haben ergeben, dass ein Leutnant Kurt von Thieme in der Armee nicht dient; ein Mann dieses Namens ist auch in München völlig unbekannt. Zu den Verwandten der Frau Schweickart gehört keine Familie namens Thieme und kein Mann namens Kurt von Thieme. Die Frau Kipp, bei der die Angeklagte mit Kurt von Thieme zusammengetroffen sein will, hat im April 1917 Selbstmord begangen. Die Freundin der Frau Kipp, die zeugschaftlich vernommene Registratorsehefrau Josefa Pfaffinger, die ständig mit Frau Kipp verkehrte und in deren verwandtschaftliche und freundschaftliche Beziehungen vollständig eingeweiht war, hat von Frau Kipp niemals eine Mitteilung über einen Kurt von Thieme erhalten. Die Angeklagte ist auch niemals von ihren heute zeugschaftlich vernommenen Bekannten in Gesellschaft

- 15 -

eines Fliegeroffiziers oder überhaupt eines Herrn in Uniform gesehen worden, sie wurde nur immer in Gesellschaft halbwüchsiger Burschen bemerkt. Das Gedicht in ihrem Poesiealbum vom 25. Dezember 1916, auf das die Angeklagte sich in erster Linie als Nachweis für die Existenz des Kurt von Thieme beruft, ist von ihr mit eigener Hand in das Album eingetragen worden. Wie der Schriftsachverständige Professor Busse, der das Gedicht einer eingehenden Prüfung und Vergleichung mit anderen von der Angeklagten geschriebenen Schriftstücken unterzog, heute in überzeugender Weise darlegte, weist die Schrift des Gedichts sämtliche charakteristischen Eigenschaften der Schrift der Angeklagten in so auffallender Weise auf und zeigt beim völligen Mangel von Verschiedenheiten eine derartige Gleichheit mit den sonstigen schriftlichen Erzeugnissen der Angeklagten, dass kein Zweifel darüber besteht, dass sie selbst das Gedicht in das Album geschrieben hat. Auch das Motiv, das sie zur Eintragung des Gedichts mit der Unterschrift des angeblichen Kurt von Thieme veranlasste, wurde durch die Beweiserhebung klargestellt; sie versuchte mit diesem Gedichte die Eifersucht des sie vernachlässigenden Gymnasiasten Zeh, ihres Verehrers, dem sie es vorzeigte, zu erregen.

Für das Gericht besteht keinerlei Zweifel, dass die Angeklagte die ganze auf Kurt von Thieme sich beziehende Erzählung erfunden hat, um ihre Tat zu beschönigen, dass sie in Wirklichkeit die Ermordung der Viktoria Schweickart aus eigenem Entschluss heraus ohne Mitwirkung eines Dritten allein genau in der Weise ausgeführt hat,

- 16 -

wie sie selbst in ihrem vor dem K. Regierungsrat Ramer und vor dem Untersuchungsrichter abgelegten Geständnisse schilderte. Ihr früheres eingehendes, alle Einzelheiten der Tat umfassendes Geständnis ist um so glaubwürdiger, als es in einer Reihe der wesentlichen Punkte durch die polizeilichen Erhebungen und durch die Bekundungen der heute vernommnen Zeugen als objektiv richtig und zutreffend erwiesen wurde.

Insbesondere haben die beiden Gymnasiasten Stöcker und Langenberger bekundet, dass die Angeklagte von ihnen unter dem Vorwande, sie brauche für einen Pfadfinderinnenausflug einen Revolver, alle ihre Freundinnen unter der Pfadfinderinnen seien im Besitze von Revolvern, später unter dem Vorgeben, eine Freundin wolle eine Katze erschießen, da ihre Mutter diese Katze übermäßig zugetan sei, einen Revolver verlangt und von Stöcker auch tatsächlich am Samstag, den 10. März 1917 eine Browningpistole mit 6 dazu gehörigen Patronen erhalten hat. Die Pistole war, als die Angeklagte sie zu Hause probierte, in Unordnung geraten, weshalb die Angeklagte am Vormittag des 11. März den Stöcker unter

Benützung einer Visitenkarte des Langenberger zu sich berief und ihn ersuchte, die Pistole noch am gleichen Morgen zu richten und ihr wieder zurückzugeben, da nur an diesem Tage die Mutter ihrer Freundin abwesend und die Erschießung der Katze möglich sei. Stöcker brachte in Begleitung des Langenberger der Angeklagten Nachmittags um ½ 2 Uhr die von ihm wieder hergerichtete Waffe zu ihrer Wohnung, worauf sie zu dritt auf einer nahen Wiese drei Probeschüsse abgaben. Die noch mit drei scharfen Patronen geladene

- 17 -

Pistole nahm die Angeklagte an sich und ging in ihre Wohnung. Die im 1. Stock des Hauses Zechstraße 4 wohnende Hilfsarbeitersfrau Katharina Gigglberger, die unmittelbar neben Frau Schweickart wohnte und mit dieser gut bekannt war, hörte am Sonntag, den 11. März Nachmittags vor 4 Uhr vom Gange ihrer Wohnung, wie die Angeklagte von ihrer elterlichen Wohnung die Treppe herunterkam, bei Frau Schweickart zweimal läutete und fragte, ob Frau Schweickart allein sei und ob sie ihr Gesellschaft leisten dürfte, worauf sie von Frau Schweickart in die Wohnung gelassen wurde. Die Fabrikarbeitersfrau Käsbauer, welche direkt unterhalb der Schweickart'schen Wohnung gelegene Erdgeschosswohnung inne hatte, hörte am fraglichen Sonntag Nachmittags ¾ 4 Uhr als sie auf eine, mit dem Sollner Vorortszug kommende Verwandte wartete, von ihrem Wohnungsfenster aus, wie gerade über ihr am Wohnungsfenster der Frau Schweickart diese und die Angeklagte sich unterhielten und sodann miteinander vom Fenster weg in die Küche gingen. Kurze Zeit darauf hörte sie aus der Schweickart'schen Wohnung nacheinander drei dumpfe Schläge, als ob auf einen Tisch geschlagen werde, und vernahm gleichzeitig, dass während dieser Schläge – ob es zwischen dem 1. und 2. oder dem 2. und 3. Schlag war, weiß die Zeugin nicht mehr genau – ein Tisch gerückt wurde und sodann ein schwerer Fall auf den Boden erfolgte. Da sie dachte, dass Frau Schweickart, wie schon früher wiederholt mit ihrer Köchin streite und dass hierbei ein Kohlenkübel auf den Boden gefallen sei, machte sie sich wegen der gehörten Geräusche keine weiteren Bedenken.

- 18 -

Diese Wahrnehmungen der Zeugin stimmen aber vollständig mit den von der Angeklagten bei ihrem Geständnis gemachten Angaben überein, dass Frau Schweickart nach dem ersten Schuß sich an den Tisch gelehnt und ihn gegen die Wand gerückt habe und dass sie nach den beiden weiteren auf sie abgegebenen Schüssen zu Boden gefallen sei. Daß die von der Angeklagten bei Stöcker entlehnte Browningpistole tatsächlich, wie sie bei ihrem Geständnisse angab, zur Tat benützt worden ist, erhellt daraus, dass die in der Schweickart'schen Wohnung vorgefundenen leeren Hülsen sowie die aufgefundenen Kugeln zweifellos zu der Browningpistole gehören. Auch der Küchenschlüssel und der von der Angeklagten über einen Gartenzaun geworfene Wohnungsschlüssel wurden nach ihrer Festnahme entsprechend ihrer Angaben in den von ihr bezeichneten Orten gefunden. Für die objektive Richtigkeit der von der Angeklagten bei ihrem Geständnis gemachten Angaben endlich, dass sie die Tat allein ohne Beihilfe einer anderen Person ausgeführt habe, spricht aber nicht nur die Bekundung der Zeugin Käsbauer, welche die drei dumpfen, zweifellos von den Schüssen herrührenden Schläge alsbald, nachdem sie die Angeklagte und Frau Schweickart vom Wohnungsfenster weg in die Küche hatte hören gehen vernahm, sondern namentlich auch noch die von Frau Schweickart kurz vor ihrem Tode auf die Frage des Schutzmanns und der Rosa Öllinger, wer ihr etwas getan habe, erteilte Antwort, dass ihr niemand etwas getan habe. Die Greisin, deren beide Augenhöhlen durch den ersten Schuß durchschlagen worden waren und die infolge dieser Verletzung nichts mehr sah, glaubte offensichtlich, es habe sie

- 19 -

ein Schlaganfall getroffen, weshalb sie auch der Angeklagten zurief, diese solle ihre Mutter

230

herbeiholen. Sie glaubte nicht, dass die allein bei ihr in der Wohnung befindliche Angeklagte einen Anschlag auf ihr Leben ausgeführt habe.

Im Hinblick auf alle diese Tatsachen ist das Gericht überzeugt, dass das frühere Geständnis der Angeklagten sich vollständig in Richtigkeit verhält. Hienach aber rechtfertigt sich die Feststellung, dass der Tod der Viktoria Schweickart von der Angeklagten gewollt war und dass sie die Tötung vorsätzlich ausgeführt hat. Die Angeklagte hat weiter die Tötung planmäßig unter langer und reiflicher Erwägung der zum Erfolg führenden Mittel und Wege vorbereitet und sie ebenso planmäßig mit besonnener, ruhiger Überlegung ausgeführt. Wie wenig diese ruhige Besonnenheit die Angeklagte auch nach der Tat verlassen hatte, ergibt sich daraus, dass sie nach der Rückkehr zu ihrer Mutter sich keinerlei auffallende Erregung anmerken ließ; sie war nur im Gesicht etwas gerötet, wie ihre Mutter zeugschaftlich bekundete, und gab auf Frage, woher sie komme, an, sie sei von Frau Schweickart fortgegangen, weil diese Besuch erhalten habe. Die Tat der Angeklagten stellt sich daher, da sie einen Menschen vorsätzlich getötet und die Tötung mit Überlegung ausgeführt hat, als ein Verbrechen des Mordes nach § 211 des St.G.B. dar.

Aber auch hinsichtlich des Motivs, aus dem die Angeklagte die Tat begann und des End-zwecks, den sie bei der Tötung der Viktoria Schweickart im Auge hatte, hat das Verhand-lungsergebnis keinen Zweifel übrig gelassen. Nicht etwa bloß die Absicht, „eine Affäre zu haben" oder

- 20 -

„sich als Zeugin interessant zu machen" oder „vor sich selbst zu protzen" wie die Angeklagte früher in Beschönigung ihres wirklichen Motivs angab, sondern die Absicht, sich das von ihr bei Frau Schweickart vermutete Geld anzueignen, war das treibende Hauptmotiv, aus dem sie das Verbrechen beging, wenn vielleicht auch die Sucht, eine die breite Öffentlichkeit beschäf-tigende Affäre herbeizuführen und selbst als wichtige Zeugin Gegenstand der öffentlichen Besprechung zu werden, für sie mitbestimmend gewesen sein mag. Von Viktoria Schweickart war im Hause bekannt, dass sie im Besitze erheblichen Vermögens und beträchtlicher Geldmittel sei. Sie lebte gut, ließ sich nichts abgehen und bot schon nach außen hin den Anschein der Wohlhabenheit. Auch der Angeklagten war zu Ohren gekommen, dass die Schweickart viel Geld besitzen müsse. Denn sie erzählte der Zeugin Marie Atzinger, dass die Schweickart ein großes Vermögen und soviel Geld besitze, dass sie täglich 200 M verbrau-chen könne; auch sprach sie der Atzinger gegenüber von einem Kasten mit 12000 M, den die Schweickart in ihrer Wohnung haben solle. Gerade nach Geld hatte aber die Angeklagte bei ihrer liederlichen, auf Genuß, Vergnügen und Putz zielenden Lebensführung und ihrem ständigen Verkehr mit Freundinnen und Verehrern, die meist besser situierten Familien angehörten und über reichlichere Einnahmequellen als sie selbst verfügten, ein dringendes Bedürfnis. Dieses Geldbedürfnis war der Grund, warum sie ihre eigene Mutter den für die Verhältnisse einer Werkmeisterfamilie hohen Betrag von 390 M stahl. Das gleiche Bedürfnis war der Grund, warum sie im Januar 1917 im Bahnhof dahier einem Dienstmädchen das Handtäschchen nebst der Geldbörse stahl. Der Plan

- 21 -

und die Sucht, sich mit einem Schlage eine erhebliche Geldsumme zu verschaffen, um es sodann ihren Freunden und Freundinnen gleich zu tun und sie womöglich zu übertreffen, waren bei der Charakterveranlagung und Lebensführung der Angeklagten sehr naheliegende und sie auch tatsächlich beherrschende Motive, die sie bei der Ausführung des Verbrechens in erster Linie leiteten. Dem steht in keiner Weise die Tatsache entgegen, dass die Angeklagte nach Abgabe der Schüsse keinen Versuch machte, die Wohnung und die daselbst befindlichen Behältnisse zu durchsuchen, um sich Geld oder Wertsachen anzueignen. Dass es hiezu nicht kam, erklärt sich daraus, dass die Tötung der Viktoria Schweickart sich nicht in so schneller und einfacher Weise vollzog, als die Angeklagte gehofft und geglaubt hatte. Die Tatsache, dass die Schweickart nach dem ersten Schuß sich noch aufrecht erhielt, den Tisch gegen die Wand schieben konnte und zur Angeklagten äußerte, sie solle ihre Mutter herbeirufen, hatte die Angeklagte nach ihrer eigenen Angabe in Angst versetzt, die Schweickart könne um Hilfe rufen. Auch nach Abgabe der beiden anderen Schüsse, mit denen der Patronenvorrat der Angeklagten erschöpft war, lebte die Schweickart noch, wenn sie auch zu Boden gefallen war. Die plötzlich erwachte Furcht, dass auf etwaige Hilferufe der Schweickart Hausgenossen herbeieilen könnten, und die Sorge, zunächst sich selbst vor der möglichen Ergreifung am Orte des Verbrechens zu sichern, waren es, welche die Angeklagte veranlassten, schleunigst aus der Wohnung unter Abschluß der Küchen- und Wohnungstüre zu flüchten. Mit geradezu erschreckendem Zynismus hat die Angeklagte sich am 12. März 1917 gegenüber der Zeugin Marie Atzinger bei

der Mitteilung, dass Frau Schweickart erschossen worden sei, und dass der unbekannte Besucher sie getötet haben müsse, dahin geäußert, dass „das alte Vieh ein zähes Leben gehabt habe." Das Ausbleiben der sofortigen tötlichen Wirkung der Schüsse entgegen ihrer Erwartung und die Furcht vor Entdeckung allein haben die Angeklagte an der geplanten Beraubung der Frau Schweickart und ihrer Wohnung gehindert. Da hinach als Motiv der Tat die beabsichtigte Beraubung der Getöteten Viktoria Schweickart feststeht, stellt sich die Tat der Angeklagten auch als ein Verbrechen des versuchten schweren Raubes nach § 249, 251, 43 R.St.G.B. dar. Denn die Angeklagte hat den Entschluß, mit Gewalt gegen eine Person fremde bewegliche Sachen einem anderen in der Absicht rechtswidriger Zueignung wegzunehmen, durch Handlungen bestätigt, die den Anfang der Ausführung des beabsichtigten, aber nicht zur Vollendung gekommenen Verbrechens des Raubes enthalten und zugleich die Marterung und Tötung eines Menschen in sich schließen. Das versuchte Verbrechen des schweren Raubes trifft mit dem vollendeten Verbrechen des Mordes rechtlich zusammen (§ 73 St.G.B.)

V.

Die Angeklagte ist für die von ihr verübte Tat strafrechtlich verantwortlich; sie befand sich bei Begehung der Tat nicht in einem Zustand der Bewusstlosigkeit oder krankhaften Störung der Geistestätigkeit im Sinne des § 51 St.G.B., durch den ihre freie Willensbestimmung ausgeschlossen gewesen wäre. Wie der Sachverständige Professor Dr.

Rüdin, der die Angeklagte vom 5. Mai bis 16. Juni 1917 in der Psychiatrischen Klinik einer eingehenden Untersuchung und Beobachtung unterzog, überzeugend in einem eingehend begründeten Gutachten darlegte, liegen bei der Angeklagten geistige Defekte, die ihre Zurechnungsfähigkeit in Frage stellen oder ausschließen könnten, nicht vor. Die Angeklagte ist körperlich normal entwickelt, wenn sie auch blutarm und schwächlich ist und einzelne körperliche Degenerationsmerkmale, insbesondere einen hohen engen Gaumen, aufweist. Ihre Intelligenz und ihr Denkvermögen dagegen weisen keinerlei Störungen auf, wohl aber zeigt ihre Charakterbildung starke Mängel. Infolge der mangelhaften Erziehung, der ungenügenden Beaufsichtigung, der schlechten Lektüre und der ungeeigneten Gesellschaft hat ihr ethisches Empfinden schweren Schaden gelitten; es hat sich bei ihr ein starker Hang zur Lüge und Unwahrhaftigkeit, zum Phantastischen und Unbeständigen, zur Selbstgefälligkeit und Effekthascherei, sowie einer Genussucht gebildet. Sie ist als ethisch entartete, psychopathisch minderwertige, hysterische Persönlichkeit, nicht aber als eine geisteskranke oder geistig gestörte Person zu bezeichnen. Auch bei Ausführung der Tat selbst befand sie sich nicht in irgend einem Zustand geistiger Störung oder Bewusstlosigkeit; sie hat die Tat vielmehr mit vollem Bewusstsein und in voller Erkenntnis der Tragweite ihrer Handlung sowie deren Strafbarkeit ausgeführt. Das Gericht erachtet dieses Gutachten, das mit den in der Verhandlung zutage getretenen und erwiesenen Eigenschaften und Handlungen der Angeklagten durchaus übereinstimmt, in allen Punkten für zutreffend. Auf den vom

- 24 -

Verteidiger für den Fall, dass seinem an erster Stelle gestellten Antrag auf Freisprechung nicht stattgegeben werde, gestellten Eventualantrag, noch weitere Sachverständige zu hören und nötigenfalls zu diesem Zwecke die Verhandlung auszusetzen, einzugehen, bestand für das Gericht kein Anlaß, da das Gericht schon auf Grund des umfassenden Gutachtens des Sachverständigen Dr. Rüdin und auf Grund des Verhandlungsergebnisses die feste Überzeugung gewonnen hat, dass die Angeklagte in zurechnungsfähigem Zustande gehandelt hat.

Die Angeklagte, die zur Zeit der Tat das 18. Lebensjahr noch nicht vollendet hatte, besaß auch die nach § 56 St.G.B. zur Erkenntnis der Strafbarkeit ihrer Handlung erforderliche Einsicht. Sie war hinreichend erfahren und geschult und hatte genügend Verstand, um die Strafbarkeit ihres Verbrechens einzusehen. Wie sie übrigens selbst angibt, war sie sich wohl bewusst, dass auf einem Verbrechen wider das Leben anderer schwere Strafen stehen.

Sie musste hienach eines Verbrechens des Mordes in Tateinheit mit einem Verbrechen des versuchten schweren Raubes schuldig erkannt werden. Die sie treffende Strafe war gemäß § 73 St.G.B. aus § 211 St.G.B. zu bemessen. Beim Strafausmaß mussten zu Gunsten der Angeklagten als strafmildernd ihre psychopathische Minderwertigkeit, ihr moralischer Defekt und ihre hysterische Veranlagung sowie ihre durch mangelhafte Erziehung und häusliche Vernachlässigung begünstigte Charakterschwäche, weiter die Verlockungen, denen sie durch ihren Verkehr ausgesetzt war, sowie endlich ihre Jugend berücksichtigt werden. Auf der anderen Seite fielen aber ins Gewicht die außerordentliche Schwere

- 25 -

der Tat, die geradezu erschreckende Verworfenheit der Angeklagten, die vor Vernichtung des Lebens eines Mitmenschen nicht zurückschreckte, nur um sich selbst die erhofften Mittel zur bequemen Lebensführung und zur Befriedigung der Genusssucht zu verschaffen, weiter das ungewöhnliche Maß von List, Raffiniertheit und Heimtücke, mit der sie das Verbrechen plante, vorbereitete, und durchführte, endlich die große Gewissenlosigkeit, mit der sie den Verdacht der Tat auf den am Verbrechen in keiner Weise beteiligten Schlosser Kurtius zu lenken versuchte. Es wurde hienach unter Berücksichtigung der Vorschrift des § 57 Ziff.1 St.G.B. auf eine Strafe von zehn Jahren Gefängnis erkannt. Die Anrechnung der erlittenen Untersuchungshaft erschien nicht angezeigt. Gemäß § 497 St.P.O. hat die Angeklagte die Kosten des Strafverfahrens und der Strafvollstreckung zu tragen.

(Unterschriften)"

Literaturverzeichnis

I. Bücher und Aufsätze

Aich, Prodosh (Hrsg.): Da weitere Verwahrlosung droht: Fürsorgeerziehung und Verwahrlosung, Hamburg 1973

Archiv der Jugendkulturen (Hrsg.): Der Amoklauf von Erfurt, Berlin 2003

Baader, Gerhard: Auf dem Weg zum Menschenversuch im Nationalsozialismus, in: *Sachse, Carola:* Die Verbindung nach Auschwitz – Biowissenschaften und Menschenversuche an Kaiser-Wilhelm-Instituten, Göttingen 2003

Baldus, Volker: Hate Crime: Gesetze zur effektiven Bekämpfung von Rechtsextremismus und Fremdenfeindlichkeit in Deutschland?, Frankfurt am Main 2003

Bangen, Hans C.: Geschichte der medikamentösen Therapie der Schizophrenie, Berlin 1992

Becker, Peter Emil: Zur Geschichte der Rassenhygiene. Wege ins Dritte Reich, Stuttgart/New York 1988

Binding, Karl/Hoche, Alfred: Die Freigabe der Vernichtung lebensunwerten Lebens. Ihr Maß und ihr Ziel (1920). Neuauflage mit einer Einführung (Rechtstheorie und Staatsverbrechen) von *Wolfgang Naucke,* Berlin 2006

Bischoff, Ernst: Lehrbuch der Gerichtlichen Psychiatrie für Mediziner und Juristen, Berlin 1912

Blankertz, Herwig: Die Geschichte der Pädagogik. Von der Aufklärung bis zur Gegenwart, Wetzlar 1982

Blasius, Dirk: „Einfache Seelenstörung". Geschichte der deutschen Psychiatrie 1800-1945, Frankfurt/M. 1994

Bleueler, E.: Lehrbuch der Psychiatrie, 2. Aufl. Berlin 1918

Boetsch, Thomas: „Psychopathie" und antisoziale Persönlichkeitsstörung – Die ideengeschichtliche Entwicklung von „Psychopathie"-Konzepten in der deutschen und angloamerikanischen Psychiatrie und ihr Bezug zu operationalisierten Klassifikationssystemen, München 2003

Boetticher, Axel: Aktuelle Entwicklungen im Maßregelvollzug und bei der Sicherungsverwahrung, NStZ 8/2005, S. 417-423

Borries, Bodo: Von Gewaltexzessen zum Gewissensbiss? Autobiographische Zeugnisse zu Form und Wandelung elterlicher Strafpraxis im 18. Jahrhundert, Tübingen 1996

Braunmühl, Ekkehard von: Der heimliche Generationenvertrag – Jenseits von Pädagogik und Antipädagogik, Reinbek bei Hamburg 1986

Bruck, Felix: Zur Lehre von der kriminalistischen Zurechnungsfähigkeit, Breslau 1878

Brunner, Karl: Folgen des Lesens von Schundliteratur, in: Die Hochwacht. Monatsschrift zur Bekämpfung des Schundes und Schmutzes in Wort und Bild , Oktober 1910 Nr. 1, S. 7-9

Brunner, Karl: Der Wirklichkeitssinn der Jugend, in: Die Hochwacht. Monatsschrift zur Bekämpfung des Schundes und Schmutzes in Wort und Bild, April 1912 Nr. 7, S.161-164

Bussmann, Kai-D.: Verbot familialer Gewalt gegen Kinder – Zur Einführung rechtlicher Regelungen sowie zum (Straf-)Recht als Kommunikationsmedium, Köln/Berlin/Bonn/München 2000

Ciompi, Luc: Affektlogik. Über die Struktur der Psyche und ihre Entwicklung. Ein Beitrag zur Schizophrenieforschung, 5 Aufl. Stuttgart 1998

Cramer, A.: Gerichtliche Psychiatrie – Ein Leitfaden für Mediziner und Juristen, 3. Aufl. Jena 1903

Darwin, Charles: Über die Entstehung der Arten im Thier- und Pflanzen-Reich durch natürliche Züchtung, oder Erhaltung der vervollkommeten Rassen im Kampfe um's Daseyn. Aus dem Englischen übersetzt von H.G. Bronn, Stuttgart 1860

Dörner, Klaus: Diagnosen der Psychiatrie. Über die Vermeidungen der Psychiatrie und Medizin, Frankfurt/New York 1975

Doerry, Martin: Übergangsmenschen: Die Mentalität der Wilhelminer und die Krise des Kaiserreichs, Weinheim/München 1986

Eggers, Christian (Hrsg.): Psychiatrie und Psychotherapie des Kindes- und Jugendalters, Berlin 2004

Eisenberg, Götz: Amok – Kinder der Kälte. Über die Wurzeln von Wut und Haß, Hamburg 2000

Eisenberg, Götz: Gewalt, die aus der Kälte kommt, Amok - Pogrom - Populismus, Gießen 2002

Engelhardt, Karin: Schuldfähigkeitsbegutachtung und Strafurteil, Erlangen-Nürnberg 1994

Fabricius, Dirk/Wulff, Erich: Der Fall Paul L. Stein – Psychiatrisch Lebenslänglich nach einem Pelzdiebstahl, in: Recht & Psychiatrie 1/1984, S. 15-23

Fabricius, Dirk: Selbst-Gerechtigkeit – Zum Verhältnis von Juristenpersönlichkeit, Urteilsrichtigkeit und „effektiver Strafrechtspflege", 1. Aufl. Baden-Baden 1996

Fabricius, Dirk: Gefährliche Gewohnheitsverbrecher und triebhafte Sittlichkeitsverbrecher wiederbelebt, in: Frankfurter Institut für Kriminalwissenschaften (Hrsg.): Irrwege der Strafgesetzgebung, Frankfurt/M. 1999, S. 319-346

Faulstich, Heinz: Von der Irrenfürsorge zur „Euthanasie". Geschichte der badischen Psychiatrie bis 1945, Freiburg i.Br. 1993

Fegert, Jörg Michael/Häßler, Frank (Hrsg.): Qualität forensischer Begutachtung, insbesondere bei Jugenddelinquenz und Sexualstraftaten. Schriften zum Jugendrecht und zur Jugendkriminologie Band 2, Herbolzheim 2000

Foerster, Klaus/Verzlaff, Ulrich: Psychiatrische Begutachtung. Ein praktisches Handbuch für Ärzte und Juristen, 3. Aufl. München/Jena 2000

Freud, Sigmund: Bruchstücke einer Hysterie-Analyse, Frankfurt/M. 1993

Gadebusch Bondio, Mariacarla: Die Rezeption der kriminalanthropologischen Theorien von Cesare Lombroso in Deutschland von 1880-1914, Husum 1995

Galle, Heinz J.: Groschenhefte. Die Geschichte der deutschen Trivialliteratur, Frankfurt/M.-Berlin 1988

Gaupp, Robert: Über moralisches Irresein und jugendliches Verbrechertum, in: Vorträge geh. Auf d. Versammlung von Juristen und Ärzten in Stuttgart 1903, Halle 1904

236

Gaupp, Robert: Die gesundheitlichen Gefahren des Kinematographen für die Jugend, in: Die Hochwacht. Monatsschrift zur Bekämpfung des Schundes und Schmutzes in Wort und Bild, II. Jg. August 1912, Nr. 11, S. 269 f.

Glogauer, Werner: Die neuen Medien verändern die Kindheit, Weinheim 1993

Glogauer, Werner: Kriminalisierung von Kindern und Jugendlichen durch Medien. Wirkungen gewalttätiger, sexueller, pornographischer und satanistischer Darstellungen, 4. Aufl. Baden-Baden 1994

Glogauer, Werner: Auswirkung von Gewalt, sexuellen Darstellungen und Pornographie in den Medien auf Kinder und Jugendliche, in: Bundesministerium des Innern (Hrsg.): Texte zur Inneren Sicherheit, Medien und Gewalt, Bonn August 1996

Glogauer, Werner: Die neuen Medien machen uns krank. Gesundheitliche Schäden durch Medien-Nutzung bei Kindern, Jugendlichen und Erwachsenen, Weinheim 1999

Göllnitz, Gerhard: Neuropsychiatrie des Kindes- und Jugendalters, 5. Aufl. Jena/Stuttgart 1992

Göppinger, Hans: Kriminologie, 4. Aufl. München 1980

Gottesman/Bertelsen: Legacy of German Psychiatric Genetics. Hindsight is always 20/20, in: American Journal of Medical Genetics (Neuropsychiatric Genetics) 67, S. 317-322

Grimm, Jürgen: Das Verhältnis von Gewalt und Medien – oder welchen Einfluß hat das Fernsehen auf Jugendliche und Erwachsene? Ergebnisse eines Forschungsprojektes, in: Bundesministerium des Innern (Hrsg.): Texte zur Inneren Sicherheit, Medien und Gewalt, Bonn August 1996

Groß, Klaus-Peter: Puppe, Fibel, Schießgewehr. Das Kind im kaiserlichen Deutschland, Berlin 1977

Gruter, Margaret (Hrsg.): Gewalt in der Kleingruppe und das Recht. Festschrift für Martin Usteri, Bern 1997

Güse, Hans-Georg/Schmacke, Norbert: Psychiatrie zwischen bürgerlicher Revolution und Faschismus, Band 1 und 2, 1. Aufl. Kronberg 1976

Gütt, Arthur: Ausmerze und Lebensauslese in ihrer Bedeutung für Erbgesundheits- und Rassenpflege, in: *Rüdin, Ernst (Hrsg.):* Erblehre und Rassenhygiene im völkischen Staat, München 1934, S. 104-119

Haenel, Thomas: Zur Geschichte der Psychiatrie. Gedanken zur allgemeinen und Basler Psychiatriegeschichte, Basel/Boston/Stuttgart 1982

Haffke, Bernhard: Zur Ambivalenz des § 21 StGB, in: Recht&Psychiatrie 1991, S. 94-108

Haller, Reinhard: Das psychiatrische Gutachten, Grundriß der Psychiatrie..., Wien 1996

Hausmanninger, Thomas: Kritik der medienethischen Vernunft: die ethische Diskussion über den Film in Deutschland im 20. Jahrhundert, München 1992

Heim, Nikolaus: Psychiatrisch-psychologische Begutachtung im Jugendstrafverfahren. Empirische Untersuchung zur Bedeutung und Qualität der forensischen Begutachtung jugendlicher und heranwachsender Aggressionstäter in Berlin (West), Köln/Berlin/Bonn/München 1986

Heinz, Gunter: Fehlerquellen forensisch-psychiatrischer Gutachten. Eine Untersuchung anhand von Wiederaufnahmeverfahren, Heidelberg 1982

Heinze, Hans: Psychopathische Persönlichkeiten: Erbpflegerischer Teil, in: *Gütt, Arthur*

(Hrsg.): Handbuch der Erbkrankheiten, Bd. 4, Leipzig 1942

Hellmer, Joachim: Der Gewohnheitsverbrecher und die Sicherungsverwahrung 1934-1945, Berlin 1961

Hellwig, Albert: Die Schundfilms - ihr Wesen, ihre Gefahren und ihre Bekämpfung, Halle a.d.S. 1911

Hellwig, Albert: Der Kinematograph vom Standpunkt des Juristen, in: Die Hochwacht. Monatsschrift zur Bekämpfung des Schundes und Schmutzes in Wort und Bild, III. Jg. Januar 1913, Nr. 4, S. 74 f.

Hellwig, Albert: Der Anreiz zum Verbrechen durch Schundliteratur und Schundfilms, in: Die Hochwacht, III. Jg. April 1913, Nr. 7, S. 151-160

Hentig, Harmut von: Die Schule neu denken. Eine Übung in pädagogischer Vernunft, Weinheim 2003

Hinze, Rolf: Handbuch zum Waffenrecht. Lehr- und Nachschlagebuch zur Vorbereitung auf die Sach-, Fachkunde- und Jägerprüfung sowie für Waffenhandel und Waffenbesitz, 2. Aufl. Wiesbaden 1991

Höffler, Jürgen: Katatone Schizophrenien: Das Konzept Eugen Bleulers und die ICD-10, in: Schriftenreihe der Deutschen Gesellschaft für Geschichte der Nervenheilkunde, 1996/3, S. 71-82

Kahn, Eugen: Psychopathie und Revolution, in: Münchener Medizinische Wochenschrift Nr. 66, 22. August 1919, S. 968 f.

Kaiser, Günther/Schöch, Heinz: Kriminologie - Jugendstrafrecht - Strafvollzug, 4. Aufl. München 1994

Kaufmann, Arthur: Das Problem der Abhängigkeit des Strafrichters vom medizinischen Sachverständigen, in: JZ 1985, S. 1065-1116

Kind, Hans/Haug, Hans-Joachim: Psychiatrische Untersuchung. Ein Leitfaden für Studierende und Ärzte in Praxis und Klinik, Berlin/Heidelberg/New York 6. Aufl. 2002

Klassa, Diana: Gutachten in der forensischen Psychiatrie – Aussagen über den Patienten oder den Sachverständigen? Eine vergleichende Analyse..., Köln 1993

Klee, Ernst: Was sie taten – was sie wurden. Ärzte, Juristen und andere Beteiligte am Kranken- oder Judenmord, Frankfurt a.M. 1986

Klosterkötter, J.: Zur definitorischen Neufassung der schizophrenen Störungen in ICD-10 und DSM-IV, in: Fortschritte der Neurologie-Psychiatrie, Heft 3, 66. Jg., März 1998, S. 133-143

Koch, Cordelia: Freiheitsbeschränkung in Raten? Biometrische Merkmale und das Terrorismusbekämpfungsgesetz, Frankfurt a.M. 2002

Koch, Julius L.A.: Die psychopathischen Minderwertigkeiten, Ravensburg 1891

Kommer, Helmut: Früher Film und späte Folgen. Zur Geschichte der Film- und Fernseherziehung, Berlin 1979

Konrad, Norbert: Psychiatrische Richtungen und Schuldfähigkeit, Hamburg 1995

Konrad, Norbert: Leitfaden der forensisch-psychiatrischen Begutachtung. Definitionen, Beurteilungskriterien und Gutachtenbeispiele im Straf-, Zivil- und Sozialrecht, Stuttgart/New York 1997

Kraepelin, Emil: Die psychiatrischen Aufgaben des Staates, Jena 1900

Kraepelin, Emil: Einführung in die Psychiatrische Klinik. Zweiunddreißig Vorlesungen, 2. Aufl. 1905

Kraepelin, Emil: Das Verbrechen als soziale Krankheit, in: Vergeltungsstrafe – Rechtsstrafe – Schutzstrafe, Vier Vorträge von *Liszt/Birkmeyer/Kraepelin/Lipps*, Heidelberg 1906

Kraepelin, Emil: Psychiatrie. Ein Lehrbuch für Studierende und Ärzte, III. Band: Klinische Psychiatrie II. Teil, 8. Aufl. Leipzig 1913

Kraepelin, Emil: Einführung in die Psychiatrische Klinik, 3. Aufl. Leipzig 1916

Kratter, Julius: Lehrbuch der gerichtlichen Medizin, Stuttgart 1912

Kreuzer, Arthur: „Härteres Vorgehen gegen junge Straftäter?" Jugendstraf- und Jugendhilferecht auf dem Prüfstand, in: Unsere Jugend (51) 1999 S. 56-66

Kunczik, Michael: Gewalt im Fernsehen. Die Analyse der potentiell kriminogenen Effekte, Köln 1975

Kunczik, Michael: Gewalt und Medien, Köln/Wien 1987

Kunczik, Michael: Wirkungen von Gewaltdarstellungen in den Medien, in: Bundesministerium des Innern (Hrsg.): Texte zur Inneren Sicherheit, Medien und Gewalt, Bonn August 1996

Lempp/Schütze/Köhnken (Hrsg.): Forensische Psychiatrie und Psychologie des Kindes- und Jugendalters, Darmstadt 1999

Liszt, Franz v.: Strafrechtliche Aufsätze und Vorträge, Bd. 1 und 2, Berlin 1905

Liungman, Carl G.: Der Intelligenzkult. Eine Kritik des Intelligenzbegriffs und der IQ-Messung, Reinbek bei Hamburg 1973

Maase, Kaspar: Die soziale Konstruktion der Massenkünste: Der Kampf gegen Schmutz und Schund 1907-1918. Eine Skizze, in: *Papenbrock, Martin (Hrsg.):* Kunst und Sozialgeschichte, Pfaffenweiler 1995, S. 262-278

Maase, Kaspar: Kinder als Fremde - Kinder als Feinde. Halbwüchsige, Massenkultur und Erwachsene im wilhelminischen Kaiserreich, in: Hist. Anthropologie, Kultur - Gesellschaft - Alltag, 4. Jg. 1996 Heft 1, Köln/Weimar/Wien 1996

Maisch, Herbert: Fehlerquellen psychologisch-psychiatrischer Begutachtung im Strafprozess, in: Strafverteidiger 12/1985 S. 517-525

Mende, W./Bürke, H.: Fehlerquellen der nervenärztlichen Begutachtung, in: Forensia 1986, S. 143-153

Moser, Tilmann: Repressive Kriminalpsychiatrie. Vom Elend einer Wissenschaft. Eine Streitschrift, Frankfurt a.M. 1971

Mosse, Hilde L.: Die Bedeutung der Massenmedia für die Entstehung kindlicher Neurosen (Gefährliche Comic-Books), Köln Dezember 1954

Müller, Corinna: Frühe deutsche Kinematographie. Formale, wirtschaftliche und kulturelle Entwicklungen 1907-1912, Stuttgart/Weimar 1994

Naber, Dieter /Lambert, Martin (Hrsg.): Schizophrenie, Stuttgart/New York 2004

Naucke, Wolfgang: Methodenfragen zum „Typ" des Gewohnheitsverbrechers, in: Monatsschrift für Kriminologie und Strafrechtsreform, 45. Jahrgang 1962, S. 84-97

Naucke, Wolfgang: Über die Zerbrechlichkeit des rechtsstaatlichen Strafrechts, Baden-Baden 2000

Nedopil, Norbert: Forensische Psychiatrie. Klinik, Begutachtung und Behandlung zwischen Psychiatrie und Recht, 2. Aufl. Stuttgart/New York 2000

Nedopil, Norbert: Beispiel-Gutachten aus der Forensischen Psychiatrie, Stuttgart/New York 2001

Nissen, Gerhardt: Ludwig Scholz (1868-1918), der erste „Jugendpsychiater", in: Schriftenreihe der Deutschen Gesellschaft für Geschichte der Nervenheilkunde, 1996/3, S. 293-299

Oberwittler, Dietrich: Von der Strafe zur Erziehung. Jugendkriminalpolitik in England und Deutschland (1850-1920), Frankfurt/Main 2000

Oetker, Friedrich: Das Verfahren vor den Schwur- und Schöffengerichten, Leipzig 1907

Osburg, Susanne: Psychisch kranke Ladendiebe. Eine Analyse einschlägig erstatteter Gutachten, Heidelberg 1992

Ostermeyer, Helmut: Strafrecht und Psychoanalyse, München 1972

Peukert, Detlef: Edelweißpiraten, Meuten, Swing, in: *Huck, Gerhard (Hrsg.):* Sozialgeschichte der Freizeit, Wuppertal 1980, S. 307-327

Pfäfflin, Friedemann: Vorurteilsstruktur und Ideologie psychiatrischer Gutachten über Sexualstraftäter, Stuttgart 1978

Pfäfflin, Friedemann: Bemerkungen zur forensischen Psychiatrie, in: Recht & Psychiatrie 4/1987, S. 134-140

Pfäfflin, Friedemann: Psychiatrische Gutachten. Behandlung und Beratung in jugendpsychiatrischen Strafverfahren, in: Recht & Psychiatrie 3/1988, S. 19-26

Pfeiffer, Jürgen (Hrsg.): Menschenverachtung und Opportunismus. Zur Medizin im Dritten Reich, Tübingen 1992

Pfister, Hermann (Hrsg.): Strafrechtlich-psychiatrische Gutachten als Beiträge zur Gerichtlichen Psychiatrie für Juristen und Ärzte, Stuttgart 1902

Platen-Hallermund, Alice: Die Tötung Geisteskranker in Deutschland, Frankfurt 1948

Plewig, Hans-Joachim: Funktion und Rolle des Sachverständigen aus der Sicht des Strafrichters. Eine empirische Untersuchung zum psychiatrisch-psychologischen Gutachter, Heidelberg/Hamburg 1983

Podoll, K./Ebel, H.: Psychiatrische Beiträge zur Kinodebatte der Stummfilmära in Deutschland, in: Fortschritte der Neurologie-Psychiatrie, Heft 9, 66. Jg. September 1998, S. 402-406

Prodosh, Aich (Hrsg.): Da weitere Verwahrlosung droht... Fürsorgeerziehung und Verwahrlosung, Hamburg 1973

Rad, von: Psychopathische Kinder, in: Zweiter Bayerischer Jugendfürsorgetag am 3. und 4. Juni 1914 in Nürnberg. Bericht über die Verhandlungen, München 1914

Rathmayr, Bernhard: Die Rückkehr der Gewalt, Faszination und Wirkung medialer Gewaltdarstellung, Wiesbaden 1996

Remschmidt, Helmut/Schmidt, Martin H. (Hrsg.): Kinder- und Jugendpsychiatrie in Klinik und Praxis. In drei Bänden. Band II: Entwicklungsstörungen, organisch bedingte Störungen, Psychosen, Begutachtung, Stuttgart/New York 1985

Remschmidt, Helmut (Hrsg.): Kinder- und Jugendpsychiatrie – Eine praktische Einführung, 3. Aufl. Stuttgart 2000

Remschmidt, Helmut (Hrsg.): Schizophrene Erkrankungen im Kindes- und Jugendalter. Klinik, Ätiologie, Therapie und Rehabilitation, Stuttgart 2004

Richard, Birgit/Krüger,Heinz-Hermann: Mediengenerationen: Umkehrung von Lernprozessen?, in: *Ecarius, Jutta (Hrsg.):* Was will die jüngere mit der älteren Generation. Generationenbeziehungen in der Erziehungswissenschaft, Opladen 1998, S. 159-181

Richter, Horst E.: Eltern, Kind und Neurose. Psychoanalyse der kindlichen Rolle, 31. Aufl. Hamburg 2003

Riedel, H.: Psychopathie und Ehegesundheitsgesetz, in: ARGB 31 (1937), S. 295-316

Roelcke/Hohendorf/Rotzoll: Erbpsychologische Forschung im Kontext der „Euthanasie": Neue Dokumente und Aspekte zu Carl Schneider, Julius Deussen und Ernst Rüdin, in: Zeitschrift der Neurologie – Psychiatrie Heft 7, 66. Jg. Juli 1998

Roelcke/Hohendorf/Rotzoll: Psychiatrische Genetik und „Erbgesundheitspolitk" im Nationalsozialismus: Zur Zusammenarbeit zwischen Ernst Rüdin, Carl Schneider und Paul Nitsche, in: Schriftenreihe der Deutschen Gesellschaft für Geschichte der Nervenheilkunde, Würzburg 2000, S. 59-73

Roelcke, Volker: Psychiatrische Wissenschaft im Kontext nationalsozialistischer Politik und "Euthanasie". Zur Rolle von Ernst Rüdin und der Deutschen Forschungsanstalt für Psychiatrie/Kaiser-Wilhelm-Institut, in: *Kaufmann, Doris (Hrsg.):* Geschichte der Kaiser-Wilhelm-Gesellschaft im Nationalsozialismus. Bestandsaufnahmen und Perspektiven der Forschung, Erster Band, 2000, S. 112-150

Roth, Lutz: Die Erfindung des Jugendlichen, München 1983

Rüdin, Ernst: Der Alkohol im Lebensprozess der Rasse, in: Politisch-anthropologische Revue. Monatsschrift für das soziale und geistige Leben der Völker, Nr. 7 Oktober 1903

Rüdin, Ernst: Zur Rolle der Homosexuellen im Lebensprozeß der Rasse, in: Archiv für Rassen- und Gesellschafts-Biologie einschließlich Rassen- und Gesellschafts-Hygiene, 1. Heft Januar 1904

Rüdin, Ernst: Über den Zusammenhang zwischen Geisteskrankheit u. Kultur, in: *Ploetz, Alfred (Hrsg.):* Archiv für Rassen- und Gesellschaftsbiologie einschließlich Rassen- u. Gesellschafts-Hygiene (ARGB), 7. Jg. Leipzig/Berlin 1910, 6. Heft

Rüdin, Ernst (1911a) in: Jahresbericht über die Königliche Psychiatrische Klinik in München für 1908 und 1909, München 1911

Rüdin, Ernst (1911b): Einige Wege und Ziele der Familienforschung, mit Rücksicht auf die Psychiatrie, in: Zschr. f.d. ges. Neurol. u. Psychiatrie 7 (1911), S. 487-585

Rüdin, Ernst (1911c): Zur ärztlichen Charakterisierung und Behandlung psychopathischer Jugendlicher mit Demonstrationen, in: Erster Bayerischer Jugendfürsorge- und Zwangs-Erziehungstag am 20., 21. und 22. Juni 1911 in München. Bericht über die Verhandlungen, München 1911

Rüdin, Ernst: Studien über Vererbung und Entstehung geistiger Störungen I. Zur Vererbung und Neuentstehung der Dementia praecox, in: *Lewandowsky/Wilmanns:* Monographien aus dem Gesamtgebiete der Neurologie und Psychiatrie, Berlin 1916

Rüdin, Ernst: Der gegenwärtige Stand der Epilepsieforschung. IV. Teil. Genealogisches, in:

Zeitschrift für die gesamte Neurologie und Psychiatrie Bd. 89, Berlin 1924, S. 368-382

Rüdin, Ernst: Über die Vorhersage von Geistesstörung in der Nachkommenschaft, in: ARGB 20, 1928 S. 394-407

Rüdin, Ernst: Psychiatrische Indikation zur Sterilisierung, in: Das kommende Geschlecht. Zeitschrift für Eugenik. Ergebnisse der Forschung, Berlin/Bonn 1929, S. 1-19

Rüdin, Ernst: Kraepelins sozialpsychiatrische Grundgedanken, in: Archiv für Psychiatrie und Nervenkrankheiten Bd. 87, Heft 1, Berlin 1929 S. 75-95

Rüdin, Erst (1934a): Aufgabe und Ziele der Deutschen Gesellschaft für Rassenhygiene, in: ARGB 28, 1934, S. 228-236

Rüdin, Ernst (1934b): Das deutsche Sterilisationsgesetz, Medizinischer Kommentar, in: *Rüdin, Ernst (Hrsg.):* Erblehre und Rassenhygiene im völkischen Staat, München 1934, S. 151-174

Rutschky, Katharina (Hrsg.): Schwarze Pädagogik. Quellen zur Naturgeschichte der bürgerlichen Erziehung, 6. Aufl. Frankfurt/M.-Berlin 1993

Ruttke, Falk: Rassenhygiene und Recht, in: *Rüdin, Ernst (Hrsg.):* Erblehre und Rassenhygiene im völkischen Staat, München 1934

Sachse, Carola/Massin, Benoit: Biowissenschaftliche Forschung an Kaiser-Wilhelm-Instituten und die Verbrechen des NS-Regimes, Vorabdruck 2000

Sachse, Carola (Hrsg.): Die Verbindung nach Auschwitz. Biowissenschaften und Menschenversuche an Kaiser-Wilhelm-Instituten, Göttingen 2003

Schaeffer, H.: Allgemeine gerichtliche Psychiatrie für Juristen, Mediziner, Pädagogen, Berlin 1910

Schaffstein, Friedrich/Beulke, Werner: Jugendstrafrecht, 13. Aufl. Stuttgart, Berlin, Köln 1998

Schenda, Rudolf: Die Lesestoffe der Kleinen Leute. Studien zur populären Literatur im 19. und 20. Jahrhundert, 1. Aufl. München 1976

Schenda, Rudolf: Volk ohne Buch. Studie zur Sozialgeschichte der populären Lesestoffe 1770-1910, München 1977

Schenk, Michael: Medienwirkungsforschung, 2. Aufl. Tübingen 2002

Schepker, Renate: Zur Indikationsstellung jugendpsychiatrischer Gerichtsgutachten. Eine vergleichende Untersuchung zu § 43 (2) JGG, München 1998

Scheungrab, Michael: Filmkonsum und Delinquenz. Ergebnisse einer Interviewstudie mit straffälligen und nicht-straffälligen Jugendlichen und jungen Erwachsenen, Regensburg 1993

Schmid, Volker (Hrsg.): Verwahrlosung - Devianz - antisoziale Tendenz. Stränge zwischen Sozial- und Sonderpädagogik, Freiburg i.Br. 2001

Schmidt, Gerhard: Selektion in der Heilanstalt 1939-1945, Stuttgart 1965

Schmidtke, A./Häfner, H.: Die Vermittlung von Selbstmordmotivation und Selbstmordhandlung durch fiktive Modelle. Die Folgen der Fernsehserie „Tod eines Schülers", in: Nervenarzt 57 (1986), S. 502-510

Schmuhl, Hans-Walter: Rassenhygiene, Nationalsozialismus, Euthanasie. Von der Verhütung zur Vernichtung „lebensunwerten Lebens" 1890-1945, Kritische Studien zur Geschichtswissenschaft Bd. 75, Göttingen 1987

Schneider, Kurt: Die psychopathischen Persönlichkeiten, Leipzig/Wien 1923

Scholz, Rainer/Joseph, Peter: Gewalt- und Sexdarstellungen im Fernsehen. Systematischer Problemaufriß mit Rechtsgrundlagen und Materialien, Bonn 1993

Schönhuber, Franz X.: Das Kinoproblem im Lichte von Schülerantworten, Leipzig 1918

Schorr, Thomas: Die Film- und Kinoreformbewegung und die deutsche Filmwirtschaft. Eine Analyse des Fachblatts „Der Kinematograph" (1907-1935) unter pädagogischen und publizistischen Aspekten, München 1990

Schultze, Ernst: Fort mit der Schundliteratur. Ein Mahnwort in einer bitterernsten Kulturfrage, Halle a.d.S. 1911

Schwind, Hans-Dieter: Kriminologie. Eine praxisorientierte Einführung mit Beispielen, 15. Aufl. Heidelberg 2005

Speziale-Bagliacca, Roberto: Freud: Begründer der Psychoanalyse, Spektrum der Wissenschaft Biografie, Heidelberg 2000

Steinau-Steinrück, v.: Über die Verwertung von hypnotherapeutischen Kriegserfahrungen, in: Z.f.d.ges. Neur.u.Psych. 69 (1921) S. 209-219

Steinert, T.: Schizophrenie und Gewalttätigkeit: Epidemiologische, forensische und klinische Aspekte, in: Fortschritte der Neurologie-Psychiatrie, Heft 9, 66. Jg., September 1998

Stinde, Julius: Die Opfer der Wissenschaft oder Die Folgen der angewandten Naturphilosophie. Drei Bücher aus dem Leben des Professor Desens. Mitgeteilt von Alfred de Valmy, Leipzig 1878

Strasser, Peter: Verbrechermenschen. Zur kriminalwissenschaftlichen Erzeugung des Bösen, Frankfurt/New York 1984

Straus, Murray A.: Discipline and Deviance: Physical Punishment of Children and Violence and Other Crime in Adulthood, in: Social Problems Vol. 38 Nr. 2 May 1991, S. 133 ff.

Szasz, Thomas Stephen: Recht, Freiheit und Psychiatrie, Wien/München/Zürich 1978

Tenorth, Heinz-Elmar: Geschichte der Erziehung, Einführung in die Grundzüge ihrer neuzeitlichen Entwicklung, Weinheim/München 3. Aufl. 2000

Theunert, Helga: Gewalt in den Medien – Gewalt in der Realität. Gesellschaftliche Zusammenhänge und pädagogisches Handeln, 2. Aufl. München 1996

Tölle, Rainer: Katamnestische Untersuchungen zur Biographie abnormer Persönlichkeiten, Heidelberg/New York 1966

Tölle, Rainer: Über die Väter der Psychiatrie, in: Schriftenreihe der Deutschen Gesellschaft für Geschichte der Nervenheilkunde, 1996/3, S. 296-311

Toller, Ernst: Eine Jugend in Deutschland, 18. Aufl. Reinbek bei Hamburg 2002,

Venzlaff, Ulrich/Foerster, Klaus (Hrsg.): Psychiatrische Begutachtung. Ein praktisches Handbuch für Ärzte und Juristen, 4. Aufl. München 2004

Vogel, Peter Christian: Forensisch-psychiatrische Gutachten und ihre Auswirkungen auf Urteile in Strafrechtsprozessen, München 1984

Voss, Walter Friedrich: Psychopathie 1933-1945, Kiel 1973

Walser, Hans H. (Hrsg.): August Forel: Briefe – Correspondance 1864-1927, Bern/Stuttgart 1968

Walter, Dietmar: Sachverständigen-Beweis zur Schuldfähigkeit und strafrichterliche Überzeugungsbildung, Berlin 1978

Weber, Matthias M.: Ernst Rüdin - Eine kritische Biographie, Berlin/Heidelberg/New York 1993

Weber, Mathias M.: Rassenhygienische und genetische Forschungen an der Deutschen Forschungsanstalt für Psychiatrie/Kaiser-Wilhelm-Institut in München vor und nach 1933, in: *Kaufmann, Doris (Hrsg.):* Geschichte der Kaiser-Wilhelm-Gesellschaft im Nationalsozialismus. Bestandsaufnahmen und Perspektiven der Forschung, Erster Band, 2000, S. 95-111

Weimer, Hermann: Haus und Leben als Erziehungsmächte, Kritische Betrachtungen, München 1911

Weingart/Kroll/Bayertz: Rasse, Blut und Gene. Geschichte der Eugenik und Rassenhygiene in Deutschland, 1. Aufl. Frankfurt/M. 1992

Wenn, Annegret: Begutachtung der Schuldfähigkeit von jugendlichen Straftätern, Aachen 1995

Wilhelm, Theodor: Georg Kerschensteiner (1854-1932), in: *Scheuerl, Hans (Hrsg.):* Klassiker der Pädagogik, Zweiter Band: von Karl Marx bis Jean Piaget, 2. Aufl. München 1991, S. 103-126

Zuschlag, Berndt: Das Gutachten des Sachverständigen. Rechtsgrundlage, Fragestellungen, Gliederung, Rationalisierung, 2. Aufl. Göttingen 2002

II. Gesetze und Kommentare

Böhme/Fleck/Bayerlein: Formularsammlung für Rechtsprechung und Verwaltung, 14. Aufl. München 2000

Dalcke, A. (Hrsg.): Strafrecht und Strafprozeß. Eine Sammlung der wichtigsten, das Strafrecht und das Strafverfahren betreffende Gesetze, Berlin 1912

Daude, Paul (Hrsg.): Das Strafgesetzbuch für das Deutsche Reich vom 15. Mai 1871. Mit Entscheidungen des Reichsgerichts, 11. Aufl. Berlin 1910

Eisenberg, Ulrich: Jugendgerichtsgesetz, 7. Aufl. München 1997

Gesetz- und Verordnungs-Blatt für das Königreich Bayern, Nr. 44, 1887, S. 655 ff.: Königliche Allerhöchste Verordnung das Verbot der Führung von Waffen zur Verhütung von Gefahren für die Sicherheit der Personen betreffend vom 19.11.1887

Gütt, Arthur/Rüdin, Ernst/Ruttge, Falk: Gesetz zur Verhütung erbkranken Nachwuchses vom 14. Juli 1933 nebst Ausführungsverordnungen. Bearbeitet und erläutert von Arthur Gütt, Ernst Rüdin, Falk Ruttke, 2. Aufl. München 1936

Kleinknecht/Meyer-Goßner: Strafprozessordnung, 45. Aufl. München 2001

Loening/Basch/Straßmann: Bürgerliches Gesetzbuch nebst Einführungsgesetzen, Berlin 1931

Olshausen, Justus von: Kommentar zum Strafgesetzbuch für das deutsche Reich, 10. Aufl. Berlin 1916

Ostgathe, Dirk: Waffenrecht kompakt. Kurzerläuterungen zum Waffengesetz, 2. Aufl. Stuttgart 2004

Palandt: Bürgerliches Gesetzbuch, 61. Aufl. München 2002

Regierungs-Blatt für das Königreich Bayern, 1872, 1 S. 331 f.: Königliche Allerhöchste Verordnung das Verbot der Führung von Waffen zur Verhütung von Gefahren für die Sicherheit der Personen betreffend vom 21.1.1872

Riedel, Freiherr von: Kommentar zum Polizeistrafgesetzbuch für das Königreich Bayern vom 26. Dezember 1871, 7. Aufl. München 1907

Schäfer, Leopold: Gesetz gegen gefährliche Gewohnheitsverbrecher und über Maßregeln der Sicherung und Besserung, Berlin 1934

Steindorf, Joachim: Waffenrecht, 12. Aufl. München 2003

Tröndle/Fischer: Strafgesetzbuch und Nebengesetze, 50. Aufl. München 2001

III. Nachschlagewerke

Das große Personen Lexikon zur Weltgeschichte in Farbe, Dortmund 1983

Der Große Brockhaus, Handbuch des Wissens in zwanzig Bänden, Fünfter Band Doc-Ez, 15. Aufl. Leipzig 1930

Der Große Brockhaus, Handbuch des Wissens in zwanzig Bänden, Dreizehnter Band: Mue-Ost 15. Aufl. Leipzig 1932,

Der Große Brockhaus, Handbuch des Wissens in zwanzig Bänden, Fünfzehnter Band Pos-Rok, 15. Aufl. Leipzig 1933

Klee, Ernst: Das Personenlexikon zum Dritten Reich. Wer war was vor und nach 1945, Frankfurt/M. 2005

Meyers Großes Konversationslexikon, Bd. 16., Leipzig 1909

Peters, Uwe Henrik: Psychiatrie und medizinische Psychologie von A-Z, 3. Aufl. Weyarn 1990

IV. Tagespresse, Nachrichtenmagazine und Internet

Bayerns Gesetzesinitiative im Bundesrat, Pressearchiv, Berlin, 28. April 2005, www.bayern.de/Berlin/ Bundesrat/Pressearchiv/2005

Born, W.: Die böse Macht der Halbstarken, in: Wochenend (Sonntagspost), Nr. 13, 29. März 1956, S. 3

DIMDI (Deutsches Institut für Medizinische Dokumentation und Information): www.dimdi.de

Fiebig, Peggy: Bericht aus Berlin, NJW 48/2005 S. VI

Graff, Bernd: Virtuelles Massaker im Kinderzimmer. Diskussion um Computerspiele, SZ vom 15.11.2004, S. 2

Graupner, Heidrun: Schutz für die Kinderseele. Menschenverachtende Spiele sollen bald schon aus dem Verkehr gezogen werden, in: SZ vom 17.11.2005, S. 2

Hartenbach, Alfred: Sicherungsverwahrung, Berlin, 21.12.2005, Bundesministerium der Justiz: www.bmj.bund.de

Jaeger, Ulrich / Scheidges, Rüdiger: Sexueller Supergau, Der Spiegel 29/2001 S. 32

Max-Planck-Gesellschaft: http://www.mpiwg-berlin.mpg.de/KWG/

Menden, Alexander: Sicher ist nur die Angst, SZ vom 29.07.2005

Olff, Sabine: Dirigent für taktlose Köpfe. Ein Neurochirurg behandelt psychische Störungen, indem er Hirnbereiche lahm legt, SZ vom 04.04.2005

Pfeiffer, Christian: Dämonisierung des Bösen, FAZ vom 05.05.2004, www.kfn.de

Pfeiffer, Christian: Die Jugend wird friedlicher, SZ vom 23.6.2005

Rost/Stroh: CSU will Jugendstrafrecht verschärfen, SZ vom 21.02.2005

Schmieder, Jürgen: Die Politik schlägt zurück. Hauptsache „Killerspiel": Die neue Bundesregierung möchte laut Koalitionsvertrag gewaltverherrlichende Kulturgüter verbieten, in: SZ vm 16.11.2005

Schulte v. Drach, Markus C.: Mörderische Spiele. „Schädliche Wirkung nicht belegt", in: SZ vom 27.02.2001

Shoa: http://www.shoa.de/ss_ahnenerbe.html

Stanat/Artelt u.a.: PISA 2000. Die Studie im Überblick. Grundlagen, Methoden und Ergebnisse, Max-Planck-Institut für Bildungsforschung Berlin 2002, http://www.mpib-berlin.mpg.de/pisa/

Statistisches Bundesamtes: http://www.destatis.de

Stirn, Alexander: Ballern macht nicht brutal, in SZ vom 17.11.2005, S. 2

Stöcker, Christian: Gehirntraining mit dem Shooter, in: Spiegel online 29.12.2004

Tödlicher Verdacht ohne Grund, Spiegel online 15. August 2005

Vier Gene und die Schizophrenie - 1500 Psychiater diskutieren über neue Entdeckungen, SZ vom 05.04.2005, S. 42

V. Archive

Archiv der Klinik und Poliklinik für Psychiatrie und Psychotherapie, Nußbaumstr. 7, München

Archiv des Bezirks Oberbayern

Bayerisches Staatsarchiv München

Stadtarchiv München

Danksagung

Herrn Prof. Dr. Dirk Fabricius möchte ich sehr danken für seine Bereitschaft, meine Dissertation zu betreuen, für viele sachdienliche Hinweise und für spannende Diskussionen bei den Doktoranden-Seminaren.

FRANKFURTER KRIMINALWISSENSCHAFTLICHE STUDIEN

Band   1   Peter Böning: Die Lehre vom Unrechtsbewußtsein in der Rechtsphilosophie Hegels 100 S., 1978.

Band   2   Wolfgang Schneider: Kriminelle Straßenverkehrsgefährdung (§ 315c Abs. 1 Ziff. 2, Abs. 3 StGB). Eine kriminologische und strafrechtliche Untersuchung zur Problematik dieser Verkehrsstraftaten unter Berücksichtigung ausländischer Rechte. 342 S., 1978.

Band   3   Lothar Kuhlen: Die Objektivität von Rechtsnormen. Zur Kritik des radikalen labeling approach in der Kriminalsoziologie. 178 S., 1978.

Band   4   Günther Grewe: Straßenverkehrsdelinquenz und Marginalität. Untersuchungen zur institutionellen Regelung von Verhalten. 148 S., 1978.

Band   5   Dieter Haberstroh: Strafverfahren und Resozialisierung. Eine Studie über Verstehen und Nicht-Verstehen, über Verstanden-Werden und Nicht-Verstanden-Werden und deren Bedingungen in der Hauptverhandlung. 202 S., 1979.

Band   6   Thomas Vogt: Die Forderungen der psychoanalytischen Schulrichtungen für die Interpretation der Merkmale der Schuldunfähigkeit und der verminderten Schuldfähigkeit (§§ 51 a.F., 20, 21 StGB). 182 S., 1979.

Band   7   Andreas Michael: Der Grundsatz in dubio pro reo im Strafverfahrensrecht. Zugleich ein Beitrag über das Verhältnis von materiellem Recht und Prozeßrecht. 214 S., 1981.

Band   8   Ilias G. Anagnostopoulos: Haftgründe der Tatschwere und der Wiederholungsgefahr (§§ 112 Abs. 3, 112 a StPO). Kriminalpolitische und rechtssystematische Aspekte der Ausweitung des Haftrechts. 1984.

Band   9   Helga Müller: Der Begriff der Generalprävention im 19. Jahrhundert. Von P.J.A. Feuerbach bis Franz v. Liszt. 1984.

Band 10   Frowin Jörg Kurth: Das Mitverschulden des Opfers beim Betrug. 1984.

Band 11   Martin J. Worms: Die Bekenntnisbeschimpfung im Sinne des § 166 Abs. 1 StGB und die Lehre vom Rechtsgut. 1984.

Band 12   Jong-Dae Bae: Der Grundsatz der Verhältnismäßigkeit im Maßregelrecht des StGB. 1985.

Band 13   Helmut Fünfsinn: Der Aufbau des fahrlässigen Verletzungsdelikts durch Unterlassen im Strafrecht. 1985.

Band 14   Christoph Krehl: Die Ermittlung der Tatsachengrundlage zur Bemessung der Tagessatzhöhe bei der Geldstrafe. 1985.

Band 15   Walter-Hermann Kiehl: Strafrechtliche Toleranz wechselseitiger Ehrverletzungen - Zur ratio legis der §§ 199, 233 Strafgesetzbuch -. 1986.

Band 16   Matthias Krahl: Die Rechtsprechung des Bundesverfassungsgerichts und des Bundesgerichtshof zum Bestimmtheitsgrundsatz im Strafrecht (Art. 103 Abs. 2 GG). 1986.

Band 17   Patrick Carroll Campbell: § 220a StGB. Der richtige Weg zur Verhütung und Bestrafung von Genozid? 1986.

Band 18   Winfried Hassemer (Hrsg.): Strafrechtspolitik. Bedingungen der Strafrechtsreform. 1987.

Band 19   Felix Herzog: Prävention des Unrechts oder Manifestation des Rechts. Bausteine zur Überwindung des heteronom-präventiven Denkens in der Strafrechtstheorie der Moderne. 1987.

Band 20   Astrid Michalke-Detmering: Die Mindestanforderungen an die rechtliche Begründung des erstinstanzlichen Strafurteils. Zur Auslegung des § 267 StPO. 1987.

Band 21 Lothar Kuhlen: Die Unterscheidung von vorsatzausschließendem und nichtvorsatz-ausschließendem Irrtum. 1987.

Band 22 Michael Buttel: Kritik der Figur des Aufklärungsgehilfen im Betäubungsmittelstraf-recht (§ 31 BtMG). 1988.

Band 23 Matthias Kögler: Die zeitliche Unbestimmtheit freiheitsentziehender Sanktionen des Strafrechts. Eine vergleichende Untersuchung zur Rechtslage und Strafvoll-streckungspraxis in der Bundesrepublik Deutschland und den USA. 1988.

Band 24 Klaus Lüderssen/Cornelius Nestler-Tremel/Ewa Weigend(Hrsg.): Modernes Straf-recht und ultima-ratio-Prinzip. 1990.

Band 25 Jürgen Taschke: Die behördliche Zurückhaltung von Beweismitteln im Strafprozeß. 1989.

Band 26 Daniela Westphalen: Karl Binding (1841-1920). Materialien zur Biographie eines Strafrechtsgelehrten. 1989.

Band 27 Sigrid Jans: Die Aushöhlung des Klageerzwingungsverfahrens. 1990.

Band 28 Dimitris Spirakos: Folter als Problem des Strafrechts. Kriminologische, kriminalso-ziologische und (straf-)rechtsdogmatische Aspekte unter besonderer Berücksichti-gung der Folterschutzkonvention und der Pönalisierung der Folter in Griechenland. 1990.

Band 29 Stephan Moll: Strafrechtliche Aspekte der Behandlung Opiatabhängiger mit Methadon und Codein. 1990.

Band 30 Stefan Werner: Wirtschaftsordnung und Wirtschaftsstrafrecht im Nationalsozialis-mus. 1991.

Band 31 Xanthi Bassakou: Beiträge zur Analyse und Reform des Absehens von Strafe nach § 60 StGB. 1991.

Band 32 Rainer Runte: Die Veränderung von Rechtfertigungsgründen durch Rechtspre-chung und Lehre. Moderne Strafrechtsdogmatik zwischen Rechtsstaatsprinzip und Kriminalpolitik. 1991.

Band 33 Olaf Hohmann: Das Rechtsgut der Umweltdelikte. Grenzen des strafrechtlichen Umweltschutzes. 1991.

Band 34 Klaus Jochen Müller: Das Strafbefehlsverfahren (§§ 407 ff. StPO). Eine dogma-tisch-kriminalpolitische Studie zu dieser Form des schriftlichen Verfahrens unter be-sonderer Berücksichtigung der geschichtlichen Entwicklung – zugleich ein Beitrag zum StVÄG 1987. 1993

Band 35 Sang-Don Yi: Wortlautgrenze, Intersubjektivität und Kontexteinbettung. Das straf-rechtliche Analogieverbot. 1991.

Band 36 Birgit Malsack: Die Stellung der Verteidigung im reformierten Strafprozeß. Eine rechtshistorische Studie anhand der Schriften von C. J. A. Mittermaier. 1992.

Band 37 Rüdiger Schäfer: Die Privilegierung des "freiwillig-positiven" Verhaltens des Delinquenten nach formell vollendeter Straftat. Zugleich ein Beitrag zum Grund-gedanken des Rücktritts vom Versuch und zu den Straftheorien. 1992.

Band 38 Cornelius Nestler-Tremel: AIDS und Strafzumessung. 1992.

Band 39 Christine Gutmann: Freiwilligkeit und (Sozio-)Therapie – notwendige Verknüpfung oder Widerspruch? 1993.

Band 40 Walter Kargl: Der strafrechtliche Vorsatz auf der Basis der kognitiven Handlungs-theorie. 1993.

Band 41 Jürgen Rath: Zur strafrechtlichen Behandlung der aberratio ictus und des error in objecto des Täters. 1993.

www.peterlang.de

Peter Lang · Europäischer Verlag der Wissenschaften

Institut für Kriminalwissenschaften und Rechtsphilosophie
Frankfurt a. M. (Hrsg.)

Jenseits des rechtsstaatlichen Strafrechts

Frankfurt am Main, Berlin, Bern, Bruxelles, New York, Oxford, Wien, 2007.
X, 683 S.
Frankfurter kriminalwissenschaftliche Studien.
Verantwortlicher Herausgeber: Ulfried Neumann. Bd. 100
ISBN 978-3-631-56213-0 · br. € 88.–*

Der 100. Band der Frankfurter Kriminalwissenschaftlichen Studien sammelt
Originalbeiträge früherer und jetziger Mitarbeiterinnen und Mitarbeiter
des Instituts für Kriminalwissenschaften und Rechtsphilosophie der Johann
Wolfgang Goethe-Universität Frankfurt am Main. Die Beiträge widmen
sich dem Thema der Schwächung rechtsstaatlicher Traditionen durch
den Prozess des An- und Umbaus, den das gesamte Strafrecht in immer
größerer Beschleunigung erfährt. Unter den Kapitelüberschriften *Verfall,
Verlust, Verschwinden* werden die Hauptkennzeichen dieser Entwicklung
auf den Gebieten der Gesetzgebung, Kriminalpolitik, Strafrechtspraxis und
Strafrechtswissenschaft dargestellt und am Maßstab „rechtsstaatlichen
Strafrechts" gemessen.

Aus dem Inhalt: Der Verfall des rechtsstaatlichen Strafrechts · Der Verlust
des Rechtsstaats im materiellen Strafrecht · Das Verschwinden schützender
Verfahrensformen

Frankfurt am Main · Berlin · Bern · Bruxelles · New York · Oxford · Wien
Auslieferung: Verlag Peter Lang AG
Moosstr. 1, CH-2542 Pieterlen
Telefax 00 41 (0) 32 / 376 17 27

*inklusive der in Deutschland gültigen Mehrwertsteuer
Preisänderungen vorbehalten

Homepage http://www.peterlang.de